儿童公益广告

时尚杂志封面

徽 章

桌面背景

旅游广告

邮 票

非主流照片

手机广告

全国职业教育“十一五”规划教材

Photoshop 图像处理实训教程

北京金企鹅文化发展中心　策划

主　编　王雁南　关　方　罗春燕

副主编　杨春丽　韦永武　梁修但　蒙兰兰

航空工业出版社

北　京

内容提要

本书主要面向职业技术院校，并被列入全国职业教育“十一五”规划教材。全书共13章，内容涵盖Photoshop CS3基础知识与基本操作、图像选区的创建和编辑、图像编辑、图像的绘制与修饰、图层的应用、图像色调与色彩调整、形状与路径、文字的输入与编辑、通道的应用、滤镜的应用、图像的自动化处理与输出打印。

本书具有如下特点：（1）满足社会实际就业需要。对传统教材的知识点进行增、删、改，让学生能真正学到满足就业要求的知识。（2）增强学生的学习兴趣。从传统的偏重知识的传授转为培养学生的实际操作技能，让学生有兴趣学习。（3）让学生能轻松学习。用实训讲解相关应用和知识点，边练边学，从而避开枯燥的讲解，让学生能轻松学习，教师也教得愉快。（4）包含大量实用技巧和练习，网上提供素材、课件和视频下载。

本书可作为中、高等职业技术院校，以及各类计算机教育培训机构的专用教材，也可供广大初、中级电脑爱好者自学使用。

图书在版编目（CIP）数据

Photoshop图像处理实训教程 / 王雁南主编. —北京：航空工业出版社，2009. 8

ISBN 978-7-80243-271-0

I. P… II. 王… III. 图形软件，Photoshop CS3—教材 Ⅳ. TP391.41

中国版本图书馆CIP数据核字（2009）第056623号

Photoshop图像处理实训教程

Photoshop Tuxiang Chuli Shixun Jiaocheng

航空工业出版社出版发行

（北京市安定门外小关东里14号 100029）

发行部电话：010-64815615 010-64978486

北京忠信印刷有限责任公司印刷 全国各地新华书店经售

2009年8月第1版 2009年8月第1次印刷

开本：787×1092 1/16 印张：20.25 字数：480千字

印数：1－5000 定价：28.00元

随着社会的发展，传统的职业教育模式已无法满足学生实际就业的需要。一方面，大量的毕业生无法找到满意的工作，另一方面，用人单位却在感叹无法招到符合职位要求的人才。因此，积极推进职业教学形式和内容的改革，从传统的偏重知识的传授转向注重就业能力的培养，已成为大多数中、高等职业技术院校的共识。

职业教育改革首先是教材的改革，为此，我们走访了众多院校，与大量的老师探讨当前职业教育面临的问题和机遇，然后聘请具有丰富教学经验的一线教师编写了这套“电脑实训教程”系列丛书。

丛书书目

本套教材涵盖了计算机的主要应用领域，包括计算机硬件知识、操作系统、文字录入和排版、办公软件、图形图像、三维动画、网页制作以及多媒体制作等。众多的图书品种，可以满足各类院校相关课程设置的需要。

- 已出版的图书书目

《五笔打字实训教程》	《Illustrator 平面设计实训教程》（CS3 版）
《电脑入门实训教程》	《Photoshop 图像处理实训教程》（CS3 版）
《电脑基础实训教程》	《Dreamweaver 网页制作实训教程》（CS3 版）
《电脑组装与维护实训教程》	《CorelDRAW 平面设计实训教程》（X4 版）
《电脑综合应用实训教程》（2007 版）	《Flash 动画制作实训教程》（CS3 版）
《电脑综合应用实训教程》（2003 版）	《AutoCAD 绘图实训教程》（2009 版）

- 即将出版的图书书目

《办公自动化实训教程》（2007 版）	《方正书版实训教程》（10.0 版）
《办公自动化实训教程》（2003 版）	《方正飞腾创意实训教程》（5.0 版）
《Word 文字排版实训教程》（2007 版）	《常用工具软件实训教程》
《Excel 表格制作和数据处理实训教程》（2007 版）	《Windows Vista+Office 2007+Internet 实训教程》
《PowerPoint 演示文稿制作实训教程》（2007 版）	《3ds Max 基础与应用实训教程》（9.0 版）

丛书特色

- **满足社会实际就业需要。**对传统教材的知识点进行增、删、改，让学生能真正学到满足就业要求的知识。例如，《Photoshop 图像处理实训教程》的目标是让学生在学完本书后，能熟练利用 Photoshop 进行平面设计工作。

- **增强学生的学习兴趣。**将传统教材的偏重知识的传授转为培养学生实际操作技能。例如，将传统教材的以知识点为主线，改为以“应用+知识点”为主线，让知识点为应用服务，从而增强学生的学习兴趣。
- **让学生能轻松学习。**用实例（实训）去讲解软件的相关应用和知识点，边练边学，从而避开枯燥的讲解，让学生能轻松学习，教师也教得愉快。
- **语言简炼，讲解简洁，图示丰富。**让学生花最少的时间，学到尽可能多的东西。
- **融入众多典型实用技巧和常见问题解决方法。**在各书中都安排了大量的知识库、提示和小技巧，从而使学生能够掌握一些实际工作中必备的图像处理技巧，并能独立解决一些常见问题。
- **课后总结和练习。**通过课后总结，读者可了解每章的重点和难点；通过精心设计的课后练习，读者可检查自己的学习效果。
- **提供素材、课件和视频。**完整的素材可方便学生根据书中内容进行上机练习；适应教学要求的课件可减少老师备课的负担；精心录制的视频可方便老师在课堂上演示实例的制作过程。所有这些内容，读者都可从网上下载。
- **控制各章篇幅和难易程度。**对各书内容的要求为：以实用为主，够用为度。严格控制各章篇幅和实例的难易程度，从而照顾老师教学的需要。

本书内容

- 第1章：介绍Photoshop的应用领域，图像处理的基础知识，Photoshop CS3的工作界面，图像文件的基本操作，以及图像文件浏览器Adobe Bridge。
- 第2章：介绍辅助工具的使用方法，以及如何调整图像窗口、如何设置前景色和背景色。
- 第3章：介绍如何利用选区工具和菜单命令制作选区，调整与编辑选区，以及填充选区。
- 第4章：介绍移动、复制与删除图像，调整图像大小与分辨率，自由变换图像，重做、撤销与恢复图像的方法。
- 第5章：介绍画笔工具组、自定义画笔、历史记录画笔工具组、图章工具组、修复画笔工具组、橡皮擦工具组、图像修饰工具的用法。
- 第6章～第7章：介绍图层的类型与创建图层的方法，图层的基本操作，添加与编辑图层样式，图层蒙版的建立与使用，图层组与剪辑组的应用。
- 第8章：介绍图像的色调与色彩调整方法。
- 第9章：介绍形状与路径的创建与编辑方法。
- 第10章：介绍输入文字的方法，字符和段落调板功能，文字的个性化处理，文字的转换操作。
- 第11章：介绍通道的原理、类型，通道的基本操作。
- 第12章：介绍滤镜的类型与应用。
- 第13章：介绍自动化处理与打印图像。

本书适用范围

本书可作为中、高等职业技术院校，以及各类计算机教育培训机构的专用教材，也可供广大初、中级电脑爱好者自学使用。

本书课时安排建议

章　名	重点掌握内容	教学课时
第 1 章　初识 Photoshop CS3	1．图像处理基础知识 2．图像文件基本操作	1 课时
第 2 章　Photoshop CS3 基本操作	1．调整图像窗口的显示 2．使用辅助工具 3．设置前景色和背景色	2 课时
第 3 章　图像选区的创建和编辑	1．利用选区工具制作选区 2．利用菜单命令制作选区 3．选区调整与编辑 4．填充选区	3 课时
第 4 章　图像编辑	1．移动、复制与删除图像 2．调整图像大小与分辨率 3．自由变换图像 4．撤销、重做与恢复操作	2 课时
第 5 章　图像的绘制与修饰	1．用画笔工具组与自定义画笔绘画 2．用历史记录画笔工具组恢复图像 3．用图章工具组复制图像 4．用修复画笔工具组修复图像 5．用橡皮擦工具组擦除图像 6．用图像修饰工具修饰图像	3 课时
第 6 章　图层的基本应用	1．了解图层含义 2．图层的类型及创建 3．图层的基本操作	3 课时
第 7 章　图层的高级应用	1．添加图层样式 2．编辑图层样式 3．图层蒙版的建立与使用 4．图层组与剪辑组的应用	4 课时

续表

章名	重点掌握内容	教学课时
第8章　图像色调与色彩调整	1．图像色调调整 2．图像色彩调整 3．特殊图像颜色的调整	4课时
第9章　形状与路径	1．形状的绘制与编辑 2．路径的创建与编辑	2课时
第10章　文字的输入与编辑	1．输入文字 2．字符和段落调板功能 3．文字的个性化处理 4．文字的转换操作	2课时
第11章　通道的应用	1．通道概览 2．通道基本操作	2课时
第12章　神奇的滤镜	1．滤镜概览 2．制作特效字 3．制作绘画效果 4．制作仿自然效果 5．修复图像	3课时
第13章　图像的自动化处理与输出打印	1．自动化处理图像 2．输出打印图像	1课时

课件、素材下载与售后服务

本书配有精美的教学课件和视频，并且书中用到的全部素材和制作的全部实例都已整理和打包，读者可以登录我们的网站（http://www.bjjqe.com）下载。如果读者在学习中有什么疑问，也可登录我们的网站去寻求帮助，我们将会及时解答。

本书作者

本书由北京金企鹅文化发展中心策划，王雁南、关方、罗春燕任主编，杨春丽、韦永武、梁修但、蒙兰兰任副主编，并邀请一线职业技术院校的老师参与编写。主要编写人员有：郭玲文、姜鹏、白冰、郭燕、丁永卫、朱丽静、常春英、孙志义、李秀娟、顾升路、贾洪亮、单振华、侯盼盼等。

编　者

2009年7月

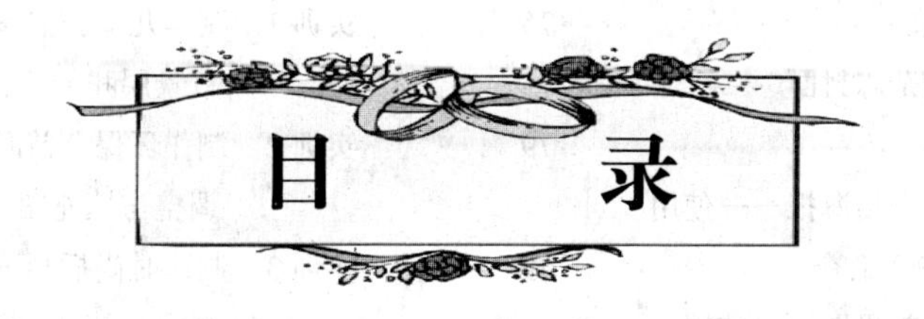

第1章 初识Photoshop CS3 …… 1

1.1 Photoshop应用基础 …… 1

1.1.1 Photoshop的应用领域 …… 2

1.1.2 什么是矢量图与位图 …… 2

1.1.3 什么是像素和分辨率 …… 3

1.1.4 什么是图像颜色模式 …… 3

1.1.5 什么是图像文件格式 …… 4

1.2 Photoshop CS3入门 …… 4

实训1 熟悉Photoshop CS3使用界面 …… 4

实训2 图像文件的基本操作 …… 9

综合实训——合成照片 …… 11

1.3 熟悉图像文件浏览器 …… 12

课后总结 …… 13

思考与练习 …… 13

第2章 Photoshop CS3基本操作 …… 15

2.1 调整图像窗口 …… 15

实训1 调整图像窗口的基本操作 …… 15

实训2 改变图像显示比例 …… 17

实训3 移动图像显示区域 …… 18

2.2 使用辅助工具 …… 19

实训1 使用标尺、参考线与网格 …… 19

实训2 测量图像形状——使用标尺工具 …… 20

2.3 设置前景色和背景色 …… 22

实训1 制作小牛插画 …… 22

综合实训——制作杂志封面 …… 25

课后总结 …… 27

思考与练习 …… 27

第3章 图像选区的创建和编辑 …… 29

3.1 利用选区工具制作选区 …… 29

实训1 制作相框——使用选框工具组 …… 30

实训2 制作圣诞贺卡——使用套索工具组 …… 33

实训3 制作汽车广告——使用魔棒工具组 …… 37

3.2 利用菜单命令制作选区 …… 42

实训1 改变花朵颜色——使用“色彩范围”命令 …… 42

实训2 制作化妆品广告——使用快速蒙版 …… 44

实训3 制作洗发水广告——使用抽出滤镜 …… 46

3.3 选区的调整与编辑 …… 48

实训1 制作婚纱照——移动与羽化选区 …… 48

实训2 使用选区调整命令 …… 50

实训3 制作房地产广告——使用选区编辑命令 …… 53

3.4 描边和填充选区 …… 57

实训1 制作请柬——使用“描边”命令 …… 57

实训2 为模特换装——使用“自定义图案”与“填充”命令 …… 58

实训3 制作彩虹风景画——使用渐变工具 …… 60

实训4 填充花朵颜色——使用油漆桶工具 …… 65

综合实训——制作手机广告 …… 66

课后总结 …… 69

思考与练习 …… 69

第4章 图像编辑 …… 71

4.1 图像的移动、复制与删除 …… 71

实训1 制作小鸡全家福插画 …… 71

4.2 调整画布与图像 ……75
实训 1 制作时尚杂志封面 ……75
4.3 自由变换图像 ……79
实训 1 制作节日宣传海报——使用“自由变换”命令 ……79
实训 2 制作瓷瓶效果图——使用“变形”命令 ……82
4.4 撤销、重做与恢复操作 ……84
实训 1 制作儿童艺术照 ……84
综合实训——制作酒广告 ……87
课后总结 ……89
思考与练习 ……90
第 5 章 图像的绘制与修饰 ……91
5.1 用画笔工具组与自定义画笔绘画 ……91
实训 1 制作精美桌面壁纸 ……91
5.2 用历史记录画笔工具组恢复图像 ……98
实训 1 修饰照片 ……98
5.3 用图章工具组复制图像 ……100
实训 1 美化照片 ……100
5.4 用修复画笔工具组修复图像 ……102
实训 1 修复照片 ……102
5.5 用橡皮擦工具组擦除图像 ……106
实训 1 制作口红广告 ……106
5.6 用图像修饰工具修饰图像 ……109
实训 1 制作旅游广告——使用模糊、锐化、减淡与加深工具 ……109
实训 2 制作公益广告——使用海绵与涂抹工具 ……112
综合实训——制作去皱霜广告 ……113
课后总结 ……116
思考与练习 ……116
第 6 章 图层的基本应用 ……118
6.1 图层简介 ……118
实训 1 了解图层含义并熟悉图层调板 ……118
实训 2 制作儿童用品广告——设置图层混合模式和不透明度 ……120
6.2 图层的类型及创建 ……124
实训 1 制作儿童公益海报——了解背景层和创建普通层 ……124
实训 2 制作环保公益海报——创建调整与填充图层 ……126
实训 3 制作时尚插画——创建文字、形状与智能对象图层 ……129
6.3 图层的基本操作 ……132
实训 1 制作精美书签——选择、排序、复制与删除图层 ……132
实训 2 制作时尚相框——连接、合并、排列与转换图层 ……135
实训 3 制作装饰画——锁定图层 ……139
综合实训——制作音乐会海报 ……141
课后总结 ……143
思考与练习 ……144
第 7 章 图层的高级应用 ……145
7.1 添加图层样式 ……145
实训 1 制作活动背板——使用投影与内阴影样式 ……145
实训 2 制作网页按钮——使用斜面与浮雕样式 ……148
实训 3 制作电影海报——使用发光与光泽样式 ……149
实训 4 制作精美图案——使用叠加与描边样式 ……151
实训 5 制作环保插画——使用系统内置样式 ……153
7.2 编辑图层样式 ……154
实训 1 编辑图层样式 ……154
7.3 图层蒙版的建立与使用 ……157
实训 1 合成甜蜜婚纱照——创建蒙版 ……157
实训 2 编辑图层蒙版 ……164
7.4 图层组与剪辑组的应用 ……165
实训 1 制作 Q 版插画——应用图层组 ……165
实训 2 制作少女插画——应用剪辑组 ……167
综合实训 1——制作首饰广告 ……168
综合实训 2——制作水晶相框 ……171

课后总结 174
思考与练习 174
第 8 章　图像色调与色彩调整 176
8.1　图像色调调整 176
实训 1　让灰暗的照片更鲜明——使用“自动色阶”与“色阶”命令 176
实训 2　增强照片层次感——使用“曲线”命令 180
实训 3　校正偏色照片——使用“色彩平衡”命令 183
实训 4　让照片更明亮、对比强烈——使用“亮度/对比度”命令 184
综合实训 1——运用色调调整命令校正照片色调 185
8.2　图像色彩调整 187
实训 1　让照片色彩更鲜艳——使用“自动颜色”与“色相/饱和度”命令 188
实训 2　替换照片部分颜色——使用“替换颜色”命令 189
实训 3　修改照片某种颜色数量——使用“可选颜色”命令 190
实训 4　制作老照片效果——使用“黑白”命令 192
实训 5　利用颜色通道改变照片色调——使用“通道混合器”命令 193
实训 6　利用照片的明暗度匹配渐变色——使用“渐变映射”命令 194
实训 7　非精确调整照片色调——使用“变化”命令 195
实训 8　营造照片情调——使用“照片滤镜”命令 195
实训 9　匹配照片色调——使用“匹配颜色”命令 196
实训 10　修正逆光或曝光过度照片——使用“阴影/高光”命令 198
实训 11　增加照片亮度范围——使用“曝光度”命令 199
综合实训 2——制作非主流照片 200
8.3　特殊图像颜色调整 203
实训 1　制作时装广告——使用“去色”与“色调均化”命令 203
实训 2　制作梦幻插画——使用“反相”命令 204
实训 3　制作光盘封面——使用“阈值”与“色调分离”命令 204
综合实训 3——为黑白照片着色 206
课后总结 209
思考与练习 209
第 9 章　形状与路径 211
9.1　形状的绘制与编辑 211
实训 1　制作信封——使用直线与几何工具 212
实训 2　制作小猫插画——使用钢笔与自定形状工具 216
实训 3　制作导向标识——编辑形状 220
实训 4　制作小兔插画——变换、填充与转换形状 223
9.2　路径的创建与编辑 225
实训 1　制作标志——创建、描边与填充路径 225
综合实训——制作邮票 228
课后总结 230
思考与练习 230
第 10 章　文字的输入与编辑 232
10.1　使用文字工具组输入文字 232
实训 1　制作饮料广告 233
10.2　使用字符和段落调板编辑文字 236
实训 1　制作书签 236
10.3　文字特殊化设置 240
实训 1　制作徽章——文字版型设置和沿路径放置 241
实训 2　制作化妆品广告——转换文字 243
综合实训——制作图书封面 247
课后总结 250
思考与练习 250

第11章 通道的应用……251
11.1 通道概览……251
11.1.1 通道的原理……251
11.1.2 通道的类型……252
11.1.3 通道的用途……252
11.2 通道基本操作和应用……253
实训1 制作影集封面——选择、创建、复制与删除通道……253
实训2 制作沐浴乳广告——抠图、分离、合并与创建专色通道……258
实训3 制作电影海报——使用“应用图像”命令……262
实训4 制作电视剧海报——使用“计算”命令……264
综合实训——制作时尚桌面……265
课后总结……268
思考与练习……268
第12章 神奇的滤镜……270
12.1 滤镜概览……270
12.1.1 滤镜使用规则……270
12.1.2 滤镜使用技巧……271
12.1.3 使用滤镜库……271
12.2 制作特效字……272
实训1 制作不锈钢效果字……272
实训2 制作燃烧效果字……275
实训3 制作腐蚀效果字……277
实训4 制作霹雳效果字……279
实训5 制作木刻字牌……281
12.3 制作绘画效果……283
实训1 制作油画效果……283
实训2 制作水墨画效果……286
实训3 制作素描效果……288
实训4 制作蜡笔画效果……290
12.4 为风光照片增色……291
实训1 添加光线效果……291
12.5 修复图像……292
实训1 去除照片中的多余物……292
实训2 去除照片中的划痕……295
实训3 校正扭曲照片……296
实训4 校正模糊照片……297
综合实训——制作巧克力广告……298
课后总结……301
思考与练习……302
第13章 图像的自动化处理与输出打印……303
13.1 自动化处理图像……303
实训1 制作精美画框——使用系统内置动作……303
实训2 自定义批量处理照片——录制、执行与修改动作……305
13.2 输出与打印图像……310
13.2.1 图像印前准备……310
13.2.2 图像印前处理……310
13.2.3 图像的打印……311
课后总结……314
思考与练习……314

第1章　初识 Photoshop CS3

【本章导读】

当你行走在大街上，或走进书店、影院、购物中心，一幅幅美轮美奂的产品宣传广告、电影海报和店堂招贴就会映入眼帘；当你翻开一本精美的杂志，你或许会叹服画面中的人物竟然如此完美无缺。所有这一切，都会找到本书的主角——Photoshop 的身影。

Photoshop 是当今世界最流行的一款图像处理软件，被广泛应用于平面广告设计、艺术图形创作、数码照片处理等领域。从本章开始，我们将带领大家探寻它的奥秘，掌握它的使用方法。

【本章内容提要】

- 了解 Photoshop 的应用领域
- 掌握图像处理的一些基础知识
- 熟悉 Photoshop CS3 的工作界面
- 掌握图像文件的基本操作
- 熟悉图像文件浏览器 Adobe Bridge CS3

1.1　Photoshop 应用基础

俗话说，万丈高楼平地起，学习也是如此。要学习 Photoshop，一些基本知识是大家必须掌握的。例如，什么是矢量图和位图，什么是像素和分辨率，什么是颜色模式，什么是图像文件格式等。

1.1.1 Photoshop 的应用领域

随着 Photoshop 功能的不断强化，它的应用领域也逐渐扩大，其中：

- **在平面设计方面：**利用 Photoshop 可以设计商标、产品包装、海报、样本、招贴、广告、软件界面、网页素材和网页效果图等各式各样的平面作品，还可以为三维动画制作材质，以及对三维效果图进行后期处理等。
- **在绘画方面：**Photoshop 具有强大的绘画功能，利用它可以绘制出逼真的产品效果图、各种卡通人物和动植物等。
- **在数码照片处理方面：**利用 Photoshop 可以进行各种照片合成、修复和上色操作。例如，照片背景更换、人物发型更换、照片偏色校正以及照片美化等。

1.1.2 什么是矢量图与位图

为了便于大家学习 Photoshop，下面再来介绍几个在图像处理过程中最常遇到的术语，如矢量图与位图、像素与分辨率、图像的颜色模式，以及图像文件格式等。

图像有位图和矢量图两种类型之分。严格地说，位图被称为图像，矢量图被称为图形。它们之间最大的区别就是位图放大到一定比例时会变得模糊，而矢量图则不会。

1. 位图

位图是由许多细小的色块组成的，每个色块就是一个像素，每个像素只能显示一种颜色。像素是构成图像的最小单位，放大位图后可看到它们，这就是我们平常所说的马赛克效果，如图 1-1 所示。

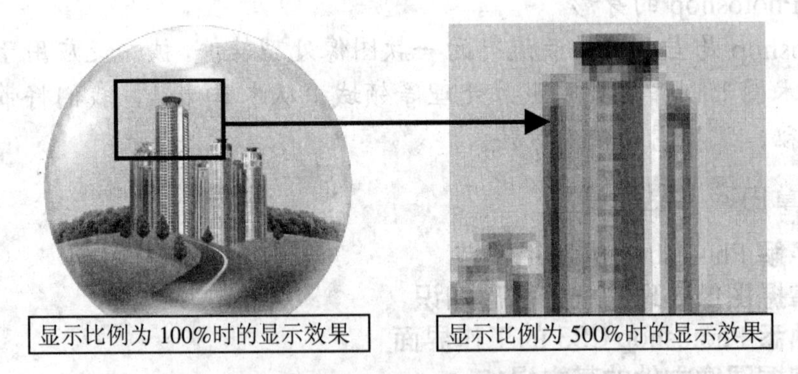

图 1-1　位图放大前后的效果对比

日常生活中，我们所拍摄的数码照片、扫描的图像都属于位图。与矢量图相比，位图具有表现力强、色彩细腻、层次多且细节丰富等优点。位图的缺点是文件尺寸较大，且与分辨率有关。

2. 矢量图

矢量图主要是用诸如 Illustrator、CorelDRAW 等矢量绘图软件绘制得到的。矢量图具有尺寸小、按任意分辨率打印都依然清晰（与分辨率无关）的优点，常用于设计标志、插

画、卡通和产品效果图等。矢量图的缺点是色彩单调，细节不够丰富。图 1-2 显示了矢量图放大前后的效果对比。

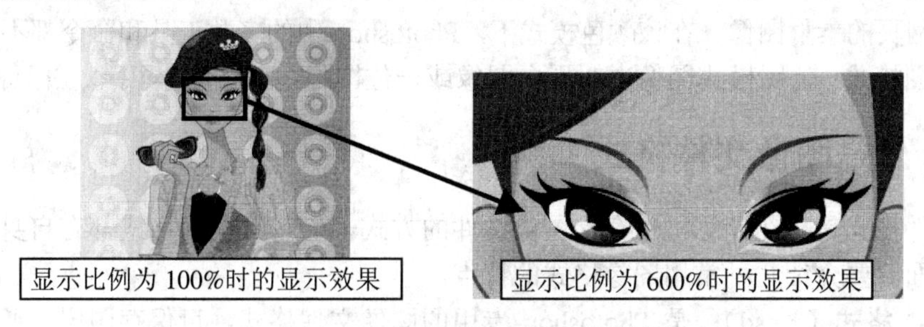

图 1-2 矢量图放大前后效果对比

就 Photoshop 而言，其卓越的功能主要体现在能对位图进行全方位的处理。例如，可以调整图像的尺寸、色彩、亮度、对比度，并可以对图像进行各种加工，从而制作出丰富的作品。此外，也可利用 Photoshop 绘制一些不太复杂的矢量图。

1.1.3 什么是像素和分辨率

- **像素：**位图图像是由一个个点组成的，每一个点就是一个像素。
- **图像分辨率：**是指显示或打印图像时，在每个单位上显示或打印的像素数，通常以“像素/英寸”（pixel/inch，ppi）来衡量。一般情况下，如果希望图像仅用于显示，可将其分辨率设置为 72ppi 或 96ppi（与显示器分辨率相同）；如果希望图像用于印刷输出，则应将其分辨率设置为 300ppi 或更高。

1.1.4 什么是图像颜色模式

颜色模式决定了如何描述和重现图像的色彩，常用的颜色模式有 RGB、CMYK、灰度等，其特点如下。

- **RGB 颜色模式：**该模式是 Photoshop 软件默认的颜色模式。在该模式下，图像的颜色由红（R）、绿（G）、蓝（B）3 原色混和而成。R、G、B 颜色取值的范围均为 0~255。当图像中某个像素的 R、G、B 值都为 0 时，像素颜色为黑色；R、G、B 值都为 255 时，像素颜色为白色；R、G、B 值相等时，像素颜色为灰色。
- **CMYK 颜色模式：**该模式是一种印刷模式，其图像颜色由青（C）、洋红（M）、黄（Y）和黑（K）4 种色彩混和而成。C、M、Y、K 的颜色变化用百分比表示，如大红色为（0、100、100、0）。在 Photoshop 中处理图像时，一般不采用 CMYK 模式，因为该颜色模式下图像文件占用的存储空间较大，并且 Photoshop 提供的很多滤镜都无法使用。因此，如果制作的图像需要用于打印或印刷，可在输出前将图像的颜色模式转换为 CMYK 模式。
- **灰度模式：**灰度模式图像只能包含纯白、纯黑及一系列从黑到白的灰色。其不包含任何色彩信息，但能充分表现出图像的明暗信息。
- **索引颜色模式：**索引颜色模式图像最多包含 256 种颜色。在这种颜色模式下，图像中的颜色均取自一个 256 色颜色表。索引颜色模式图像的优点是文件尺寸小，其对应的主要图像文件格式为 GIF。因此，这种颜色模式的图像通常用作多媒体动画和网页的素材图像。在该颜色模式下，Photoshop 中的多数工具和命令都不可用。

- **位图模式**：位图模式图像也叫黑白图像或一位图像，它只包含了黑、白两种颜色。

1.1.5 什么是图像文件格式

图像文件格式是指在计算机中存储图像文件的方式，而每种文件格式都有自身的特点和用途。下面简要介绍几种常用图像格式的特点。

- **PSD 格式**（*.psd）：是 Photoshop 专用的图像文件格式，可保存图层、通道等信息。其优点是保存的信息量多，便于修改图像；缺点是文件尺寸较大。
- **TIFF 格式**（*.tif）：是一种应用非常广泛的图像文件格式，几乎所有的扫描仪和图像处理软件都支持它。TIFF 格式采用无损压缩方式来存储图像信息，可支持多种颜色模式，可保存图层和通道信息，并且可以设置透明背景。
- **JPEG 格式**（*.jpg）：是一种压缩率很高的图像文件格式。但是，由于它采用的是具有破坏性的压缩算法（有损压缩），因此，该格式图像文件在显示时无法全部还原。它仅适用于保存不含文字或文字尺寸较大的图像，否则，将导致图像中的字迹模糊。JPEG 格式图像文件支持 CMYK、RGB、灰度等多种颜色模式，多用作网页的素材图像。
- **GIF 格式**（*.gif）：图像最多可包含 256 种颜色，颜色模式为索引颜色模式，文件尺寸较小，支持透明背景，且支持多帧，特别适合作为网页图像或网页动画。
- **BMP 格式**（*.bmp）：是 Windows 操作系统中“画图”程序的标准文件格式，此格式与大多数 Windows 和 OS/2 平台的应用程序兼容。由于该格式采用的是无损压缩，因此，其优点是图像完全不失真，缺点是图像文件的尺寸较大。

1.2 Photoshop CS3 入门

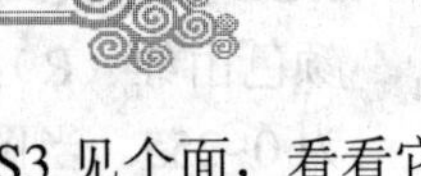

在了解了图像处理的相关概念后，下面我们来跟 Photoshop CS3 见个面，看看它是如何启动和退出的，它的界面都由哪些部分组成，这些界面元素各自的用途是什么，在 Photoshop 中又是如何操作图像文件的。

实训 1 熟悉 Photoshop CS3 使用界面

【实训目的】

- 了解启动和退出 Photoshop CS3 的方法。
- 熟悉 Photoshop CS3 使用界面中各组成元素的名称和用途。
- 掌握调整 Photoshop CS3 使用界面的方法。

【操作步骤】

步骤 1▶ 安装好 Photoshop CS3 程序后，可使用下面两种方法启动它。

- 选择“开始”>“所有程序”>“Photoshop CS3”菜单，如图1-3所示。
- 如果桌面有Photoshop CS3的快速启动图标，双击它即可启动程序。

步骤 2▶ 首次启动Photoshop后，界面中没有任何图像，这时用户需要新建或打开图像，才可以用Photoshop编辑图像。为此，可以按【Ctrl+O】组合键，打开“打开”对话框。依次双击“我的文档”、“图片收藏”、“示例图片”文件夹，选择一幅图像，然后单击 打开(O) 按钮，如图1-4所示。

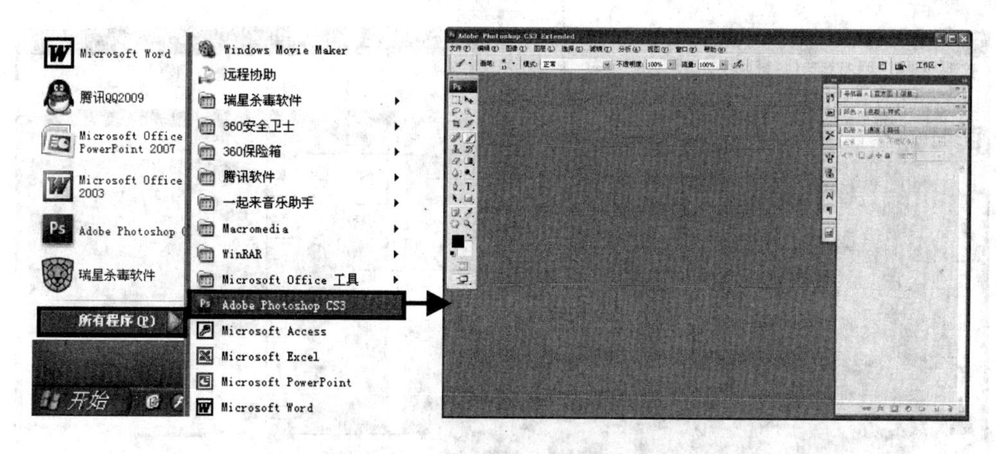

图1-3 启动Photoshop程序

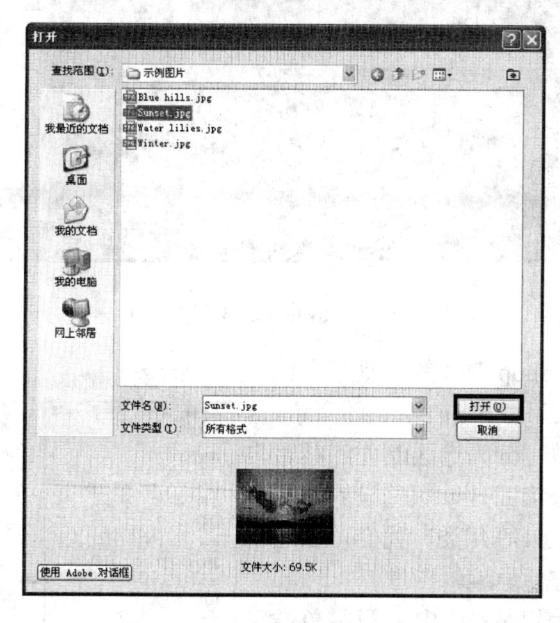

图1-4 选择要打开的图像文件

步骤 3▶ 图1-5显示了打开图像后的Photoshop CS3工作界面，由该图可以看出，界面中主要包括了标题栏、菜单栏、工具箱、工具属性栏、图像窗口、调板等。下面就让我们先来了解一下这些界面元素的功能。

- **标题栏：**位于界面顶部，其左侧显示了Photoshop CS3程序的图标和名称，右侧是 3 个按钮，通过单击它们可以将窗口最小化、最大化和关闭。

- **菜单栏**：位于标题栏下方，是 Photoshop CS3 的重要组成部分。Photoshop CS3 将其大部分命令分门别类地放在了 10 个菜单中（“文件”、“编辑”、“图像”、“图层”、“选择”、“滤镜”、“分析”、“视图”、“窗口”和“帮助”）。要执行某项功能，可首先单击主菜单名打开一个下拉菜单，然后继续单击选择某个子菜单项即可，如图 1-6 所示。

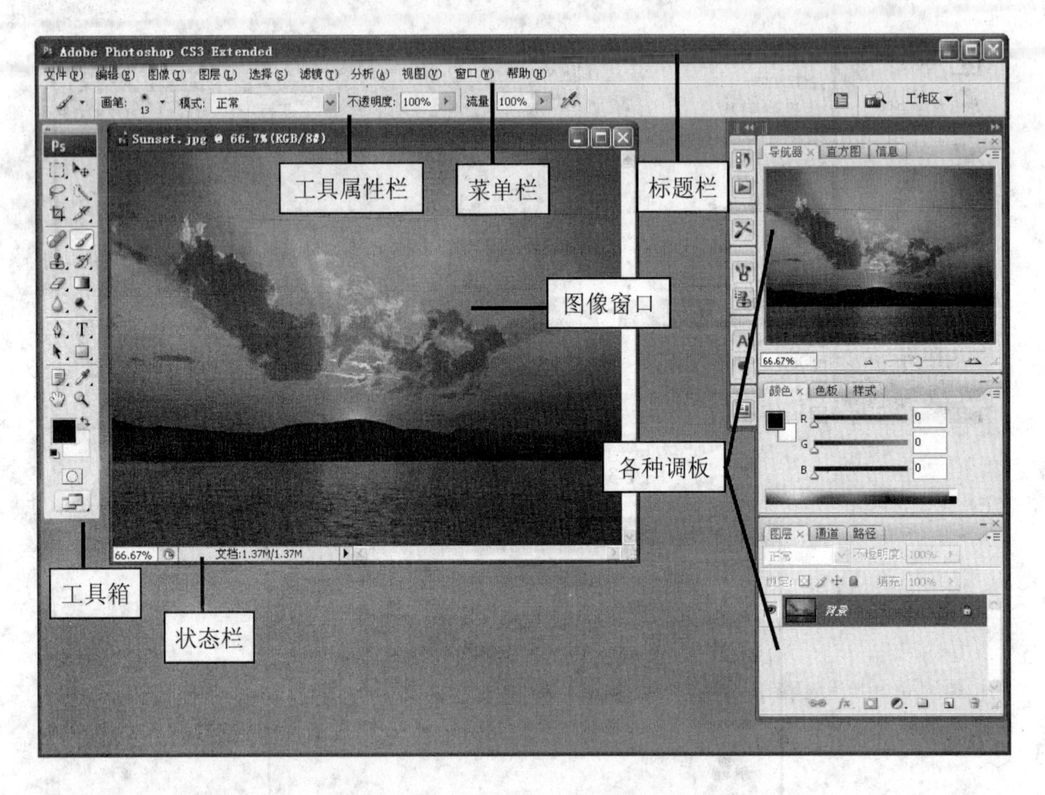

图 1-5　Photoshop CS3 工作界面

- **工具箱**：Photoshop CS3 的工具箱中包含了 40 余种工具，如图 1-7 左图所示。这些工具大致可分为选区制作工具、绘画工具、修饰工具、颜色设置工具及显示控制工具等几类，我们可以通过这些工具方便地编辑图像。

一般情况下，要使用某种工具，只需单击该工具即可。另外，部分工具的右下角带有黑色小三角，表示该工具中隐藏着其他的工具。在该工具上按住鼠标左键不放，可从弹出的工具列表中选择其他工具，如图 1-7 右图所示。

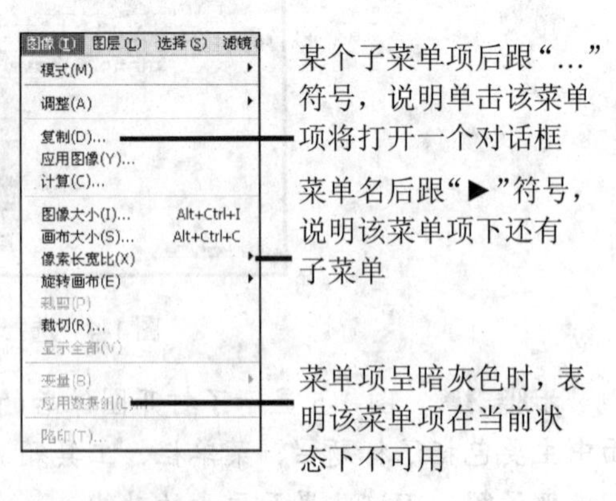

图 1-6　打开菜单

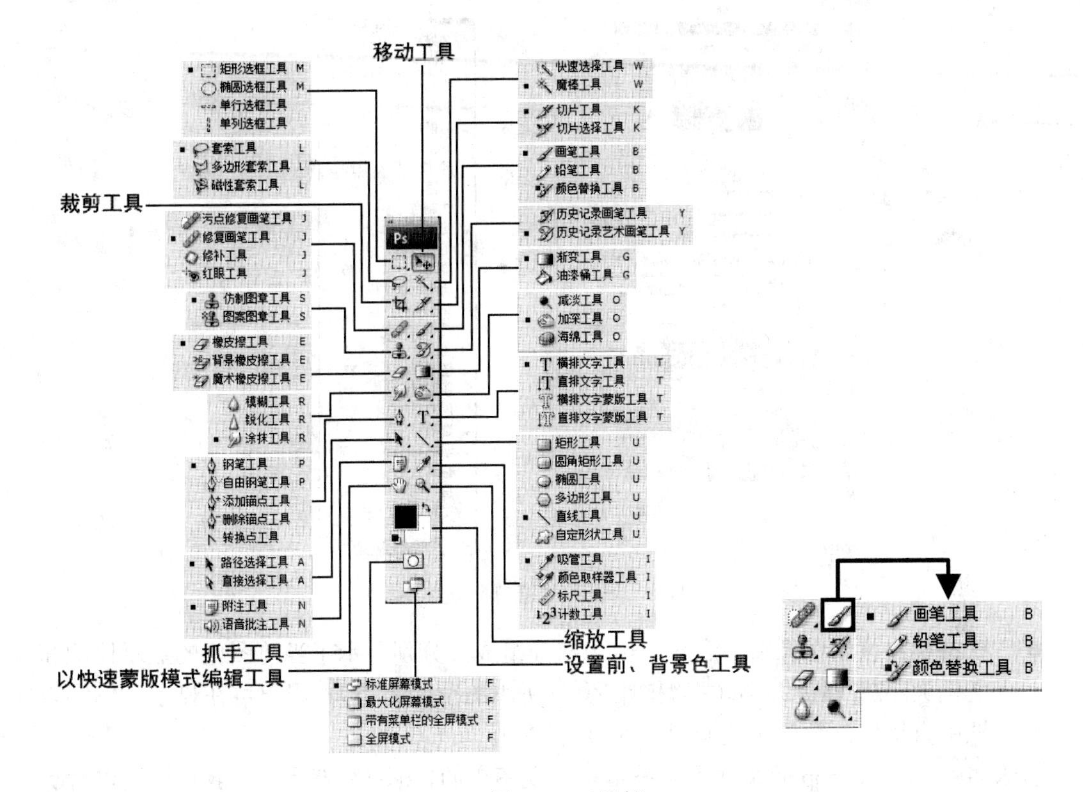

图 1-7　工具箱

Photoshop 为每个工具都设置了快捷键，要选择某工具，只需在英文输入法状态下按一下相应的字母键即可。将鼠标光标放在某工具上停留片刻，会出现工具提示，其中带括号的字母便是该工具的快捷键。若在同一工具组中包含多个工具，可以反复按【Shift＋工具快捷键】以选择其他工具。

- **工具属性栏：**当用户从工具箱中选择某个工具后，在菜单栏下方的工具属性栏中会显示该工具的属性和参数，利用它可设置工具的相关参数。自然，当前选择的工具不同，属性栏内容也不相同。
- **图像窗口：**用来显示和编辑图像文件。图像窗口带有自己的标题栏和调节窗口的控制按钮。当图像窗口处于“最大化”状态时，将与 Photoshop 共用标题栏。
- **调板：**位于图像窗口右侧，如图 1-8 左图所示。其主要功能是用来观察编辑信息，选择颜色，管理图层、通道、路径和历史记录等。Photoshop CS3 为用户提供了 14 个调板，要显示或隐藏某一调板，只需单击“窗口”菜单中的相应菜单项即可，如图 1-8 右图所示。

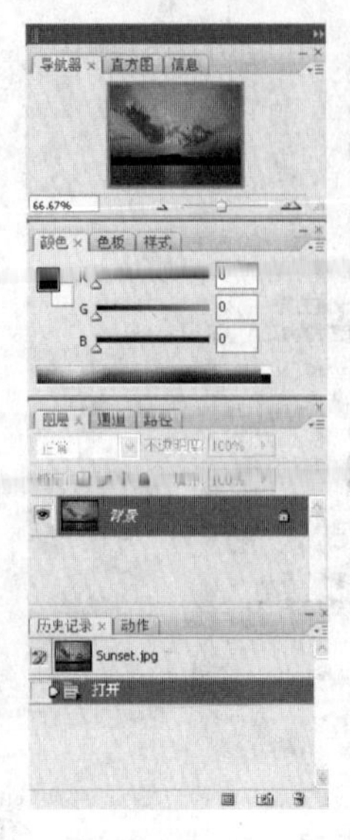

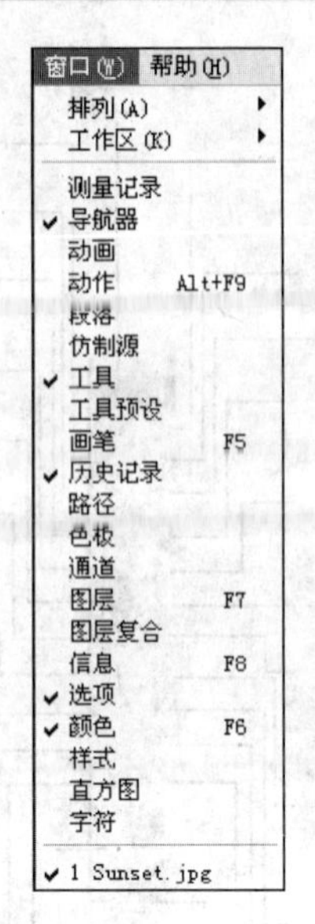

图 1-8　调板和“窗口”菜单

- **状态栏：** 位于图像窗口底部，由 2 部分组成，分别显示了当前图像的显示比例和文档大小/暂存盘大小（指编辑图像时所用的空间大小）。用户可在显示比例编辑框中直接修改数值来改变图像的显示比例。

步骤 4▶ Photoshop 的工作界面并不是一成不变的，根据实际需要，我们还可以对其进行各种调整。例如，要关闭工具箱和所有调板，可按【Tab】键；再次按【Tab】键，将重新显示工具箱和所有调板。

步骤 5▶ 调板不仅可以隐藏，还可以根据需要将它们折叠、伸展等。将鼠标移至图 1-9 左图所示的符号上单击，可将调板折叠成精美的图标，如图 1-9 中图所示。单击符号，调板将恢复为正常状态。

步骤 6▶ 此外，在折叠后的某个图标上单击，可单独打开该调板，如图 1-9 右图所示。

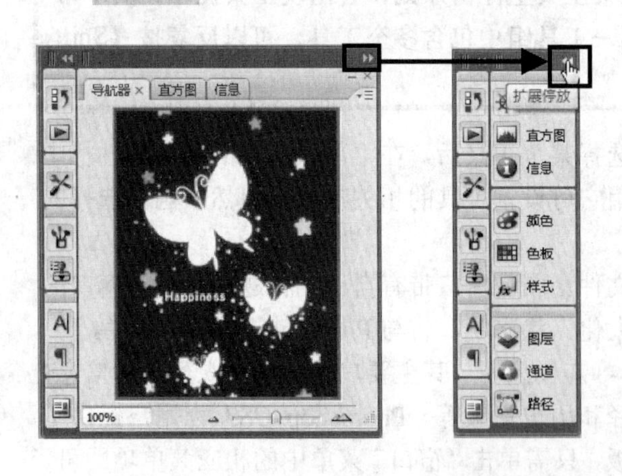

图 1-9　调板的伸展与折叠

步骤 7▶ 调板除了可以折叠、伸展外，还可以根据需要将它们任意拆分、移动和组

合。例如，要使“图层”调板从原来的调板窗口中拆分为独立的调板，可单击“图层”标签并按住鼠标左键不放，然后将其拖动到所需位置，如图 1-10 左图和中图所示。

要还原“图层”调板到原窗口中，只需将其拖回原来的调板窗口内即可。但重新组合的调板只能添加在其他调板的后面，如图 1-10 右图所示。

图 1-10　拆分与组合调板

步骤 8▶　如果用户已经将调板关闭或分离，此时又想恢复其初始位置，可选择“窗口”>“工作区”>“复位调板位置”菜单。

步骤 9▶　当不需要使用 Photoshop 时，可以采用以下几种方法退出程序：

- 直接单击程序窗口标题栏右侧的“关闭”按钮☒。
- 选择“文件”>“退出”菜单。
- 按【Alt+F4】组合键或【Ctrl+Q】组合键。

实训 2　图像文件的基本操作

【实训目的】

练习图像文件的新建、保存、关闭和打开方法。

【操作步骤】

步骤 1▶　要创建图像文件，可选择“文件”>“新建”菜单，或按【Ctrl+N】组合键，此时系统将打开图 1-11 所示的“新建”对话框。用户可在该对话框中设置新图像文件的名称、尺寸、分辨率、颜色模式和背景颜色。设置完成后，单击“确定”按钮即可创建所需的图像文件。

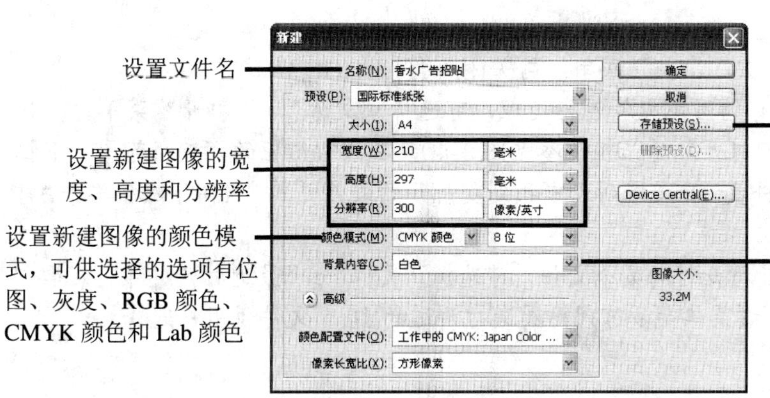

图 1-11　“新建”对话框

步骤 2▶ 要保存文件，可选择“文件”>“存储”菜单，或按【Ctrl+S】组合键。如果图像为新图像，系统将打开图 1-12 所示的“存储为”对话框。用户可在该对话框中设置文件名、文件格式、文件保存位置等参数。设置好后，单击“保存”按钮即可。

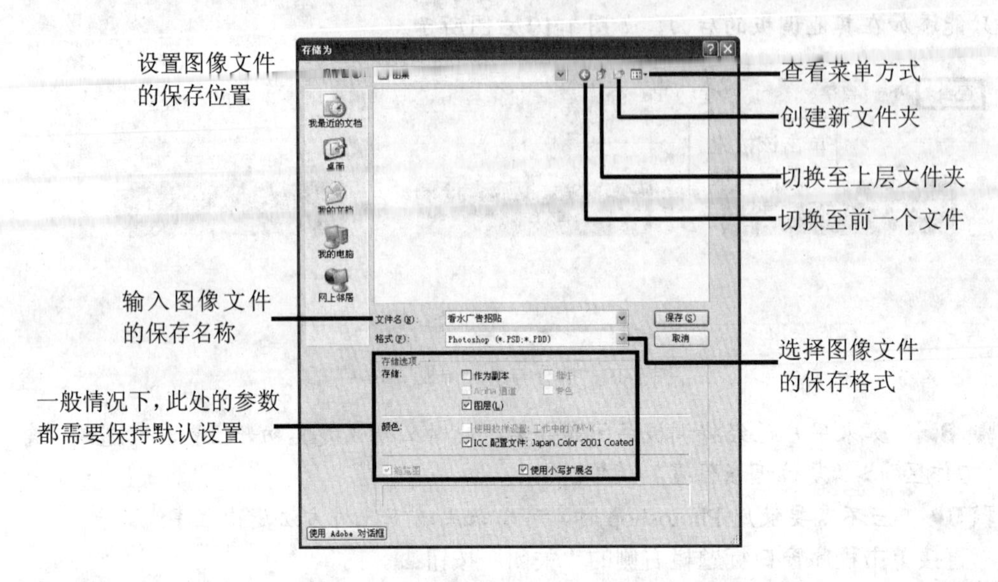

图 1-12 “存储为”对话框

若图像已经保存，再次执行保存操作时，不会再弹出“存储为”对话框。若用户希望将编辑的图像以别的名称保存，可以选择“文件”>“存储为”菜单或按【Shift+Ctrl+S】组合键，在打开的“存储为”对话框中重新设置文件名和存储位置即可。

步骤 3▶ 当用户不需要编辑某个图像文件时，可以通过以下几种方式将其关闭。

- 选择“文件”>“关闭”菜单，在弹出的对话框中单击 是(Y) 按钮。
- 按【Ctrl+W】或【Ctrl+F4】组合键。
- 单击图像窗口右上角的 ☒ 按钮或 × 按钮。
- 选择“文件”>“关闭全部”菜单，可关闭所有打开的图像。

步骤 4▶ 要打开现有的图像文件进行处理，可选择“文件”>“打开”菜单，或按【Ctrl+O】组合键，打开“打开”对话框（参见图 1-4）。在该对话框的“查找范围”下拉列表中选择文件所在的文件夹，在文件列表中找到要打开的文件并单击选中，然后单击“打开”按钮即可。

步骤 5▶ 要打开最近打开过的某个文件，可选择“文件”>“最近打开文件”菜单中的某个菜单项（文件名）。该菜单最多可列出最近打开过的 10 个文件供用户选择。

综合实训——合成照片

下面通过合成照片来练习前面学习的内容，合成效果如图 1-13 所示。制作时，首先新建一个文档并导入素材，然后将素材图像分别复制到新建的文件窗口中，最后存储合成的文件。用户在制作过程中，要重点注意新建和存储文档的方法。

步骤 1▶ 选择“文件”>“新建”菜单，或者按【Ctrl+N】组合键，打开“新建”对话框，设置如图 1-14 所示的参数，然后单击“确定”按钮，新建一个空白文档。

图 1-13 最终效果

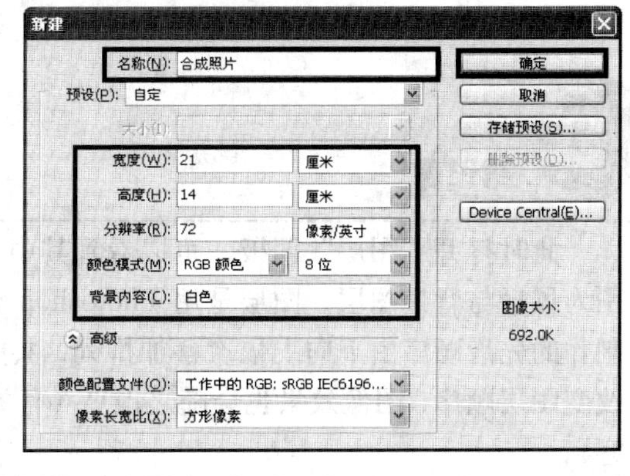

图 1-14 “新建”对话框

步骤 2▶ 打开本书配套素材“PH1”文件夹中的两张素材图片“1.jpg”和“2.psd”文件，如图 1-15 所示。

步骤 3▶ 在“1.jpg”文件窗口单击，将其置为当前窗口。按【Ctrl+A】组合键全选图像（图像周围会出现虚线边框），然后按【Ctrl+C】组合键复制人物图像。

图 1-15 素材图片

步骤 4▶ 在新建的“合成照片”文件窗口中单击，使其成为当前窗口。按【Ctrl+V】组合键，将人物风景图像粘贴到窗口中，如图 1-16 左图所示。

步骤 5▶ 参照步骤 3～步骤 4 所示操作方法，将“2.psd”文件中的鲜花复制到“合成照片”文件中，用“移动工具”调整位置，得到图 1-16 右图所示的合成效果。

图 1-16　复制图像

此时打开“图层”调板，可以看到其中有 3 个图层。最上一层为鲜花图层，其次分别为风景与背景图层。图层是用 Photoshop 处理图像时一个非常有用的工具，它们按照制作的先后顺序由下向上依次叠加排列，共同组成图像的最终效果，如图 1-17 所示。若改变图层顺序，图像效果也会随之改变（有关图层的概念及编辑方法请详见第 6、7 章内容）。

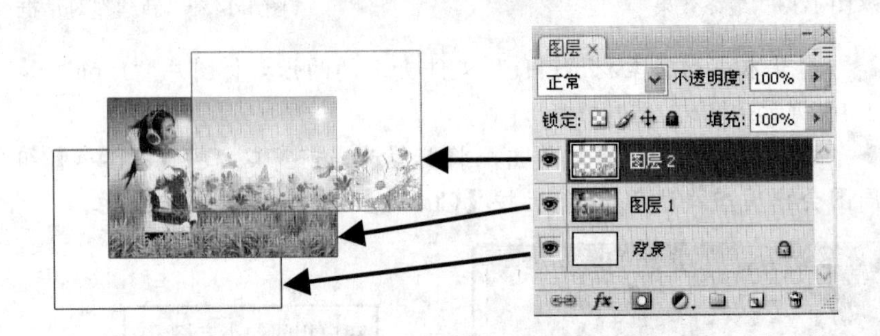

图 1-17　图层分解图与“图层”调板状态

步骤 6▶ 选择“文件”>“存储”菜单，或按【Ctrl+S】组合键，打开“存储为”对话框，选择存储文件的文件夹并单击“保存”按钮保存文件。

1.3　熟悉图像文件浏览器

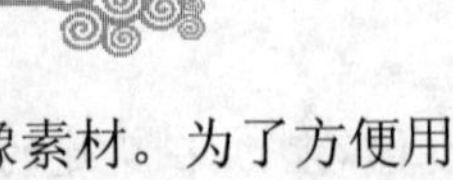

我们在使用 Photoshop 进行图像处理时，经常需要众多的图像素材。为了方便用户管理图像素材，Photoshop CS3 套装软件中提供了一款能够独立运行的应用程序——Adobe Bridge CS3，它能帮助用户管理和浏览电脑中多种格式的图像文件。

要启动 Adobe Bridge CS3，可单击“开始”按钮，选择“所有程序”>“Adobe Bridge

CS3”菜单，也可以在运行 Photoshop CS3 时选择“文件”>“浏览”菜单，或者单击工具属性栏中的“转到 Bridge”按钮。图 1-18 显示了打开的 Adobe Bridge CS3 窗口。

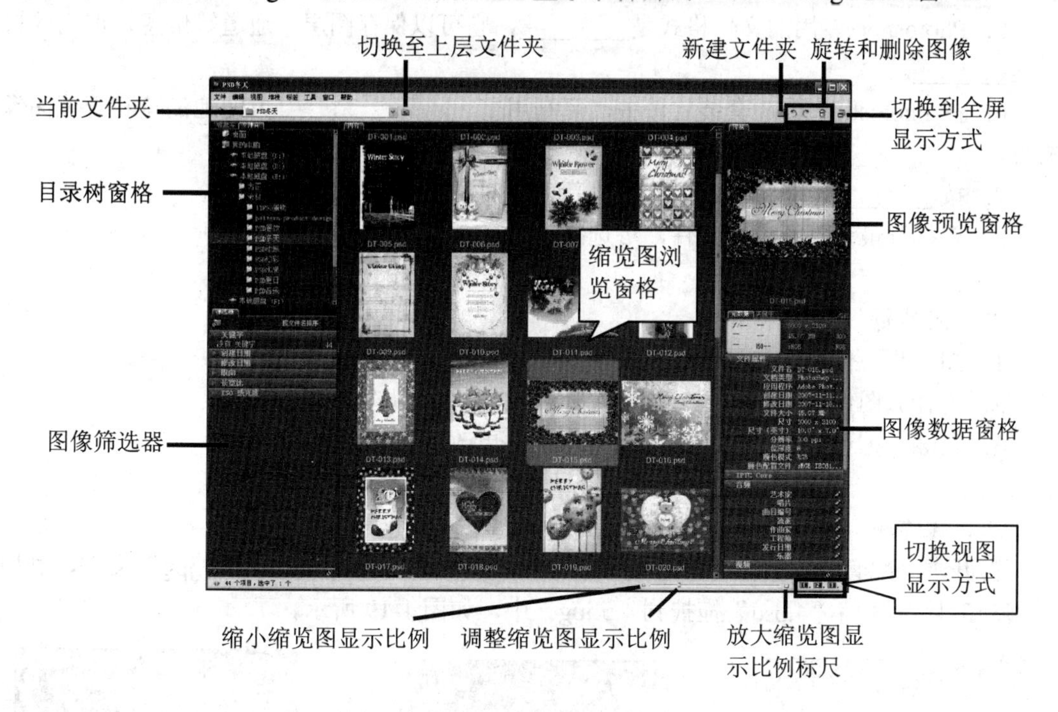

图 1-18　Adobe Bridge CS3 浏览器

总体而言，Adobe Bridge CS3 的使用方法非常简单，其各窗格和按钮的功能已在图 1-18 中列出。此外，双击某个图像缩览图，可启动或返回 Photoshop 程序并打开该图像。

课后总结

本章介绍了 Photoshop 的应用领域，以及位图、矢量图、像素和分辨率等概念；介绍了如何启动、退出 Photoshop，以及 Photoshop 的工作界面组成；还通过一个实例，让读者掌握如何新建、打开、存储和关闭图像，以及如何利用 Adobe Bridge 浏览器浏览图像文件。这些知识虽然简单，但对用户以后全面掌握 Photoshop 有很大的帮助，所以要用心领会。

思考与练习

一、填空题

1．________是组成图像的最小单位。

2．位图与________有关，图像被放大一定程度后，图像将________。

3．图像是由一个个小点组成的，这每一个小点被称为________。

4. 常用的颜色模式有________、________、________、________、________、________、________和________。

5. Photoshop 专用的文件格式是________，它可以保存图层、通道等信息，但它的缺点是________。

6. 在 Photoshop CS3 套装软件中，可利用________________方便地浏览和管理图像文件。

7. 按________组合键，可以打开“新建”对话框新建图像文件。

8. 要打开最近打开过的文件，可选择________>________菜单。

二、问答题

1. 想一想，位图与矢量图最大的区别是什么？

2. 为什么图像在印刷前要转换成 CMYK 颜色模式呢？

3. 在编辑图像文件时，若不希望将原文件更改，该怎么操作？

三、操作题

打开本书配套素材“PH1”文件夹中的两张素材图片“4.psd”和“5.jpg”文件，利用“移动工具”将“4.psd”拖拽到“5.jpg”中，如图 1-19 所示。

图 1-19　效果

【本章导读】

本章介绍 Photoshop CS3 基本操作，包括调整图像窗口的位置、尺寸及显示方式，图像的放大与缩小，标尺、网格及参考线等辅助工具的使用，以及设置前景色和背景色等。掌握这些知识是使用 Photoshop 处理图像的基础。

【本章内容提要】

- 调整图像窗口
- 使用辅助工具
- 设置前景色和背景色

2.1 调整图像窗口

在编辑图像时，经常需要打开多个图像窗口。为了操作方便，可以根据需要移动窗口的位置、调整窗口的大小或在各窗口间进行切换等，还可以放大或缩小图像显示比例，以及移动图像显示区域。

实训 1　调整图像窗口的基本操作

【实训目的】

- 掌握调整图像窗口大小的方法。
- 掌握移动和切换图像窗口的方法。
- 掌握选择窗口排列方式和显示模式的方法。

【操作步骤】

步骤 1▶ 在 Photoshop CS3 中任意打开一副图像，此时图像窗口处于默认的显示大小状态，单击图像窗口标题栏并拖动即可移动窗口的位置，如图 2-1 左图所示。

步骤 2▶ 要使窗口最小化或最大化显示，可单击图像窗口右上角的"最小化"按钮或"最大化"按钮。当图像窗口处于最小化（如图 2-1 右图所示）或最大化状态时，单击窗口右上角的或按钮可将窗口恢复为默认的显示大小。

图 2-1 移动、最大化和最小化图像窗口

步骤 3▶ 当图像窗口处于非最大化或最小化显示时，还可将光标置于图像窗口边界（此时光标呈↕、↔、↗或↖形状），然后按住鼠标左键并拖动可调整图像窗口大小。

步骤 4▶ 若同时打开多个图像窗口，工作界面会显得很乱。此时用户可选择"窗口">"排列"菜单中的"层叠"、"水平平铺"、"垂直平铺"和"排列图标"子菜单，来改变图像窗口的显示状态，如图 2-2 所示。

图 2-2 排列图像窗口

步骤 5▶ 要在打开的多个窗口间切换，可以直接单击想要处理的窗口，使其成为当前窗口；或在"窗口"菜单中单击某图像文件名，也可以使其成为当前窗口。此外，如果希望在各窗口间循环切换，可以按【Ctrl+Tab】或【Ctrl+F6】组合键。

步骤 6▶ 在 Photoshop CS3 中，系统提供了全屏、带菜单的全屏、标准屏幕和最大化屏幕 4 种屏幕显示模式。单击工具箱底部的"更改屏幕模式"工具，可在不同的屏幕

模式之间切换，如图 2-3 所示。也可在英文输入法状态下，连续按【F】键切换。

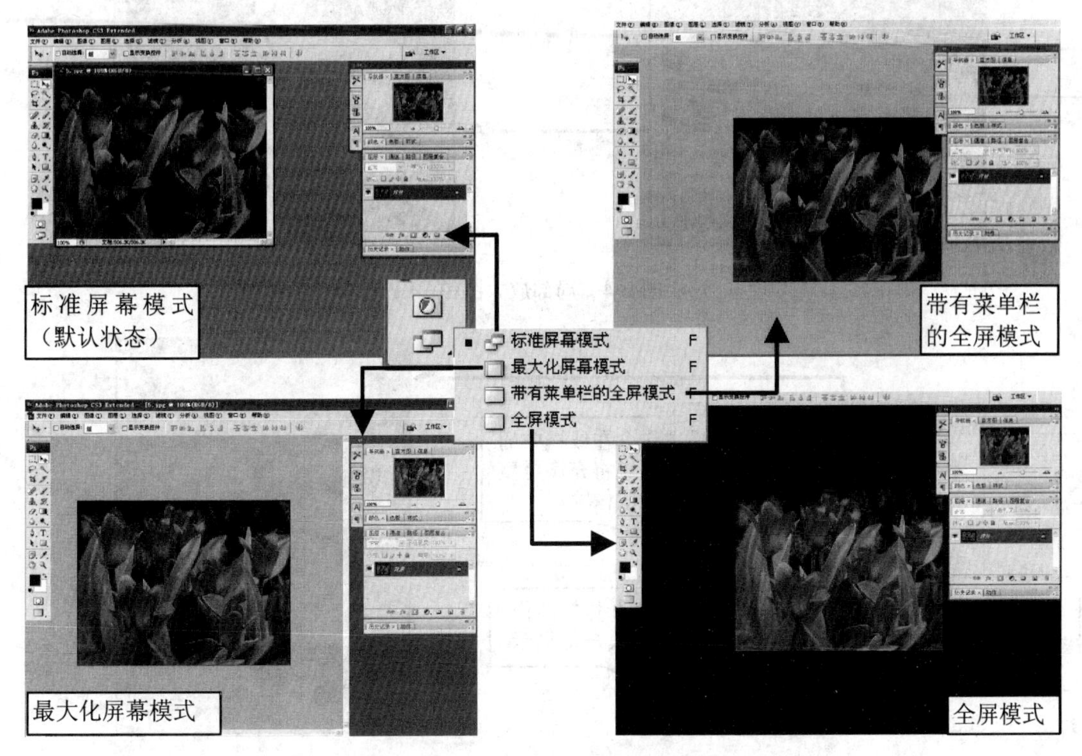

图 2-3 4 种屏幕显示模式

实训 2 改变图像显示比例

在处理图像时，通过放大图像可以更方便地对图像的细节进行处理，通过缩小图像可以更方便地观察图像的整体。

【实训目的】

- 掌握放大、缩小及 100%显示图像的方法。

【操作步骤】

步骤 1▶ 在工具箱中选择“缩放工具”后，将鼠标指针移至图像窗口，光标将呈状，此时单击鼠标即可将图像放大一倍显示。若按住【Alt】键不放，光标将呈状，此时在图像窗口中单击鼠标可将图像缩小 1/2 显示。

步骤 2▶ 选择“缩放工具”后，在图像窗口按住鼠标左键不放并拖出一个矩形区域，释放鼠标后该区域将被放大至充满窗口，如图 2-4 所示。

步骤 3▶ 选择“视图”>“放大”（快捷键为【Ctrl++】）或“缩小”（快捷键为【Ctrl+−】）菜单，可使图像放大一倍或缩小 1/2 显示。按【Ctrl+Alt+−】或【Ctrl+Alt++】组合键可以将窗口随图像一起缩小或放大。

步骤 4▶ 将光标置于“导航器”调板的滑块上，左右拖动可缩小或放大图像，如图 2-5 所示。此外，单击滑块左侧的按钮，可将图像缩小 1/2 显示；单击滑块右侧的按钮，可将图像放大 1/2 显示。

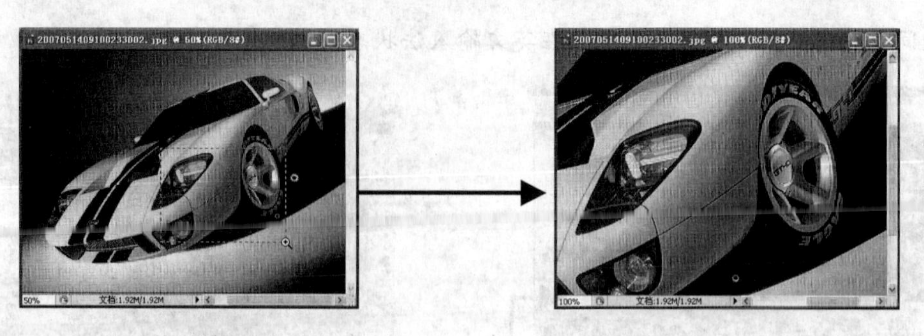

图 2-4　局部放大图像

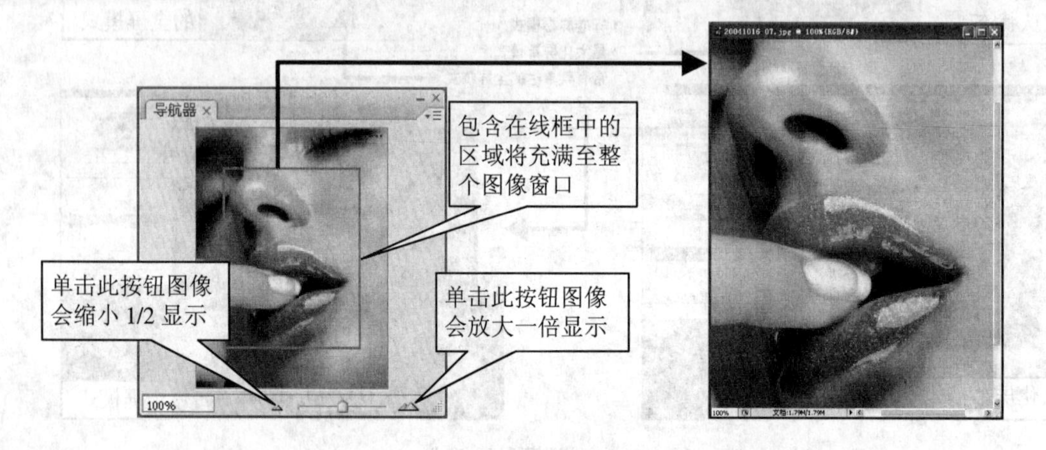

图 2-5　利用导航器面板缩放图像

步骤 5▶　如果希望将图像按 100%比例显示（当 100%显示图像时，用户看到的是最真实的图像效果），可通过以下几种方法实现：

- 在工具箱中双击"缩放工具"。
- 选择"缩放工具"后，右击图像窗口，从弹出的快捷菜单中选择"实际像素"。
- 选择"视图">"实际像素"菜单。

步骤 6▶　如果希望将图像按屏幕大小显示，可选择"视图">"按屏幕大小缩放"菜单；如果希望将图像以实际打印尺寸显示，可选择"视图">"打印尺寸"菜单。

实训 3　移动图像显示区域

【实训目的】

- 掌握移动图像显示区域的方法。

【操作步骤】

步骤 1▶　在编辑图像时，若图像大小超出当前图像显示窗口，系统将自动在图像窗口的右侧和下方出现垂直或水平滚动条。此时，用户可直接拖动滚动条移动图像的显示区域。

步骤 2▶　选择工具箱的"抓手工具"后，光标呈形状，此时在图像窗口拖动光标也可改变图像显示区域，如图 2-6 左图所示。在使用工具箱中任何工具的情况下，按住空格键不放，工具光标都将变为形状，此时拖动鼠标可改变图像的显示区域。

步骤 3▶　此外，还可以使用“导航器”调板改变图像显示区域，方法是将光标移至“导航器”调板的红色线框内，然后按下鼠标左键并拖动即可，如图 2-6 右图所示。

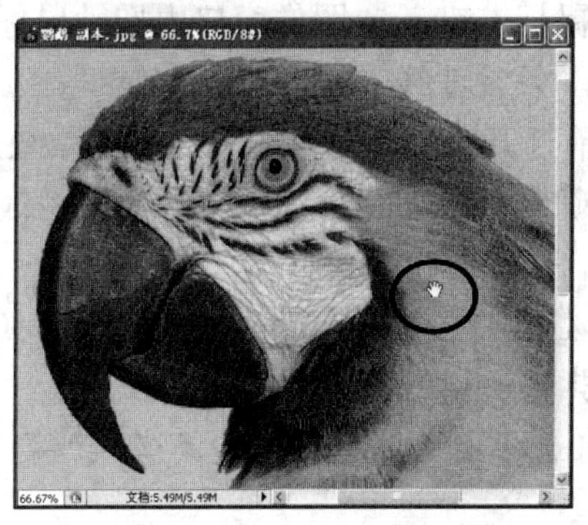

图 2-6　移动图像的显示区域

2.2　使用辅助工具

为了方便在处理图像时能够精确设置对象的位置和尺寸，使作图更加准确，系统提供了一些辅助工具供用户使用，如标尺、网格和参考线等。下面分别讲解它们的使用方法。

实训 1　使用标尺、参考线与网格

【实训目的】

- 了解显示标尺的方法。
- 掌握参考线的使用方法。
- 了解网格的显示与使用方法。

【操作步骤】

步骤 1▶　使用标尺和参考线，可以非常方便地将各种图像元素放置到指定位置，如图 2-7 右图所示。首先打开本书配套素材“PH2”文件夹中的“1 图书封面.jpg”图片文件，如图 2-7 左图所示，我们将利用该图片练习标尺和参考线的使用方法。

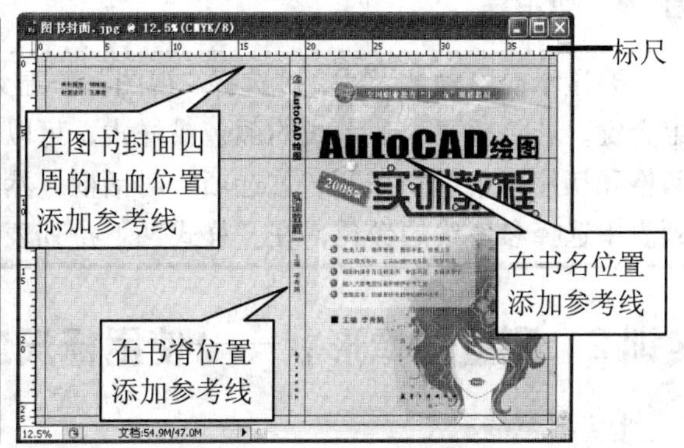

图 2-7　使用标尺和参考线

步骤 2▶ 选择“视图”>“标尺”菜单，或按【Ctrl+R】组合键，可显示或隐藏标尺。

步骤 3▶ 要创建参考线，可使用下面两种方法。

- 在图像左侧或顶部的标尺中，按住鼠标左键并向图像窗口内拖动鼠标，可创建垂直或水平参考线，根据需要可创建多条参考线。
- 选择“视图”>“新建参考线”菜单打开“新建参考线”对话框。在对话框中设置“取向”和“位置”后，单击“确定”按钮也可添加一条新参考线。

步骤 4▶ 要移动参考线，可按住【Ctrl】键或选择“移动工具”后，将光标移至参考线上方，此时光标将呈状，按下鼠标左键，拖动到合适的位置后松开鼠标即可。用户可参考图 2-7 右图所示，创建参考线并将其移动到图书封面的相应位置。

步骤 5▶ 要避免不小心移动参考线，可选择“视图”>“锁定参考线”菜单将其锁定，重新选择该菜单命令可解除参考线的锁定。

步骤 6▶ 要删除单条参考线，可用移动工具直接将其拖出画面；要删除所有参考线，可选择“视图”>“清除参考线”菜单。

步骤 7▶ 除了标尺和参考线，利用网格也能使设计更加精确。选择“视图”>“显示”>“网格”菜单，或按【Ctrl+'】组合键可在图像窗口中显示或隐藏网格线，如图 2-8 所示。

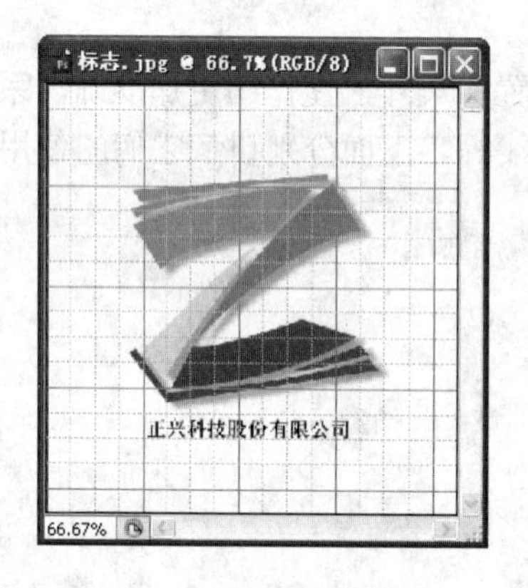

图 2-8 借助网格绘制标志

在移动对象时，可以通过选择“视图”>“对齐到”菜单下的相应子菜单来指定是否将对象自动对齐到网格、参考线或文档边界。

要显示或隐藏参考线，可选择“视图”>“显示”>“参考线”菜单或连续按【Ctrl+H】组合键。若希望更改参考线的颜色或样式，可以选择“编辑”>“首选项”>“参考线、网格和切片”菜单，打开“首选项”对话框，然后在“参考线”设置区的“颜色”下拉列表中选择参考线的颜色，在“样式”下拉列表中设置参考线的样式。

实训 2 测量图像形状——使用标尺工具

【实训目的】

- 了解标尺工具的使用方法。

【操作步骤】

步骤 1▶ 利用“标尺工具”可以方便地测量图像中两点间的距离或物体的角度。打开本书配套素材“PH2”文件夹中的“2 存储卡.jpg”图片文件，在工具箱中选择“标尺工具”，然后在图像窗口中需要测量的两点间拖动鼠标画出一条直线，此时在工具属性栏或“信息”调板中将显示相应的信息，如图 2-9 所示。

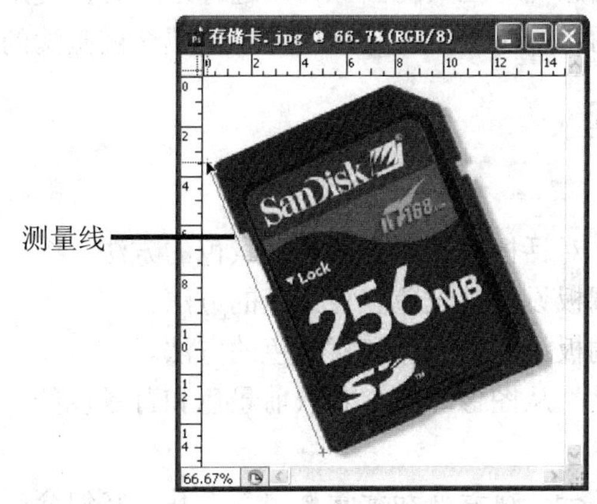

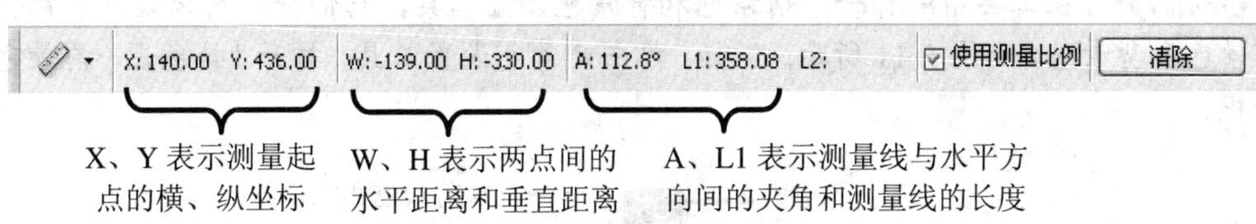

图 2-9　绘制第一条测量线并查看测量信息

步骤 2▶ 在第一条测量线的终点处按下【Alt】键，待光标呈形状时，拖动光标画出第二条测量线。此时在工具属性栏中将显示两条测量线之间的夹角和长度，如图 2-10 所示。

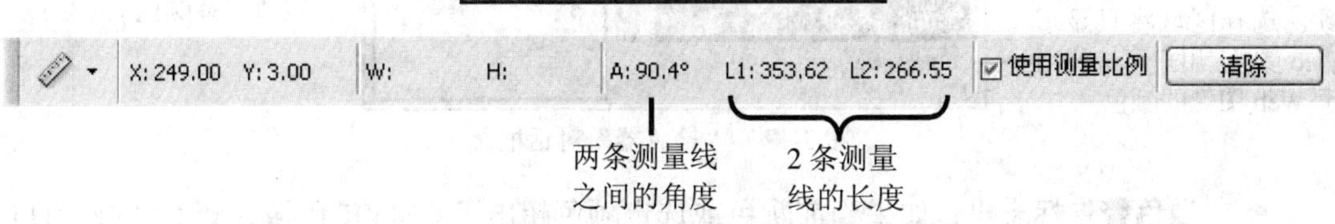

图 2-10　绘制第二条测量线并查看测量信息

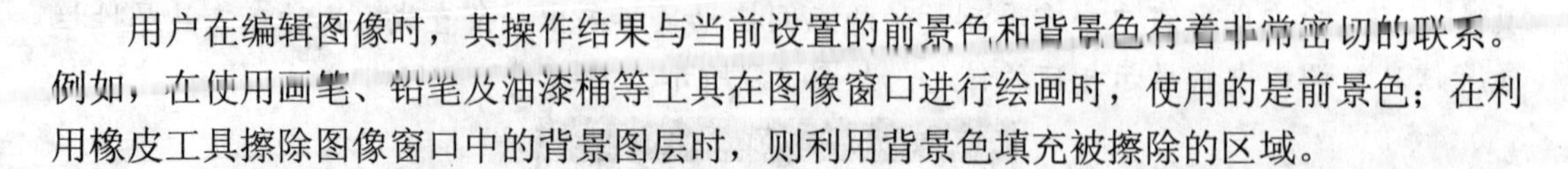

2.3 设置前景色和背景色

用户在编辑图像时，其操作结果与当前设置的前景色和背景色有着非常密切的联系。例如，在使用画笔、铅笔及油漆桶等工具在图像窗口进行绘画时，使用的是前景色；在利用橡皮工具擦除图像窗口中的背景图层时，则利用背景色填充被擦除的区域。

实训1　制作小牛插画

【实训目的】

- 掌握利用"拾色器"对话框设置前景色和背景色的方法。
- 掌握利用"颜色"调板设置前景色和背景色的方法。
- 掌握利用"色板"调板设置前景色和背景色的方法。
- 掌握利用"吸管工具"从图像颜色中获取前景色和背景色的方法。

【操作步骤】

步骤 1▶ 在工具箱中有一个前景色和背景色设置工具，它们分别用来设置当前使用的前景色和背景色，如图2-11所示。例如，单击前景色设置工具，打开"拾色器(前景色)"对话框。

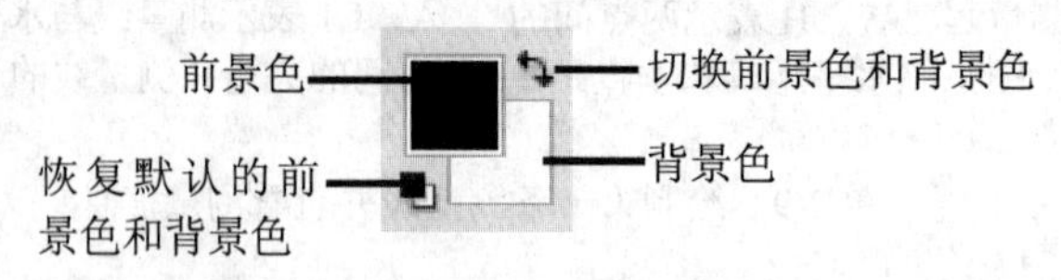

图2-11　前景色和背景色设置工具

步骤 2▶ 在"拾色器(前景色)"对话框的光谱中选择基本的颜色区域，如蓝色区域。然后在颜色区选择颜色，如灰蓝色。单击"确定"按钮即可将所选颜色设置为前景色，如图2-12所示。

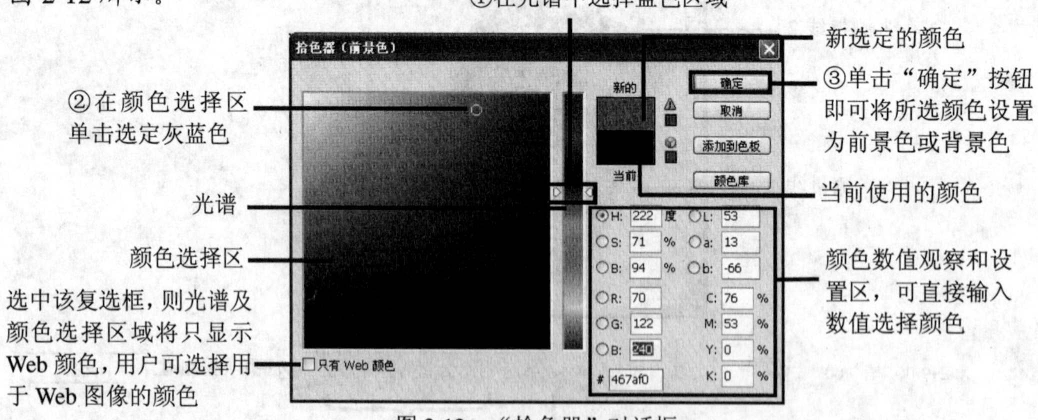

图2-12　"拾色器"对话框

- **溢色警告标志**⚠：如果当前颜色或选定颜色超出了CMYK色域（即CMYK可以显示或打印的颜色范围），则对话框中色样的右侧将出现一个溢色警告标志⚠，

其下方的小方块显示了与所选颜色最接近的 CMYK 颜色。单击溢色警告标志，可将此 CMYK 颜色设置为选定颜色。

- **Web 调色板颜色警告标记**：其意义与溢色警告标志基本相同。
- **“颜色库”按钮**：单击“拾色器”对话框中的“颜色库”按钮，系统将打开“颜色库”对话框，用户可从中选择系统提供的色彩体系，并设置相应颜色，所选颜色将被精确地利用 C、M、Y、K 的不同比例混合而成，为印刷提供方便。

步骤 3▶ 设置好前景色和背景后，当前的操作结果便与其密切相关。例如，打开本书配套素材“PH2”文件夹中的“3 小牛.jpg”图片文件。选择工具箱中的“油漆桶工具”（或在英文输入法状态下，按键盘上的【G】键），分别在图 2-13 所示小牛的相应部位单击鼠标，单击处将被填充为步骤 1 和步骤 2 所设置的前景色（灰蓝色）。

图 2-13　利用“油漆桶工具”上色

在英文输入法状态下，按【D】键可将前景色和背景色恢复成默认的黑色和白色；按【X】键可快速切换前景色和背景色。

步骤 4▶ 此外，利用“颜色”调板也可以轻松地设置前景色和背景色。首先单击前景色或背景色颜色框，然后拖动 R、G、B 滑块，或直接在其后的文本框中输入数值来调整颜色，如图 2-14 所示。本例分别在 R、G、B 后的三个编辑框中输入数值 162、195 和 251，从而将前景色设置为浅蓝色。

也可以将鼠标光标移至颜色样板条上，当光标呈形状时单击即可来设置前景色和背景色；按住【Alt】键单击可在前景色或背景色设置之间切换，如图 2-14 所示。此外，单击“颜色”调板右上角的按钮，用户可以从打开的菜单中选择其他设置颜色的方式及颜色样板条类型如图 2-14 所示。

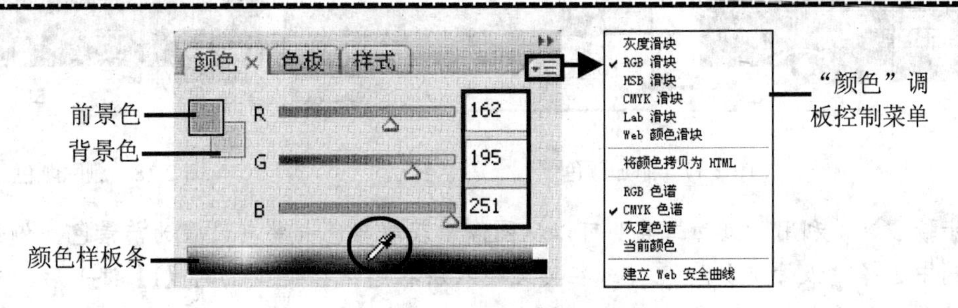

图 2-14　利用“颜色”调板设置颜色

步骤 5▶ 选择"油漆桶工具"，在图 2-15 所示小牛的相应部位处单击鼠标，单击处将被填充为浅蓝色。

步骤 6▶ 利用"色板"调板可以快速将预先定义好的颜色设置为前景色。例如，打开"色板"调板后，在颜色列表中选择纯黄色，如图 2-16 左图所示，然后使用"油漆桶工具"为小牛的上衣及底座的相应部位上色，如图 2-16 右图所示。

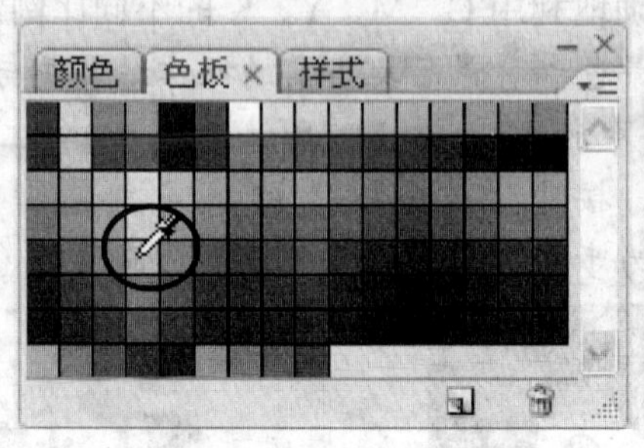

图 2-15 利用"油漆桶工具"上色　　图 2-16 利用"色板"调板设置颜色并填充

若要利用"色板"调板设置背景色，可在按住【Ctrl】键的同时单击"色板"调板中的颜色即可。

若要在"色板"调板中添加颜色，应首先利用"颜色"调板或"拾色器"对话框将前景色设置为要添加的颜色，然后将光标移至调板中的空白处单击（此时光标变为油漆桶形状），如图 2-17 左图所示，在打开的"色板名称"对话框中输入颜色名称，单击"确定"按钮，如图 2-17 右图所示。

若要在"色板"调板中删除某颜色，只需将鼠标光标移至某颜色上，按住鼠标左键并拖至调板底部的按钮上即可。此外，将鼠标光标移至要删除的颜色上，按住【Alt】键，当光标呈剪刀状时，单击鼠标左键也可删除该颜色，如图 2-18 所示。

图 2-17 添加颜色　　图 2-18 删除颜色

步骤 7▶ 利用"吸管工具"可以从图像中获取颜色并将其设置为前景色。例如，在工具箱中选择"吸管工具"（或在英文输入法状态下按键盘上的【I】键）后，在小牛旁边的画板上单击，吸取字母"C"的橙色，如图 2-19 所示。然后使用"油漆桶工具"

为小牛的裤子及底座的相应部位上色，如图 2-20 所示。

在使用“吸管工具”时，如果按住【Alt】键单击，则可将单击处的颜色设置为背景色。此外，用户可利用图 2-21 所示的“吸管工具”属性栏设置取样大小。默认情况下，“吸管工具”仅吸取光标下一个像素的颜色，也可选择“3 x 3 平均”或“5 x 5 平均”等选项，扩大取样像素的范围。

图 2-19　吸取图像中的颜色

图 2-20　填充颜色

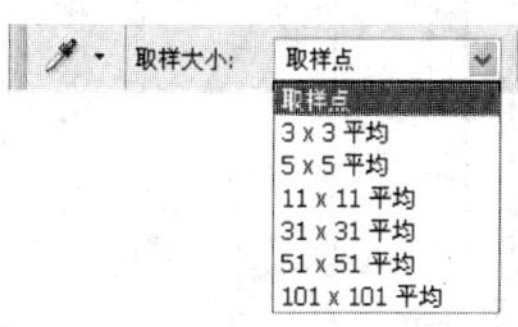

图 2-21　取样大小的设置

综合实训——制作杂志封面

下面通过制作一幅杂志封面来练习以上学习的内容。制作时，首先打开素材图片，在文档中显示标尺，然后拖出几条辅助线，分别放在书脊以及出血位置，接着打开其他素材图片，并分别拖到辅助线围成的区域即可。用户在制作过程中，要重点注意显示标尺、创建参考线和设置前景色的方法。本实例最终效果如图 2-22 所示。

本实例最终效果可参阅本书配套素材“PH2”文件夹中的“4 杂志封面最终效果分层文件.psd”

图 2-22　杂志封面

【操作步骤】

步骤 1▶ 打开本书配套素材“PH2”文件夹中的“4 封面.psd”图片文件，选择“视图”>“标尺”菜单（或按下【Ctrl+R】组合键），此时在图像的顶部及左侧显示出标尺。

步骤 2▶ 多次按下【Ctrl+ +】组合键，直到将标尺上的刻度放大到能看清毫米刻度为止。单击图像左侧标尺，向图像窗口内拖动鼠标，此时光标呈✣形状，在 3mm 处释放鼠标，即可创建一条垂直参考线，如图 2-23 所示。

步骤 3▶ 按照同样的方法，在图像横向标尺的 21.3cm、22.8cm、43.8cm 处各创建一条垂直参考线，在纵向标尺的 3mm、28.5cm 处各创建一条水平参考线来设定封 1、封 4、书脊及出血的位置，如图 2-24 所示。

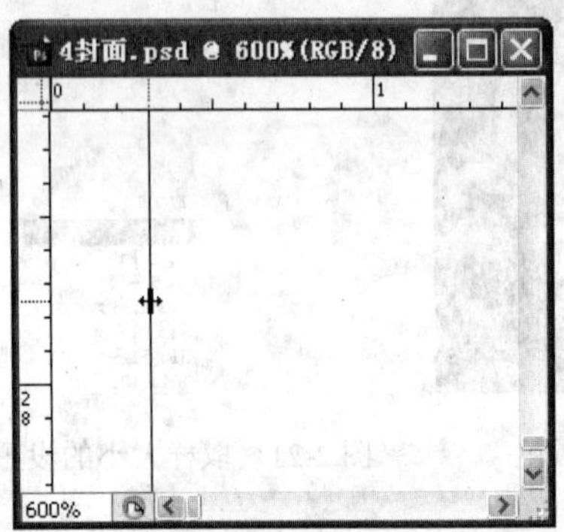

图 2-23　创建参考线

图 2-24　创建好的参考线

步骤 4▶ 打开本书配套素材“PH2”文件夹中的“4 封 1.psd”图片文件，将前景色设置为红色（#e71f18），然后使用“油漆桶工具”为“VISION”字样上色，如图 2-25 右图所示。

图 2-25　为文字上色

步骤 5▶ 利用“移动工具”将“4 封 1.psd”图片拖入“4 封面.psd”图像窗口右侧，并按照参考线的位置放好，如图 2-26 所示。

步骤 6▶ 打开本书配套素材“PH2”文件夹中的“4 封 4.psd”和“4 书脊.psd”图片文件，分别将它们拖入到“4 封面.psd”图像窗口中相应的位置，并按照参考线进行对齐。至此杂志封面组合完成，效果如图 2-27 所示。最后按【Ctrl+S】组合键保存文档即可。

图 2-26　将“4 封 1.psd”图片拖入“4 封面.psd”文件窗口中

图 2-27　最终效果

课后总结

本章主要介绍了 Photoshop CS3 的一些基本操作。其中，灵活地放大图形显示比例，可以对图像进行细微处理，缩小图像可以对图像进行整体观察；在需要精确绘图时，借助标尺、参考线、网格和标尺工具是很不错的选择；Photoshop 的颜色设置分为前景色和背景色，前景色相当于实际绘画时画笔的颜色，背景色相当于画布的颜色；此外，Photoshop 提供了大量的快捷键，这对提高工作效率有很大帮助，大家要逐渐养成使用快捷键的习惯。

思考与练习

一、填空题

1. 在 Photoshop CS3 的工具箱中，系统提供了 4 种屏幕显示模式：________、________、________和________。在英文输入法状态下，按________键可在这种 4 种模式中快速切换。

2. 设置前景色和背景色的方法有________、________、________和________。

3. 在英文输入法状态下，按________键可将前景色和背景色恢复成默认的黑色和白色；按________键可快速切换前景色和背景色。

4. 利用“色板”调板设置颜色时，按住_______键的同时单击“色板”调板中的颜色可设置背景色。

5. 使用“吸管工具”设置颜色时，按住_______键可以将吸取的颜色设置为背景色。

二、问答题

1. 如何利用“缩放工具”将图像的局部区域放大至充满窗口？

2. 前景色和背景色分别有什么作用？

三、操作题

1. 将一幅图像先放大800%显示，然后缩小50%显示，再恢复100%显示。

2. 打开本书配套素材“PH2”文件夹中的“5小鱼.jpg”图片文件，如图2-28所示。参考本章综合实训1，为图片填充自己喜爱的颜色。

图2-28 鱼形图案

第3章　图像选区的创建和编辑

【本章导读】

用 Photoshop 处理图像时，若已在图像中创建了选区，则大部分操作只对当前选区内的图像区域有效。因此，若想对图像的局部进行编辑，制作选区是一个非常重要的手段。例如，我们在处理一幅照片时，如果希望人物面部显得明亮一些而其他部位保持不变，则需要为该部位制作选区，然后按要求进行处理。本章我们将介绍创建选区的多种方法，以及编辑调整选区，如移动、复制、填充与描边等。

【本章内容提要】

- 利用选区工具制作选区
- 利用菜单命令制作选区
- 选区的调整与编辑
- 描边和填充选区

3.1　利用选区工具制作选区

Photoshop CS3 提供了多种选区制作工具，如：选框工具组、套索工具组和魔棒工具组。其中，用选框工具组可创建规则选区、用套索工具组可创建不规则选区、用魔棒工具组可为颜色相近区域创建选区。下面具体介绍这些工具的用法。

实训 1　制作相框——使用选框工具组

【实训目的】

- 掌握矩形和椭圆选框工具的使用方法。
- 掌握单行和单列选框工具的使用方法。

【操作步骤】

步骤 1▶ 新建一个空白文档，命名为“相框合成”，并参照如图 3-1 所示设置参数。

图 3-1　“新建”对话框

步骤 2▶ 打开本书配套素材“PH3”>“PH3.1”文件夹中的“1 相框.jpg”和“1 照片.jpg”图片文件，如图 3-2 所示。

图 3-2　素材图片

步骤 3▶ 在“1 照片.jpg”图像窗口单击，将其设置为当前窗口。在工具箱中选择“矩形选框工具”，并在其属性栏中做图 3-3 所示的设置。

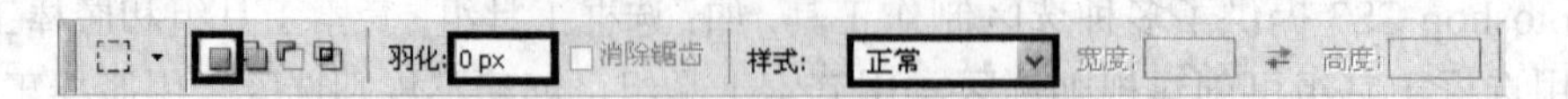

图 3-3　“矩形选框工具”属性栏

- 选区运算按钮：用于控制选区的增减与相交，如图 3-4 所示。“新选区”表示在图像中创建新选区后，原选区将被取消；“添加到选区”表示创建的选区与原有选区合并成新选区；“从选区中减去”表示创建的选区与原有选区若有重叠区域，系统将从原有选区中减去重叠区域成为新选区；“与选区交叉”表示创建的选区与原有选区的重叠部分成为新选区。

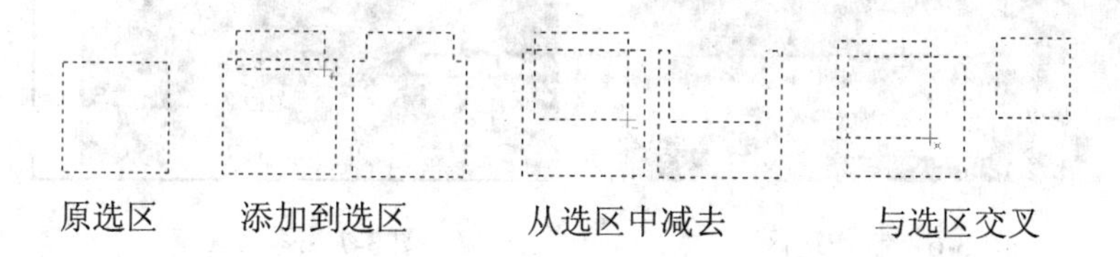

原选区　　添加到选区　　从选区中减去　　与选区交叉

图 3-4　选区的运算

用户也可以通过按快捷键实现选区的运算。其中，按住【Shift】键相当于选择“添加到选区”按钮；按住【Alt】键相当于选择“从选区减去”按钮；按住【Alt+Shift】键相当于选择“与选区交叉”按钮。

- **羽化**：在定义选区时设置羽化参数，可在处理该区域（如移动、删除等）时得到渐变晕开的柔和效果。羽化的取值范围在 0~250 像素之间。羽化值越大，所选图像区域的边缘越模糊，如图 3-5 所示。

羽化值为 0

羽化值为 5 像素

羽化值为 10 像素

图 3-5　不同羽化值得到的羽化效果

- **消除锯齿**：该复选框只在选择“椭圆选框工具”后才可用，其主要作用是消除选区锯齿边缘，使其变得平滑。
- **样式**：在该选项的下拉列表里选择“正常”选项，用户可通过拖动的方法选择任意尺寸和比例的区域；选择“固定长宽比”或“固定大小”选项，系统将以设置的宽度和高度比例或大小定义选区，其比例或大小都由工具属性栏中的宽度和高度编辑框定义。

步骤 4▶　设置完毕，将鼠标光标移至图像中，按住鼠标左键不放拖出一个矩形区域，释放鼠标后即可创建一个矩形选区，如图 3-6 所示。

步骤 5▶　选择“移动工具”，将光标放置在选区内，此时光标呈形状，然后按住鼠标左键不放，将选区内的图像区域拖拽到“相框合成”文件窗口中，放在合适位置，如图 3-7 所示。

图 3-6　制作选区

图 3-7　移动选区

步骤 6▶　在“1 相框.jpg”文件窗口单击，将其设置为当前窗口。按【Ctrl+A】组合键全选图像，然后按【Ctrl+C】组合键将其复制。

步骤 7▶　在“相框合成”文件窗口单击，将其设置为当前窗口。按【Ctrl+V】组合键，将刚才复制的“1 相框.jpg”图片粘贴到文件窗口中，如图 3-8 左图所示。

步骤 8▶　单击工具箱中的“矩形选框工具”并按住鼠标左键不放，从弹出的工具列表中选择“椭圆选框工具”，如图 3-8 中图所示。在“相框合成”文件窗口中的靠左上方位置按住鼠标左键，向右下方拖动，绘制椭圆形选区（方法同绘制矩形选区相同），如图 3-8 右图所示。

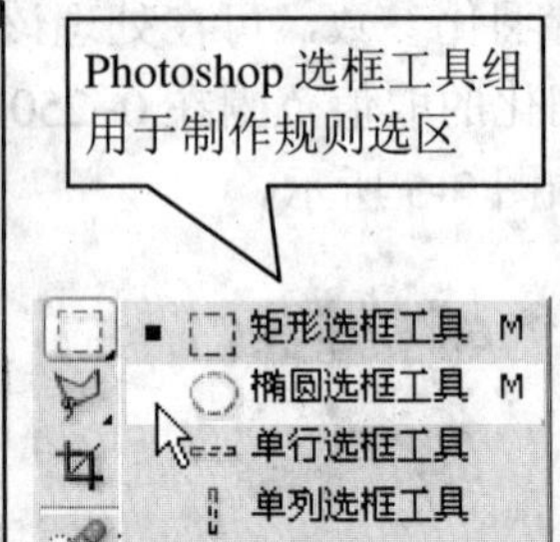

图 3-8　选择“椭圆选框工具”并绘制椭圆形选区

“矩形选框工具”和“椭圆选框工具”的快捷键是【M】键，反复按键盘上的【Shift+M】键，可以在两者间切换。按住【Alt】键拖动鼠标可以创建以起点为中心的矩形或椭圆形选区；按住【Shift】键拖动鼠标可以创建正方形或圆形选区：按住【Shift+Alt】键拖动鼠标可以创建以起点为中心的正方形或圆形选区。

步骤 9▶　按【Delete】键删除选区中的当前层图像使下层人物图像显示出来，效果如图 3-9 所示。

图 3-9　删除选区中的区域

步骤 10▶　分别选择选框工具组中的"单行选框工具"和"单列选框工具"，并按住【Shift】键在"相框合成"文件中多次单击，同时创建多个单行和单列选区，如图 3-10 左图所示。

使用"单行"或"单列"选框工具创建的是高度或宽度为 1 像素的直线选区。在使用这两个工具时，属性栏中的"羽化"值必须设置为 0，否则无法创建选区。

步骤 11▶　将前景色设置为黄色（#fcfd7f），然后按【Alt+Delete】组合键为选区填充前景色，最后按【Ctrl+D】组合键取消选区，效果如图 3-10 右图所示。

图 3-10　利用单行和单列选区工具制作线形选区

实训 2　制作圣诞贺卡——使用套索工具组

套索工具组中包括"套索工具"、"多边形套索工具"和"磁性套索工具"，如图 3-11 所示。

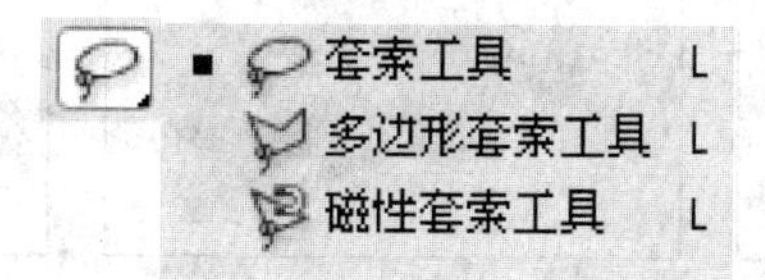

图 3-11　套索工具组

- 利用“套索工具” 可创建任意形状的选区。
- 利用“多边形套索工具” 可以定义一些像三角形、五角星等棱角分明、边缘呈直线的多边形选区。
- 利用“磁性套索工具” 可以自动捕捉图像对比度较大的两部分的边界，用像磁铁一样的吸附方式，沿着图像边界绘制选区范围。它特别适用于选取边缘与背景对比强烈的对象。

【实训目的】

- 掌握“套索工具”的使用方法。
- 掌握“多边形套索工具”的使用方法。
- 掌握“磁性套索工具”的使用方法。

【操作步骤】

步骤 1▶ 打开本书配套素材“PH3”>“PH3.1”文件夹中的“2 婴儿.jpg”、“2 盒子.jpg”、“2 帽子.jpg”和“2 圣诞贺卡背景.jpg”图片文件，如图 3-12 所示。

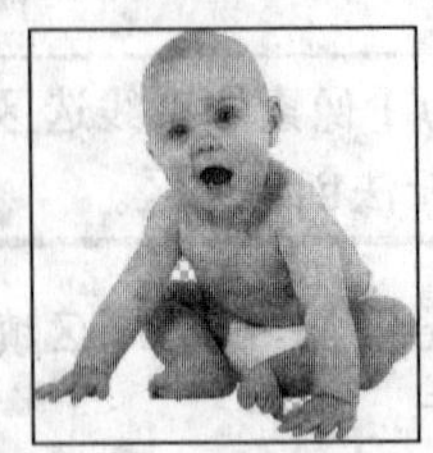
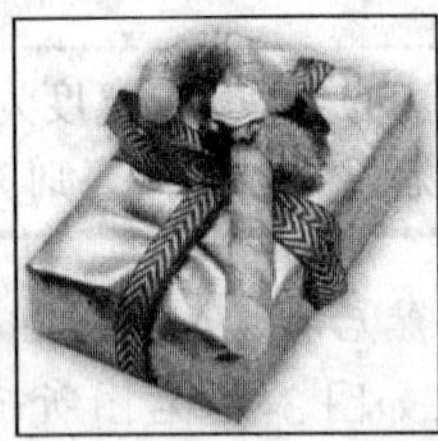
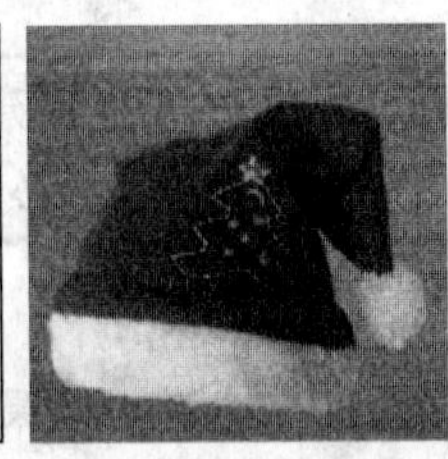

图 3-12　素材图片

步骤 2▶ 在“2 婴儿.jpg”图像窗口上单击，将其设置为当前窗口。从工具箱中选择“套索工具” ，并在其工具属性栏中设置如图 3-13 所示的参数。

图 3-13　“套索工具”属性栏

步骤 3▶ 在图像窗口中按下鼠标左键并沿着婴儿的周边区域拖动，如图 3-14 左图与中图所示。当鼠标回到起点时释放鼠标，即可得到一个封闭选区，如图 3-14 右图所示。

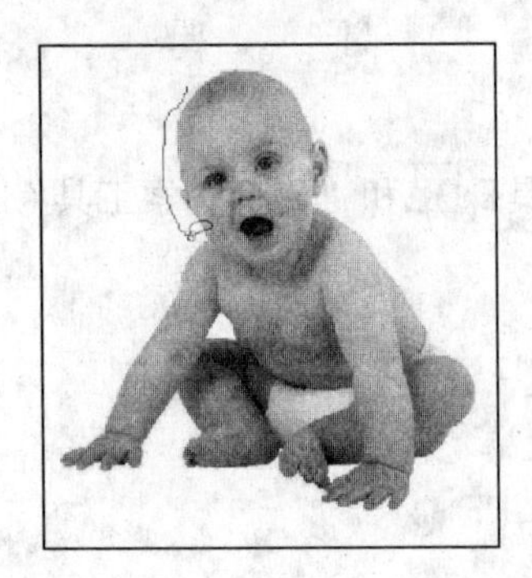

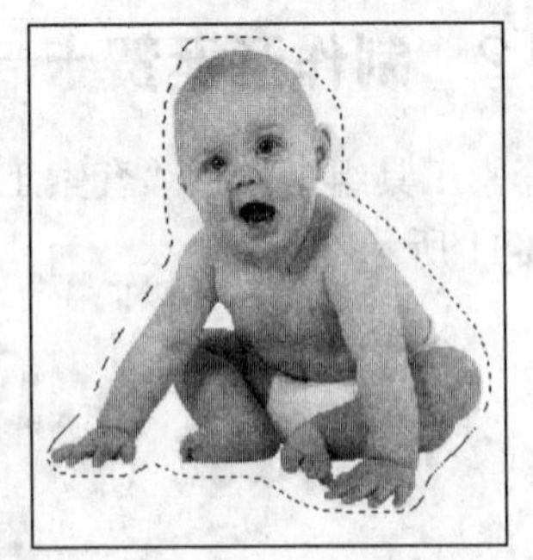

图 3-14　使用“套索工具”创建婴儿选区

步骤 4▶　利用“移动工具”将选区内的婴儿拖至“2 圣诞贺卡背景.jpg”图像窗口中，效果如图 3-15 所示。可以看出，由于我们对选区设置了羽化效果，将该选区的婴儿图像拖至背景图像时，其边缘能很自然地融入背景图像中。

图 3-15　组合图片

在使用“套索工具”绘制选区时，按【Esc】键可以取消正在创建的选区；若鼠标未拖至起点，松开鼠标后，系统会自动用直线将起点和终点连接，形成一个封闭的选区。

步骤 5▶　在“2 盒子.jpg”图像窗口上单击，将其设置为当前窗口。从工具箱中选择“多边形套索工具”，在盒子的边缘单击确定选区的起点，释放鼠标左键并沿盒子轮廓移动光标，在需要拐角处再次单击鼠标，此时第一条边线即被定义，如图 3-16 左图所示。

步骤 6▶　释放鼠标后继续移动光标，在下一个需要拐角处再次单击鼠标可定义第二条边线，依此类推。当鼠标光标移至起点时会呈形状，此时单击鼠标左键即可形成一个封闭的选区，如图 3-16 中图和右图所示。

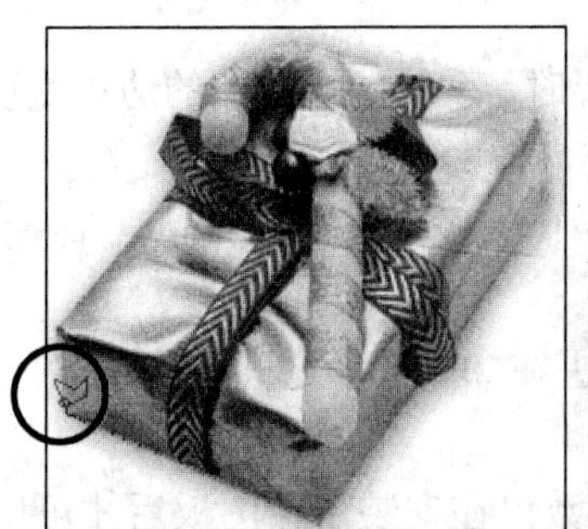
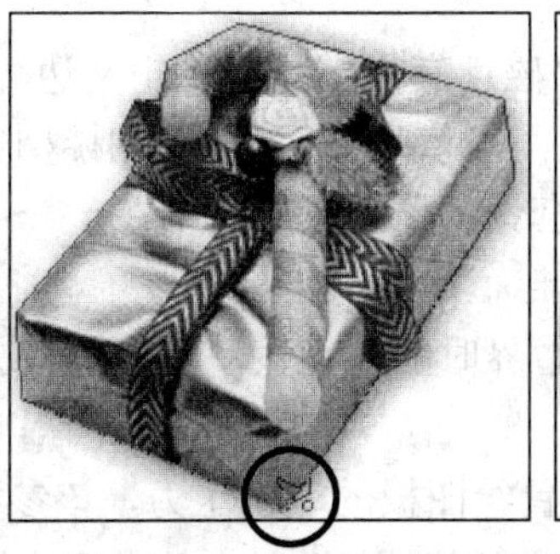

图 3-16　用“多边形套索工具”创建选区

步骤 7▶　利用“移动工具”将选区内的盒子拖至“2 圣诞贺卡背景.jpg”文件窗口中，效果如图 3-17 所示。

图 3-17　组合图片

在使用“多边形套索工具”工具时，按住【Shift】键可以沿垂直、水平或 45° 方向定义边线；按【Delete】键可取消最近定义的边线；按住【Delete】键不放，可依次取消所有定义的边线；按【Esc】键可同时取消所有定义的边线。

步骤 8▶ 单击“2 帽子.jpg”图片文件，使其成为当前文件。在工具箱中选择“磁性套索工具”，并在其属性栏中做图 3-18 所示的设置。

图 3-18　“磁性套索工具”属性栏

- **宽度：**用于设置利用“磁性套索工具”定义边界时，系统能够检测的边缘宽度，其值在 1～256 像素之间，值越小，检测范围越小。
- **边对比度：**用于设置套索的敏感度，其值在 1%～100%之间，值越大，对比度越大，边界定位也就越准确。
- **频率：**用于设置定义边界时的节点数，其取值范围在 0～100 之间，值越大，产生的节点也就越多。
- **“钢笔压力”**：设置绘图板的笔刷压力，该参数仅在安装了绘图板后才可用。

步骤 9▶ 设置完毕，在帽子的边缘单击确定选区的起点，然后释放鼠标，并沿要定义的帽子边界移动鼠标，系统会自动捕捉图像中对比度较大的图像边界并自动产生节点，如图 3-19 左图所示。

步骤 10▶ 当鼠标光标到达起点时呈形状，此时单击鼠标即可完成选区的创建，

如图 3-19 中图和右图所示。

图 3-19　用“磁性套索工具”创建选区

步骤 11▶ 利用“移动工具”将选区内的帽子拖至“2 圣诞贺卡背景.jpg”图像窗口中，效果如图 3-20 所示。至此一张圣诞贺卡就制作完成了。

图 3-20　组合图片

在用“磁性套索工具”选取图像时，若要手动在某个转折处产生节点，只需在该处单击鼠标即可；在未到达起点时双击鼠标可以自动闭合选区；按【Delete】键可删除最近定义的边线。

“套索工具”、“多边形套索工具”和“磁性套索工具”的快捷键是【L】键，反复按键盘上的【Shift+L】组合键可以在三者间切换。

实训 3　制作汽车广告——使用魔棒工具组

魔棒工具组中包含“魔棒工具”和“快速选择工具”，如图 3-21 所示：

图 3-21 魔棒工具组

- 利用“魔棒工具”可以选取图像中颜色相同或相近的区域，而不必跟踪其轮廓。
- 利用“快速选择工具”可使用自带的、可调整的圆形笔刷快速“画”出一个选区。使用该工具在图像中拖动鼠标时，将自动查找与鼠标经过处颜色相似的区域并向外扩展，最终形成一个选区。

【实训目的】

- 掌握“魔棒工具”的使用方法。
- 掌握“快速选择工具”的使用方法。

【操作步骤】

步骤 1▶ 打开本书配套素材“PH3”>“PH3.1”文件夹中的“3 车模.jpg”、“3 轿车.jpg”和“3 汽车广告背景.jpg”图片文件，如图 3-22 所示。

图 3-22 素材图片

步骤 2▶ 在“3 车模.jpg”文件窗口单击，将其设置为当前窗口。在工具箱中选择“魔棒工具”，并在其属性栏中做图 3-23 所示的设置。

图 3-23 “魔棒工具”属性栏

- **容差：**用于设置选区的颜色范围，其值在 0～255 之间。值越小，选取的颜色越接近，选区范围越小。
- **连续：**勾选该复选框，只能选择与单击点颜色相近的连续区域；不勾选该复选框，则可选择图像上所有与单击点颜色相近的区域。
- **对所有图层取样：**勾选该复选框，可在所有可见图层上选取相近的颜色；不勾选该复选框，则只能在当前可见图层上选取颜色（有关图层的概念请参阅第 6 章）。

步骤 3▶ 设置完毕，在车模背景处连续单击，与单击处颜色相同或相近的区域（选取范围的大小可由属性栏中的“容差”值来控制）便会自动被选择，继续单击其他位置可

以添加选区，直至选中全部背景区域，如图 3-24 所示。

图 3-24　选择全部背景

使用“魔棒工具”时，只需在要选取的颜色上单击即可，而不必跟踪所选对象的轮廓。

步骤 4▶　按下【Shift+Ctrl+I】组合键，将选区反选，此时选中的便是车模图像，如图 3-25 所示。

步骤 5▶　在工具箱中选择“移动工具”，将光标放置在选区内，此时光标呈形状，然后按住鼠标左键不放，将选区内的人物图像拖拽到“汽车广告背景.jpg”文件窗口中，放在如图 3-26 所示的位置。

图 3-25　反选选区

图 3-26　组合图像

步骤 6▶　在“3 轿车.jpg”文件窗口单击，将其设置为当前窗口。从工具箱中选择“快速选择工具”，并在其属性栏中单击按钮，在弹出的“画笔”选取器中做图 3-27 所示的设置。其中各选项的意义如下：

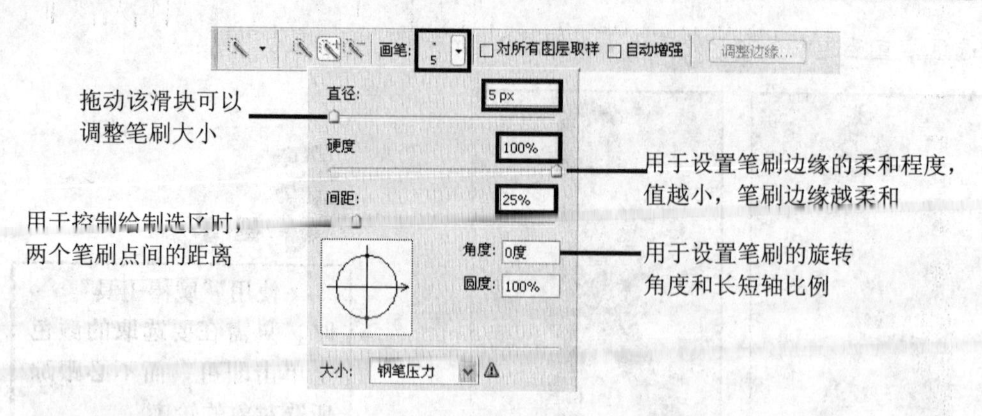

图 3-27 “快速选择工具”属性栏和“画笔”选取器

- **选区运算按钮**：该组按钮与选框工具组属性栏中的功能相似。默认状态下为“添加到选区”按钮。如需要从选区中减去，则选择“从选区减去”按钮，再用鼠标拖动需要减去的选区即可。
- **画笔**：单击其右侧的按钮，可以从弹出的“画笔”选取器中设置笔刷的大小、硬度、间距等属性。
- **自动增强**：勾选该复选框可以使绘制的选区边缘更平滑。
- **对所有图层取样**：勾选该复选框，可在所有可见图层上选取相近的颜色；不勾选该复选框，则只能在当前可见图层上选取颜色。

步骤 7▶ 将鼠标光标放置在轿车中，单击鼠标左键并拖动，与鼠标拖动位置颜色相似的区域均被选取，继续在需要选取的区域拖动鼠标，直至选中整个轿车，如图 3-28 所示。

3-28 拖动鼠标创建选区

利用“快速选择工具”创建选区时，在英文输入法状态下按键盘中【]】键可增大该工具的笔刷尺寸；按【[】键可缩小笔刷尺寸。如果在创建选区时不小心包含了不需要的选区，可选择“从选区减去”按钮，或者按住【Alt】键，在需要删除的区域内拖动鼠标即可减少选取区域，如图 3-29 所示。

图 3-29　减少选取区域

步骤 8▶　为了使创建的选区更完美，我们可以在创建完选区之后，单击工具属性栏中的“调整边缘”按钮[调整边缘...]，打开“调整边缘”对话框，如图 3-30 左图所示。单击对话框底部的“白底”模式图标，此时图像中除选区以外的部分均以白色显示，如图 3-30 右图所示。

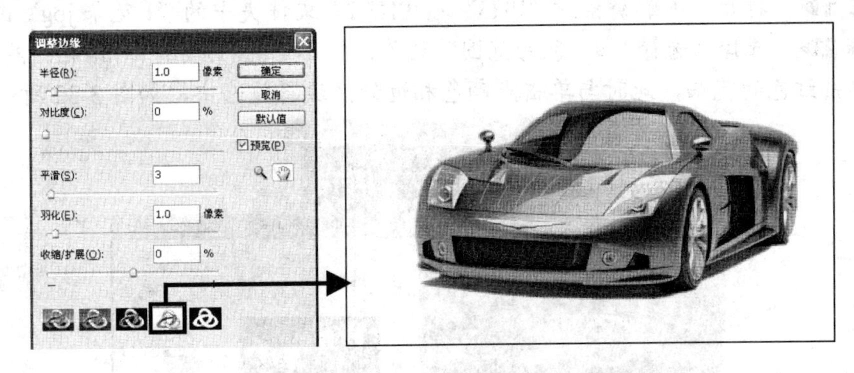

图 3-30　在“白底“模式下显示选区图像

步骤 9▶　在对话框中适当调整各个参数，达到满意的选取效果后，单击“确定”按钮，关闭对话框，图像返回到正常显示状态。此时图像中的选区就是经过调整的理想选区。

步骤 10▶　用“移动工具”将选区拖拽到“汽车广告背景.jpg”文件窗口中，放在合适位置，如图 3-31 所示。至此一幅汽车广告就制作完成了。

图 3-31　组合图像

3.2 利用菜单命令制作选区

在 Photoshop CS3 中，除了可用前面介绍的选区工具制作选区外，还可用菜单命令来创建图像选区，如“色彩范围”命令、“抽出”命令和快速蒙版等，下面分别进行介绍。

实训 1 改变花朵颜色——使用“色彩范围”命令

利用“色彩范围”命令可在图像窗口中指定颜色来定义选区，并可通过指定其他颜色来增大或减少选区。

【实训目的】

- 掌握使用“色彩范围”命令按颜色制作选区的方法。

【操作步骤】

步骤 1▶ 打开本书配套素材“PH3”>“PH3.2”文件夹中的“1 花朵.jpg”图片文件。

步骤 2▶ 选择“选择”>“色彩范围”菜单，打开“色彩范围”对话框，然后在图像窗口中单击红色的花朵，此时与单击点颜色相近的区域将被选中，如图 3-32 所示。

图 3-32 取样花朵的颜色

步骤 3▶ 在对话框的预览区域中可看到此时的选区范围（白色表示被选中区域）。从图中可知，还有一些花朵未被选中。此时我们可以将“颜色容差”值设置得大一些，直至预览区中的花朵图像完全呈白色显示，如图 3-33 所示。

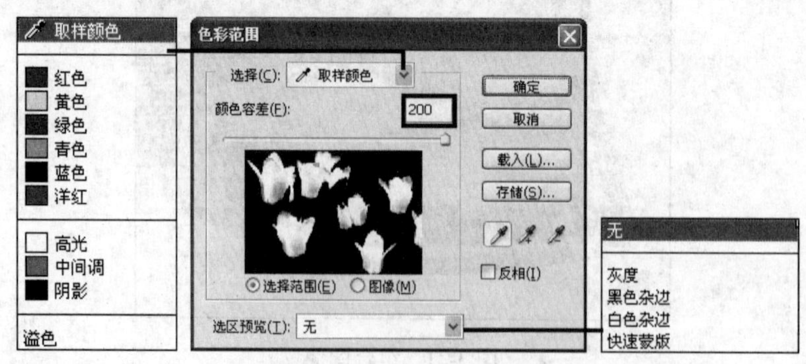

图 3-33 “色彩范围”对话框

- **选择：**在其下拉列表中可选择定义颜色的方式，其中“取样颜色”选项表示可用“吸管工具”在图像中吸取颜色。取样颜色后可通过设置“颜色容差”来控制选取范围，数值越大，选取范围也越大。其余选项分别表示将选取图像中的红色、黄色、绿色、青色、蓝色、洋红、高光、中间色调和暗调等颜色范围。
- **颜色容差：**在使用“取样颜色”选取时指定颜色范围。
- **“选择范围”和“图像”单选钮：**用于指定色彩范围预览窗口中的图像显示方式（显示选区图像或完整图像）。
- **选区预览：**用于指定图像窗口（不是预览窗口）中的图像选择预览方式。默认情况下，其设置为“无”，即不在图像窗口显示选择效果。若选择灰度、黑色杂边和白色杂边，则表示以灰色调、黑色或白色显示未选区域；若选择快速蒙版，则表示以预设的蒙版颜色显示未选区域。
- **吸管工具**：工具用于在图像窗口或对话框的图像预览区域中单击取样颜色，和工具分别用于增加和减少选择的颜色范围。
- **反相：**用于实现选择区域与未被选择区域间的相互切换。

步骤 4▶ 调整到满意结果后，单击“确定”按钮，关闭对话框，选择的结果如图 3-34 所示，可以看到红色的花朵完全被选中。

图 3-34 选择的花朵图像

除了利用“颜色容差”扩大选取范围外，还可以单击“添加到取样”工具，然后在图像中未被选中的区域单击，与单击点相似的颜色将被添加到选区中。

步骤 5▶ 按【Ctrl+U】组合键，打开“色相/饱和度”对话框，设置“色相”值为 45，“饱和度”值为 75，“明度值”为 0。然后单击“确定”按钮关闭对话框，如图 3-35 左图所示。最后按【Ctrl+D】组合键取消选区，此时红色的花朵变成了黄色，如图 3-35 右图所示。

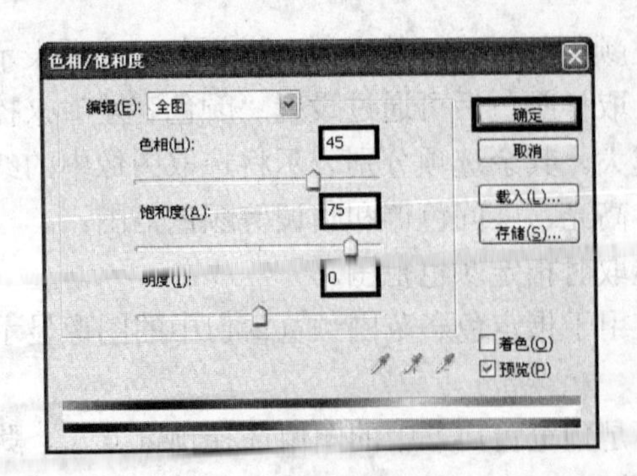

图 3-35　用“色相/饱和度”命令调整花朵的颜色

实训 2　制作化妆品广告——使用快速蒙版

用快速蒙版模式制作选区也非常有效，用户可使用各种绘画和修饰工具编辑蒙版，然后可将蒙版转换为选区。这样不但有利于编辑复杂形状的选区，还可通过设置不同的“不透明度”参数羽化蒙版，从而制作出不同的选区效果。

【实训目的】

● 掌握用“蒙版”制作图像选区的方法。

【操作步骤】

步骤 1▶ 打开本书配套素材“PH3”>“PH3.2”文件夹中的“2 模特.jpg”和“2 背景.jpg”图片文件，如图 3-36 所示。

图 3-36　素材图片

步骤 2▶ 将“2 模特.jpg”文件设置为当前图像窗口，在工具箱中双击“以快速蒙版模式编辑”按钮，打开“快速蒙版选项”对话框，选择“所选区域”单选钮，如图 3-37 所示，单击“确定”按钮关闭对话框。

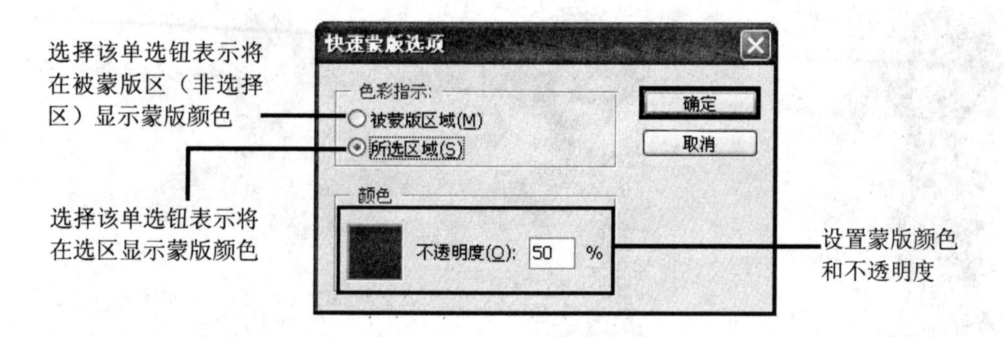

图 3-37　“快速蒙版选项”对话框

步骤 3▶　选择“画笔工具”，单击工具属性栏“画笔”后面的▾按钮，在弹出的下拉列表中选择一种柔角笔刷，并设置“主直径”为“30px”，如图 3-38 所示。

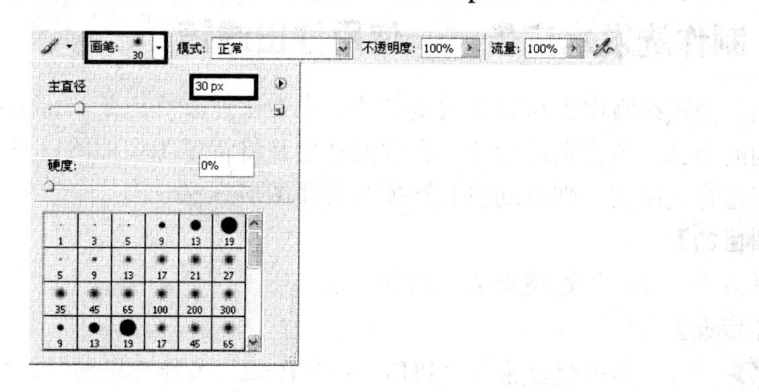

图 3-38　“画笔”属性栏和“画笔预设”选取器

步骤 4▶　“画笔工具”属性设置好后，在人物图像上单击并拖动涂抹，增加蒙版区。涂抹时要注意不要涂抹到人物图像区域外，涂抹好后的效果如图 3-39 所示。

利用“画笔工具”增加蒙版区域时，在英文输入法状态下，按键盘中【]】键和【[】键可以调整笔刷的直径。如果不小心涂抹到人物区域外，可使用“橡皮擦工具”擦除。

步骤 5▶　将人物图像精确地涂抹完毕后，单击工具箱中的“以标准模式编辑”按钮回到正常编辑模式，此时被涂抹上的人物图像蒙版将转换成选区，如图 3-40 所示。

步骤 6▶　按【Ctrl+C】组合键，复制选区中的人物图像，然后切换到“2 背景.jpg”文件，按【Ctrl+V】组合键，将人物图像粘贴到窗口中，并用“移动工具”将人物图像移至图 3-41 所示的位置。这样化妆品广告就制作好了，将文件另存即可。

图 3-39 编辑蒙版

图 3-40 将蒙版转换成选区

图 3-41 合成图像

实训 3 制作洗发水广告——使用抽出滤镜

"抽出"滤镜经常用于从背景较复杂的图像中快速分离出某一部分图像，如人物的头发、不规则的山脉、植物和动物等。提取的结果是将背景图像擦除，只保留选择的图像。若当前图层是背景图层，则自动将其转换为普通图层。

【实训目的】

- 掌握用"抽出"滤镜选取图像的方法。

【操作步骤】

步骤 1▶ 打开本书配套素材"PH3">"PH3.2"文件夹中的"3 头发.jpg"和"3 洗发水背景.jpg"图片文件，如图 3-42 所示。

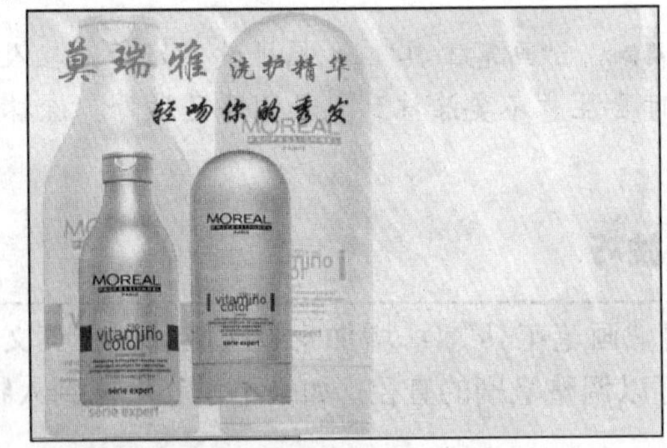

图 3-42 素材图片

步骤 2▶ 选择"滤镜">"抽出"菜单，弹出"抽出"对话框，如图 3-43 所示。

在预览抽出图像效果时，若选取的对象不太精确，可用"缩放工具"在预览区中单击放大图像显示，然后用"清除工具"在预览区单击并拖动擦拭多余区域，使其变为透明区域。

图 3-43　抽出滤镜

步骤 3▶　在“抽出”对话框的左侧选择“边缘高光器工具”，在右侧的工具参数设置区设置“画笔大小”为 20，然后在要选取的人物图像外边缘按下鼠标左键并拖动，选取大致轮廓，注意将人物飘起来的头发也一同选中，如图 3-44 所示。

图 3-44　选取人物大致轮廓

步骤 4▶ 选择对话框左侧的“填充工具”，在选中的人物图像区域中单击鼠标，填充该区域，如图 3-45 左图所示。然后可单击“预览”按钮预览选取效果，如图 3-45 右图所示。

图 3-45 填充并预览

步骤 5▶ 如果对抠取的图像效果满意，单击“确定”按钮，这时你会发现人物图像已经被抠取出来了，如图 3-46 所示。

步骤 6▶ 将人物拖至“3 洗发水背景.jpg”文件窗口中，可以看到人物毫发无损，如图 3-47 所示。

图 3-46 抠取的图像

图 3-47 组合图像

3.3 选区的调整与编辑

选区创建好后，我们可对其进行各种编辑操作，如移动、扩展、扩边、收缩、平滑、变换等，从而使选区更加符合实际应用需求。

实训 1 制作婚纱照——移动与羽化选区

【实训目的】

- 掌握移动选区的方法。
- 掌握羽化选区的方法。

【操作步骤】

步骤 1▶ 打开本书配套素材"PH3">"PH3.3"文件夹中的"1 双人照.jpg"、"1 新娘.jpg"和"1 婚纱背景.jpg"图片文件，如图 3-48 所示。

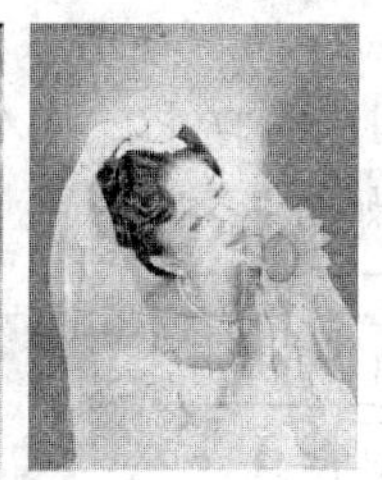

图 3-48　素材图片

步骤 2▶ 将"1 双人照.jpg"图像设置为当前窗口。选择"椭圆选框工具"，并在其工具属性栏中设置"羽化"为"50px（像素）"，如图 3-49 所示。然后在图像窗口绘制椭圆选区，框选人物图像，如图 3-50 左图所示。

图 3-49　"椭圆工具"属性栏

步骤 3▶ 如果所创选区的位置不符合要求，可通过以下方法移动选区：

- （确保选区制作工具的属性栏中选择了"新选区"按钮）将光标移至选区内，当其变形为形时，在选区内单击并拖动鼠标，到所需位置后释放鼠标即可移动选区，如图 3-50 右图所示。
- 若在移动时按下【Shift】键，则只能将选区沿水平、垂直或 45 度方向移动；若在移动时按下【Ctrl】键，则可移动选区中的图像（相当于选择了"移动工具"）。
- 按键盘上的【↑】、【↓】、【←】、【→】4 个方向键可每次以 1 个像素为单位精确移动选区。按下【Shift】键的同时再按方向键可每次以 10 个像素为单位移动选区。

步骤 4▶ 按【Ctrl+C】组合键，复制选区内的图像。然后将"1 婚纱背景.jpg"设置为当前窗口，按【Ctrl+V】组合键，将图像粘贴到窗口中。再用"移动工具"将其移至窗口的右上角位置，如图 3-51 所示。

步骤 5▶ 将"1 新娘.jpg"设置为当前窗口，用"矩形选框工具"绘制图 3-52 所示选区。

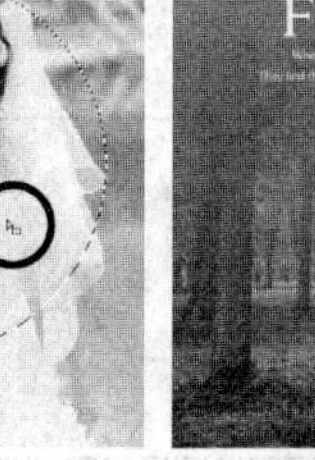

图 3-50　绘制并移动选区

图 3-51　粘贴并移动图像

图 3-52　绘制选区

步骤 6▶ 选择“选择”>“羽化”菜单，打开“羽化选区”对话框，在对话框中设置“羽化半径”为 50 像素，如图 3-53 右图所示。设置完毕，单击“确定”按钮，得到图 3-53 左图所示羽化后的选区。

步骤 7▶ 选择“移动工具”，在制作好的选区上按住鼠标左键不放，拖至“1 婚纱背景.jpg”图像窗口中，将人物放置在窗口的左下角位置。至此一张艺术婚纱照就制作完成了，效果如图 3-54 所示。

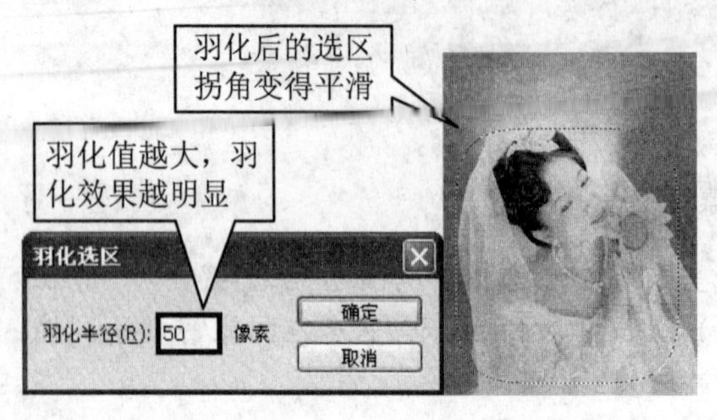

图 3-53 使用“羽化”命令羽化选区

图 3-54 组合图像

实训 2 使用选区调整命令

【实训目的】

- 掌握扩展、边界和收缩选区的方法。
- 掌握平滑选区的方法。
- 掌握扩大选取与选取相似选区的方法。
- 掌握变换选区的方法。

【操作步骤】

步骤 1▶ 首先我们了解一下扩展与边界选区的用法。“扩展”是将用户所制作的选区均匀向外扩展，而“边界”则是用设置的宽度值来围绕已有选区创建一个环状的选区。打开本书配套素材“PH3”>“PH3.3”文件夹中的“2 鬼脸.jpg”图片文件。利用“椭圆选框工具”创建一个同鬼脸外边缘等大的正圆选区，如图 3-55 左图所示。

步骤 2▶ 选择“选择”>“修改”>“扩展”菜单，打开“扩展选区”对话框，设置“扩展量”为 10 像素（可输入 1 ~ 100 间的整数），单击“确定”按钮即可得到扩展的选区，如图 3-55 中图所示。

步骤 3▶ 选择“选择”>“修改”>“边界”菜单，打开“边界选区”对话框，设置“宽度”为 10 像素（可输入 1~200 间的整数），单击“确定”按钮即可得到环形的选区，如图 3-55 右图所示。

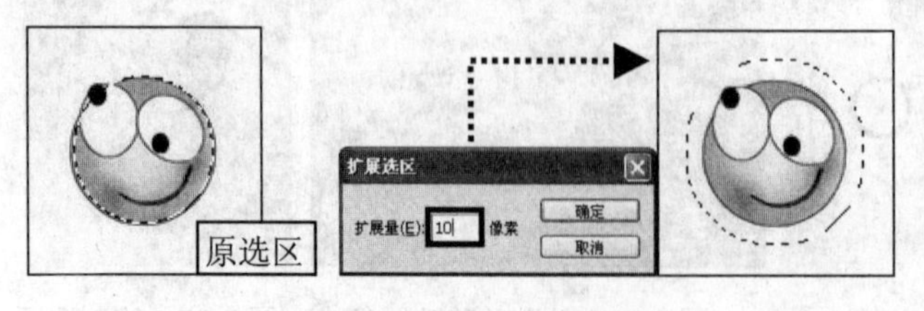

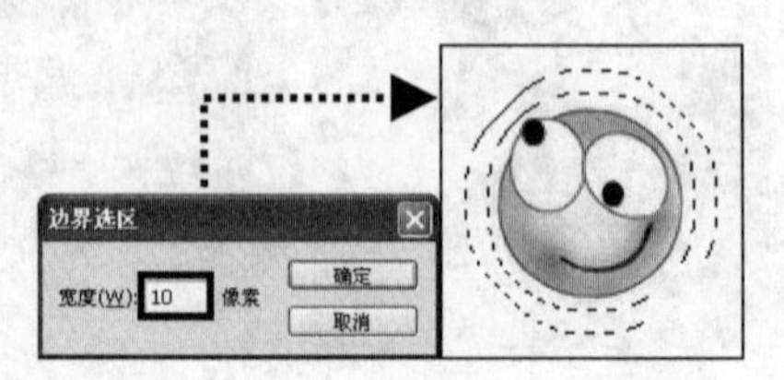

图 3-55 扩展与边界选区

步骤 4▶ 选区的收缩与扩展正好相反，它是将用户制作的选区按指定像素值进行收缩，并保持选区的形状不变。打开本书配套素材“PH3”>“PH3.3”文件夹中的“3祝福.psd”图片文件并用“魔棒工具”全选文字。

步骤 5▶ 选择“选择”>“修改”>“收缩”菜单，打开“收缩选区”对话框，设置“收缩量”为5像素（可输入1~100之间的整数,但不能超出所选区域的像素范围），单击“确定”按钮即可将选区按指定的数值收缩。利用该命令我们可制作空心字效果，如图3-56所示。

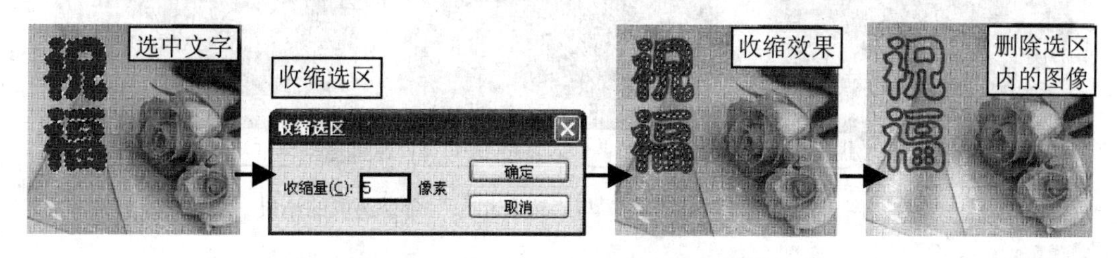

图3-56　利用“收缩”命令制作空心字

步骤 6▶ 接下来让我们了解一下平滑选区的作用。通常，“平滑”命令用来消除用“魔棒工具”、“色彩范围”命令定义选区时所选择的一些不必要的零星区域，使原选区范围变得连续而平滑。打开本书配套素材“PH3”>“PH3.3”文件夹中的“4红树.jpg”图片文件。

步骤 7▶ 选择“魔棒工具”，在属性栏中将“容差”设置为60，并单击“添加到选区”按钮，如图3-57所示。

图3-57　设置“魔棒工具”参数

步骤 8▶ 在树上连续单击鼠标，此时一些不必要的零星选区也被选中，如图3-58左图所示。选择“选择”>“修改”>“平滑”菜单，打开“平滑选区”对话框，设置“取样半径”为5像素（值越大，选区边界越平滑），单击“确定”按钮，零星选区被消除，如图3-58右图所示。

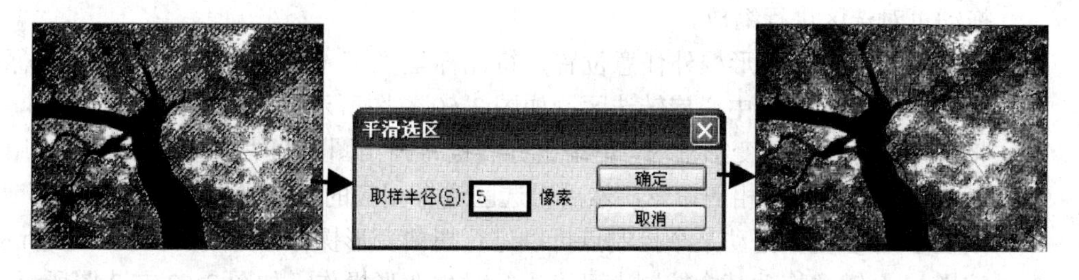

图3-58　用“平滑”命令平滑选区

步骤 9▶ 下面让我们来比较一下扩大选取与选取相似选区的作用和异同。打开本书配套素材“PH3”>“PH3.3”文件夹中的“5风景.jpg”图片文件。

步骤 10▶ 选择“魔棒工具”，在属性栏中将“容差”设置为60，然后单击其中的树枝。

步骤 11▶ "选择" > "扩大选取" 菜单，可以看到与原有选区颜色相近且相邻的树枝均被选取，如图 3-59 中图所示。

步骤 12▶ "选择" > "选取相似" 菜单，可以看到与原有选区颜色相近但互不相邻的区域均被选取，如图 3-59 右图所示。

图 3-59 用"扩大选取"与"选取相似"命令选取的结果

以上两种命令的使用都受"魔棒工具"属性栏中"容差"值的影响，容差值越大，选取的范围越广。

步骤 13▶ 最后让我们来学习怎样变换选区。变换选区是对已有选区进行移动、调整大小、旋转和变形等操作。打开本书配套素材"PH3" > "PH3.3" 文件夹中的"6 月亮.jpg" 图片文件。用"魔棒工具"选取其中的月亮。

步骤 14▶ 选择"选择" > "变换选区" 菜单，选区的四周将出现一个带有 8 个控制柄的变形框，如图 3-60 左图所示。使用"变换选区"命令变换选区时，需要掌握如下几点操作技巧。

- 将鼠标光标放置在变形框内，当光标呈▶形状时，按住鼠标左键不放进行拖放即可移动选区。
- 将鼠标光标移至变形框的控制柄□上，待光标变为↔、↕、↗或↘形状后单击并拖动可对选区进行缩放。
- 将鼠标光标移至变形框外任意位置，待光标呈"↻"形状时，单击并拖动鼠标可以以旋转支点✧为中心旋转选区，如图 3-60 右图所示。
- 将鼠标光标放置在变形框内，单击鼠标右键将弹出图 3-61 所示的快捷菜单，用户可从该菜单中选择相应命令，然后对选区进行相应的变形操作。
- 按住【Ctrl】键并拖动某个控制点可以进行扭曲变形操作，如图 3-62 左 1 图所示。
- 按【Alt】键并拖动某个控制点可以进行对称变形操作，如图 3-62 左 2 图所示。
- 按【Shift】键并拖动某个控制点可按比例缩放选区，如图 3-62 中图所示。
- 按【Ctrl+Shift】组合键并拖动某个控制点可以进行斜切操作，如图 3-62 右 2 图所示。
- 按【Ctrl+Alt+Shift】组合键并拖动某个控制点可以进行透视操作，如图 3-62 右 1 图所示。
- 按【Enter】键可应用变形操作，按【Esc】键可取消变形。

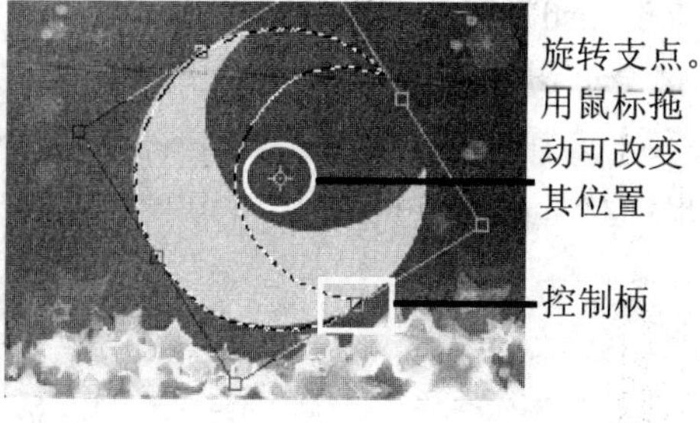

图 3-60　显示变形框并旋转

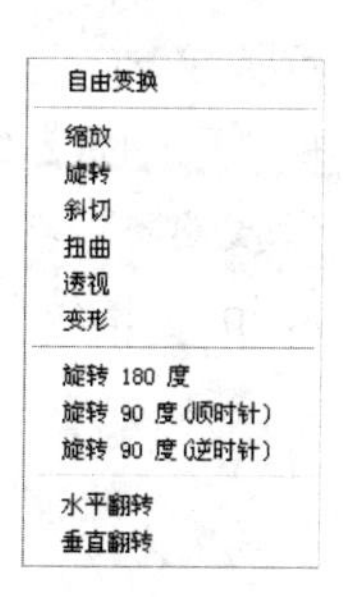

图 3-61　变换选区的快捷菜单

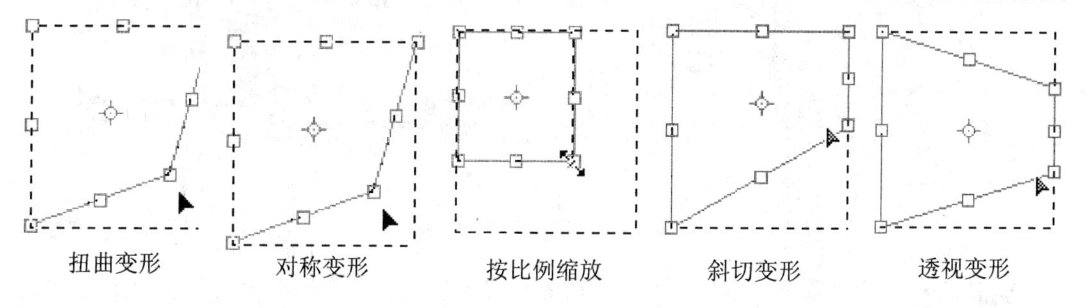

图 3-62　变换选区的各种操作

实训 3　制作房地产广告——使用选区编辑命令

【实训目的】

- 掌握全选、反选与隐藏选区的方法。
- 掌握取消与重新选择选区的方法。
- 掌握保存与载入选区的方法。

【操作步骤】

步骤 1▶　打开本书配套素材"PH3">"PH3.3"文件夹中的"7 椅子.psd"、"7 云彩.jpg"、"7 红云.jpg"和"7 广告背景.jpg"图片文件，如图 3-63 所示。

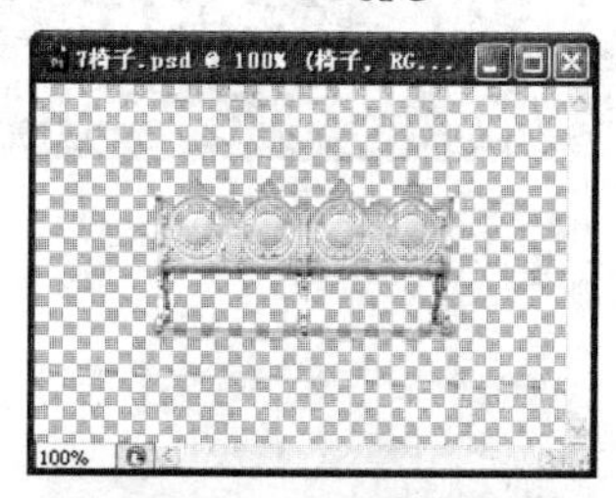

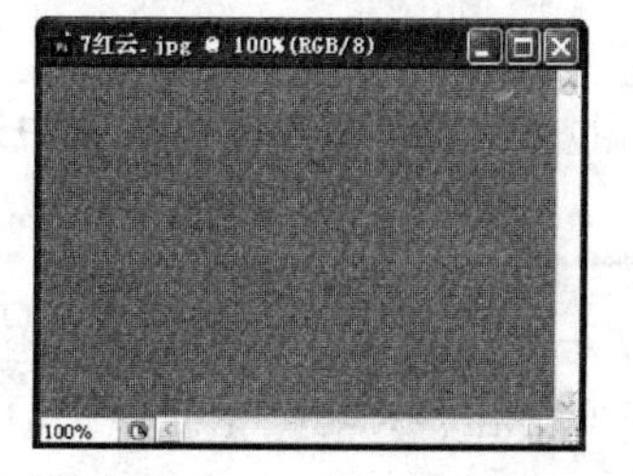

图 3-63　素材图片

步骤 2▶ 将“7 椅子. psd”图片文件设置为当前窗口，选择“选择”>“全部”菜单，或者按【Ctrl+A】组合键全选图像，如图 3-64 左图所示。

步骤 3▶ 在工具箱中选择“移动工具”，然后将选区中的椅子图像移动到“7 广告背景.jpg”图像窗口中，放置在图 3-64 右图所示的位置。

图 3-64 全选并移动图像

步骤 4▶ 将“7 云彩.jpg”图片文件设置为当前窗口，用“魔棒工具”选择图中的黑色区域，如图 3-65 左图所示。

步骤 5▶ “选择”>“反选”菜单，或者按【Shift+Ctrl+I】组合键将选区反选（将当前图层中的选区与非选区进行相互转换），此时复杂的云彩图像即被选中，如图 3-65 右图所示。

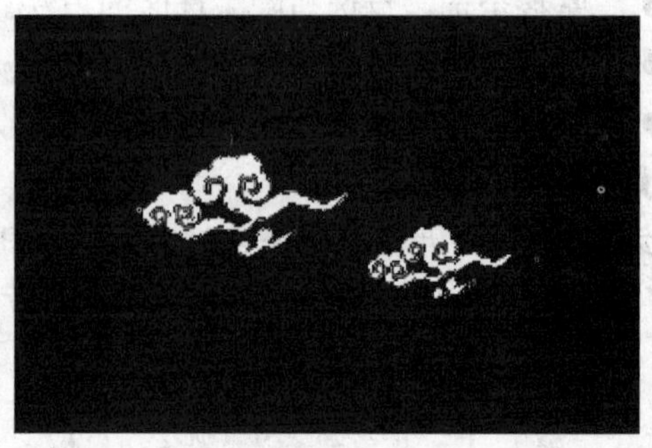

图 3-65 用“魔棒工具”创建选区并反选

若要反选选区，还可以在图像窗口内右击鼠标，从弹出的快捷菜单中选择“选择反向”菜单项。

步骤 6▶ 由于云彩选区过于复杂，为了以后方便调用，需要保存选区。最常用的方法是在“通道”调板中单击“将选区存储为通道”按钮，系统会创建“Alpha”通道并将选区保存在其中，如图 3-66 左所示。

保存选区还可选择“选择”>“存储选区”菜单，打开“存储选区”对话框。在其中设置保存选区的文档（一般都保存在原文档中）、名称等选项，图3-66右图所示，设置好后，单击“确定”按钮。保存后的选区会成为一个蒙版，显示在“通道”调板中。

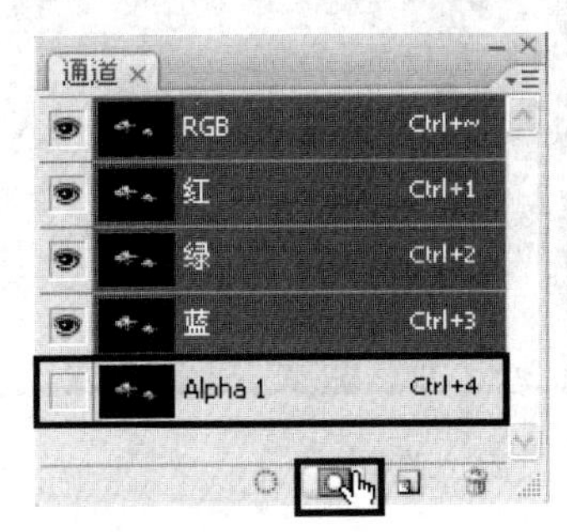

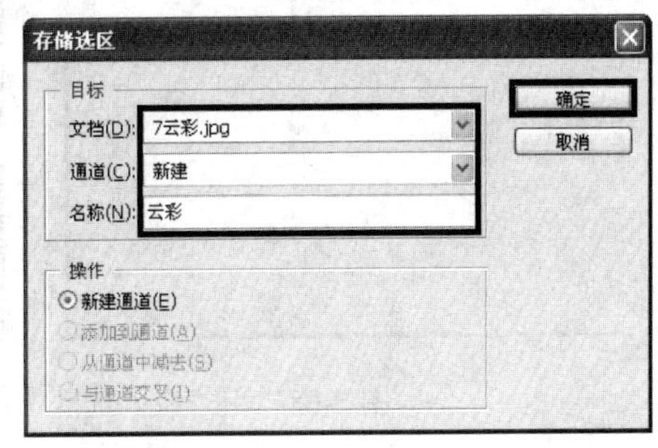

图3-66　保存选区

步骤7▶　在工具箱中选择“移动工具”，然后将选区中的云彩图像移动到“7广告背景.jpg”图像窗口中，放置在图3-67所示的位置。

图3-67　移动云彩图像

步骤8▶　切换回“7云彩.jpg”图片文件，选择“选择”>“取消选择”菜单，或按【Ctrl+D】组合键取消选区。

取消选区还可以在图像窗口内单击鼠标右键，从弹出的快捷菜单中选择“取消选择”菜单项。此外，若要将取消过的选区重新选择，可选择“选择”>“重新选择”菜单，或者按下【Shift+Ctrl+D】组合键。

步骤 9▶ 将“7 红云. jpg”图片文件设置为当前窗口，选择“选择”>“载入选区”菜单，打开“载入选区”对话框，按照图 3-68 左图所示设置，单击“确定”按钮即可载入刚才保存的选区，如图 3-68 右图所示。

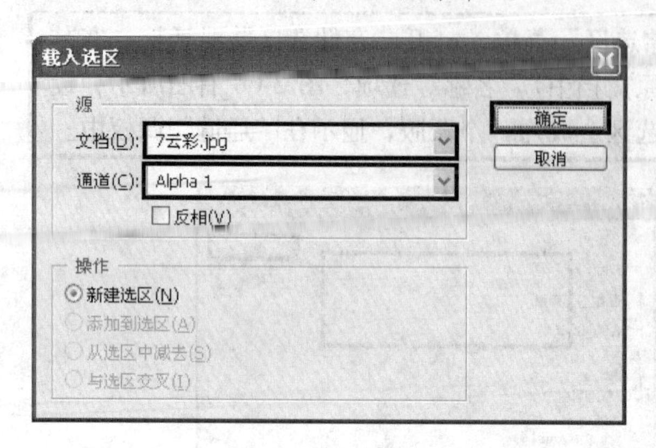

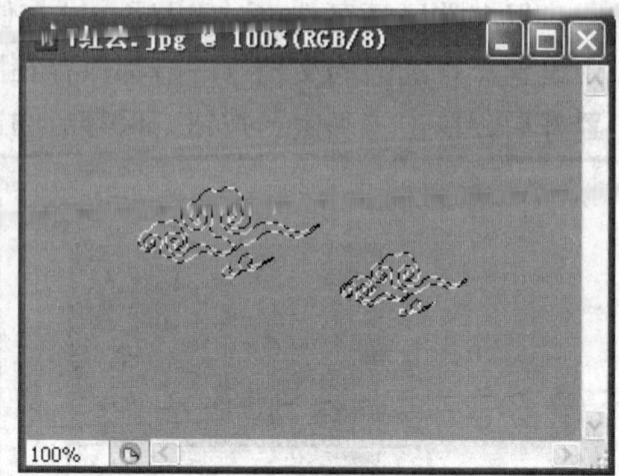

图 3-68 用“载入选区”命令载入选区

如果图像中已经存在选区，“载入选区”对话框中“操作”设置区的选项将全部激活，用户可以选择载入的选区与原选区的运算方式。

若想在同一文件中载入选区，可以在“通道”调板中选中保存选区的通道，然后单击调板底部的“将通道作为选区载入”按钮，或者按住【Ctrl】键单击该通道，即可载入选区。

保存过选区的图像，应以 PSD 或 TIF 格式进行存储，如果以 JPG 或 GIF 等格式存储，保存的选区会丢失。

步骤 10▶ 在工具箱中选择“移动工具”，然后将选区中的云彩图像移动到“7 广告背景.jpg”图像窗口中，放置在图 3-69 所示的位置。至此一幅房地产广告就制作完成了。

图 3-69 最终效果

有时为了便于查看图像效果需要将选区隐藏，方法是选择“视图”>“显示”>“选区边缘”菜单，或按【Ctrl+H】组合键。再次执行该操作可显示选区。

3.4　描边和填充选区

选区编辑好后，可以对其进行描边或在其内部填充颜色或图案。要对选区填充颜色、图案，需要先设置前景色、背景色或定义图案，然后通过快捷键、“填充”命令、渐变工具和油漆桶工具来实现填充操作。

实训 1　制作请柬——使用“描边”命令

选区的描边是指沿着选区的边缘描绘指定宽度的颜色，下面通过一张请柬的制作讲解其用法。

【实训目的】

- 掌握“描边”命令的使用方法。

【操作步骤】

步骤 1▶ 打开本书配套素材“PH3” > “PH3.4” 文件夹中的“1 请柬.jpg” 图片文件。可以看到主体文字在画面中不突出，现在通过为该文字添加描边效果，使其突出。

步骤 2▶ 首先利用“魔棒工具” 将文字全部选中（“容差”为 10，取消选择“连续”复选框），如图 3-70 所示。选择“编辑” > “描边”菜单，打开“描边”对话框，设置“宽度”为“7px（像素）”，“颜色”为蓝色（# 29c3f4），单击⊙居外(U)单选钮，其余参数保持不变，如图 3-71 所示。

图 3-70　素材图片

宽度越大，描边越粗

单击可打开“拾色器”对话框，设置描边颜色

用于设置填充颜色的混合模式和不透明度

用于设置描边的位置。“内部”表示对选区边框以内描边；“居中”表示以选区的边框为中心描边；“居外”表示对选区边框以外描边

图 3-71　设置描边参数

步骤 3▶ 设置完毕后单击“确定”按钮，此时文字被描上了蓝边。按下【Ctrl+D】组合键取消选区，这样文字就从背景中突出出来了，如图 3-72 所示。

图 3-72　描边文字

"模式"下拉列表中的选项与图层混合模式中的选项相同，详细内容请参阅本书第6章。在没有制作选区的情况下，如果当前图层为非背景层或锁定的图层，可直接利用"描边"命令为图层中的对象添加描边效果。

实训 2　为模特换装——使用"自定义图案"与"填充"命令

【实训目的】

- 掌握"定义图案"命令的使用方法。
- 掌握"填充"命令的使用方法。
- 掌握使用快捷键填充选区的方法。

【操作步骤】

步骤 1▶　打开本书配套素材"PH3">"PH3.4"文件夹中的"2 图案.jpg"和"2 模特.jpg"图片文件。

步骤 2▶　将"2 图案.jpg"设置为当前文件，利用"矩形选框工具"选择要作为图案的区域，如图 3-73 中图所示，然后选择"编辑">"定义图案"菜单，打开"图案名称"对话框，输入图案名称，如图 3-73 右图所示，单击"确定"按钮将图片定义为图案。

图 3-73　定义图案

定义图案时有两个必要的条件，一是选区必须是矩形选区；二是选区的羽化值必须是 0，否则"定义图案"命令不可用。用户在使用"填充"命令、"油漆桶工具"、"图案图章工具"、"修复画笔工具"等编辑图像时，可以用定义的图案填充图像。

步骤3▶ 将“2模特.jpg”设置为当前文件，然后利用“魔棒工具”将人物的衣裙选出，如3-74所示。

图3-74 选取衣服

步骤4▶ 选择“编辑”>“填充”菜单，或按下【Shift+F5】组合键，打开“填充”对话框。在“使用”下拉列表中选择“图案”选项，在“自定图案”下拉列表中选择上步定义的“衣裙图案”，在“模式”下拉列表中选择“变亮”，并设置“不透明度”为70，设置完毕单击“确定”按钮，如图3-75所示。

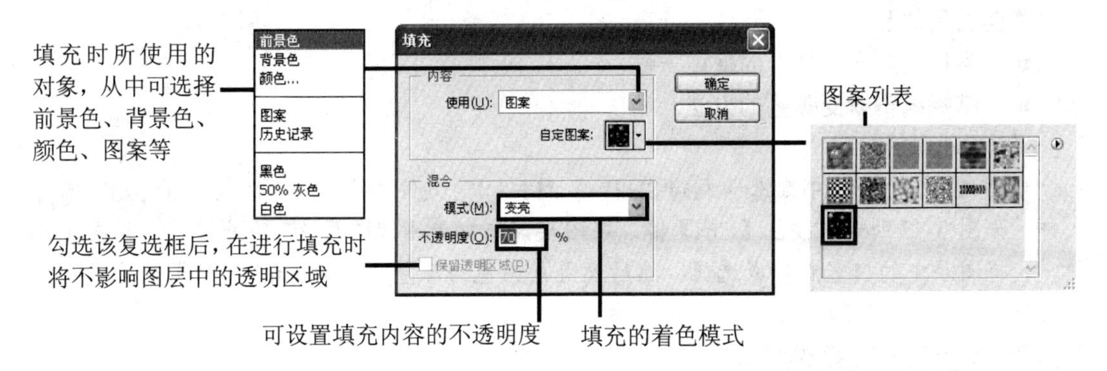

图3-75 “填充”对话框

若选择使用“历史记录”进行填充，必须确定“历史记录画笔”的位置，即“历史记录画笔”在哪里，填充的内容就是当时所选择的画面（请参考本书第5章内容）。

若执行填充操作时未定义选区，则填充整幅图像；若定义了选区，则只对选区进行填充，且选区可为任意形状，并可带有羽化效果。

填充时不创建新图层，而只是填充当前图层（关于图层请参考本书第6章内容）。若当前图层被隐藏或当前图层为文字图层，则不能进行填充。

步骤5▶ 按【Ctrl+D】取消选区，即可得到填充后的最终效果，如图3-76所示。

图 3-76 填充图案

利用“填充”命令还可以为选区填充颜色或快照等内容。此外，若要快速填充前景色可按【Alt+Delete】或【Alt+BackSpace】组合键；若要快速填充背景色，可按【Ctrl+Delete】或【Ctrl+BackSpace】组合键。

实训3 制作彩虹风景画——使用渐变工具

利用“渐变工具”可以创建渐变填充图案。所谓渐变图案，实质上就是在图像的某一区域填入具有多种过渡颜色的混合色。这个混合色可以是前景色到背景色的过渡，也可以是背景色到前景色的过渡，或其他颜色间的相互过渡。

【实训目的】

- 掌握“渐变工具”的使用方法。
- 掌握编辑渐变颜色的方法。

【操作步骤】

步骤 1▶ 打开本书配套素材“PH3”>“PH3.4”文件夹中的“3风景背景.psd”图片文件，如图3-77所示。按住【Ctrl】键，在图层调板中单击“图层2”的缩览图，如图3-78所示，将图层中的内容制作成选区。然后设置前景色为深蓝色（#1e7fff），背景色为浅蓝色（#c5fbfd），如图3-79所示。

图 3-77 素材图片

图 3-78 选择图层

图 3-79 设置前景色和背景色

步骤 2▶ 选择“渐变工具”，其工具属性栏如图3-80所示。单击按钮，打开“渐

变”拾色器。选择“前景到背景”渐变，并按下“线性渐变”按钮。

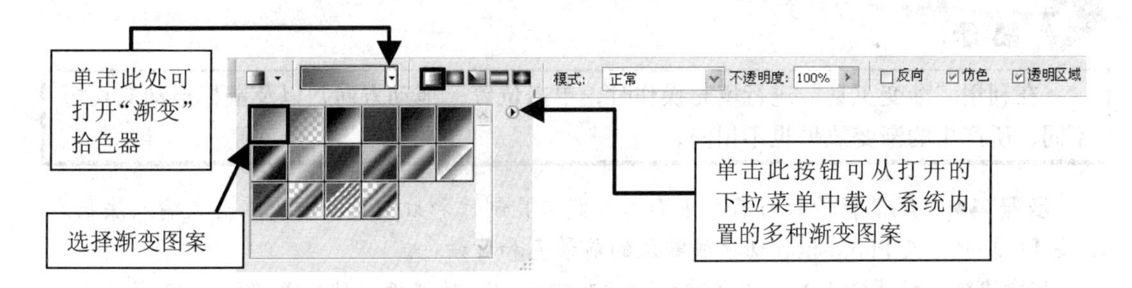

图 3-80　渐变工具属性栏

- 渐变填充方式按钮：从左至右依次为“线性渐变”按钮、“径向渐变”按钮、“角度渐变”按钮、“对称渐变”按钮和“菱形渐变”按钮，其效果如图 3-81 所示，图中箭头表示制作渐变图案时，鼠标拖动的方向。

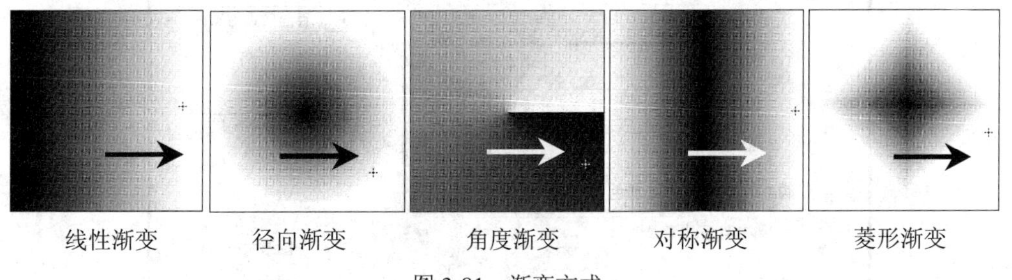

图 3-81　渐变方式

- **模式**：用于设置填充的渐变颜色与它下面的图像如何进行混合，各选项与图层混合模式的作用相同(可参阅本书第 6 章内容)。
- **反向**：选中该复选框可以将渐变图案反向。
- **仿色**：勾选该复选框可使渐变的色彩过渡更加柔和、平滑。
- **透明区域**：该复选框用于关闭或打开渐变图案的透明度设置。

步骤 3▶　将鼠标光标移至图像窗口最上端，按下鼠标左键并拖动至窗口最下端，释放鼠标即可进行渐变填充，如图 3-82 所示。

图 3-82　填充渐变色

在利用“渐变工具”进行填充操作时，单击位置、拖动方向，以及鼠标拖动的长短不同，所产生的渐变效果也不相同。

步骤 4▶ 风景背景做好后，下面用渐变工具制作彩虹图案。首先在英文输入法状态下按【D】键，使 Photoshop 切换成默认的前景色和背景色。

步骤 5▶ 按【Ctrl+N】组合键打开“新建文档”对话框，然后参照图 3-83 所示设置参数。设置好后，单击“确定”按钮新建一个文档。

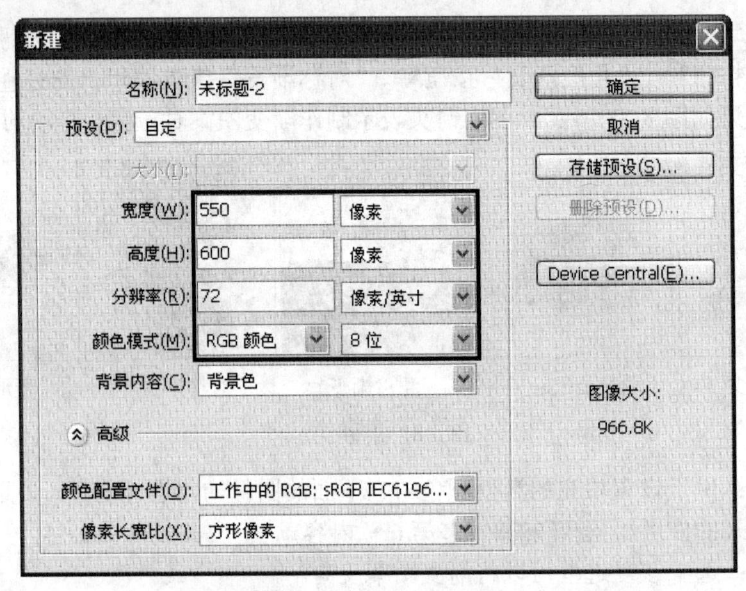

图 3-83 为新文档设置参数

步骤 6▶ 按【Alt+Delete】组合键为其填充前景色（黑色），如图 3-84 左图所示。然后在“图层”调板中单击“创建新图层”按钮，新建“图层 1”，如图 3-84 右图所示。接着按【Ctrl+Delete】组合键为该图层填充背景色（白色）。

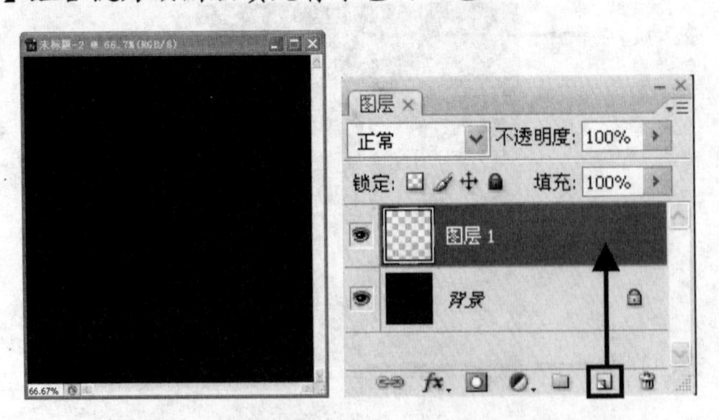

图 3-84 为新建的文档填充前景色和新建图层

步骤 7▶　在渐变工具属性栏中单击“点按可编辑渐变”图标，打开“渐变编辑器”对话框，并选择“预设”中的“色谱”渐变，如图 3-85 所示。

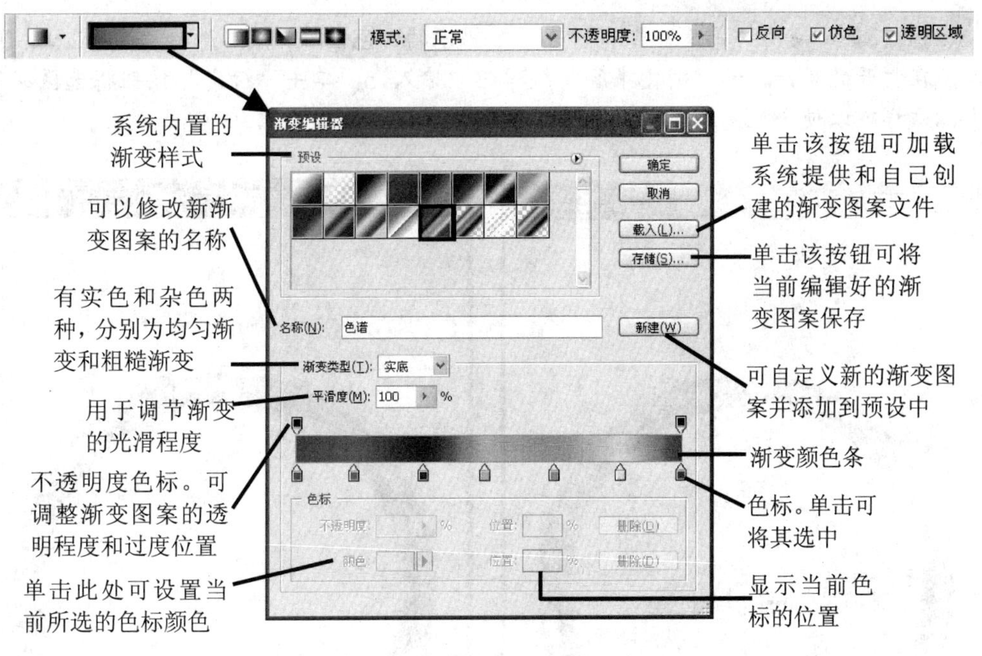

图 3-85　“渐变编辑器”对话框

步骤 8▶　分别单击并拖动各个色标，把它们都移动到渐变条右侧，如图 3-86 所示。

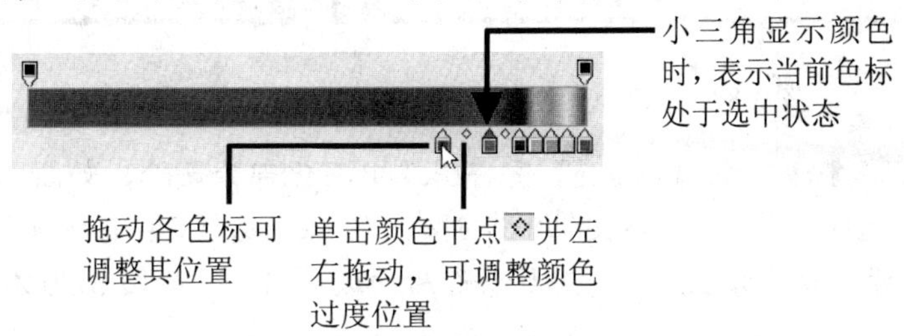

图 3-86　拖动色标

步骤 9▶　将鼠标光标移至渐变颜色条的下方，当其变成形状时单击鼠标可增加一个色标，如图 3-87 左图所示。

步骤 10▶　双击此色标，在打开的“拾色器”对话框中设置色标的颜色为白色(#ffffff)，然后将其拖到渐变颜色条的最左端。

步骤 11▶　用同样的方法再创建两个白色色标，并把它们拖到图 3-87 右图所示的位置。设置完成后，单击“确定”按钮，关闭“渐变编辑器”对话框。

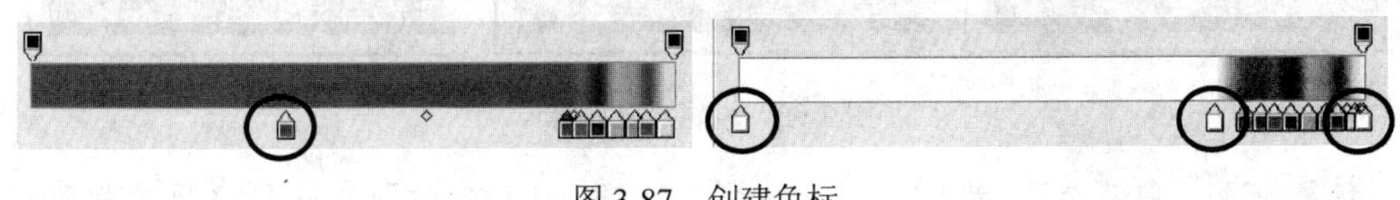

图 3-87　创建色标

步骤 12▶ 在"渐变工具"属性栏中选择"径向渐变"。确保当前操作图层为"图层 1"，然后按住【Shift】键在图像窗口中拖动绘制渐变图案，拖动方向和最终效果如图 3-88 所示。

步骤 13▶ 使用"魔棒工具"选择图像中的白色区域，然后选择"选择">"羽化"菜单，在打开的对话框的"羽化半径"编辑框中输入 5，单击"确定"按钮将选区羽化 5 像素，这样可以使彩虹边缘变得自然平滑，如图 3-89 所示。

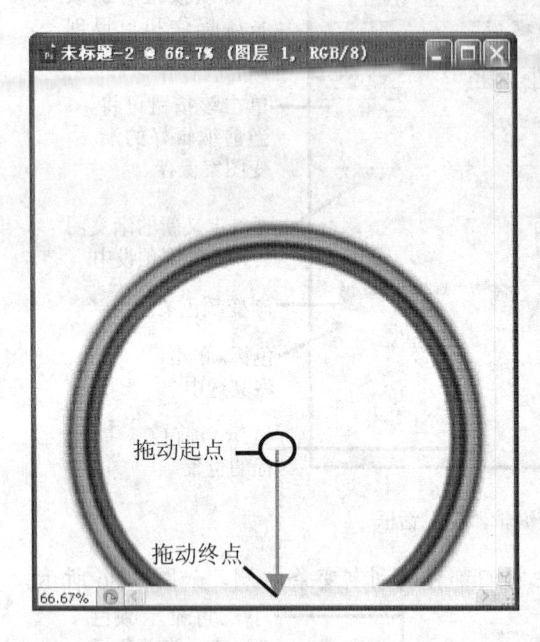

图 3-88 绘制渐变色

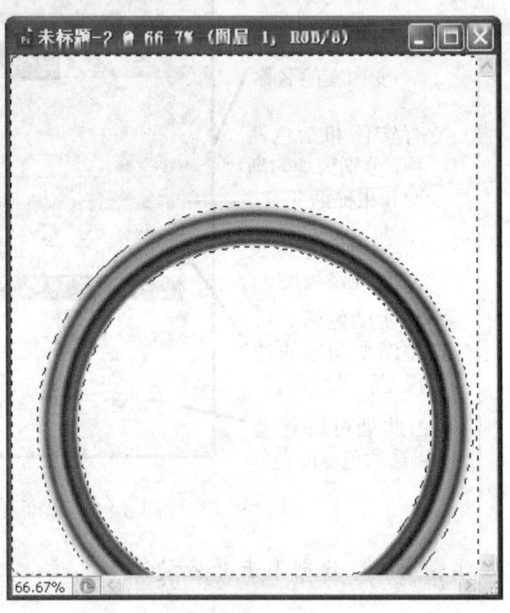

图 3-89 创建和羽化选区

步骤 14▶ 按【Delete】键将图像中羽化部分删除，如图 3-90 左图所示，然后使用"矩形选区工具"，在图像中部创建一个矩形选区，再将该选区羽化 20 像素，如图 3-90 中图所示。反选该区域，并删除反选后的选区内容，如图 3-90 右图所示。

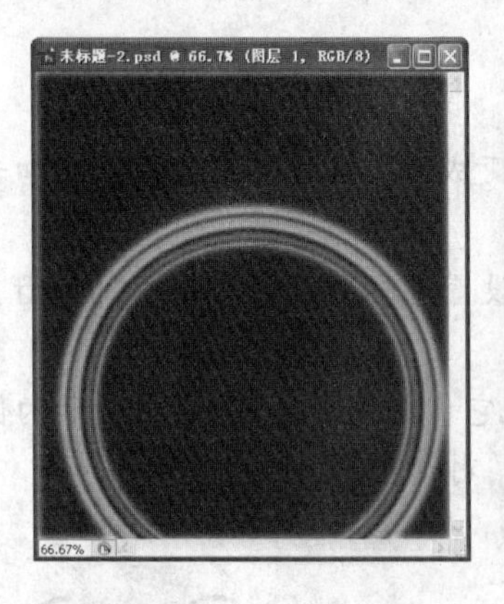
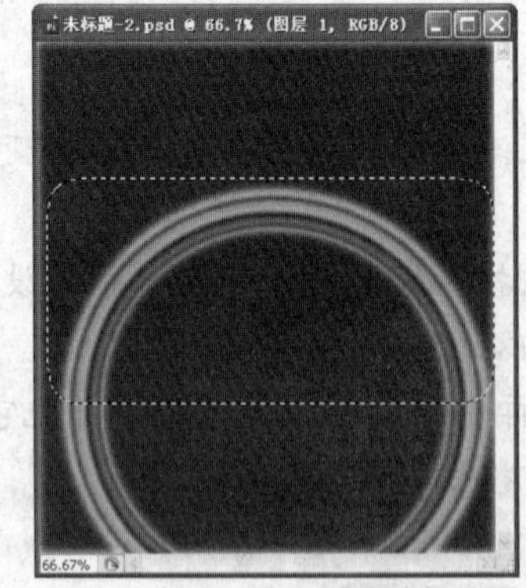
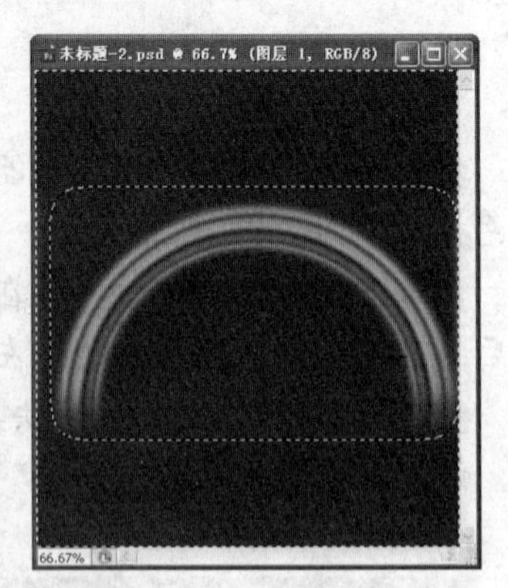

图 3-90 编辑彩虹图像

步骤 15▶ 取消选区，然后用"移动工具"将羽化的彩虹图案移至"3 风景背景.psd"

中，位置如图 3-91 左图所示，最后在图层面板中将彩虹图层的不透明度设置为 40，如图 3-91 右图所示，至此一幅美丽的彩虹风景画就制作完成了。

图 3-91 移动彩虹并设置图层不透明度

实训 4 填充花朵颜色——使用油漆桶工具

“油漆桶工具”用于填充图像或选区中颜色相近的区域。用户只能利用该工具填充前景色或图案，而不能选择背景色、灰色等。

【实训目的】

- 掌握“油漆桶工具”的使用方法。

【操作步骤】

步骤 1▶ 打开本书配套素材“PH3”>“PH3.4”文件夹中的“4 花朵.jpg”图片文件。

步骤 2▶ 选择“油漆桶工具”后，在其工具属性栏中设置参数，如图 3-92 所示。油漆桶工具”可以将前景色或图案填充到图像或选区中，只要在图像上单击即可完成填充。

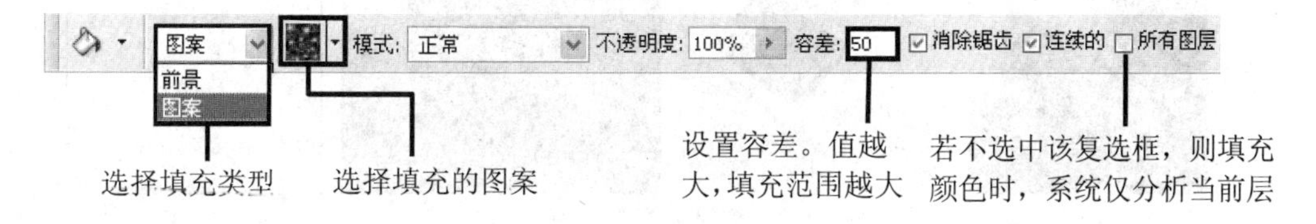

图 3-92 “油漆桶工具”属性栏

“油漆桶工具”与“填充”命令不同之处在于，“填充”命令用于完全填充图像或选区，而“油漆桶工具”只对单击处颜色相近的区域进行填充，如图 3-93 所示。

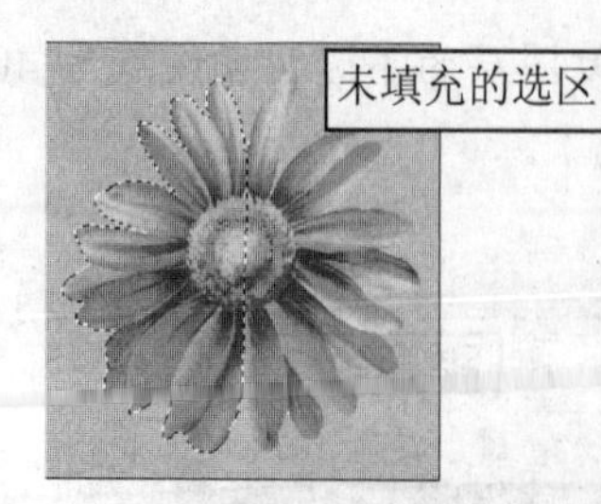

图 3-93　油漆桶工具与“填充”命令的差异

综合实训——制作手机广告

下面通过制作一幅手机广告来练习本章学习的部分内容，最终效果如图 3-94 所示。制作时，首先导入素材图片，然后在背景素材中绘制并填充选区，接着用套索及移动工具为手机图像添加炫彩屏幕并拼合图像，然后为标题文字填充渐变色并描边，最后将手机、炫彩素材和文字都移动到背景素材中。

图 3-94　最终效果

【操作步骤】

步骤 1▶　打开本书配套素材“PH3”>“综合实训”文件夹中的“广告文字.jpg”、“手机屏幕.jpg”、“手机.jpg”、“广告背景.jpg”和“炫彩.psd”图片文件，如图 3-95 所示。

炫彩尽在天丽

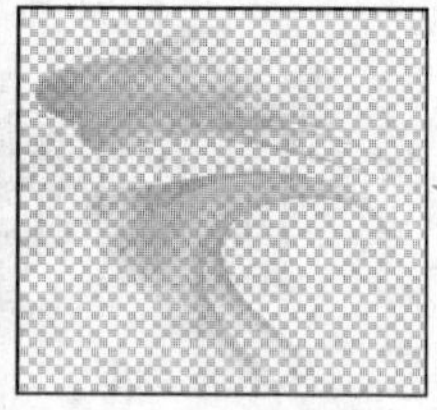

图 3-95　素材图片

步骤 2▶　在“广告背景.jpg”图像窗口单击，将其设置为当前窗口。选择“椭圆选框工具”，在其工具属性栏中设置“羽化”为“20px”，设置好后在图像窗口中绘制椭圆形选区，如图 3-96 左图所示。

步骤 3▶　设置前景色为蓝灰色（#5e7fbf），背景色为紫灰色（#be6ba7），选择“渐变工具”，在其工具属性栏中单击“菱形变形”按钮，然后从选区中心向旁边拖拽鼠标，为选区填充渐变效果。填充完后按【Ctrl+D】组合键取消选区，如图 3-96 右图所示。

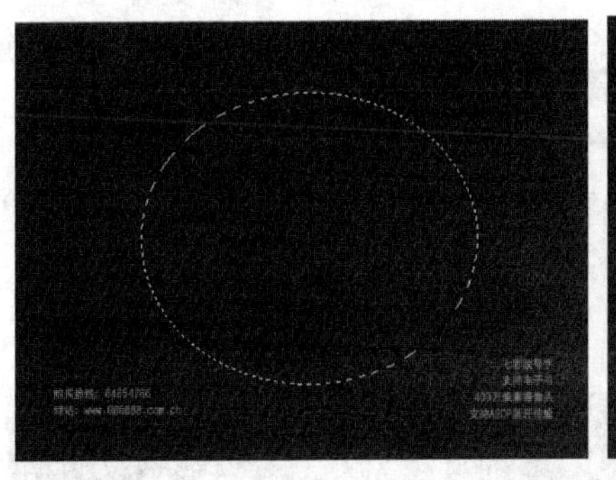

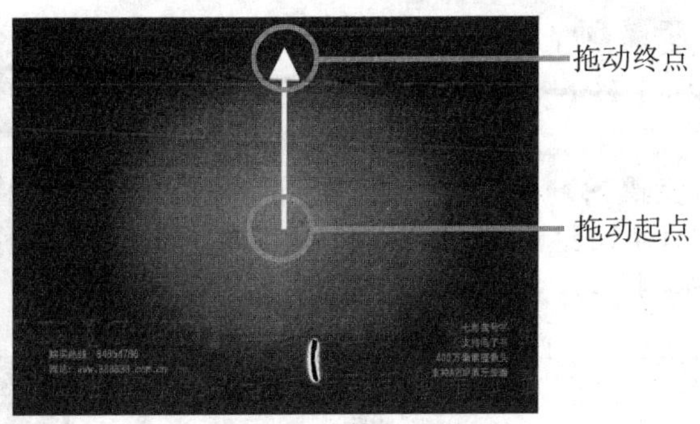

图 3-96　绘制选区并填充渐变

步骤 4▶　在“手机.jpg”图像窗口单击，将其设置为当前窗口。在工具箱中选择“多边形套锁工具”，利用该工具将手机屏幕制作成选区，如图 3-97 左图所示。

步骤 5▶　将选区移动到“手机屏幕.jpg”图像窗口中，位置如图 3-97 右图所示。

图 3-97　移动选区

步骤 6▶　用“移动工具”将选区内的图像移动到“手机.jpg”文件窗口中，放置在手机的屏幕位置，如图 3-98 所示。

步骤 7▶　按住【Ctrl】键，在图层面板中单击“图层 1”和“图层 2”屏幕层，使两个图层同时被选中，如图 3-99 所示。单击鼠标右键，在弹出的快捷菜单中选择“合并图层”菜单项，这样手机层和屏幕层就合并为一个图层了。

图 3-98　移动选区内图像

图 3-99　全选并合并图层

步骤 8▶ 在工具箱中选择"快速选择工具"，在其属性栏中设置画笔"直径"为"5px"。设置好后，在"手机.jpg"图像窗口中选择手机以外的黄色布面区域，如图 3-100 所示。

步骤 9▶ 反选选区，并用"移动工具"将选好的手机移动到"广告背景.jpg"图像窗口中，按【Ctrl+T】组合键，显示变换框，然后按住【Shift】键拖动四角控制柄，调整手机大小并放置在图 3-101 所示的位置。

图 3-100 选择手机以外布面

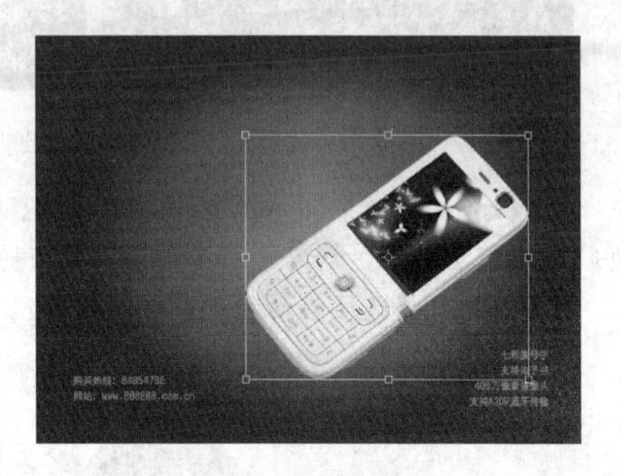

图 3-101 移动并变换图像

步骤 10▶ 在"广告文字.jpg"图像窗口单击，将其设置为当前窗口。在工具箱中选择"魔棒工具"并在其属性栏中设置"容差"为 20，然后使用该工具选取图中黑色文字，如图 3-102 所示。

步骤 11▶ 为选区填充"色谱"渐变，并用"移动工具"将文字移动到"广告背景.jpg"图像窗口中，如图 3-103 所示。

图 3-102 选取文字填充渐变

图 3-103 组合图片

步骤 12▶ 按住【Ctrl】键，单击图层面板中文字层的缩览图，可将该图层图像创建为选区，如图 3-104 左图所示。选择"编辑" > "描边"菜单，打开"描边"对话框，设置"宽度"为"1px"，颜色为白色，单击 ⦿居外(U) 单选钮，其余参数保持不变。

步骤 13▶ 设置完毕单击"确定"按钮，此时文字被描上了白边。按下【Ctrl+D】组合键取消选区，效果如图 3-104 右图所示。

图 3-104　创建选区并描边

步骤 14▶　按【Ctrl+A】组合键全选“炫彩.psd”中的图像并移动到“广告背景.jpg”图像窗口中，至此一张手机广告就制作完成了，如图 3-105 所示。

图 3-105　组合图片

课后总结

本章介绍了创建和编辑选区的各种方法。其中，利用选框工具组和套索工具组，可以制作各种规则选区及不规则选区；利用魔棒工具组及“色彩范围”命令，可以按照颜色范围制作选区；利用快速蒙版和抽出滤镜可以帮助我们快速将图像从复杂的背景中抠取出来。选区制作好后，还可使用多种工具对其进行编辑和填充，其中用户要重点掌握羽化选区和填充选区的应用。

思考与练习

一、填空题

1．制作规则选区的工具有：________、________、________和________。

2．选择椭圆或矩形选框工具后，按住________键，可以创建圆形或正方形选区；按住________键，将以开始点作为中心点来创建选区。

3．系统提供的3种套索工具有：________、________和________。

4．在用“套索工具”绘制选区的过程中，如果按________键可取消正在创建的选区。

5．在用“多边形套索工具”制作选区时，按________键，可按水平、垂直或45°角方向定义边线；按________键，可取消最近定义的边线；按住________键不放，可取消所有定义的边线，与按下【Esc】键的功能相同。

6．“魔棒工具”主要用于选择图像中________或________的区域。

7．在原有选区的基础上，按住________键可增加选区；按住________键将从原有选区中减去新选区；按下________和________键将使原有选区与新选区相交。

8．按________组合键，可用前景色填充选区，按________组合键，可用背景色填充选区。

二、问答题

1．使用“魔棒工具”创建选区时，决定选区范围的因素主要有哪些？

2．“扩大选取”与“选取相似”命令有何区别？

3．创建复杂选区后，如何将选区保存与重新载入？

4．移动选区主要有哪些方法？

5．创建好选区后，如何为选区描边？

三、操作题

1．根据本章所学知识，为图3-106左图所示人物图片更换背景，效果如3-106右图所示。

图3-106　更换背景效果

提示:

（1）打开本书配套素材“PH3”>“操作题”文件夹中的“1.jpg”和“2.jpg”图片文件。

（2）选择“1.jpg”，利用“抽出”滤镜将人物抠出。

（3）利用“移动工具”将抠取的人物图像拖拽到”2.jpg”中即可。最终效果见“PH3”>“操作题”>合成效果.psd”。

第4章 图像编辑

【本章导读】

在学会了制作选区之后，本章我们将进一步学习其他的图像编辑方法，如移动、复制、删除、合并拷贝、自由变换图像、调整图像的大小与分辨率，以及操作的重复与撤销等。要注意的是，若图像中存在选区，则大部分图像编辑命令都只对当前选区有效。

【本章内容提要】

- 图像的移动、复制与删除
- 调整画布与图像
- 自由变换图像
- 撤销、重做与恢复操作

4.1 图像的移动、复制与删除

本节主要学习与编辑图像有关的一些基本操作，如移动、剪切、复制、粘贴和删除等。下面分别介绍。

实训1 制作小鸡全家福插画

【实训目的】

- 掌握移动图像的方法。
- 掌握复制图像的方法。

- 掌握删除图像的方法。
- 掌握合并拷贝图像与“贴入”命令的用法。

【操作步骤】

步骤 1▶ 打开本书配套素材“PH4”文件夹中的“1 小鸡.jpg”、“1 母鸡.jpg”和“1 房子.jpg”图片文件，如图 4-1 所示。

图 4-1 素材图片

步骤 2▶ 将小鸡制作成选区，然后选择“移动工具”，其工具属性栏如图 4-2 所示。其中各项的意义如下：

自动选择: 组 显示变换控件

图 4-2 “移动工具”属性栏

用“移动工具”可将选区内或当前图层的图像移至同一图像的其他位置或其他的图像窗口中。

- **自动选择：** 勾选该复选框后，在其后面的下拉列表中选择“图层”或“组”，然后用“移动工具”在图像窗口中单击某个对象，可选中该对象所在的图层或图层组。
- **显示变换控件：** 勾选该复选框后可在移动区域的四周显示定界框，此时可对图像执行缩放、旋转、斜切、扭曲等操作。
- 用于设置当前图层中的图像与其链接图层中图像的对齐方式，详见第 6 章内容。
- 用于设置当前图层中的图像与其链接图层中图像的分布方式（3 个图层以上才有效），详见第 6 章内容。
- **“自动对齐图层”按钮：** 用于在不同图层之间基于相似内容来对齐图层。

步骤 3▶ 将光标放在选区内，按住鼠标左键并拖动，至目标位置时释放鼠标即可移动选区图像，如图 4-3 所示。

如果在普通图层上移动图像，图像的原位置将变成透明；如果在背景图层上移动选区内图像，图像的原位置将被当前背景色填充，如图 4-3 右图所示。在移动图像时，按住【Shift】键可以在水平、垂直和 45°方向移动图像。

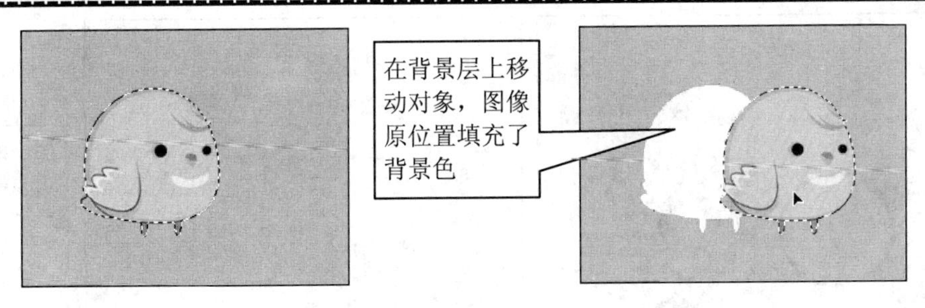

图 4-3　移动选区内图像

步骤 4▶　把选区内的小鸡图像移动到“1 母鸡.jpg”图像窗口中，按【Ctrl+D】组合键取消选区，可以看到小鸡图像层为当前图层。继续按住鼠标左键并拖动，将小鸡拖到母鸡的左下方，如图 4-4 所示。

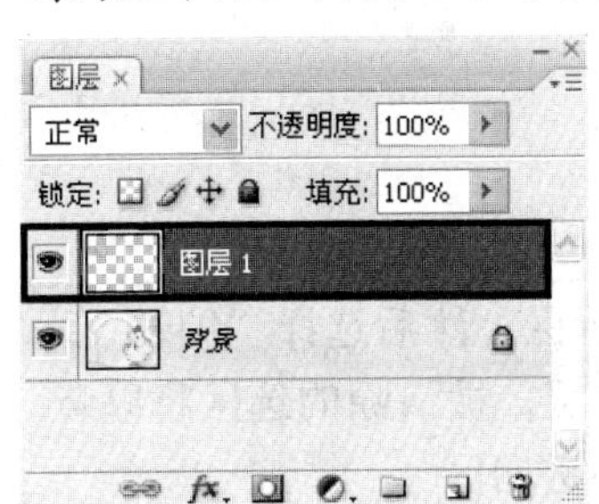

图 4-4　移动当前图层中的图像

步骤 5▶　下面我们来学习如何复制图像。选择“移动工具” 后，按住【Alt】键，当光标呈 状时拖动鼠标，到目标位置释放鼠标即可完成复制（如图 4-5 左图所示）。此外复制图像的方法还有如下几种：

- 创建选区后，选择“编辑”>“拷贝”菜单（或按【Ctrl+C】组合键），将图像存入剪贴板中，然后选择“编辑”>“粘贴”菜单（或按【Ctrl+V】组合键），即可复制选区内的图像。

选择“编辑”>“剪切”菜单（或按【Ctrl+X】组合键），会将选区内图像剪切到剪贴板，再粘贴到其他位置，但原位置将不再保留该图像。

- 按【Ctrl+J】组合键，如果图层中有选区，则会新建一个图层并将选区内的图像复制到新图层中；如果图层中没有选区，则将复制一个图层。被复制的图像与原图像位置完全重合，可用“移动工具”调整其位置。
- 将要复制图像所在的图层拖至“图层”调板底部的“创建新图层”按钮上，可快速复制出该层的副本图层。

步骤 6▶ 用户可通过制作图 4-5 右图所示的效果，尝试不同的图像复制方法。

图 4-5　复制图像

步骤 7▶ 如果复制了过多小鸡，可以将该层拖拽到“图层”调板底部的“删除图层”按钮上，释放鼠标即可删除多余图层。

> 如果要删除同一图层中的部分图像，只需为该区域创建选区，然后选择“编辑”>“清除”菜单，或按【Delete】键即可。如果当前图层为背景层，被清除的选区将以背景色填充；如果当前图层不是背景图层，被清除的选区将变为透明区。

步骤 8▶ 下面我们来学习将选区内各个图层的图像同时复制下来的方法。在“图层”调板中可以看到该文件包含多个图层。选择“矩形选框工具”，在画面中绘制图 4-6 左图所示选区。

步骤 9▶ 选择“编辑”>“合并拷贝”菜单，或按下【Shift+Ctrl+C】组合键，将选区内的图像合并拷贝下来。

步骤 10▶ 将“1 房子.jpg”文件设置为当前窗口。用“魔棒工具”选择其中的四个窗口。按下【Alt+Ctrl+D】组合键，在打开的“羽化选区”对话框中设置“羽化半径”为 10 像素，效果如图 4-6 中图所示。

步骤 11▶ 选择“编辑”>“贴入”菜单，或按下【Shift+Ctrl+V】组合键，将图像粘贴到画面中。在“图层”调板中可以看到原“1 母鸡.jpg”图像选区内的多个图层内容都被粘贴到房子的窗口的选区内，且自动合为一层，如图 4-7 所示。

图 4-6　“合并拷贝”与“贴入”效果

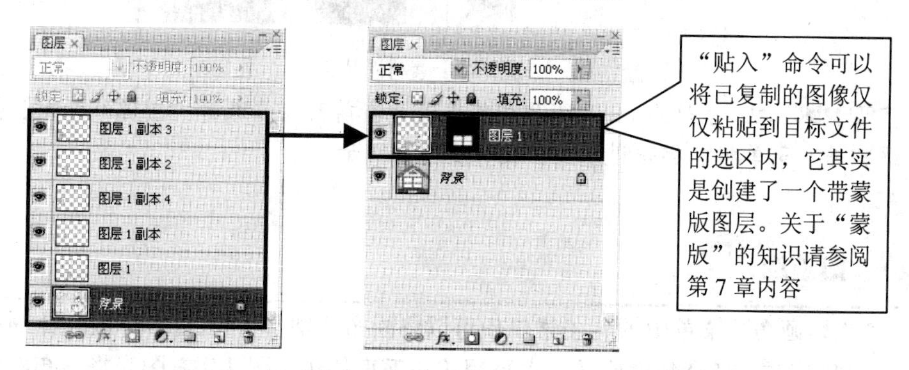

图 4-7　粘贴前后的图层变化

4.2　调整画布与图像

在实际工作中，经常要修改图像大小、分辨率或画布的大小来满足用户设计的需要，本节分别介绍这些方法。

实训 1　制作时尚杂志封面

【实训目的】

- 掌握旋转与翻转画布的方法。
- 掌握改变图像大小与分辨率的方法。
- 掌握修改画布大小的方法。
- 掌握“裁剪工具”的使用方法。

【操作步骤】

步骤 1▶　打开本书配套素材“PH4”文件夹中的“2 模特.jpg”和“2 封面.jpg”图片文件，如图 4-8 所示。

图 4-8 素材图片

步骤 2▶ 把“2封面.jpg”图片文件设置为当前窗口。选择“图像”>“旋转画布”>“水平翻转”菜单将其翻转过来，如图 4-9 左图所示。

“旋转画布”菜单中的各子菜单项可以将画布分别作 180°旋转、顺时针 90°旋转、逆时针 90°旋转、任意角度旋转、水平翻转和垂直翻转。图 4-9 右图为将画布顺时针 45°旋转后的效果。

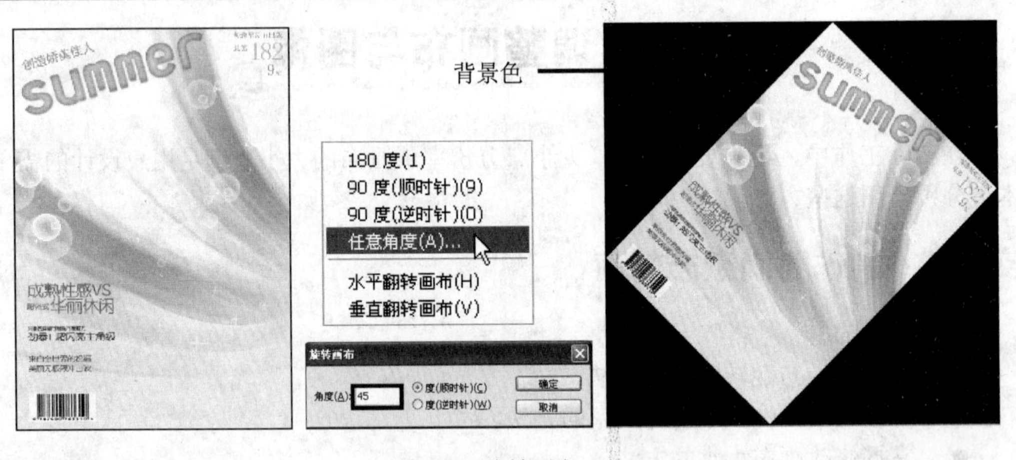

图 4-9 旋转画布

步骤 3▶ 由于“2封面.jpg”图片文件过大，为了节省磁盘空间，更好地输出图像，我们来为它重设大小与分辨率。选择“图像”>“图像大小”菜单，打开“图像大小”对话框。

步骤 4▶ 在“图像大小”对话框中做图 4-10 中图所示的设置。图像的高度、宽度和分辨率变小的同时，在对话框的上方可看到像素大小也由之前的 47.5M，减小到 20.2M，单击“确定”按钮，即可改变图像的大小与分辨率。

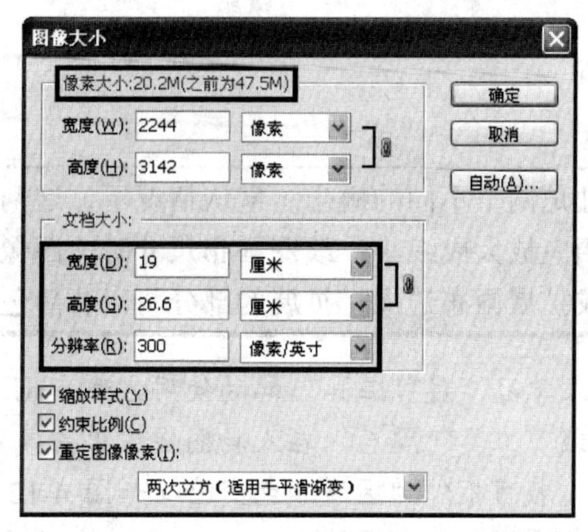

图 4-10　改变图像的大小

- **像素大小**：显示图像的宽度和高度，它决定了图像在屏幕上的显示尺寸。
- **文档大小**：用来决定图像输出打印时的实际尺寸和分辨率大小。
- **缩放样式**：如果图像中包含应用了样式的图层，则应选中该复选框，这样在调整图像的同时将缩放样式，以免改变图像效果。但只有选中“约束比例”复选框后，该复选框才被激活。
- **约束比例**：选中该复选框时，“宽度”和“高度”选项后出现标志，表示系统将图像的长宽比例锁定。当修改其中的某一项时，系统会自动更改另一项，使图像的比例保持不变。
- **重定图像像素**：若选中该复选框，更改图像的分辨率时图像的显示尺寸会相应改变，而打印尺寸不变；若取消该复选框，更改图像的分辨率时图像的打印尺寸会相应改变，而显示尺寸不变。

步骤 5▶　把“2 模特.jpg”文件窗口设置为当前窗口，选择“图像”>“画布大小”菜单或右击图像窗口的蓝色标题栏，在弹出的快捷菜单中选择“画布大小”选项，打开“画布大小”对话框，做如图 4-11 左图所示的设置，我们可用此命令对图像进行裁剪或增加空白区。

步骤 6▶　单击“确定”按钮，会弹出警告对话框，询问是否继续裁剪，如图 4-11 中图所示。单击“继续”按钮，画布大小改变，如图 4-11 右图所示。

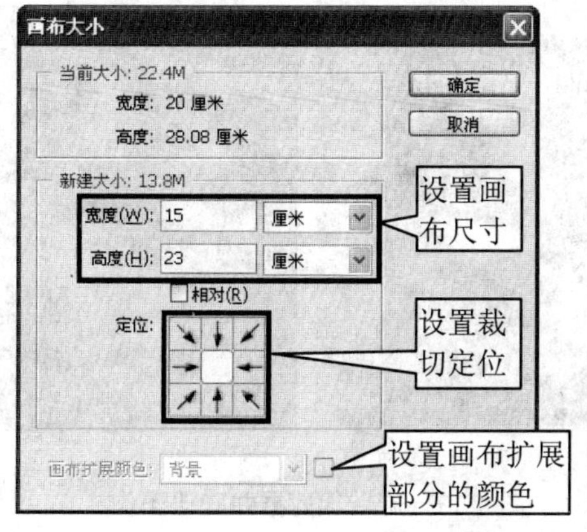

图 4-11　改变图像的画布大小

图像尺寸和画布尺寸是两个不同的概念。默认情况下，这两个尺寸是相等的。调整图像尺寸时，图像会被相应放大或缩小；改变画布尺寸时，图像本身不会被缩放，而是会按照裁切的定位裁切或扩展画布边缘，扩展的部分将以背静色填充。

步骤 7▶ 下面我们来学习“裁剪工具”的使用方法，此工具可对图像进行任意的裁切。在工具箱中选择“裁剪工具”后，在人物图像中单击鼠标左键并拖动，此时出现一个裁剪框，释放鼠标后，裁剪框外的区域颜色变暗（如图 4-12 右图所示）。定义好裁剪区域后，还可以按照如下方法调整裁剪区域：

- 要移动裁剪区域，可将鼠标光标定位在裁剪区域内（注意不要放在旋转支点⌖上），拖动鼠标即可。
- 要调整裁剪区域的大小，可将鼠标光标移至四周的控制点▫上，待光标呈↔、↕、⤢或⤡形状时，拖动鼠标即可。
- 要旋转裁剪区域，可将鼠标光标移至变形框外任意位置，待光标呈“⤸”形状时，单击并拖动鼠标即可，如图 4-13 左图所示。

若在选定裁剪区域的同时按下【Shift】键，则可定义正方形裁剪区域。若按下【Alt】键，则可定义以开始点为中心的裁剪区域。若同时按下【Shift+Alt】组合键，则可定义以开始点为中心的正方形裁剪区域。

步骤 8▶ 裁剪区域定义好后，选择“图像”>“裁剪”菜单、单击工具箱中的“裁剪工具”或按【Enter】键，均可执行裁剪操作，效果如图 4-13 右图所示。若希望取消裁剪，可按【Esc】键。

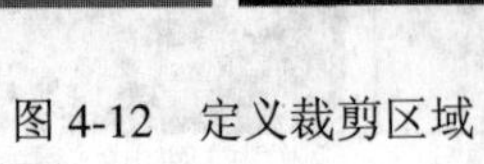

图 4-12 定义裁剪区域　　图 4-13 旋转裁剪框并确认操作

除了可以使用“裁剪工具”直接裁剪外，用户还可在其属性栏中指定长宽数值精确裁剪图像，并可修改裁剪区域的分辨率，如图 4-14 所示。

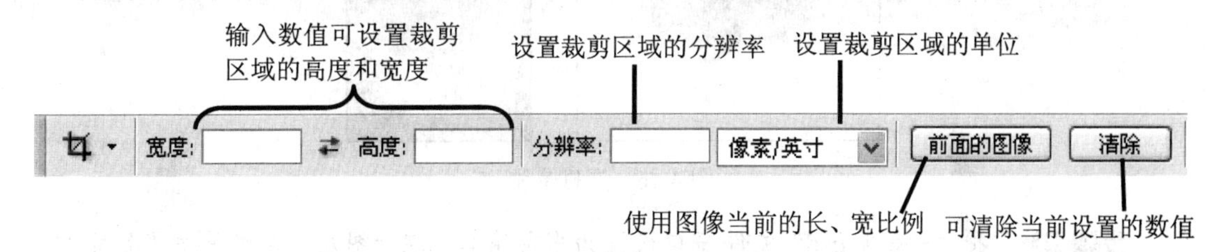

图 4-14　“裁剪工具”属性栏

步骤 9▶ 将人物图像制作成选区，移动到“2 封面.jpg”图片文件窗口中，效果如图 4-15 所示。至此，一幅时尚杂志封面就制作完成了。

图 4-15　组合图像

4.3　自由变换图像

在编辑图像时，常常会出现图像的大小、角度、形状不符合我们要求的情况，我们可以通过对图像进行自由变换来解决这些问题。

实训 1　制作节日宣传海报——使用“自由变换”命令

【实训目的】

- 掌握“自由变换”命令的使用方法。

【操作步骤】

步骤 1▶ 打开本书配套素材“PH4”文件夹中的“3 海螺.psd”和“3 海报背景.jpg”图片文件，如图 4-16 所示。

图 4-16 素材图片

步骤 2▶ 把“3 海螺.psd”文件窗口设置为当前窗口。在“图层”调板单击“图层 1”，使其成为当前层。按下【Ctrl+T】组合键，显示自由变换框，用鼠标将变换框中间的旋转支点✧移至控制框外，如 4-17 所示。

步骤 3▶ 在工具属性栏中将“旋转角度”设置为 30 △30 度，“宽度”和“高度”都设置为 90%。此时画面中的贝壳图像被旋转，且缩小到原大小的 90%，如图 4-18 所示。连续按两下【Enter】键确认操作，自由变形框消失。

步骤 4▶ 按下【Shift+Ctrl+Alt】组合键的同时，连续多次按【T】键即可旋转复制图像，最后得到类似旋涡的形状，如图 4-19 所示。

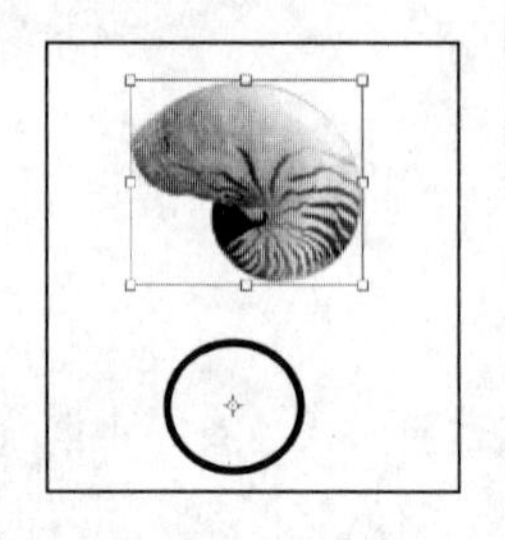

图 4-17 移动旋转支点

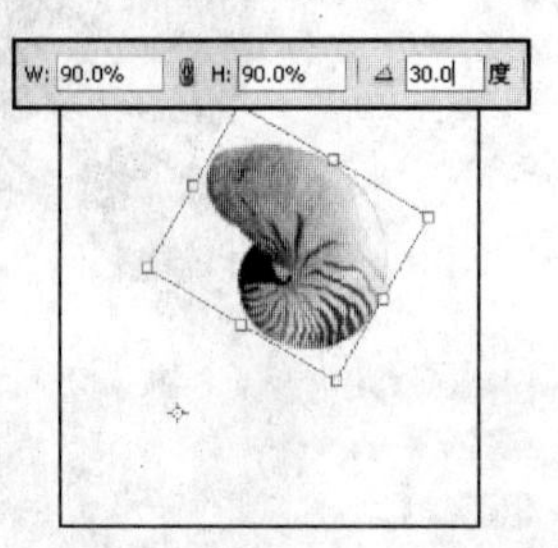

图 4-18 旋转图像

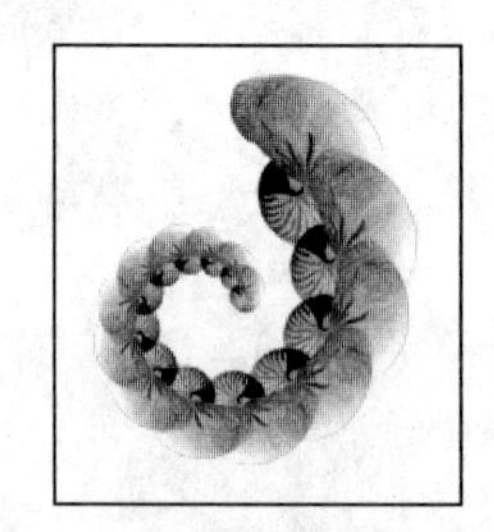

图 4-19 最终效果

如果用户设定不同的旋转支点位置，或在工具属性栏中设置不同的水平缩放、垂直缩放等参数，可得到多种复制的效果，如图 4-20 所示。

图 4-20 设置不同的旋转支点得到的效果

步骤 5▶　删除“3 海螺.psd”文件的背景层，并把所有海螺合并拷贝到“3 海报背景.jpg”图像窗口中，效果如图 4-21 左图所示。选择“编辑”＞“变换”＞“水平翻转”命令，水平翻转海螺图像，效果如图 4-21 中图所示。

步骤 6▶　选择“编辑”＞“自由变换”菜单，或按【Ctrl+T】组合键，显示自由变换框。对海螺进行旋转，并移动到画面中间位置，效果如图 4-21 右图所示。

图 4-21　变换图像

自由变换图像与第 3 章介绍的变换选区的方法相似，只是变换的对象不同。变换选区只对选区进行编辑，不影响图像，而变换图像是对图像本身进行操作。同时该操作与前面所讲的“旋转画布”命令是不同的，“旋转画布”命令是针对整个图像旋转，而“变换”命令只对当前图层或选区内的图像变换。

选择“变换”命令后，在图像窗口中单击鼠标右键，然后在弹出的快捷菜单中选择相应的命令，可对图像执行相应的变换操作。变换图像的方法和快捷键与变换选区的方法相同，可详见第 3 章，效果如图 4-22 所示。

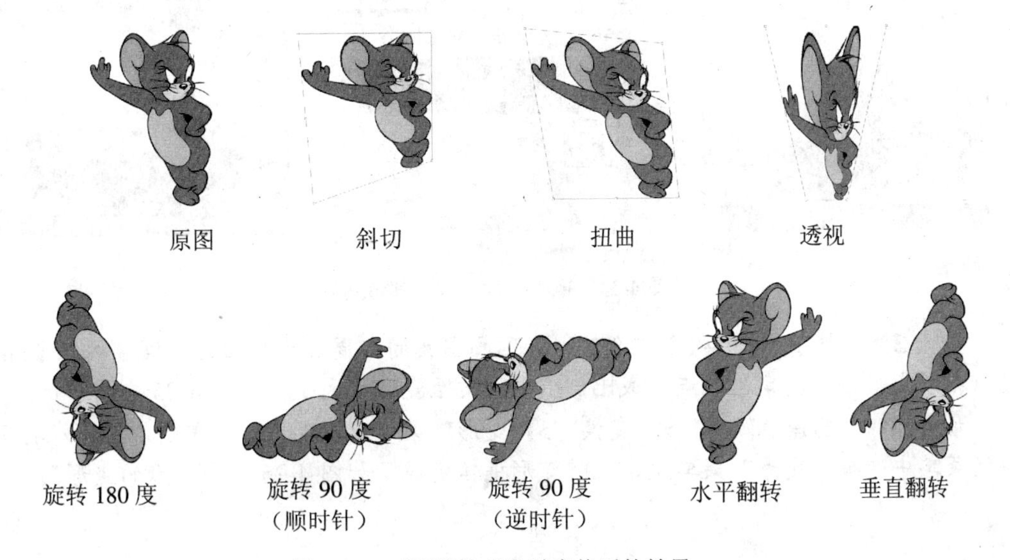

图 4-22　对图像执行各种变换后的效果

实训2 制作瓷瓶效果图——使用“变形”命令

【实训目的】

- 掌握“变形”命令的使用方法。

【操作步骤】

步骤 1▶ 打开本书配套素材“PH4”文件夹中的“4 瓷瓶.jpg”和“4 图案.jpg”图片文件，如图 4-23 所示。

图 4-23 素材图片

步骤 2▶ 利用“移动工具” 将国画图案拖拽到瓷瓶图像中，如 4-24 左图所示。为了方便下面的操作，我们在“图层”调板中将国画图案的透明度设置为 50%，如图 4-24 右图所示，这时国画图案呈现半透明状态。

图 4-24 拖入图片并改变其透明度

步骤 3▶ 按下【Ctrl+T】组合键，在国画图案的四周显示自由变形框，按住【Shift】键，拖动变形框的拐角控制点，成比例缩小图案至瓷瓶肚大小，如图 4-25 左图所示。

步骤 4▶ 选择“编辑”>“变换”>“变形”菜单或在变形框内单击右键，在打开的快捷菜单中选择“变形”菜单项，此时变形框转变成了如图 4-25 右图所示的变形网格。

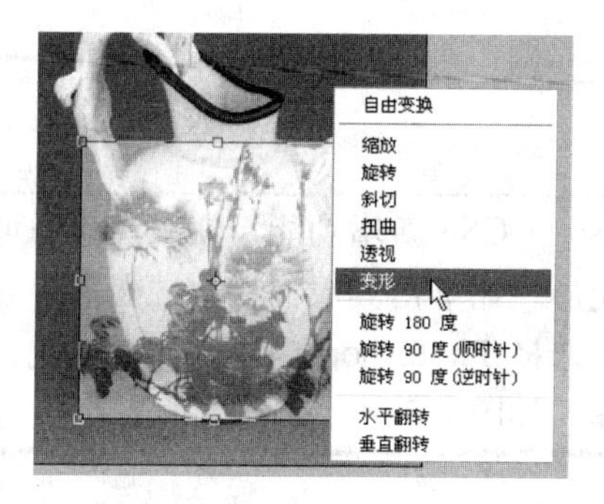

图 4-25 成比例缩小图像及选择“变形”命令

步骤 5▶ 将光标移至变形网格角点位置上，按下鼠标并拖动，可改变控制点的位置，如图 4-26 左图所示。将光标移至角点控制柄上，拖动鼠标改变控制柄的长度和角度，以使图案适合瓶身的弧度，如图 4-26 右图所示。

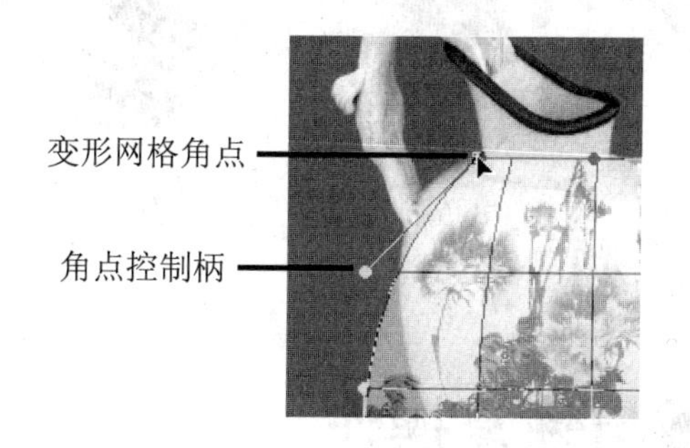

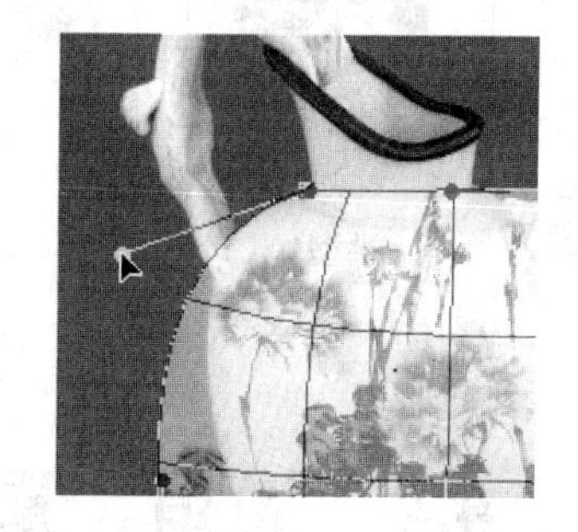

图 4-26 调整变形框

步骤 6▶ 继续调整其他控制点和控制柄，以使图案的形状与瓶身相吻合，如图 4-27 左图所示。调整满意效果后，按【Enter】键确认变形操作，并在“图层”调板中将透明度改为 100%，得到如图 4-27 右图所示效果。

步骤 7▶ 为了贴图效果更为自然，在“图层”调板中设置国画图案层的混合模式为“正片叠底”，得到最终效果，如图 4-28 所示。

图 4-27 应用变形操作并改变透明度

图 4-28 最终效果

“变形”命令是 Photoshop CS3 新增功能，使用该命令可以很轻松地对图像进行各种用户自定或系统预设的变形。如单击其属性栏中“变形”右侧的按钮，如图 4-29 所示。可从弹出的下拉列表中选择 Photoshop 内置的变形样式，还可设置相应的参数，以对图像进行相应的变形操作，如图 4-30 所示。

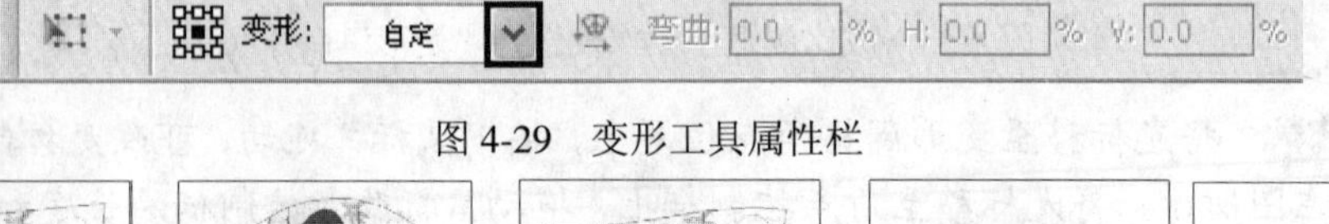

图 4-29　变形工具属性栏

下弧

拱型

增加

鱼眼

扭转

图 4-30　变形图像效果

4.4　撤销、重做与恢复操作

由于图像处理是一项实验性很强的工作，因此，用户在进行图像处理时，可能经常要撤销或重做所进行的操作，本节就针对撤销和重做操作的方法进行介绍。

实训 1　制作儿童艺术照

【实训目的】

- 掌握用“历史记录”调板撤销任意操作的方法。
- 掌握用“快照”暂存图像处理状态的方法。
- 掌握用“编辑”菜单撤销单步或多步操作的方法。
- 掌握从磁盘上恢复图像和清理内存的方法。

【操作步骤】

步骤 1▶　打开本书配套素材“PH4”文件夹中的“5 儿童艺术照.psd”图片文件，如图 4-31 所示。

步骤 2▶　可以看出图中右边较空，需要加些装饰。首先在“图层”调板中单击“花朵”图层，然后多次按下【Ctrl+J】组合键复制该图层，并对新复制的各图层分别进行移动与变换操作，效果如图 4-32 所示。

图 4-31 素材图片

图 4-32 复制、移动与变换花朵

步骤 3▶ 由于复制的花朵较多，画面有些杂乱。下面我们来用“历史记录”调板撤销一些操作。选择“窗口”>“历史记录”菜单，打开“历史记录”调板，如图 4-33 所示。

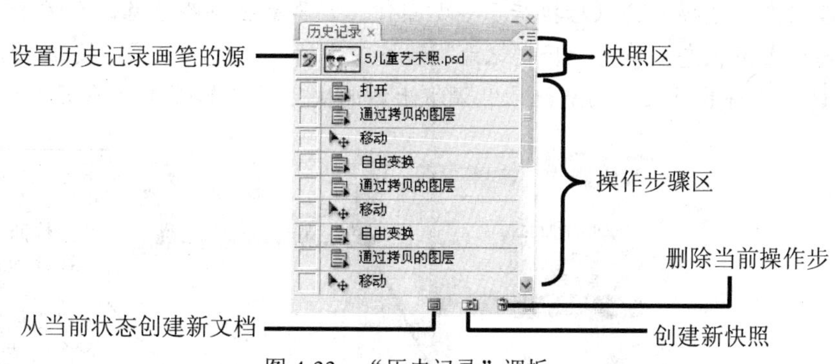

图 4-33 “历史记录”调板

步骤 4▶ 在“历史记录”调板中列出了所有的操作步骤，其按照制作的先后顺序依次排列。其中，快照区中为图像的初始状态（用户在打开一个图像文件后，系统将自动把该图像文件的初始状态记录在快照区中），单击此区域将撤销所有操作，如图 4-34 所示。

图 4-34 单击图像初始状态的快照撤销全部操作

步骤 5▶ 单击“历史记录”调板中任意一个步骤名称可恢复之前所有操作，同时将撤销其后所有的操作步骤，此时所撤销的步骤名称将变为灰色，如图 4-35 所示。

步骤 6▶ 如果撤销了某些步骤，而且还未执行其他操作，则还可恢复被撤销的步骤，此时只需在操作步骤区单击要恢复的操作步骤即可。

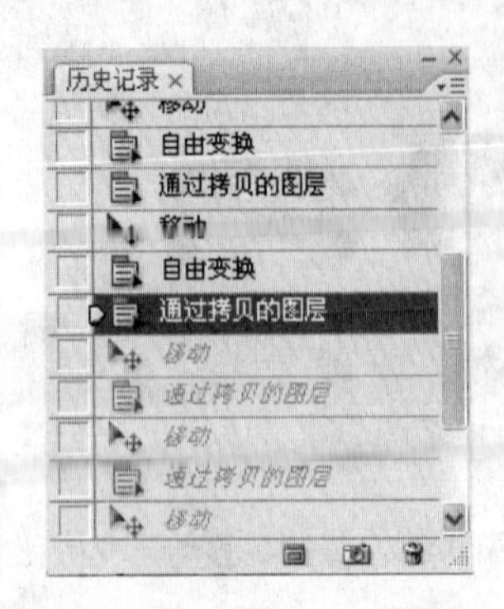

图 4-35　撤销操作步骤及图像效果

步骤 7▶　由于在“历史记录”调板中最多只能存储 20 步，所以需要用“快照”暂存图像的处理状态。这样无论以后执行了多少操作，只要单击快照名称，系统均可自动恢复到其所保存的图像状态。单击“历史记录”调板下方的“创建新快照”按钮，系统将创建“快照 1”，并将其放在“历史记录”调板上方的快照区，如图 4-36 所示。

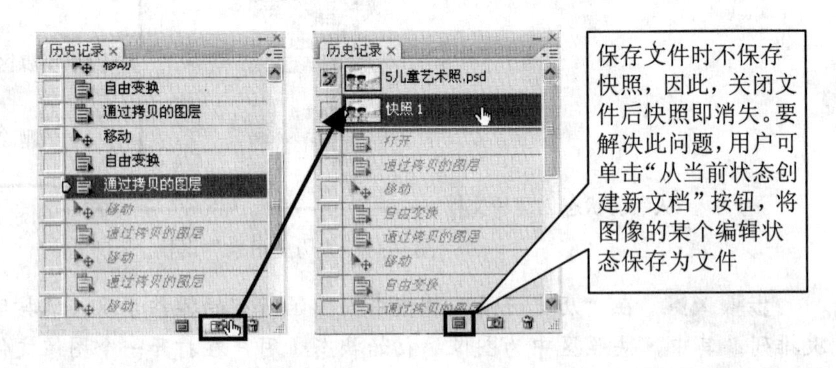

图 4-36　创建“快照 1”

步骤 8▶　在图像窗口右上角绘制一些圆形选区并分别填充颜色（用户可选择自己喜欢的颜色），如图 4-37 所示。

图 4-37　绘制圆形图案

步骤 9▶ 若对操作不满意，也可用“编辑”菜单中相应的命令进行撤销。撤销最近一部操作可选择“编辑”>“还原+操作名称（取消选择）”菜单项或按【Ctrl+Z】组合键，如图4-38左图所示。此时该菜单项变为“重做+操作名称”。

步骤 10▶ 若想恢复刚取消的操作，可选择“编辑”>“重做+操作名称（取消选择）”菜单项或按【Ctrl+Z】组合键，如图4-38右图所示。

图4-38 在“编辑”菜单中还原与重做单步操作

步骤 11▶ 若要逐步还原前面执行的多步操作，可选择“编辑”>“后退一步”菜单，如图4-39左图所示。

步骤 12▶ 若要逐步恢复被删除的操作，可选择“编辑”>“前进一步”菜单，如图4-39右图所示。

图4-39 在“编辑”菜单中还原与恢复多步操作

若要恢复图像最近保存的状态，可选择“文件”>“恢复”菜单。若要清理、还原剪贴板数据、历史记录或全部操作，提高计算机处理图像的速度，可选择“编辑”>“清理”菜单中的相应选项。

综合实训——制作酒广告

下面通过制作一幅酒广告来练习以上学习的内容，最终效果如图4-40所示。制作时，首先导入素材图片，然后复制并变换酒瓶图像，再将所有酒瓶合并拷贝到背景素材中，接着在背景素材中复制酒瓶图层、调整其透明度并进行翻转以制作倒影效果，最后将商标素材也移动到背景素材中。用户在制作过程中，要重点注意移动、复制、变换与合并拷贝图像的方法。

【操作步骤】

步骤 1▶ 打开本书配套素材“PH4”文件夹中的“6 酒瓶.psd”、“6 商标.psd”和“6 酒广告背景.jpg”图片文件，如图4-41所示。

图4-40 最终效果

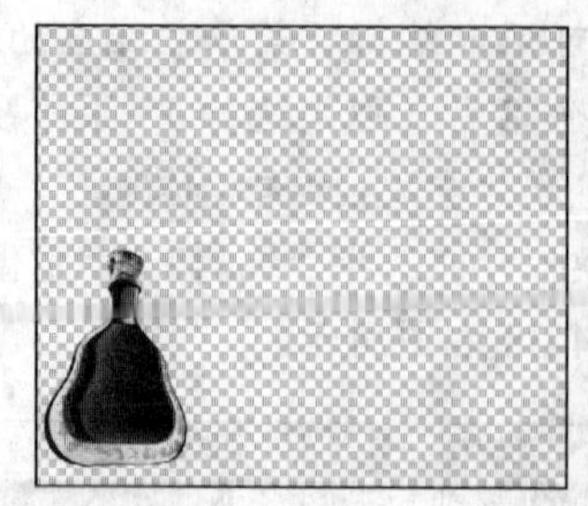

图4-41 素材图片

步骤2▶ 把“6酒瓶.psd”图像文件设置为当前窗口，选择“移动工具”后，按住【Alt】键，当光标呈形状时拖动鼠标，在酒瓶的右端再复制一个酒瓶，如图4-42左图所示。

步骤3▶ 按下【Ctrl+T】组合键，显示自由变换框，按住【Shift】键并拖动控制柄，等比例放大酒瓶，如图4-42右图所示。按【Enter】键确认操作。

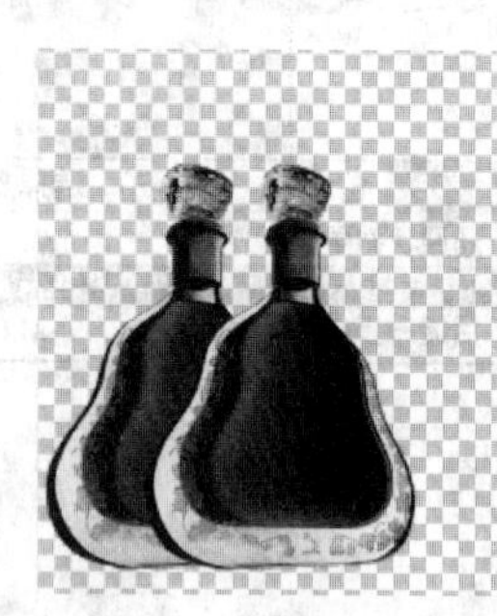

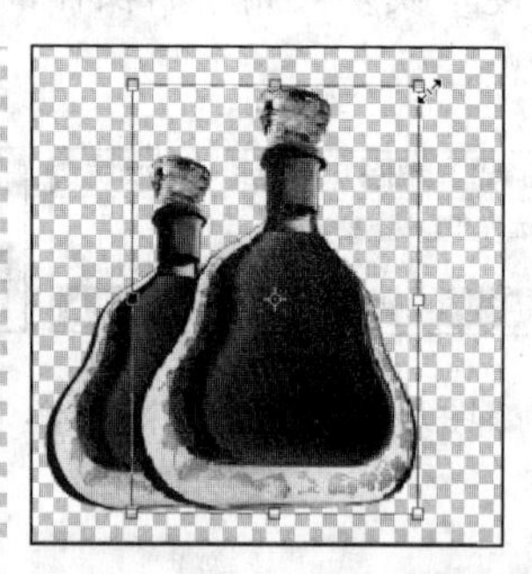

图4-42 复制并放大酒瓶

步骤4▶ 按住【Ctrl】键，在“图层”调板中单击两个酒瓶图层将其全选，并拖至“图层”调板底部的“创建新图层”按钮上，复制两个副本图层，如图4-43右图所示。

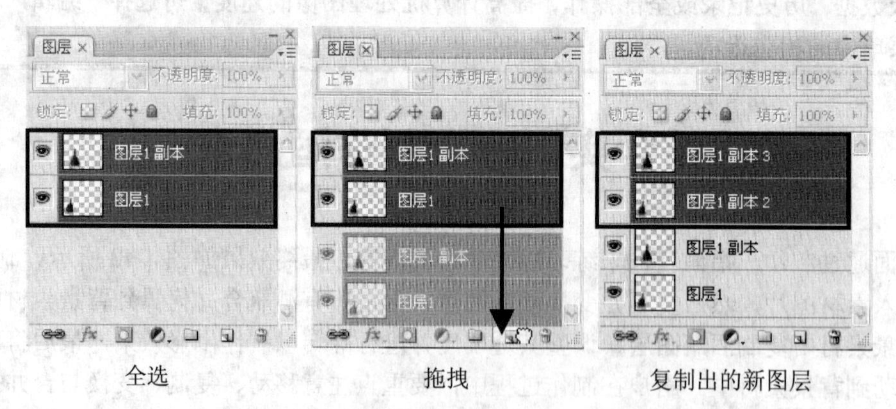

图4-43 复制图层

步骤5▶ 保持新建两个图层的选中状态，选择“编辑”>“变换”>“水平翻转”命令，使其水平翻转，并移动到如图4-44左图所在的位置。

步骤 6▶ 在“图层”调版中单击“图层 1 副本 3”图层，复制该图层。按下【Ctrl+T】组合键把新复制的图层放大，移动到如图 4-44 右图所示的画面中间位置。

图 4-44 变换并移动图层

步骤 7▶ 用“矩形选框工具”框选所有酒瓶并且合并拷贝到“6 酒广告背景.jpg”文件窗口中，放置在如图 4-45 左图所在的位置。

步骤 8▶ 复制酒瓶图层，选择“编辑”>“变换”>“垂直翻转”命令，使该层垂直翻转。在“图层”调版中调整其“透明度”为 22%，移动到如图 4-45 中图所示的画面下方位置。

步骤 9▶ 将“6 商标.psd”文件中的商标移动到“6 酒广告背景.jpg”图像窗口中，如图 4-45 右图所示。至此，一幅酒广告就制作完成了。

图 4-45 组合图像

课后总结

本章主要介绍了编辑图像的方法。需要重点注意的地方是：（1）利用“合并拷贝”命令可以同时复制多个图层上的对象，利用“贴入”命令可以将图像粘贴到指定的选区内；（2）使用“裁剪工具”可以方便地裁剪图片；（3）利用“变形”命令可以对图像进行任意形状的变形；（4）利用“历史记录”调板可撤销和恢复任意步骤的操作。

思考与练习

一、填空题

1．在背景层上移动选区内图像时，图像的原位置将填充________。

2．使用“移动工具”移动图像时，按住________键可使图像在水平、垂直和45°方向移动；移动的同时，按住________键，可以快速复制图像。

3．调整图像大小时，如果要使图像的长、宽比例保持不变，应勾选“图像大小”对话框中的________复选框。

二、问答题

1．“合并拷贝”与“拷贝”命令有何区别？“贴入”命令与“粘贴”命令有何区别？

2．复制图像的方法有哪些？

3．调整“图像大小”与“画布大小”有何不同？

4．如何利用“裁剪工具”裁剪图像？

5．“旋转画布”与“变换”命令有何区别？

6．什么是快照？如何创建和使用快照？

三、操作题

打开本书配套素材“PH4”文件夹中的“7 纸袋.jpg”和“7 包装.jpg”图片文件。将“7 包装.jpg”拖入到“7 纸袋.jpg”中，根据需要将包装层进行变形，并将其透明度设置为90%，得到如4-46右图所示效果。

图4-46　组合图像

第5章　图像的绘制与修饰

【本章导读】

Photoshop CS3提供了大量的绘画与修饰工具，如“画笔工具”、“仿制图章工具”和“修复画笔工具”等，利用这些工具不仅可以绘制图形，还可以修饰或修复图像，从而制作出一些艺术效果或修复图像中存在的缺陷。下面我们便来学习这些工具的使用方法。

【本章内容提要】

- 用画笔工具组与自定义画笔绘画
- 用历史记录画笔工具组恢复图像
- 用图章工具组复制图像
- 用修复画笔工具组修复图像
- 用橡皮擦工具组擦除图像
- 用图像修饰工具修饰图像

5.1　用画笔工具组与自定义画笔绘画

实训1　制作精美桌面壁纸

【实训目的】

- 掌握“画笔工具”的使用方法。
- 掌握“铅笔工具”的使用方法。

- 掌握“颜色替换工具”的使用方法。
- 掌握“定义画笔预设”命令的使用方法。

【操作步骤】

步骤 1▶ 打开本书配套素材“PH5”文件夹中的“1 壁纸背景.jpg”、“1 少女.psd”和“1 飞鸟.jpg”图片文件，如图 5-1 所示。

图 5-1 素材图片

步骤 2▶ 将“1 壁纸背景.jpg”图像窗口切换为当前窗口，并将前景色设置为橙色（#f09647），背景色设置为白色。

步骤 3▶ 选择“画笔工具”，并单击工具属性栏“画笔”后的按钮，在弹出的“画笔预设”选取器中，向下拖动画笔样式列表右侧的滚动条，然后选择“散布枫叶”样式，并将笔刷“主直径”设置为“50px”（像素），其他参数保持默认，如图 5-2 所示。

混合模式用于设置当前选定的颜色如何与图像原有的底色进行混合，从而对图像进行修饰或制作一些特殊的图像效果

使画笔具有喷涂功能

在文本框中输入数值或拖动其下的滑块可设置笔刷的大小

设置画笔的不透明度，数值越小越透明

打开“画笔”调板

设置画笔的流动速度，数值越小，颜色越淡

笔刷样式列表，用户可从中选择所需的样式来进行绘画

用于设置绘画工具笔刷边缘的晕化程度，值越小，笔刷边缘越柔和

图 5-2 “画笔工具”属性栏及“画笔预设”选取器

知识库

在使用“画笔工具”、“铅笔工具”、“仿制图章工具”和“修复画笔工具”等绘制图形时，我们可以选择笔刷样式，并设计合适的笔刷大小和硬度等，从而丰富绘画效果。

步骤 4▶　笔刷属性设置好后，在图像窗口右上角位置单击并拖动鼠标，绘制枫叶图案，如图 5-3 所示。

步骤 5▶　再次单击“画笔工具”属性栏“画笔”其后的▾按钮，在弹出的“画笔预设”选取器中单击右上角的▶按钮，并从弹出的菜单中选择“特殊效果画笔”菜单项，如图 5-4 所示。此时将弹出图 5-5 所示的提示对话框，单击“追加”按钮，“特殊效果画笔”文件即被添加在画笔列表的下方。

步骤 6▶　在画笔列表中，向下拖动右侧的滚动条，选择“缤纷蝴蝶”样式，如图 5-6 所示。

图 5-3　绘制枫叶

选择此处的菜单项可改变笔刷显示方式

选择此处的菜单项可加载系统内置笔刷

图 5-4　追加笔刷文件

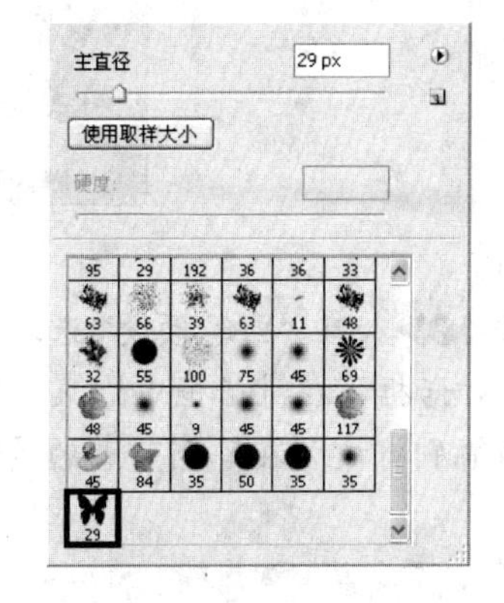

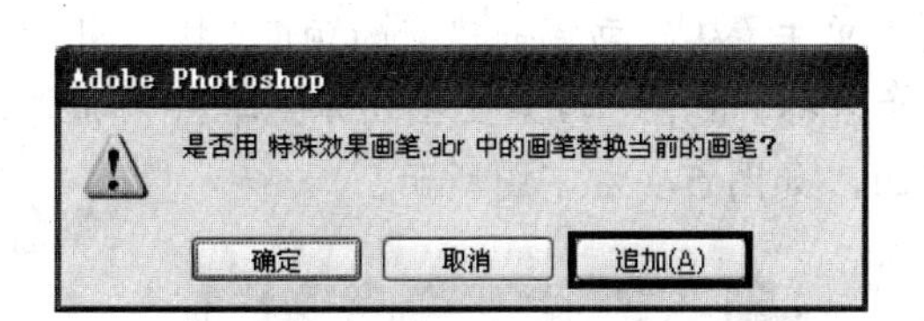

图 5-5　加载笔刷时的询问对话框

图 5-6　选择所需笔刷

步骤 7▶　画笔样式选择好后，单击“画笔工具”属性栏右侧的“切换画笔调板”按钮，打开“画笔”调板，单击调板左侧列表中的“画笔笔尖形状”选项，然后在右侧的参数设置区设置“直径”为“60px”，“间距”为 100%，如图 5-7 左图所示。

步骤 8▶　单击“画笔”调板左侧列表中的“形状动态”，然后在其右侧的参数设置区中将“大小抖动”设置为 90%，其他参数保持默认，如图 5-7 中图所示。最后，取消左侧列表中的“颜色动态”项的勾选，如图 5-7 右图所示。

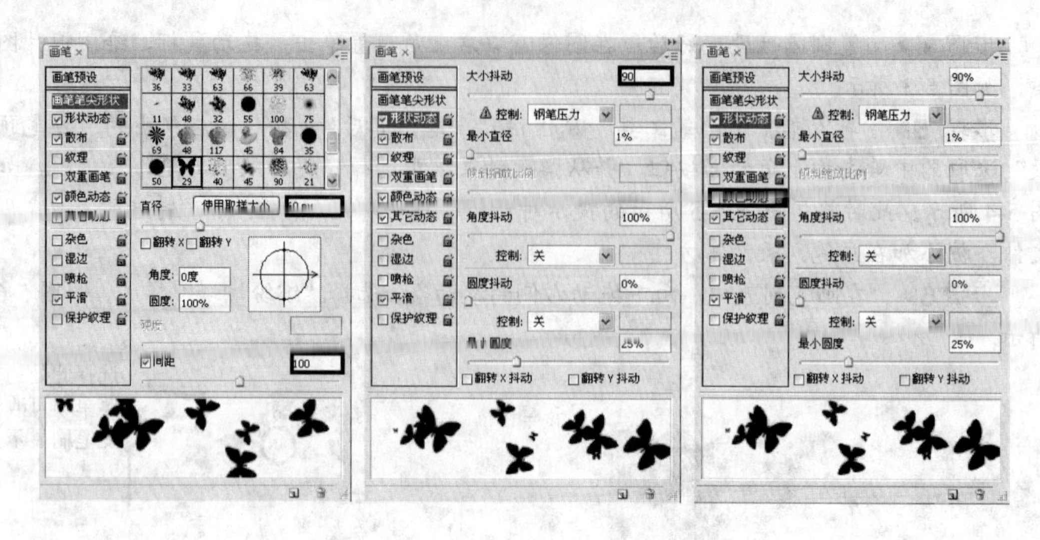

图 5-7　用“画笔”调板设置笔刷特性

步骤 9▶　笔刷的属性设置好后，单击“画笔”调板右上角的 ▸▸ 按钮或按【F5】键，关闭“画笔”调板。然后在图像窗口左下方拖动鼠标，绘制蝴蝶，如图 5-8 所示。

图 5-8　绘制蝴蝶

步骤 10▶　在“画笔预设”选取器中单击“从此画笔创建新的预设”按钮，打开“画笔名称”对话框，在对话框中输入画笔的名称，如图 5-9 右上图所示。单击“确定”按钮，则新建的笔刷将被放在笔刷列表的最下面，如图 5-9 右下图所示。

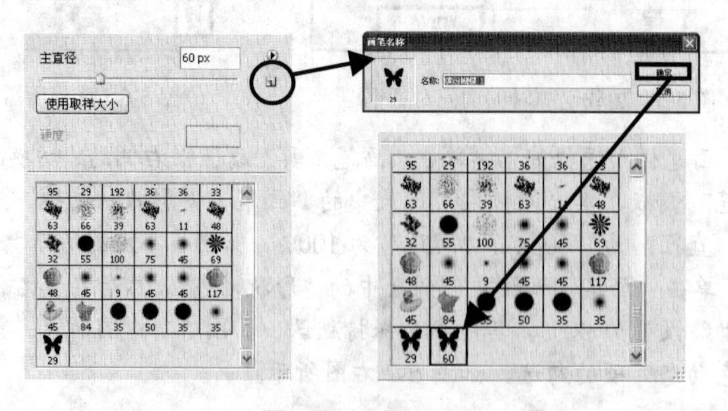

图 5-9　新建画笔

步骤 11▶　在工具箱中选择“铅笔工具”，并在其工具属性栏中设置参数，如图 5-10 所示。利用“铅笔工具”可绘制一些棱角比较突出且无边缘发散效果的线条。

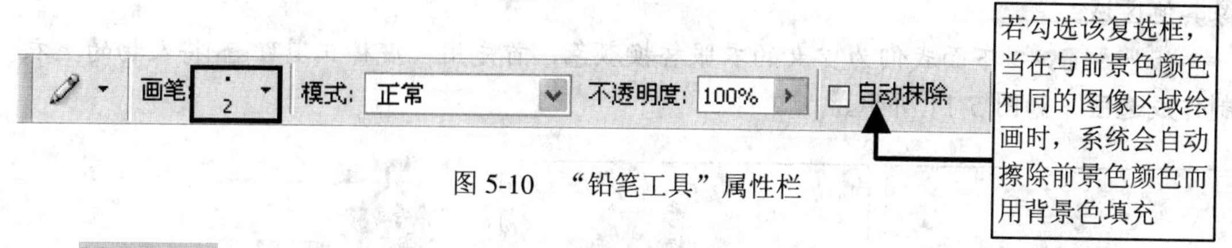

图 5-10　“铅笔工具”属性栏

步骤 12▶　设置前景色为黄色（# effd52），在画面左上角按下鼠标左键并拖动，绘制“hello”字样，效果如图 5-11 所示。

图 5-11　绘制英文字

步骤 13▶　切换“1 少女.psd”图片文件为当前窗口。从图中看出人物的皮肤较黑，裙子为白色，下面利用“画笔工具”和“颜色替换工具”为人物美白并更换衣服颜色。

当用画笔工具组绘画时，使用的颜色为前景色。若按住【Shift】键再拖动鼠标，可画出一条直线；若按住【Shift】键反复单击鼠标，则可自动画出首尾相连的折线；若按住【Ctrl】键，则暂时将以上两个工具切换为“移动工具”；若按住【Alt】键，则“画笔工具”或“铅笔工具”会暂时变为“吸管工具”。

步骤 14▶　设置前景色为浅肤色（#f4ede5），背景色为桃红色（# f34bf1）。选择“画笔工具”，然后在其工具属性栏中设置笔刷“主直径”为“20px”的柔角笔刷，“模式”为柔光，“不透明度”为 30%，如图 5-12 所示。

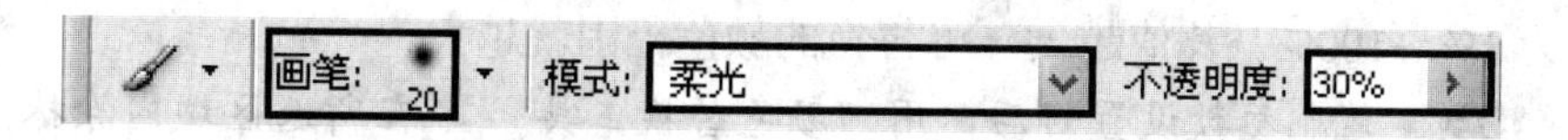

图 5-12　“画笔工具”属性栏

步骤 15▶　参数设置好后，将鼠标光标移至人物皮肤上，然后按下鼠标左键并涂抹，你会发现人物的皮肤比原始效果白了，如图 5-13 所示。这里值得注意的是，不要过于美白，否则会破坏图像。另外，在实际操作中，我们可将皮肤制作成选区再涂抹，以避免涂到图像其他区域。

步骤 16▶ 下面我们为少女的衣服替换颜色，首先用“魔棒工具”将人物的上衣制作成选区，如图 5-14 所示。

图 5-13　美白皮肤

图 5-14　制作选区

我们将硬度为 0%的圆形笔刷称为柔角笔刷，硬度为 100%的称为硬角笔刷。

步骤 17▶ 在英文输入法状态下按【X】键切换前、背景色。选择“颜色替换工具”，在其工具性栏中设置笔刷“主直径”为“40px”，“容差”设置为 30%，其他参数保持系统默认状态，如图 5-15 所示。利用“颜色替换工具”可在保留图像纹理和阴影不变的情况下，快速改变图像任意区域的颜色。其属性栏中各选项的意义如下：

图 5-15　“颜色替换工具”属性栏

- **“模式”**：该下拉列表包含“色相”、“饱和度”、“颜色”和“明度”4 种混合模式供用户选择，默认情况下为“颜色”。
- **取样按钮**：单击“连续”按钮可在拖动时连续对颜色取样；单击“一次”按钮表示只替换与鼠标第一次单击时颜色区域相似的颜色；单击“背景色板”按钮表示只替换与当前背景色相似的颜色区域。
- **“限制”选项**：选择“连续”表示将替换与紧挨在光标下颜色相近的颜色；选中“不连续”表示将替换出现在光标下任何位置的样本颜色；选中“查找边缘”表示将替换包含样本颜色的连接区域，同时更好地保留形状边缘的锐化程度。
- **“容差”选项**：用户可在编辑框内输入数值，或拖动滑块调整容差大小，其范围为 1%～100%。其值越大，可替换的颜色范围就越大。

步骤 18▶ 笔刷参数设置好后，用“颜色替换工具”在所选区域内涂抹，直至裙子的颜色完全变为粉红色。涂抹完后按【Ctrl+D】组合键取消选区，得到图 5-16 所示效果。

步骤 19▶ 将人物移动到“1 壁纸背景.jpg”图像窗口中，放置在图 5-17 所示的位置。

图 5-16　替换颜色后效果

图 5-17　组合图像

步骤 20▶　将"1 飞鸟.jpg"图像切换为当前窗口，并将前景色设置为桃红色(#e344c7)。

步骤 21▶　将图像中的飞鸟制作成选区，如图 5-18 所示，选择"编辑">"定义画笔预设"菜单，打开"画笔名称"对话框，输入画笔的名称，如图 5-19 所示。单击"确定"按钮，自定义的画笔已自动出现在笔刷列表的最下面，如图 5-20 左图所示。

图 5-18　制作选区　　　　图 5-19　"画笔名称"对话框

步骤 22▶　在笔刷下拉面板中选择自定义的"飞鸟"画笔，然后调整不同的笔刷主直径进行绘画，如图 5-20 右图所示。

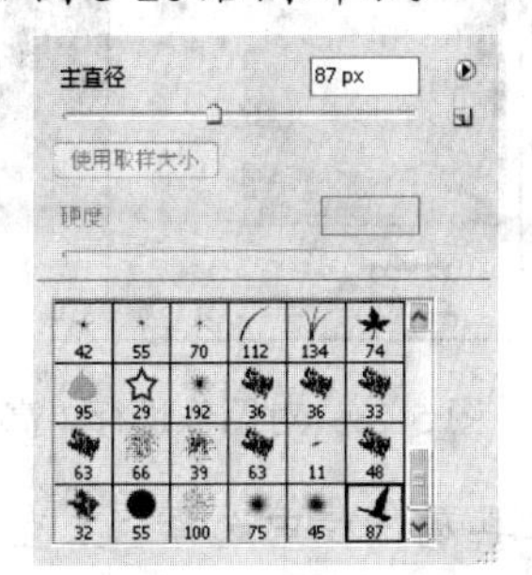

图 5-20　用自定义画笔绘画

用户可将任意形状的选区图像定义为笔刷。但是，笔刷中只保存了相关图像信息，而未保存其色彩。因此，自定义笔刷均为灰度图。

小技巧

利用画笔工具组绘图时，在英文输入法状态下按键盘中【]】键可增大笔刷尺寸；按【[】键可缩小笔刷尺寸。

5.2 用历史记录画笔工具组恢复图像

历史记录画笔工具组包括“历史记录画笔工具”和“历史记录艺术画笔工具”，它们都属于恢复工具，通常配合“历史记录”调板使用。

实训1 修饰照片

【实训目的】

- 掌握“历史纪录画笔”的使用方法。
- 掌握“历史纪录艺术画笔”的使用方法。

【操作步骤】

步骤1▶ 打开本书配套素材“PH5”文件夹中的“2雀斑.jpg”图片文件，如图5-21所示。

步骤2▶ 选择“滤镜”>“模糊”>“高斯模糊”菜单，在打开的“高斯模糊”对话框中将“半径”设置为5，如5-23左图所示。单击“确定”按钮，将图像高斯模糊。从图中可以看到人物的雀斑被模糊掉了，但是眼睛、嘴唇等部位也模糊了，如图5-23右图所示。

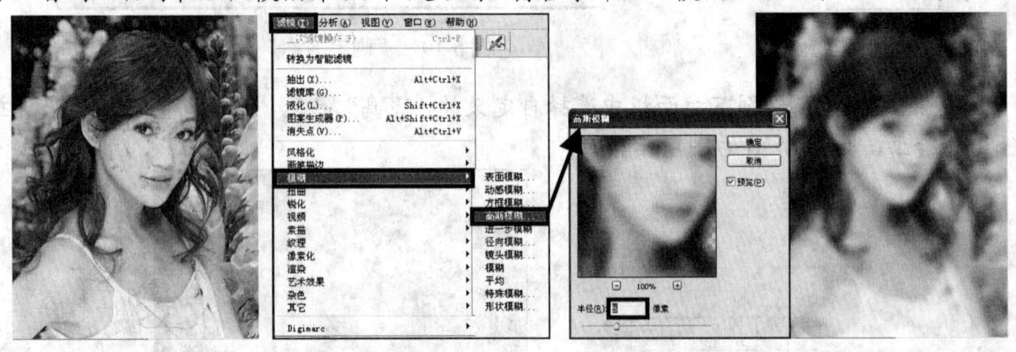

图5-21 素材图片　　图5-22 选择滤镜　　图5-23 对图像进行“高斯模糊”处理

步骤3▶ 选择“历史记录画笔工具”，在工具属性栏中选择“主直径”为“13px”的柔角笔刷，设置“不透明度”为“70%”，其他参数保持不变，如图5-24所示。

图5-24 “历史记录画笔工具”属性栏

使用“历史记录画笔工具”可以将图像编辑中的某个状态还原，与普通的撤销操作不同的是，图像中未被“历史记录画笔工具”涂抹过的区域将保持不变。“历史记录画笔工具”属性栏中各选项与“画笔工具”相同。

步骤 4▶ 参数设置好后，在人物的眼睛、嘴唇、头发和上身涂抹，使其清晰，如图 5-25 所示。

打开“历史记录”调板，如图 5-26 所示。可以看到“设置历史记录画笔的源”标志在打开缩览图的左侧，表示此时用“历史记录画笔工具”涂抹的图像将恢复到原始状态。当然，我们也可以通过单击某一快照或步骤左边的图标，将“设置历史记录画笔的源”指定到某一快照或步骤中。

步骤 5▶ 适当降低笔刷的“不透明度”和笔刷大小，在眉毛、鼻子和脸部轮廓的细微处涂抹，让去斑后的面部轮廓分明。这里值得注意的是，在涂抹皮肤时，切记要将“不透明度”设置得低一些，以免模糊掉的雀斑重新显示，涂抹后的效果如图 5-27 所示。

图 5-25　涂抹人物五官和头发

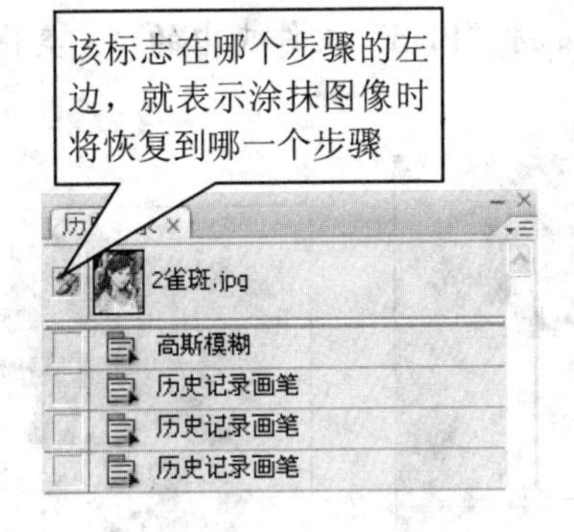

图 5-26　“历史记录”调板

图 5-27　去斑最终效果

步骤 6▶ 在工具箱中选择“历史记录艺术画笔工具”，设置图 5-28 所示的参数。

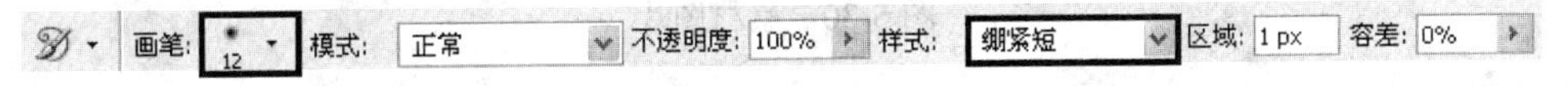

图 5-28　“历史记录艺术画笔工具”属性栏

步骤 7▶ 参数设置好后，在人物背景处涂抹，可将图像编辑中的某个状态还原并做艺术化的处理，如图 5-29 所示。

图 5-29　使用“历史记录艺术画笔工具”涂抹背景

5.3 用图章工具组复制图像

图章工具组包括“仿制图章工具”和“图案图章工具”。利用“仿制图章工具”可将一幅图像的全部或部分复制到同一幅图像或另一幅图像中。通常用来去除照片中的污渍、杂点或进行图像合成。利用“图案图章工具”可将系统自带的或用户自己创建的图案复制到图像中。

实训1 美化照片

【实训目的】

- 掌握“仿制图章工具”的使用方法。
- 掌握“图案图章工具”的使用方法。

【操作步骤】

步骤 1▶ 打开本书配套素材“PH5”文件夹中的“3 美化照片.jpg”和“3 图案.jpg”图片文件，如图5-30所示。

图5-30 素材图片

步骤 2▶ 切换“3 美化照片.jpg”图像窗口为当前窗口。在工具箱中选择“仿制图章工具”，并在其工具属性栏中设置“主直径”为“45px”的柔角笔刷，其他参数不变，如图5-31所示。

图5-31 “仿制图章工具”属性栏

- **“对齐”复选框：**默认状态下，该复选框被勾选，表示在复制图像时，无论中间执行了何种操作，均可随时接着前面所复制的同一幅图像继续复制。若取消该复选框，则每次单击都被认为是另一次复制。
- **“样本”下拉列表：**从指定图层中的图像进行取样。

步骤 3▶ 按【Ctrl＋+】组合键将图像放大显示，在日期周围的图像区域处按下【Alt】键，当光标变成⊕状时单击鼠标左键确定参考点，然后松开鼠标并在日期上涂抹，此时参

考点的图像被复制过来，并将日期覆盖了，如图 5-32 所示。

图 5-32　设定参考点并复制图像

步骤 4▶　在修复图像的过程中，我们还可以多次确定参考点进行复制，最后照片中的日期被完全覆盖，如图 5-33 右图所示。

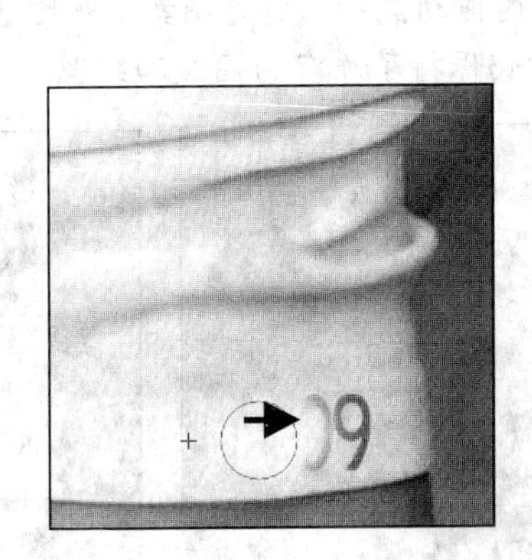

图 5-33　修复图像

步骤 5▶　切换“3 图案.jpg”图像窗口为当前窗口，选择“编辑”>“定义图案”菜单，在弹出的“图案名称”对话框中输入“花朵”作为图案的名称，如图 5-34 所示。然后单击“确定”按钮，将“3 图案.jpg”文件定义成图案。

图 5-34　设置新图案

步骤 6▶　使用快速蒙版制作白色上衣的选区，如图 5-35 所示。

步骤 7▶　在工具箱中选择“图案图章工具”，并在其工具属性栏中设置笔刷“主直径”为“125px”，“模式”为“正片叠底”，然后单击“图案”右侧的▾按钮，在弹出的“图案”拾色器中选择前面自定义的“花朵”图案，如图 5-36 所示。

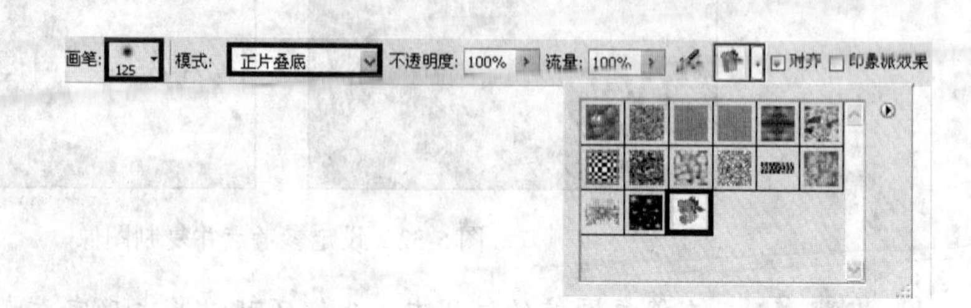

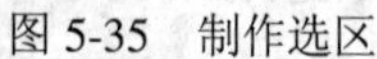

图 5-35　制作选区　　图 5-36　设置画笔参数并选择图案

步骤 8▶　参数设置好后，在衣服选区内拖动鼠标，填充图案，如图 5-37 左图所示。最后取消选区。人物衣服被快速更换的同时仍保持了原有的褶皱和纹理。

若勾选属性栏中的“印象派效果”复选框，则绘制的图像类似于印象派艺术画效果，如图 5-37 右图所示。

图 5-37　快速换装

5.4　用修复画笔工具组修复图像

修复画笔工具组包括“污点修复画笔工具”、“修复画笔工具”、“修补工具”和“红眼工具”。利用这些工具可修复图像中的缺陷，如：修复破损的图像、去除人物的皱纹、快速去除照片中的红眼等。下面分别介绍其使用方法。

实训 1　修复照片

【实训目的】

- 掌握“污点修复画笔工具”的使用方法。
- 掌握“修复画笔工具”的使用方法。

- 掌握“修补工具”的使用方法。
- 掌握“红眼工具”的使用方法。

【操作步骤】

步骤 1▶ 打开本书配套素材“PH5”文件夹中的“4 修复照片.jpg”图片文件，如图 5-38 所示。

步骤 2▶ 在工具箱中选择“污点修复画笔工具”，并在“画笔”选取器中设置画笔“直径”为“13px”，如图 5-39 所示。属性栏中各选项的意义如下：

图 5-38　素材图片

图 5-39　设置“污点修复画笔工具”参数

- **“近似匹配”单选钮：**选择该单选钮表示将使用周围图像来近似匹配要修复的区域。
- **“创建纹理”单选钮：**选择该单选钮表示将使用选区中的所有像素创建一个用于修复该区域的纹理。

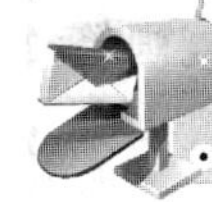

设置笔刷直径时，最好将其设置得比要修复的区域稍大一点，这样，用户只需单击一次即可覆盖整个区域。

步骤 3▶ 参数设置好后，将光标移至人物嘴下的痣处，单击鼠标左键，释放鼠标后，痣即被清除，如图 5-40 所示。

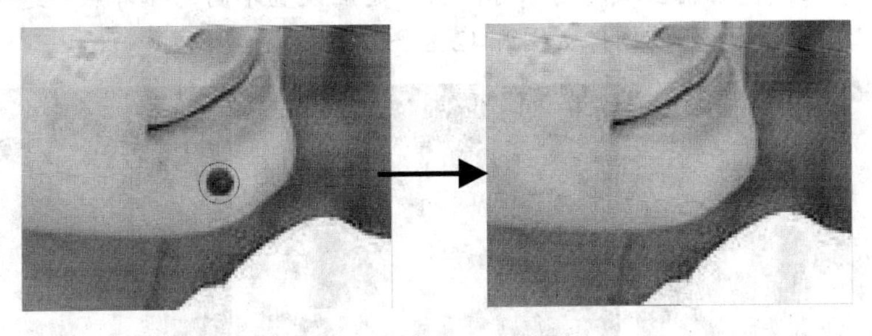

图 5-40　为人物清除痣

提 示

"污点修复画笔工具" 适用于修饰区域较小的图像，若要修饰大片区域的图像或要更大程度地控制取样来源，建议使用后面介绍的"修复画笔工具"。

步骤 4▶ 下面我们用"修复画笔工具" 为人物清除脸上的雀斑。选择"修复画笔工具" 后，在其工具属性栏中设置图 5-41 所示的参数。

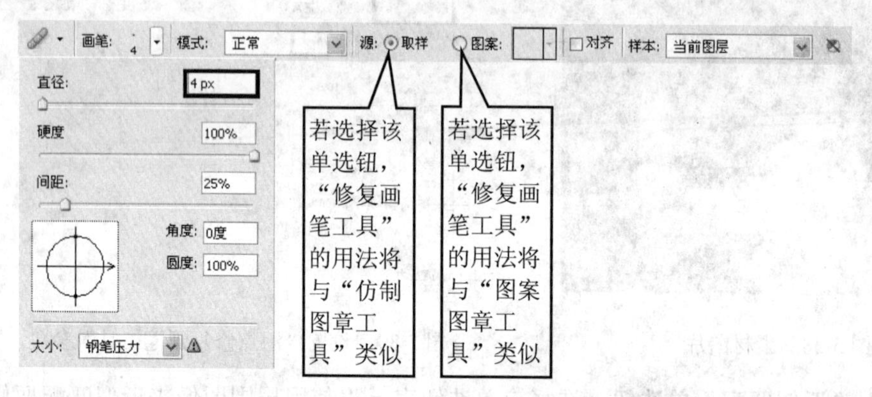

图 5-41 设置"修复画笔工具"参数

知识库

"修复画笔工具" 与"仿制图章工具" 、"图案图章工具" 相似，也是从图像中将取样点的图像复制到其他部位，或直接用图案进行填充。但不同的是，"修复画笔工具" 在复制或填充图案的时候，会将取样点的图像自然融入到复制的图像位置，并保持其纹理、亮度和层次，使被修复的图像和周围的图像完美融合。

步骤 5▶ 参数设置好后，在人物面部有雀斑附近的皮肤处，按住【Alt】键单击鼠标，确定参考点，然后松开【Alt】键，在雀斑上单击鼠标左键即可使用参考点处的颜色替代单击处的颜色，并与其周围的皮肤完美融合，如图 5-42 左图和中图所示。

步骤 6▶ 在修复不同区域的图像时，用户还应设置不同的参考点，这样修复的图像才能更自然、真实。修复好的图像如图 5-42 右图所示。

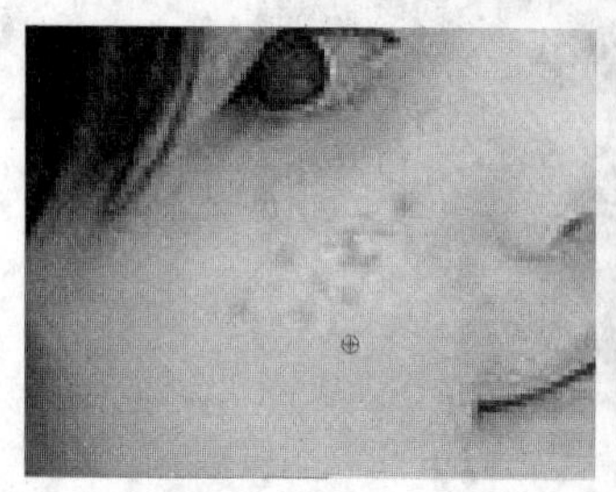
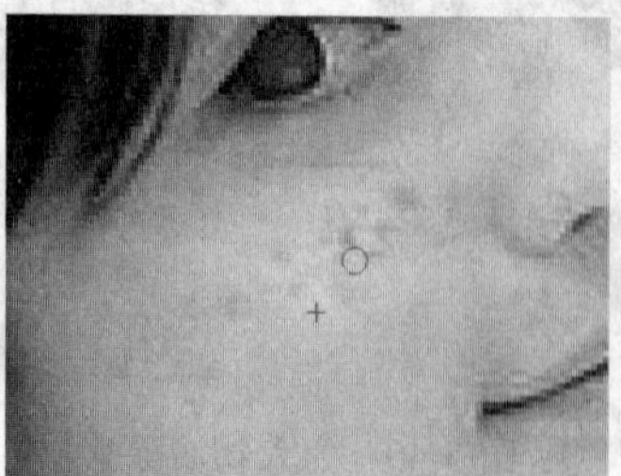
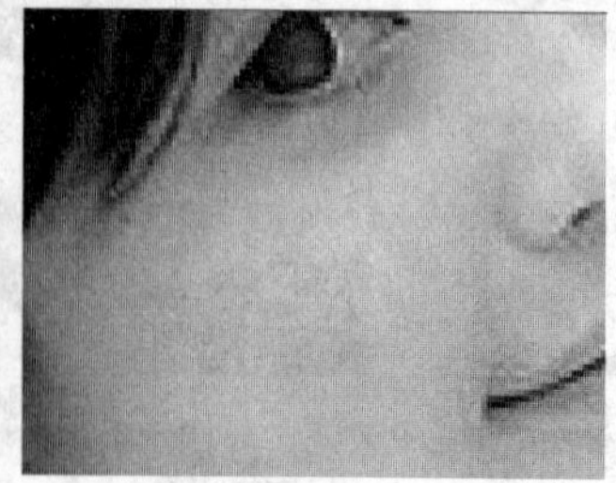

图 5-42 为人物清除雀斑

步骤 7▶ 可以看到在素材图片的最右边有一个多余的人，下面我们来学习用“修补工具”将其去除。首先在工具箱中选择“修补工具”，保持默认的参数不变，如图 5-43 所示。属性栏中各选项的意义如下：

修补: ⊙源 ○目标 □透明 使用图案

图 5-43 “修补工具”属性栏

- **“源”单选钮：**选中该单选钮后，如果将源图像选区拖至目标区，则源区域图像将被目标区域的图像覆盖。
- **“目标”单选钮：**若选中该单选钮，表示将选定区域作为目标区，用其覆盖其他区域。

“修补工具”也是用来修复图像，其作用、原理和效果与“修复画笔工具”相似，但它们的使用方法不同，“修补工具”可以自由选取要修复的图像范围，即它的操作是基于选区的。

步骤 8▶ 用“套索工具”将图像中右边的人制作成选区（也可用别的选区工具定义选区）作为源图像区域，如图 5-44 左图所示。选择“修补工具”，将光标放入选区内，待光标变为形状时，单击并拖动鼠标至图 5-44 中图所示的位置。释放鼠标，源图像（人物）被目标区（草地）的图像覆盖，取消选区后的效果如图 5-44 右图所示。

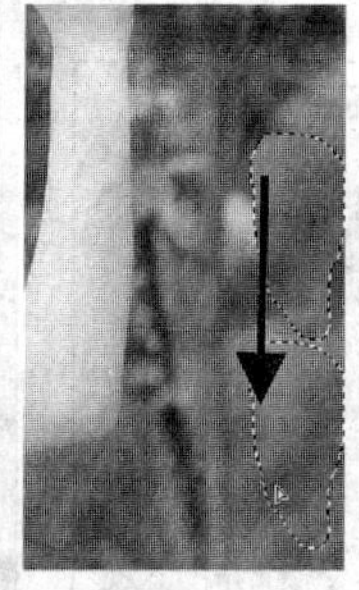

图 5-44 使用“修补工具”修复图像

步骤 9▶ 最后来学习去除人物因闪光灯拍摄产生的红眼。在工具箱中选择“红眼工具”后，在其工具属性栏中设置图 5-45 所示的参数。

步骤 10▶ 参数设置好后，在人物红眼处单击鼠标即可得到图 5-46 右图所示的效果。

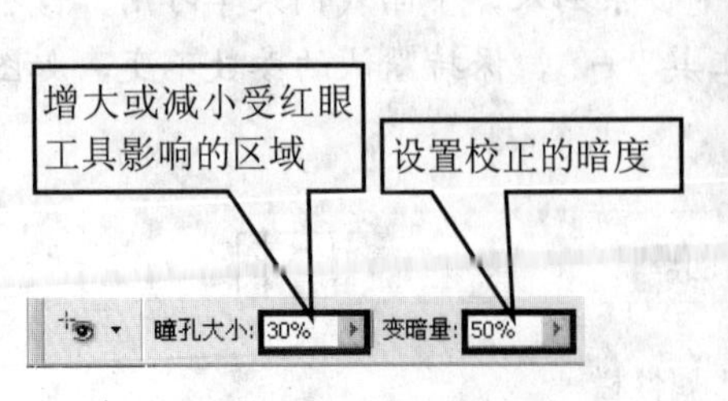

图 5-45 “红眼工具”属性栏

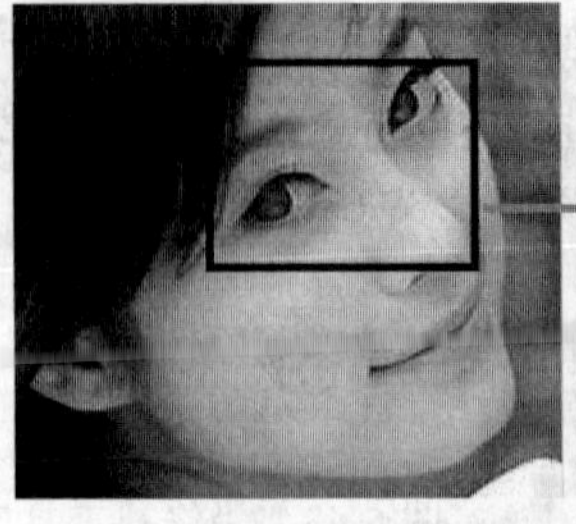
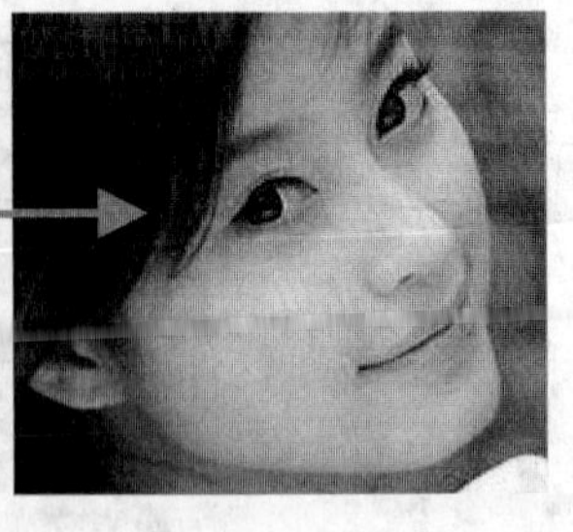

图 5-46 修正图像中的红眼现象

5.5 用橡皮擦工具组擦除图像

橡皮擦工具组包括“橡皮擦工具”、“背景橡皮擦工具”和“魔术橡皮擦工具”，它们的主要功能是清除图像中不需要的部分，以对图像进行调整修改。

实训 1 制作口红广告

【实训目的】

- 掌握“橡皮擦工具”的使用方法。
- 掌握“背景橡皮擦工具”的使用方法。
- 掌握“魔术橡皮擦工具”的使用方法。

【操作步骤】

步骤 1▶ 打开本书配套素材“PH5”文件夹中的“5 口红.jpg”、“5 女人.jpg”和“5 口红背景.jpg”图片文件，如图 5-47 所示。

图 5-47 素材图片

步骤 2▶ 首先将“5 口红.jpg”图像窗口设置为当前窗口，选择“魔术橡皮擦工具”，在其工具属性栏中设置“容差”为 32，其他参数保持默认不变，如图 5-48 所示。利用“魔术橡皮擦工具”可以将图像中颜色相近的区域擦除。

容差: 32 ☑消除锯齿 ☑连续 □对所有图层取样 不透明度: 100%

图 5-48 “魔术橡皮擦工具”属性栏

提示

勾选"连续"复选框，表示只删除与单击点像素相似的颜色；取消"连续"复选框，表示删除图像中所有与单击点像素相似的颜色。

步骤3▶ 将鼠标光标移至图像窗口中，在背景图像中要擦除的颜色上单击鼠标，与单击处颜色相近的区域都变成了透明，如图5-49左图所示。

步骤4▶ 根据擦除区域的不同，适当改变"容差"大小，继续擦除至背景图像完全透明，如图5-49右图所示。

步骤5▶ 将口红图像拖至"5口红背景.jpg"图像窗口中，并放置在窗口的左下侧，如图5-50所示。

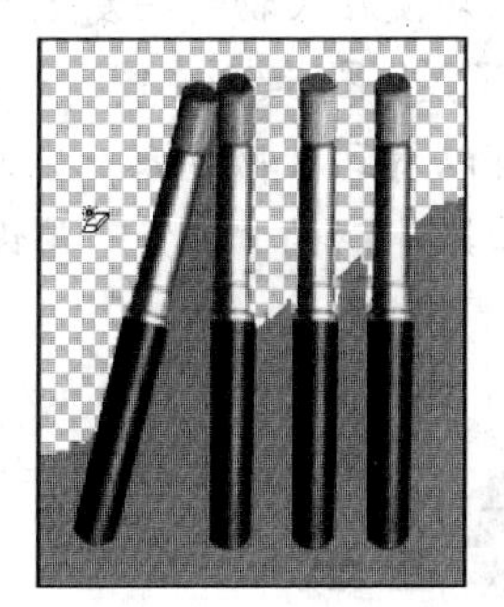

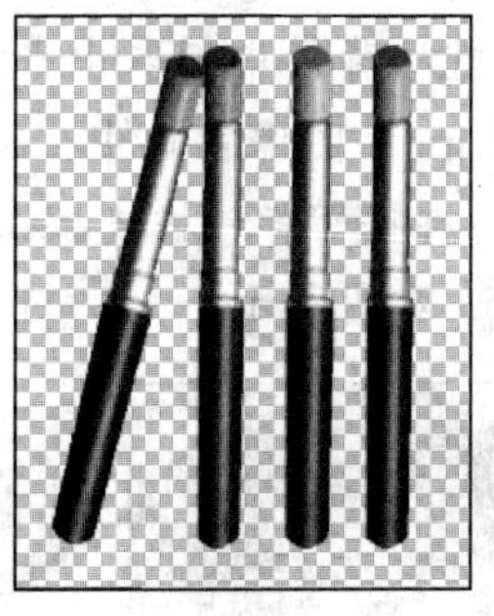

图5-49 擦除背景图像

图5-50 移动图像

步骤6▶ 在工具箱中选择"吸管工具"，在人物的头发上单击鼠标进行取样，将头发颜色设置成前景色。然后按住【Alt】键在人物的背景上单击鼠标进行取样，将人物的背景颜色设置为当前背景色，如图5-51所示。

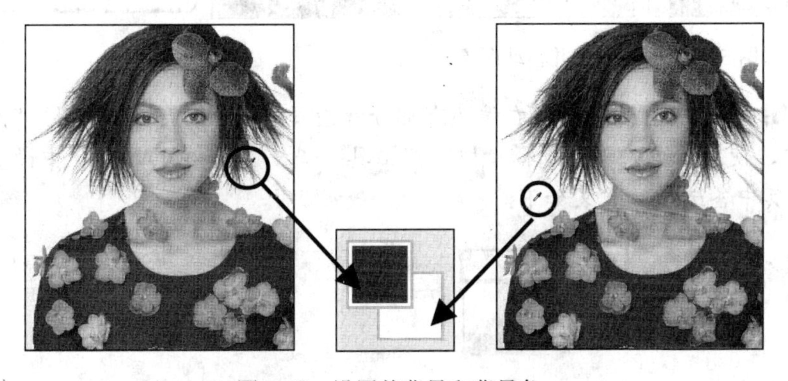

图5-51 设置前背景和背景色

步骤7▶ 在工具箱中选择"背景橡皮擦工具"，在其工具属性栏中设置图5-52所示的参数。其中各选项的意义如下：

图 5-52 设置“背景橡皮擦工具”参数

- **取样**：包括 3 种取样选项，默认为“连续”，表示擦除时连续取样；如果选择“一次”，表示仅取样单击鼠标时光标所在位置的颜色，并将该颜色设置为基准颜色；如果选择“背景色板”，表示将背景色设置为基准颜色。
- **限制**：利用该下拉列表可设置画笔限制类型，分别为“不连续”、“连续”与“查找边缘”。
- **容差**：用于设置擦除颜色的范围。值越小，被擦除的图像颜色与取样颜色越接近。
- **保护前景色**：选中该复选框可以防止与前景色相同的图像区域被擦除。

步骤 8▶ 参数设置好后，在人物的背景上按住鼠标左键涂抹。因为我们在工具属性栏中勾选了“保护前景色”(也就是人物的头发颜色)复选框，所以即便在人物的头发上涂抹，人物头发也不受影响。这样，人物和头发就从背景中抠取出来了，如图 5-53 左图所示。

步骤 9▶ 将人物图像拖至“5 口红背景.jpg”图像窗口中，可以看到人物边缘一些细小的地方擦得不干净。此时可以将图像放大，再将“背景橡皮擦工具”的“容差”值设置高一些，继续涂抹擦除多余区域，如图 5-53 右图所示。

图 5-53 抠取人物并移动图象

使用“背景橡皮擦工具”在背景层上擦除图像时，背景层将被转换为普通图层。

步骤 10▶ 可以看到人物的右端还有部分背景没有擦除，下面我们用“橡皮擦工具”将其擦掉，使画面更完美。选择“橡皮擦工具”，在其工具属性栏中设置图 5-54 所示的参数。其中各选项的意义如下：

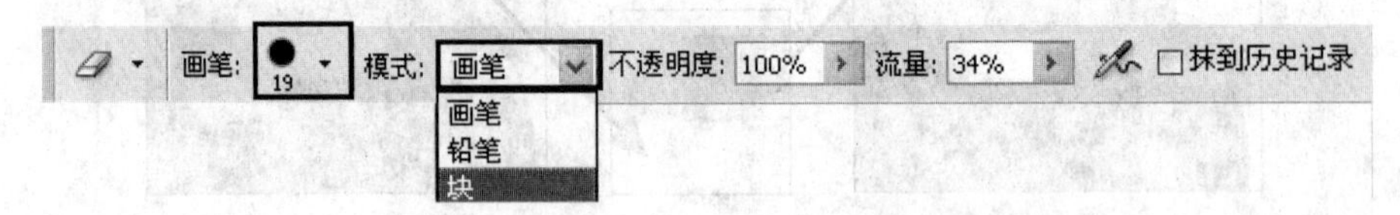

图 5-54 设置“橡皮擦工具”参数

- **模式**：可以设置不同的擦除模式。当选择“块”时，擦除区域为方块□，且此时只能设置“抹到历史记录”选项。
- **“抹到历史记录”复选框**：若选中该复选框，“橡皮擦工具”将类似“历史记

录画笔工具”的功能，用户可以有选择地将图像恢复到指定步骤。

步骤 11▶　参数设置好后，在人物头部右端按住鼠标并拖动即可擦除多余图像，如图5-55所示。至此一幅口红广告就设计完成了，如图5-56所示。

图 5-55　擦除图像

图 5-56　最终效果

提 示

若利用“橡皮擦工具”在背景层上擦除，被擦除的区域将显示出背景色；若在普通图层上擦除，则被擦除的区域将变成透明。

5.6　用图像修饰工具修饰图像

Photoshop 提供了很多图像修饰工具，如：模糊、锐化、加深和减淡工具等。利用它们可以对图像进行模糊、锐化、加深等处理。

实训 1　制作旅游广告——使用模糊、锐化、减淡与加深工具

【实训目的】

- 掌握“模糊工具”的使用方法。
- 掌握“锐化工具”的使用方法。
- 掌握“减淡工具”的使用方法。
- 掌握“加深工具”的使用方法。

【操作步骤】

步骤 1▶　打开本书配套素材“PH5”文件夹中的“6 旅游广告.psd”图片文件，该图片是一个包含2个图层的分层文件，如图5-57所示。

图 5-57　素材图片和其“图层”调板

步骤 2▶ 可以看到人物左手边的阳光过于尖锐，下面我们来学习如何让其变得更柔和。在工具箱中选择“模糊工具”，并在其工具属性栏中设置笔刷为“主直径”为“70px”的柔角笔刷，其他参数保持默认，如图 5-58 所示。

图 5-58 “模糊工具”属性栏

“模糊工具”可以对图像进行柔化模糊处理，其工具属性栏中的“强度”选项主要用于设置“模糊工具”着色的力度，取值范围在 0%～100%之间。

步骤 3▶ 在“图层”调板中单击选择“阳光”层，将鼠标光标移至阳光图像上，单击并拖动鼠标，涂抹出晕染效果，然后将其移至图像窗口的左上角，形成太阳反射光效果，如图 5-59 所示。

步骤 4▶ 复制“阳光”图层，并将复制后的图像移至图像的中下部。选择“编辑”>“自由变换”菜单，将图像缩小，如图 5-60 所示。

图 5-59 用“模糊工具”修饰图像并移动

图 5-60 复制并移动模糊后的阳光

步骤 5▶ 放大图像右下角的文字，可以看到其字迹比较模糊，下面我们利用“锐化工具”使其清晰。首先在“图层”调板中选择背景层，并在工具箱中选择“锐化工具”，在其工具属性栏中设置图 5-61 所示的参数。

图 5-61 “锐化工具”属性栏

步骤 6▶ 按住鼠标左键在模糊的文字上涂抹几次，直到文字完全清晰，如图 5-62 右图所示。此处需要注意的是，不可涂抹的次数过多，否则会破坏图像。

图 5-62　锐化前后效果

步骤 7▶　下面来修饰图像的层次关系，使人物从画面中脱颖而出。首先在工具箱中选择“减淡工具”，并在其工具属性栏中设置图 5-63 所示的参数。设置好后，在女孩的脸部及身体部位涂抹，使其颜色减淡，如图 5-64 所示。属性栏中部分选项的意义如下：

图 5-63　“减淡工具”属性栏

- **范围：** 用于设置减淡效果的范围，系统提供了 3 个范围供用户选择，其中“暗调”表示用“减淡工具”对图像中较暗的像素起作用；“中间调”表示平均地对整个图像起作用；“高光”表示只对图像中较亮的像素起作用。
- **曝光度：** 用于设置对图像减淡（加深）的程度，其取值范围在 0%～100%之间，值越大，对图像减淡（加深）的效果越明显。

步骤 8▶　选择“加深工具”，设置画笔大小为 20，“曝光度”为 20%，然后在女孩的衣服上涂抹，使其颜色加深，具有层次感，如图 5-65 所示。至此一幅旅游广告就制作好了。

图 5-64　用“减淡工具”修饰图像

图 5-65　用“加深工具”修饰图像

利用“减淡工具”和“加深工具”可以很容易地改变图像的曝光度，从而使图像变亮或变暗。

实训 2 制作公益广告——使用海绵与涂抹工具

【实训目的】

- 掌握“海绵工具”的使用方法。
- 掌握“涂抹工具”的使用方法。

【操作步骤】

步骤 1▶ 打开本书配套素材“PH5”文件夹中的“7 公益广告.psd”图片文件，该图片是一个包含 2 个图层的分层文件，如图 5-66 所示。

图 5-66 素材图片和其“图层“调板信息

步骤 2▶ 在图像中可以看到鱼骨颜色较灰，不够鲜艳。下面我们来学习如何利用“海绵工具”使其色彩更鲜明。在“图层”调板中选择“鱼骨”层，在工具箱中选择“海绵工具”，然后在其工具属性栏中设置图 5-67 所示的参数。

图 5-67 “海绵工具”属性栏

步骤 3▶ 参数设置好后，在鱼骨上按住鼠标并拖动，鱼骨即变成鲜艳的红色，如图 5-68 所示。

图 5-68 用“海绵工具”修饰图像

步骤 4▶ 在图像中可以看到鱼尾和水之间的接合比较生硬，下面我们利用“涂抹工具”将颜色抹开，制作鱼在水中游动时的水波感觉。在“图层”调板中选择背景层，在工具箱中选择“涂抹工具”，然后在其工具属性栏中设置图 5-69 所示的参数。

图 5-69　“涂抹工具”属性栏

步骤 5▶　参数设置好后，把鼠标光标移到鱼尾处，按住鼠标并拖动，画出三条波纹，如图 5-70 所示，最终效果如图 5-71 所示。

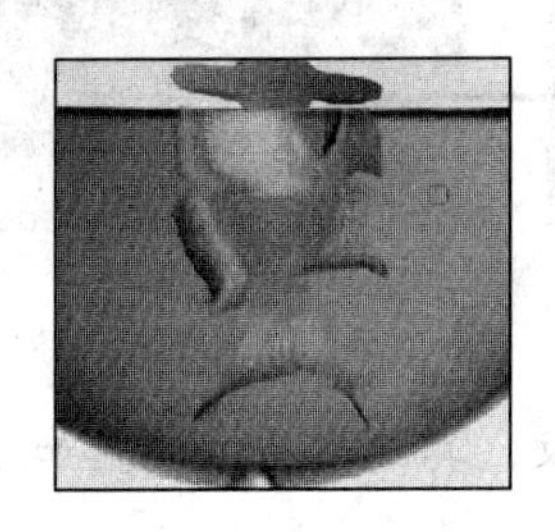

图 5-70　用“涂抹工具”画出水波效果

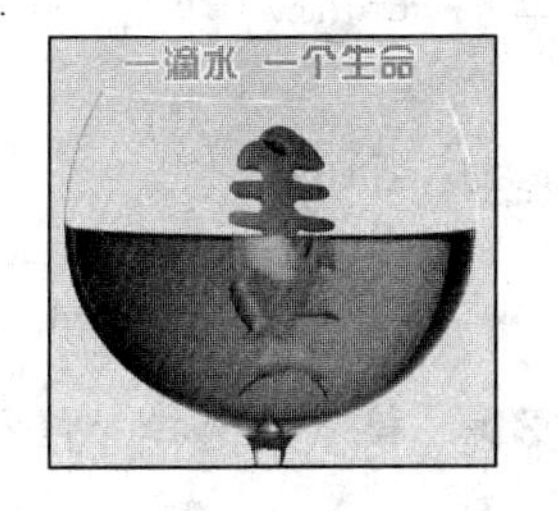

图 5-71　公益广告最终效果

综合实训——制作去皱霜广告

下面通过制作一幅去皱霜广告来练习以上学习的内容，最终效果如图 5-72 所示。制作时，首先修复人物的皱纹，然后加深发色并减淡肤色，最后框选人物并移动到背景图像中。用户在制作过程中，要重点注意修复画笔工具组、“仿制图章工具”以及加深与减淡等工具的应用。

【操作步骤】

步骤 1▶　打开本书配套素材“PH5”文件夹中的“8 母亲.jpg”和“8 去皱霜背景.jpg”图片文件，如图 5-73 所示。切换“8 母亲.jpg”为当前窗口。

图 5-72　最终效果

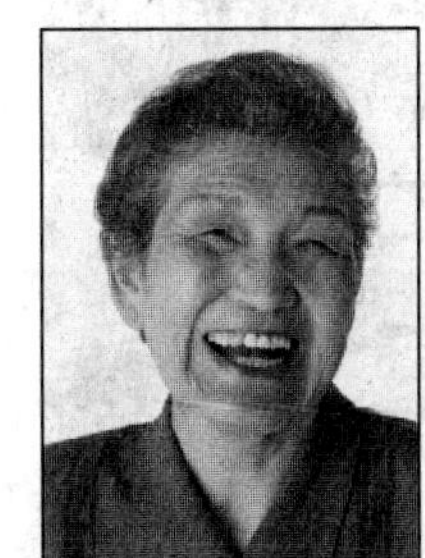

图 5-73　素材图片

步骤 2▶　我们先去除额头的皱纹。首先使用“缩放工具”🔍局部放大图像。然后选择“修复画笔工具”，并在其工具属性栏中设置图 5-74 左图所示的参数。按住【Alt】键，在没有皱纹的皮肤上单击鼠标左键定义参考点，如图 5-74 中图所示。松开【Alt】键，在有皱纹的地方涂抹，直至皱纹消失，如图 5-74 右图所示。

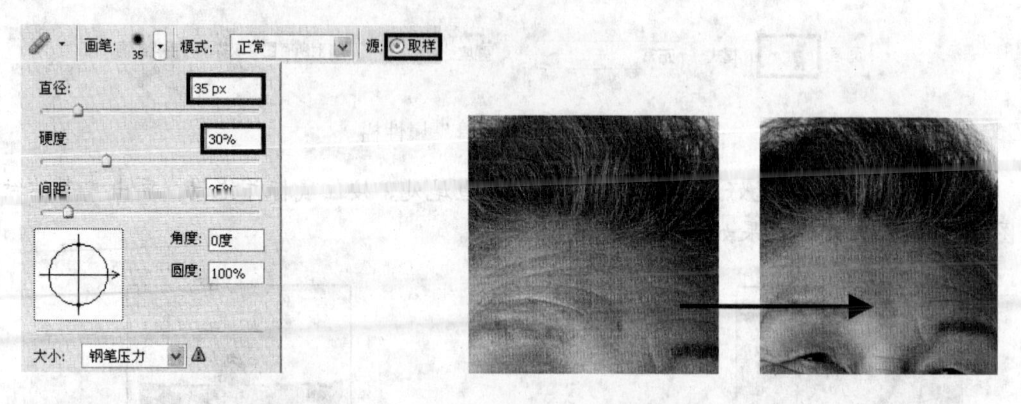

图 5-74 用"修复画笔工具"去除皱纹

步骤 3▶ 接下来选择"修补工具"修复大面积的皱纹，其工具属性设置如 5-75 所示。

图 5-75 "修补工具"属性栏

步骤 4▶ 参数设置好后，用"修补工具"在人物额头右侧创建选区，如图 5-76 左图所示。然后拖动选区至没有皱纹的地方，释放鼠标，消除皱纹，其效果如图 5-76 右图所示。

步骤 5▶ 人物脸颊、鼻梁及眼角处的皱纹需要更细心的处理，这些部分的皱纹我们需用"仿制图章工具"进行修复。在其工具属性栏中，选择"30px"的柔角笔刷，并设置"不透明度"为 30%，然后通过定义参考点进行修复操作，最终效果如图 5-77 所示。

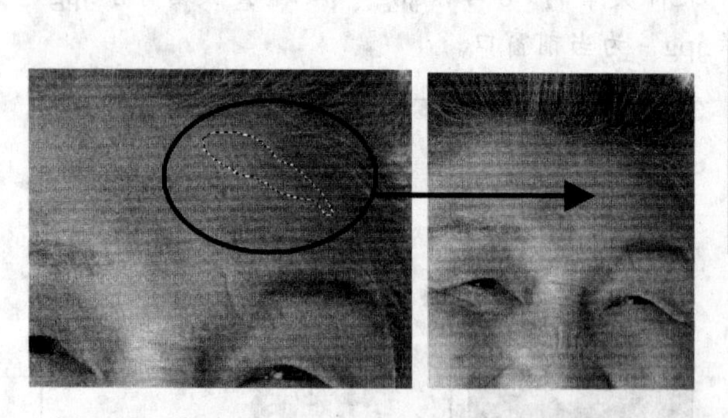

图 5-76 使用"修补工具"去除大面积的皱纹

图 5-77 去皱纹后效果

步骤 6▶ 下面我们要为人物美白牙齿。选择工具箱中的"减淡工具"，在其属性栏中设置图 5-78 所示的参数。

图 5-78 "减淡工具"属性栏

步骤 7▶ 属性设置好后，在人物的牙齿上进行涂抹即可使牙齿变白，其效果如图 5-79 中图所示。双击“抓手工具” 以全屏显示图像，查看整体效果，如图 5-79 右图所示。

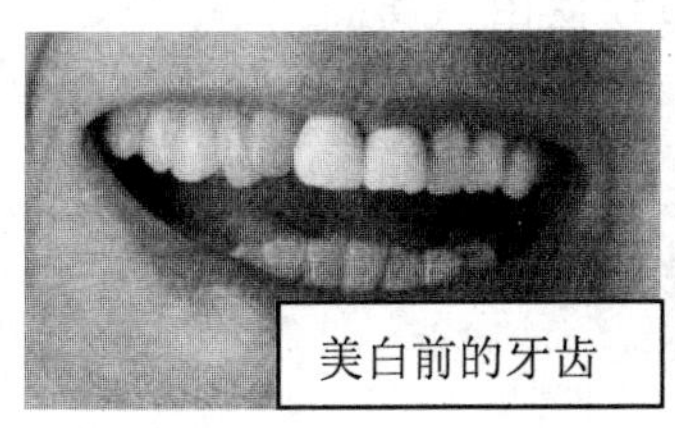

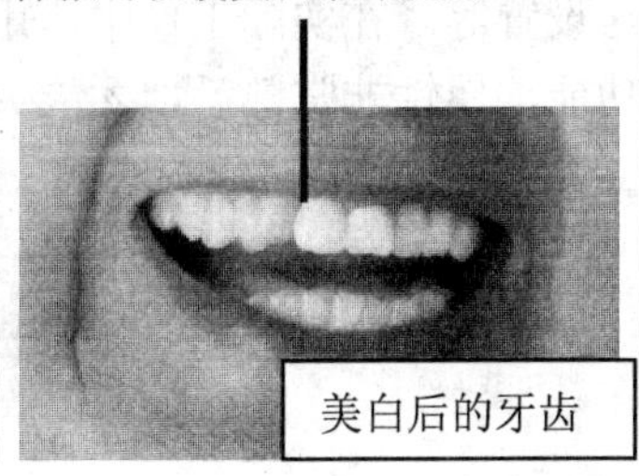

图 5-79　美白牙齿

步骤 8▶ 接下来，我们要为人物染发了。选择“加深工具”，在其工具属性栏中设置画笔为“主直径”为“100px”的柔角笔刷，并将“曝光度”将低至 30%，如图 5-80 所示。

图 5-80　“加深工具”属性栏

步骤 9▶ 属性设置好后，将光标移至人物头发上，然后按下鼠标左键并进行涂抹，至满意效果后释放鼠标，人物的头发就“染”好了，如图 5-81 所示。

步骤 10▶ 从工具箱中选择“椭圆选框工具”，在其工具属性栏中将“羽化”值设为“20px”，然后在人物图像中绘制图 5-82 所示的选区。最后将人物图像移动到“8 去皱背景.jpg”图像窗口中，调整其大小。至此一幅去皱霜广告就制作完成了，最终效果如图 5-83 所示。

图 5-81　加深头发

图 5-82　制作选区

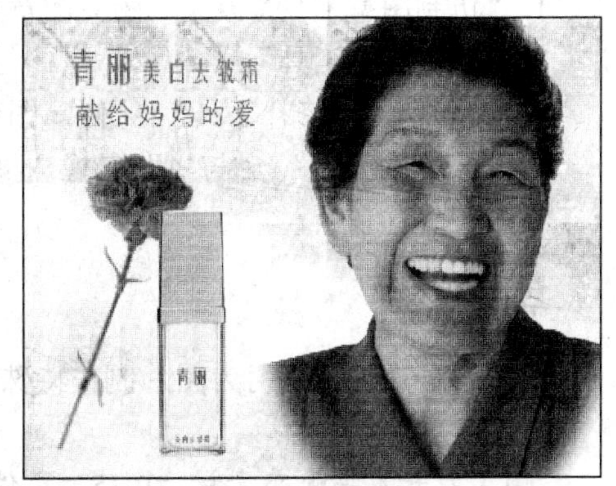

图 5-83　最终效果

课后总结

本章介绍了图像的绘制和修饰方法。学完本章内容后，用户应掌握各种绘制和修饰工具的用途、特点和使用技巧。此外，还应该了解到绘图和修饰工具的共同属性，如混合模式、不透明度、笔刷的选择与设置等。在实际工作中，用户要想针对不同的情况选择合适的工具，还需对各种工具的功能、属性非常熟悉，才能灵活运用。

思考与练习

一、填空题

1．要使用前景色绘制边缘较柔和的线条，应该选择________工具。

2．“历史记录画笔工具”和“历史记录艺术画笔工具”的主要功能是在图像中将绘制的部分图像恢复到之前某个状态，通常配合________调板使用。

3．利用“仿制图章工具”和“修复画笔工具”修复图像时，按________键可定义参考点。

4．利用“修补工具”修复图像时，需要先创建________，再进行修复操作。

5．用“橡皮擦工具”在背景层上擦除图像时，被擦除区域将使用_______填充；在普通层上擦除图像时，则被擦除的区域将变成________。

6．用“模糊工具”可对图像进行________处理；用“锐化工具”可对图像进行________。

7．在编辑图像时，用________工具相当于用手指蘸着前景色在图像上涂抹绘画。

8．用________工具可以快速加深或降低图像的饱和度。

二、问答题

1．“仿制图章工具”、“图案图章工具”和“修复画笔工具”有什么区别？

2．“修复画笔工具”和“污点修复画笔工具”有什么区别？

3．如何使用“修补工具”修复图像？

4．“橡皮擦工具”与“背景橡皮擦工具”有什么区别？

三、操作题

运用所学知识，练习为图片制作特殊效果，如图5-84所示。

提示:

（1）打开本书配套素材“PH5”文件夹中的“9 少女.jpg”图片文件。为图片填充黑色。选择“历史记录画笔工具”，在画笔样式列表中选择“滴溅59”笔刷样式，在画面中进行涂抹，如5-84中图所示。

（2）选择“画笔工具”，加载“特殊效果画笔”笔刷样式，然后在笔刷下拉列表中选择“杜鹃花串”笔刷样式，在画面中进行绘制，如 5-84 右图所示。

图 5-84　制作步骤示意图

第6章　图层的基本应用

【本章导读】

图层是Photoshop最核心的功能之一。Photoshop强大而灵活的图像处理功能，在很大程度上都源自它的图层功能。本章首先介绍图层的基本知识，如“图层”调板的组成和使用方法，图层的类型及各类图层的创建方法，图层的选择、移动、复制、删除、链接、合并等操作。

【本章内容提要】

- 图层简介
- 图层的类型及创建
- 图层的基本操作

6.1　图层简介

“图层”被誉为Photoshop的灵魂，在图像处理中具有十分重要的作用。我们可以把“图层”理解为几层透明的玻璃叠加在一起，每层玻璃上都有不同的画面，可以单独对每层玻璃上的图像作处理，而不会影响其他层的图像。改变图层的顺序和属性可以改变图像的最后显示效果。

实训1　了解图层含义并熟悉图层调板

【实训目的】

- 了解图层的含义。
- 熟悉“图层”调板中各部分的作用。

【操作步骤】

步骤 1▶ 打开本书配套素材“PH6”文件夹中的“1 图层分析.psd”图片文件，如图 6-1 所示。此文件是由“眼睛”、“腮红”和“头”三个图层组成。各图层自上而下依次排列，即位于调板最上面的图层在图像窗口中也位于最上层，调整其位置也就相当于调整了图层的叠加顺序。

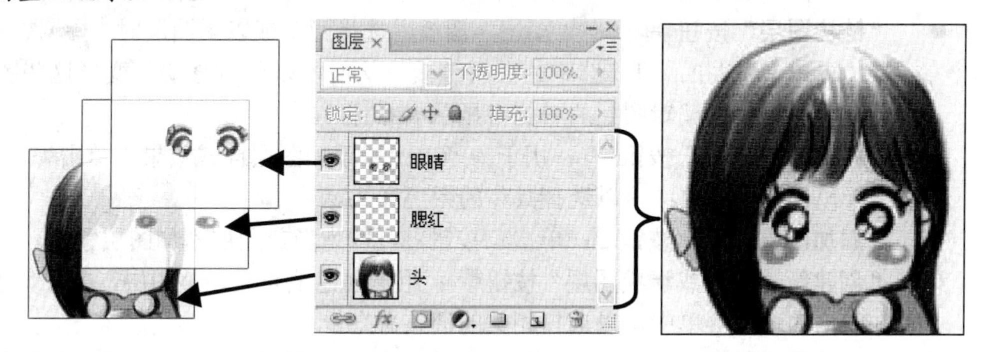

图 6-1　由三个图层组成的图片文件

步骤 2▶ 下面我们来了解一下“图层”调板中各部分的作用。

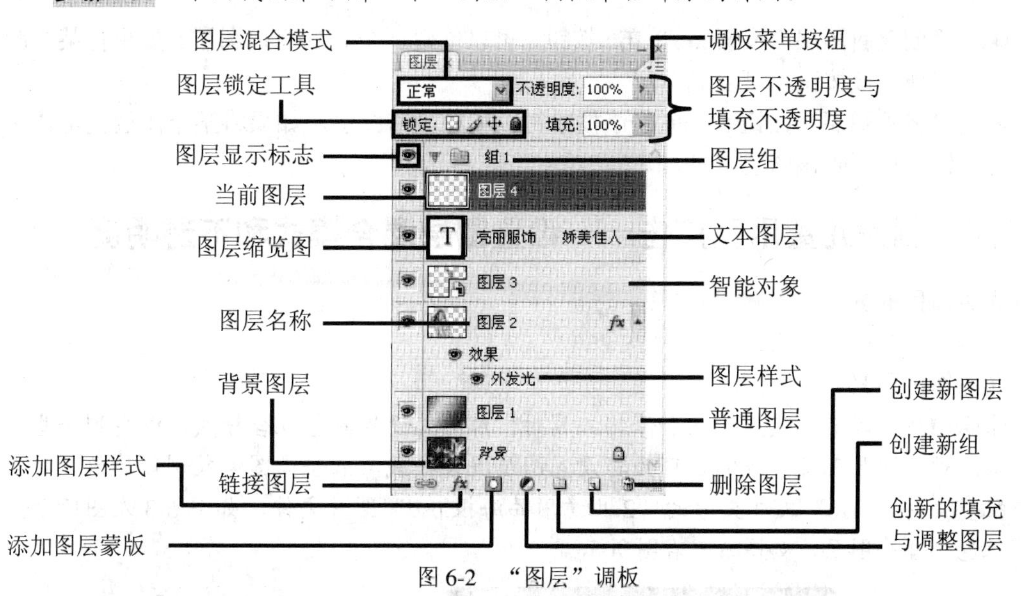

图 6-2　“图层”调板

- **图层混合模式**：用于设置当前图层与其他图层叠加在一起的效果。单击右侧的按钮，在弹出的下拉列表中有 25 种模式供用户选择。
- **锁定工具栏**：系统提供了 4 种锁定工具，“锁定透明像素”表示禁止在透明区绘画；“锁定图像像素”表示禁止编辑该层；“锁定位置”表示禁止移动该层图像，但可以编辑图层内容；“锁定全部”表示禁止对该图层的一切操作。
- **控制菜单按钮**：单击该按钮，将弹出一个下拉菜单，主要用于新建、删除、链接及合并图层等操作。
- **图层不透明度**：用于设置当前图层整体的不透明度，其中包括图层样式。

- **图层填充不透明度**：用于设置当前图层内部图像的不透明度，但图层样式不受影响。
- **当前图层**：在“图层”调板中，以蓝色条显示的图层为当前图层。
- **图层显示/隐藏图标**：用于显示或隐藏图层。当图层的左侧显示图标时，表示图像窗口将显示该图层的图像，单击图标，图标消失并隐藏该图层的图像。
- **“链接图层”按扭**：在“图层”调板中选择两个或以上图层时，按扭被激活，单击按扭，可将选中的图层链接，从而可以同时移动、变形这些图层上的对象，链接在编辑图层的右侧将显示图标。
- **“添加图层样式”按钮**：用于为当前图层添加图层样式效果，单击按钮，在弹出的下拉菜单中可以选择具体的图层样式。
- **“添加图层蒙版”按钮**：单击按钮，可以为当前图层添加图层蒙版。
- **“创建新的填充或调整图层”按钮**：用于创建填充或调整图层，单击按钮，在弹出的下拉菜单中可以选择相关的调整命令。
- **“创建图层组”按钮**：单击按钮，可以创建新的图层组，它可以包含多个图层，并可将这些图层作为一个对象进行查看、选择、复制、移动和改变顺序等操作。
- **“创建新图层”按钮**：单击按钮，可以创建一个新的空白图层。如果将某个图层拖至该按钮，可复制图层。
- **“删除图层”按钮**：单击该按钮可以删除当前图层。如果将某个图层拖至该按钮，可删除该图层。

实训2　制作儿童用品广告——设置图层混合模式和不透明度

【实训目的】

了解各种图层混合模式。

【操作步骤】

步骤 1▶　我们在使用绘图和修饰工具时，可为其设置颜色混合模式，以得到一些特殊效果。对于图层来说，我们也可为其设置图层混合模式，来合成图像或制作特效。打开本书配套素材“PH6”文件夹中的“2 儿童用品海报.psd”图片文件，如图6-3左图所示。该图像包含4个图层，如图6-3右图所示。

图6-3　素材图片

步骤 2▶ 从图像中可以看出婴儿的翅膀层叠厚重，下面我们将为其改变翅膀图层的混合模式和不透明度来制作轻盈挥动的翅膀效果。首先在“图层”调板中单击“翅膀 2”图层，将其设置为当前图层。

步骤 3▶ 单击图层混合模式右侧的按钮，从弹出的下拉列表中选择“线性减淡”模式，效果如图 6-4 中图所示。“线性减淡”模式可通过增加亮度来加亮基色。（有关基色的概念请参看下文）

步骤 4▶ 将图层“不透明度”值设置为 30%，可以看到该翅膀层变为半透明状态，如图 6-4 右图所示。

> 当图层的“不透明度”为 0%时，表示图层完全透明；当图层的“不透明度”为 100%时，表示图层完全不透明，即正常的显示状态。在 Photoshop 中，用户可改变图层的两种不透明度设置：一是图层整体的不透明度，二是图层内容的不透明度即填充不透明度（此时的不透明度设置仅影响图层的基本内容，而不影响图层的效果）。

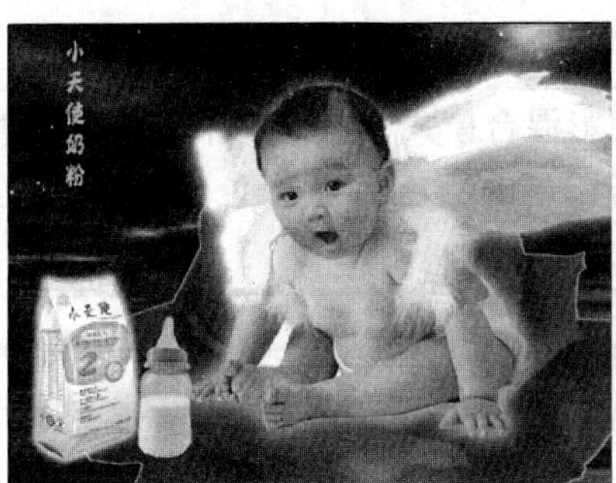

图 6-4　翅膀图层的混合模式和不透明度

步骤 5▶ 单击“翅膀 1”图层，可以看到此图层右方有一个fx图标，表明此图层已添加“外发光”样式（有关图层样式的设置方法请参考第 7 章）。

步骤 6▶ 将此图层的“填充”值设置为“30%”，此时“翅膀 1”图层变为透明但并没有影响“外放光”样式的不透明度，如图 6-5 所示。

图 6-5　翅膀图层的混合模式和不透明度

提示

若要改变“不透明度”与“填充”数值，还有两种方法。可将光标放置在相应的文字上，待光标变成形状时，按住鼠标并向左右拖动即可降低或增加不透明度，如图 6-6 左图所示；此外，单击数值后的按钮，通过向左右拖动调整滑块也可调整不透明度，如图 6-6 右图所示。

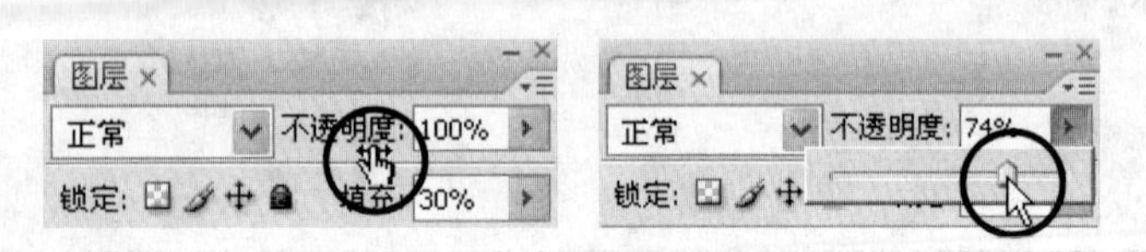

图 6-6 “不透明度”与“填充”数值的方法

步骤 7▶ 下面我们来了解一下其他图层混合模式的意义：

知识库

为了使读者更好地理解图层色彩混合模式，我们先来了解 3 个术语：基色、混合色和结果色。“基色”是当前图层下方图层的颜色；“混合色”是当前图层的颜色；“结果色”是混合后得到的颜色。

- **正常**：这是 Photoshop 中默认的色彩混合模式，此时上面图层中的图像将完全覆盖下层图像（透明区除外），不和其他图层发生任何混合。
- **溶解**：在这种模式下，系统将用混合色随机取代基色，以达到溶解效果（与像素的不透明度有关）。
- **变暗**：查看每个通道的颜色信息，混合时比较混合颜色与基色，将其中较暗的颜色作为结果色。也就是说，比混合色亮的像素被取代，而比混合色暗的像素不变。
- **正片叠底**：将基色与混合色混合，结果色通常比原色深。任何颜色与黑色混合产生的只有黑色，任何颜色与白色混合颜色保持不变。黑色或白色以外的颜色与原图像相叠的部分将产生逐渐变暗的颜色。
- **颜色加深**：查看每个通道的颜色信息，通过增加对比度使基色变暗。其中，与白色混合时不改变基色。
- **线性加深**：通过降低亮度使基色变暗以反映混合色彩。其中，与白色混合时不改变基色。
- **深色**：比较混合色和基色并从中选择最小的通道值来创建结果颜色。
- **变亮**：和变暗模式相反，混合时比较混合与基色，将其中较亮的颜色作为结果色。比混合色暗的像素被取代，而比混合色亮的像素不变。
- **滤色**：选择此模式时，系统将混合色与基色相乘，再转为互补色。利用这种模式

得到的结果色通常为亮色。

- **颜色减淡：**通过降低对比度、加亮基色来反映混合色彩。其中，与黑色混合时色彩不变。
- **线性减淡：**类似于颜色减淡模式，通过增加亮度来加亮基色。其中，与黑色混合时色彩不变。
- **浅色：**比较混合色和基色并从中选择最大的通道值来创建结果颜色。
- **叠加：**将混合色与基色叠加，并保持基色的亮度。此时基色不会被代替，但会与混合色混合，以反映原色的明暗度。
- **柔光：**根据混合色使图像变亮或变暗。其中，当混合色灰度大于50%时，图像变亮；反之，当混合色灰度小于50%时，图像变暗。当混合色为纯黑色或纯白色时会产生明显较暗或较亮的区域，但不会产生纯黑色或纯白色。
- **强光：**产生的效果就像为图像应用强烈的聚光灯一样。根据混合色的不同，使像素变亮或变暗。其中，如果混合色灰度大于50%，图像会变亮，这对于向图像中添加高光非常有用。反之，如果混合色灰度小于50%，图像会变暗。这种模式类似于正面叠底模式，特别适于为图像增加暗调。当混合色为纯黑色或纯白色时会产生纯黑色或纯白色。
- **亮光：**通过增加或减小对比度来加深或减淡颜色，具体效果取决于混合色。如果混合色灰度大于50%，则通过减小对比度使图像变亮；如果混合色灰度小于50%，则通过增加对比度使图像变暗。
- **线性光：**通过减小或增加亮度来加深或减淡颜色，具体效果取决于混合色。如果混合色灰度大于50%，则通过增加亮度使图像变亮；如果混合色灰度小于50%，则通过减小亮度使图像变暗。
- **点光：**替换颜色，具体效果取决于混合色。如果混合色灰度大于50%，则替换比混合色暗的像素，而不改变比混合色亮的像素；如果混合色灰度小于50%，则替换比混合色亮的像素，而不改变比混合色暗的像素。
- **实色混合：**图像混合后，图像的颜色被分离成红、黄、绿、蓝等6种高纯度颜色和黑白两种无彩色，其效果类似于应用“色调分离”命令。
- **差值：**以绘图颜色和基色中较亮颜色的亮度减去较暗颜色的亮度。因此，当混合色为白色时使基色反相，而混合色为黑色时原图不变。
- **排除：**与差值类似，但更柔和，当混合色为白色时使基色反相，而混合色为黑色时原图不变。
- **色相：**用基色的亮度、饱和度以及混合色的色相创建结果色。
- **饱和度：**用基色的亮度、色相以及混合色的饱和度创建结果色。在无饱和度（灰色）的区域上用此模式绘画不会产生变化。
- **颜色：**用基色的亮度以及混合色的色相、饱和度创建结果色。这样可以保留图像中的灰阶，并且对于给单色图像上色和给彩色图像着色都会非常有用。
- **明度：**用基色的色相、饱和度以及混合色的明亮度创建结果色。此模式创建与“颜色”模式相反的效果。

若想快速在各种图层混合模式间切换，可在“图层”调板中单击需要混合的图层，并在未选择任何混合模式的前提下按【Shift+ +】或【Shift+ −】组合键向前或向后切换。

6.2 图层的类型及创建

在 Photoshop 中，用户可根据需要创建多种类型的图层，如普通图层、文字图层、调整图层等，本节我们将具体介绍这些图层的创建方法及特点。

实训 1 制作儿童公益海报——了解背景层和创建普通层

【实训目的】

- 了解背景层的特点。
- 掌握普通层的特点及创建方法。

【操作步骤】

步骤 1▶ 打开本书配套素材“PH6”文件夹中的“3 女孩.jpg”图片文件，如图 6-7 左图所示。新建的图像或不包含图层信息的图像，通常只包含一个图层，那就是背景层，如图 6-7 右所示。

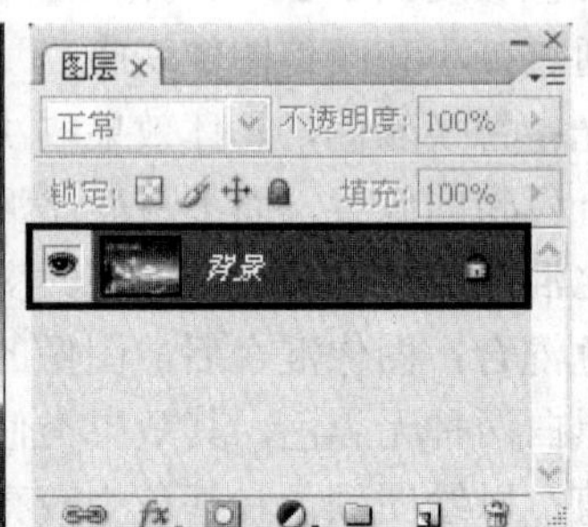

图 6-7 素材图片与其图层信息

- 在背景层上可用画笔、铅笔、图章、渐变、油漆桶等绘画和修饰工具进行绘画。
- 无法为背景层添加图层样式和图层蒙版。
- 背景层中不能包含透明区。
- 当用户清除背景层中的选定区域时，该区域将以当前设置的背景色填充，而对于其他图层而言，被清除的区域将成为透明区。

步骤 2▶ 单击“图层”调板中的“创建新图层”按钮，此时将创建一个完全透明的空图层，如图 6-8 所示。

步骤 3▶ 将前景色设置为白色，在工具箱中选择“画笔工具”，并在其工具属性

栏中选择“主直径”为“5px”的柔角笔刷，在图像右上方绘制白色的圆圈作为泡泡图案，如图 6-9 所示。

新建图层总位于当前层之上，并自动成为当前层。若双击图层名称，可为图层重命名。

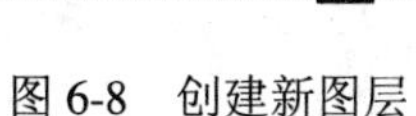

图 6-8　创建新图层　　　　图 6-9　在新图层上绘制泡泡图案

创建新图层还有以下两种方法：选择“图层”>“新建”>“图层”菜单或按【Shift+Ctrl+N】组合键，此时系统将打开“新建图层”对话框，如图 6-10 左图所示。通过该对话框可设置图层名称、基本颜色、不透明度和色彩混合模式。此外，拷贝一幅图片后，选择“编辑”>“粘贴”菜单也可创建普通图层。

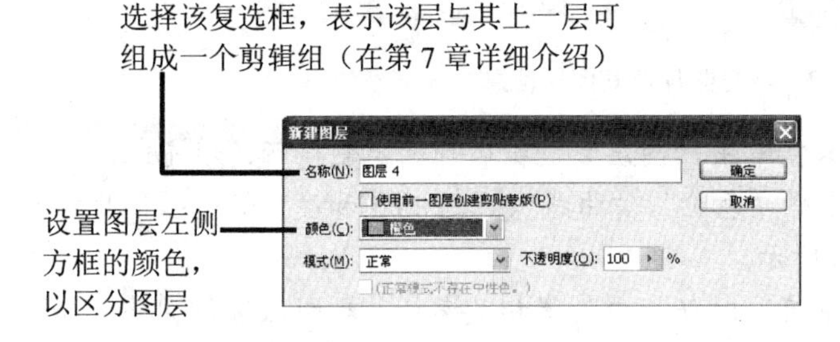

图 6-10　新建图层

步骤 4▶ 用户可尝试不同的方法新建图层并绘制泡泡图案，最终效果如图 6-11 所示。

图 6-11　新建图层并绘制泡泡图案

实训 2　制作环保公益海报——创建调整与填充图层

【实训目的】

- 掌握调整图层的特点与创建方法。
- 掌握填充图层的特点与创建方法。

【操作步骤】

步骤 1▶ 打开本书配套素材“PH6”文件夹中的“4 环保公益海报.psd”图片文件，如图 6-12 左图所示。该图像带有三个图层，此处单击“景物”图层将其设置为当前层，我们将在它上面创建调整层，如图 6-12 右图所示。

图 6-12　素材图片及其图层信息

步骤 2▶ 要创建调整图层，只需单击“图层”调板底部的“创建新的填充或调整图层”按钮，从弹出的下拉菜单中选择“色阶”、“曲线”、“色相/饱和度”等选项，此处选择“色相/饱和度”选项，如图 6-13 所示。

步骤 3▶ 在弹出的“色相/饱和度”对话框中设置相关参数，对图像进行调整，如图 6-14 所示。关于这些调整命令的使用方法，我们将在第 8 章讲述。

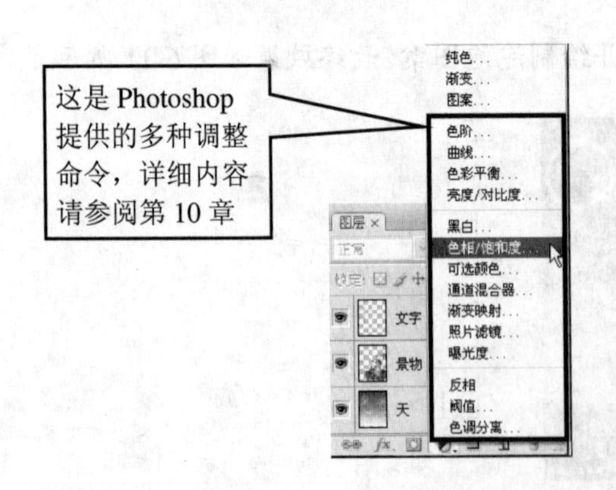

图 6-13　选择“色相/饱和度”选项

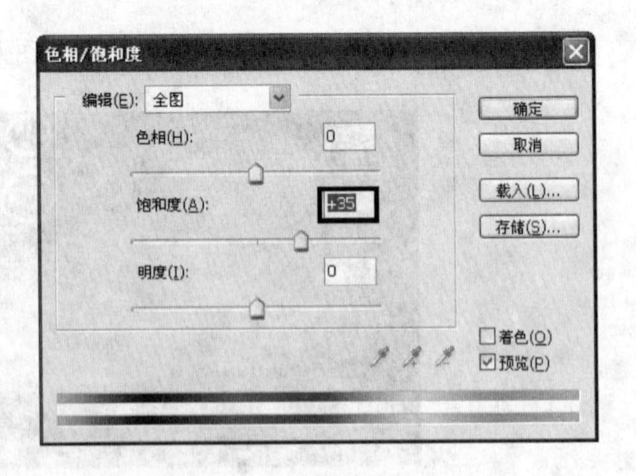

图 6-14　“色相/饱和度”对话框

步骤 4▶ 设置完成后，单击“确定”按钮关闭对话框。此时图像效果和“图层”调板状态如图 6-15 所示。新建的调整层自动插入到当前图层的上面，它也是一个带蒙版的图层，因此，我们也可通过编辑其蒙版来控制调整层所影响的区域（有关蒙版的特点和用法，我们将在第 7 章介绍）。

图 6-15　添加调整图层后的效果

- 调整图层相当于把“色阶”、“曲线”等图像色调和色彩调整命令放置在一个单独的图层中。
- 调整图层对于图像的调整属于“非破坏性调整”。也就是说，我们可以随时通过删除或关闭调整图层来恢复图像的原貌。当然，我们也可以随时双击调整图层更改其内容。
- 与单纯执行“色阶”、“曲线”等命令不同，使用“色阶”、“曲线”等命令只作用于当前图层图像，而调整图层作用于其下方的全部图层。

步骤 5▶ 若对调整图层的效果不满意，可双击调整图层的缩览图，在打开的设置对话框中重新调整，此外关于调整层的其他使用要点如下：

- 要撤销对所有图层的调整效果，可单击调整图层左侧的图标，关闭图层显示。
- 要撤销对某一图层的调整效果，只需将调整图层移至该图层的下方即可。
- 要删除调整图层，只需将其拖至调板底部的“删除图层”按钮上即可。

步骤 6▶ 可以看到调整后的“景物”图层变得更鲜艳了，而“天空”图层还是灰蒙蒙的，下面我们来为其创建“填充”图层使其变得蔚蓝。填充图层也是一种带蒙版的图层，其内容可为纯色、渐变色或图案。用户可随时更换填充图层的内容，以及通过编辑蒙版制作融合效果。

步骤 7▶ 将前景色设置为蔚蓝色（#2b7de0），然后单击“天”图层将其设置为当前层，再单击“图层”调板下方的按钮，在弹出的下拉菜单中选择“渐变”，打开“渐变填充”对话框，设置“渐变”为由前景到透明渐变，并勾选“反向”单选钮，其他参数保持默认值，如图 6-16 所示。

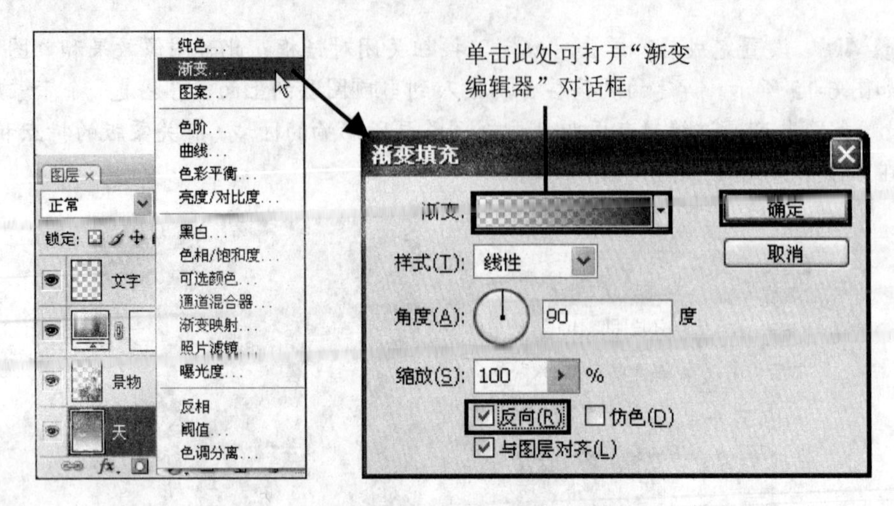

图 6-16　打开“渐变填充”对话框

步骤 8▶ 设置完成后，单击“确定”按钮关闭对话框即可创建填充图层，其图层信息和最终效果如图 6-17 所示。至此一张环保公益海报就制作完成了。在使用填充图层时还应注意以下几点：

- 选择“图层”>“更改图层内容”菜单中的相关命令，可以改变填充图层的内容或将其转换为调整图层。
- 要编辑填充图层，可选择“图层”>“图层内容”菜单或双击“图层”调板中的填充图层缩览图，此时将再次打开“渐变填充”对话框。
- 用户可以更改填充图层的内容，而不能在其上进行绘画。因此，如果希望将填充图层转换为带蒙版的普通图层（此时可在图层上绘画），可选择“图层”>“栅格化”>“填充内容”或“图层”菜单。
- 通过编辑填充图层的蒙版可得到许多图像特效，具体请参考第 7 章内容。

图 6-17　最终效果及其图层信息

实训 3　制作时尚插画——创建文字、形状与智能对象图层

【实训目的】

- 掌握文字图层的特点与创建方法。
- 掌握形状图层的特点与创建方法。
- 掌握智能对象的特点与创建方法。

【操作步骤】

步骤 1▶ 打开本书配套素材“PH6”文件夹中的“5 花语.jpg”图片文件，如图 6-18 所示。

图 6-18　素材图片

步骤 2▶ 选择“文件”>“置入”菜单，在打开的“置入”对话框中选择本书配套素材“PH6”文件夹中的“5 矢量女.ai”文件，单击“置入”按钮，如图 6-19 左图和中图所示。此时会弹出“置入 PDF”对话框，保持默认的参数不变，单击“确定”按钮，如图 6-19 右图所示。

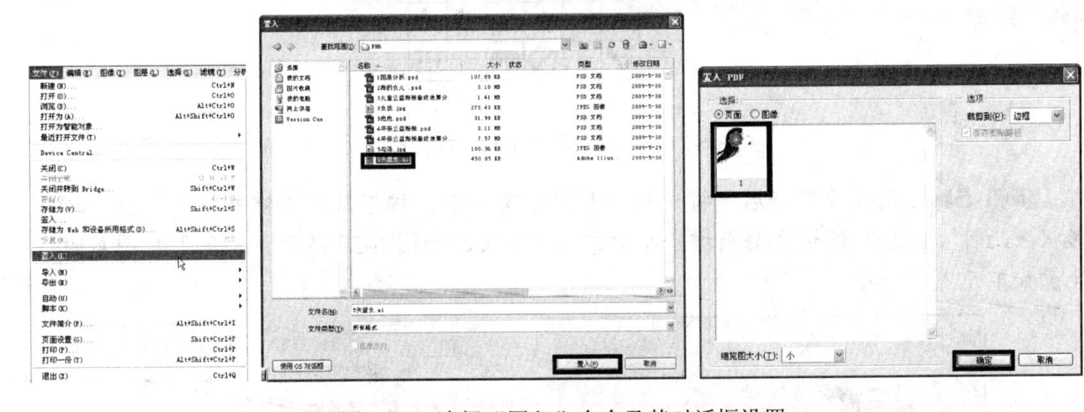

图 6-19　选择“置入”命令及其对话框设置

步骤 3▶ 在置入的文件四周会出现一个矩形控制框，用鼠标拖动其控制柄可调整置入文件的大小。在矩形框中单击鼠标右键，从弹出的快捷菜单中选择“置入”菜单项，如图 6-20 左图所示。此时，在图层调板中会出现一个智能对象图层，其图层缩览图右下角带有一个智能标记，如图 6-20 右图所示。

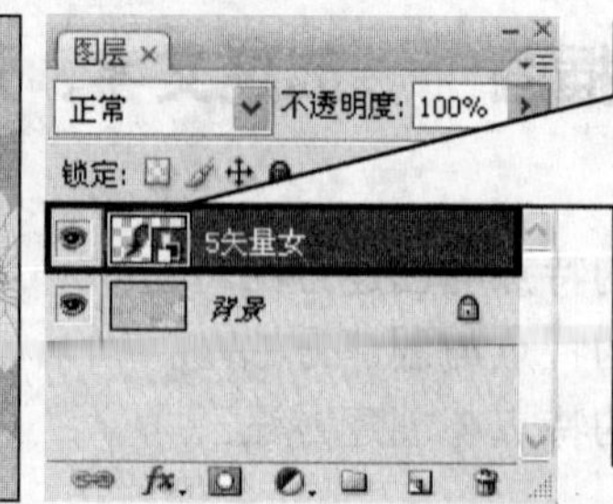

双击缩览图或选择“图层”>“智能对象”>“编辑内容”菜单，可启动 Illustrator 程序并打开智能对象对应的文件。编辑结束后保存文件，更改的内容将即时反馈到 Photoshop CS2 文件中

图 6-20　置入 AI 格式文件

对于 Illustrator 图形来说，我们还可通过复制、粘贴方法在 Photoshop 中创建智能对象。用户还可通过选择“图层”>“智能对象”>“编组到新建智能对象图层中”菜单，将一个或多个图层转换为智能对象。

步骤 4▶　在工具箱中选择“钢笔工具”，在其工具属性栏中按下“形状图层”按钮，然后选择“自定形状工具”，单击“形状”右侧的下拉三角按钮，在弹出的“自定形状”拾色器中选择“会话 1”形状，最后将“颜色”设置为桃红粉（#ff96aa），如图 6-21 所示。

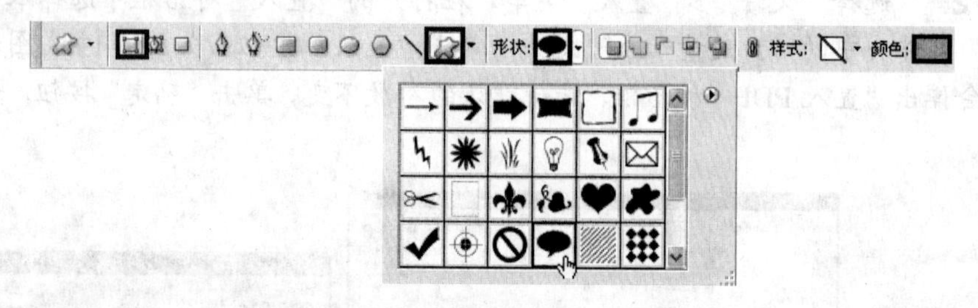

图 6-21　“自定形状工具”属性栏

步骤 5▶　属性设置好后，将光标移至图像窗口中，按下鼠标左键并拖动绘制会话框形状。此时“图层”调板中会新增一个“形状 1”层，如图 6-22 所示。使用形状图层时应注意如下几点：

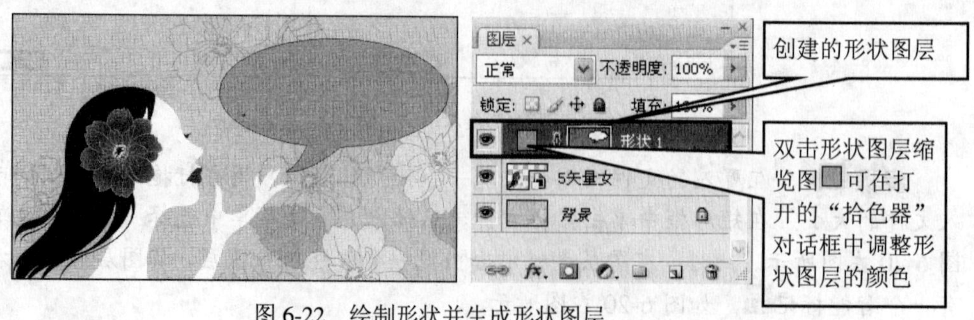

图 6-22　绘制形状并生成形状图层

- 与调整图层、填充图层蒙版不同的是，由于形状被保存在了蒙版中，因此，用户无法编辑形状图层的蒙版内容，而只能利用形状编辑工具调整形状的外观。
- 选择“图层”>“栅格化”>“形状”或“图层”菜单，可以将形状图层转换为不带蒙版的普通层。
- 选择“图层”>“栅格化”>“填充内容”菜单，可将形状图层转换为带形状蒙版的普通图层（此时可在图层上绘画）。
- 选择“图层”>“更改图层内容”菜单中的“色阶”、“曲线”等菜单项，可将形状图层转换为带形状蒙版的调整图层。
- 选择“图层”>“栅格化”>“矢量蒙版”菜单，可将形状蒙版转换为普通蒙版。

步骤 6▶ 下面我们通过为人物添加话语来学习文字图层的创建方法。首先在“图层”调板中新建一个透明图层。

步骤 7▶ 在工具箱中选择“横排文字工具”T，在其工具属性栏中设置图 6-23 所示的参数。

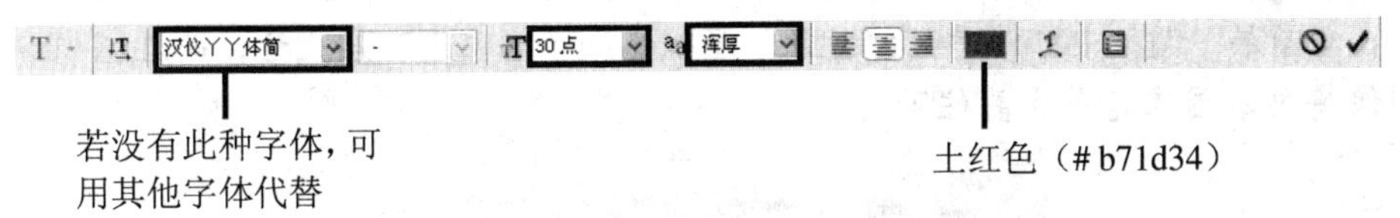

图 6-23 “文字工具”属性栏

步骤 8▶ 参数设置好后，在会话框中单击并输入文字，然后单击工具属性栏中的✔按钮或按【Ctrl+Enter】组合键即可确认输入。此时在“图层”调板中将出现一个文字层，其缩览图是一个T标志，如图 6-24 右图所示。至此一张时尚插画就制作完成了。

图 6-24 创建文字图层

提示

用户可随时输入或编辑文字图层中的文字，但是 Photoshop 提供的大部分绘图工具和图像编辑功能不能用于文字图层，除非将文字图层栅格化为普通图层，具体操作方法可参阅第 9 章内容。

6.3 图层的基本操作

图层的基本操作主要包括选择图层、调整图层顺序、复制与删除图层、链接与合并图层、对齐与分布图层、锁定图层以及转换图层等。

实训 1 制作精美书签——选择、排序、复制与删除图层

【实训目的】

- 掌握选择图层的方法。
- 掌握调整图层顺序的方法。
- 掌握复制与删除图层的方法。

【操作步骤】

步骤 1▶ 打开本书配套素材“PH6”文件夹中的“7 书签.psd”图片文件，如图 6-25 所示。在“图层”调板中可以看到“背景”层位于两个“书本”层上方，而在图像窗口中，背景图像将书本图像完全覆盖住了。

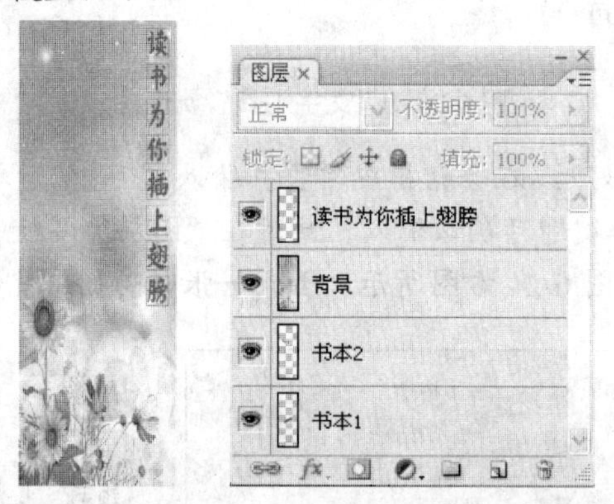

图 6-25 素材图片及其“图层”调板信息

步骤 2▶ 当要对图层进行操作时，需要先选中图层。若要选择单个图层，可在“图层”调板中单击某个图层即可，如图 6-26 左图所示。若要选择多个连续的图层，可在按住【Shift】键的同时单击首尾两个图层。此外选择图层还有如下几种方法：

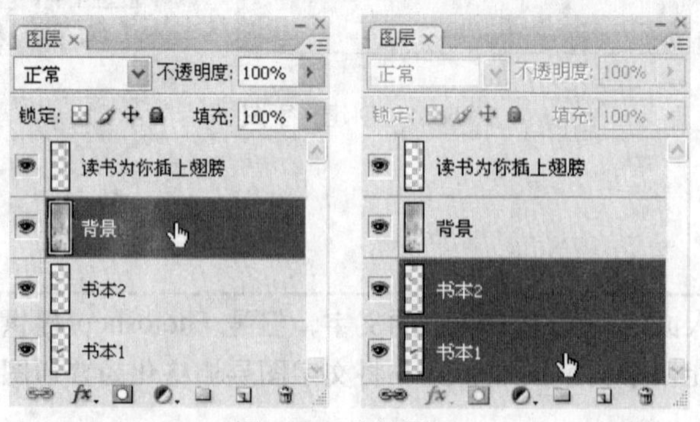

图 6-26 选择图层

- 要选择多个不连续的图层，可在按住【Ctrl】键的同时单击要选择的图层。这里值得注意的是，按住【Ctrl】键单击时，不要单击图层缩览图，否则会将该图层的图像作为选区载入，而不是选中该图层。
- 要选择所有图层（背景层除外），可选择“选择”>“所有图层”菜单，或按【Alt+Ctrl+A】组合键。
- 要选择所有相似图层，例如选择多个文字图层，可先选中一个文字图层，然后选择“选择”>“相似图层”菜单，即可选中所有的文字图层。

步骤 3▶ 为使“书本”层在文件窗口中显示出来，我们需要调整一下图层顺序。首先在“图层”调板中选择“背景”图层，按下鼠标左键将其拖动到两个“书本”图层下方，释放鼠标，图层顺序即被调整，两本书也在画面中显现出来，如图6-27中图所示。

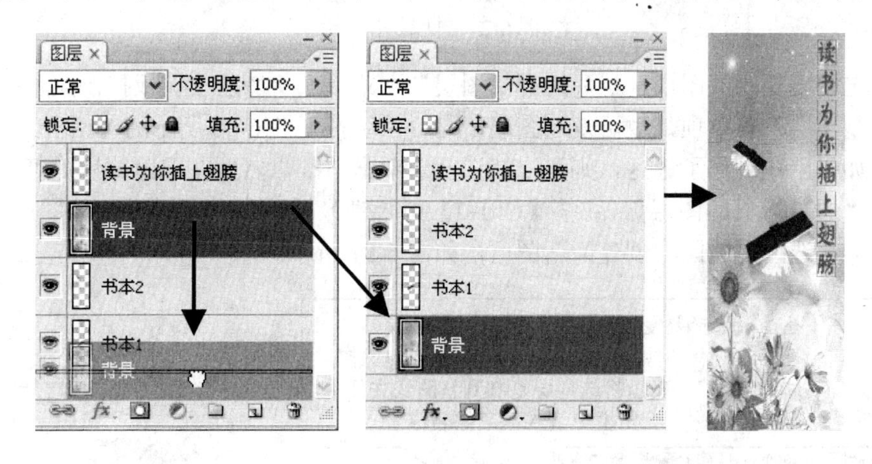

图6-27 调整图层顺序

调整图层顺序还可以在“图层”调板中选择要改变顺序的图层，然后选择“图层”>“排列”菜单中的相关命令，或者按其后的快捷键来调整图层顺序，如图6-28所示。

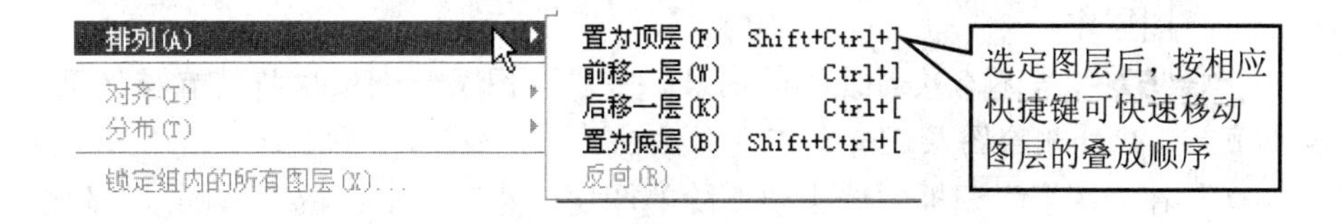

图6-28 利用菜单命令调整图层顺序

步骤 4▶ 下面我们再在该书签中复制一本书，使其整体构图更完整。在“图层”调板中将“书本1”图层拖至调板底部的“创建新图层”按钮上，即可在被复制的图层上方复制一个新图层。将新复制的图像移动到图像窗口上方，变换其大小并旋转，效果如图6-29右图所示。此外，复制图层还有以下三种方法：

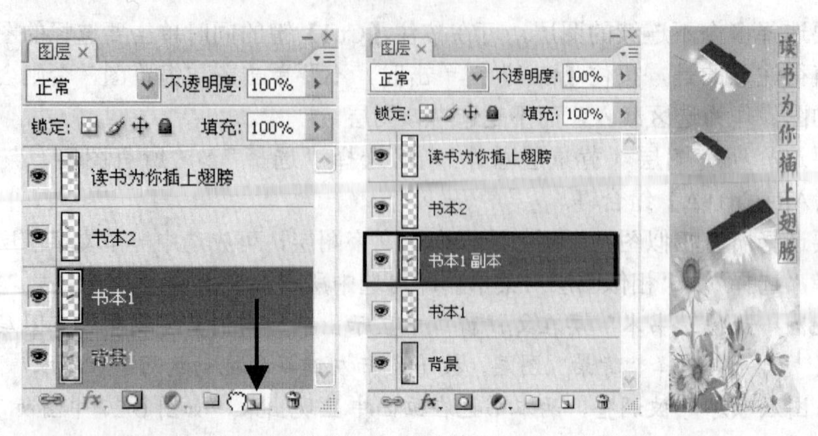

图 6-29　复制图层

- 选中要复制的图层，然后选择“图层”主菜单或“图层”调板控制菜单中的“复制图层”菜单项，也可复制图层，此时系统打开图 6-30 所示的对话框。
- 如果用户制作了选区，则可以在选区中单击右键，然后在弹出的快捷菜单中选择“通过拷贝的图层”（或按【Ctrl+J】组合键）或选择“通过剪切的图层”，系统会将选区内的图像创建为新图层，如图 6-31 所示。

可在该下拉框中选择要复制到的目标图像文件（此处列出了当前所打开的所有图像文件，默认是复制到当前图像中）。若选择“新建”，表示将选定层复制到新图像文件中，此时用户可在“名称”编辑框中输入新图像名称

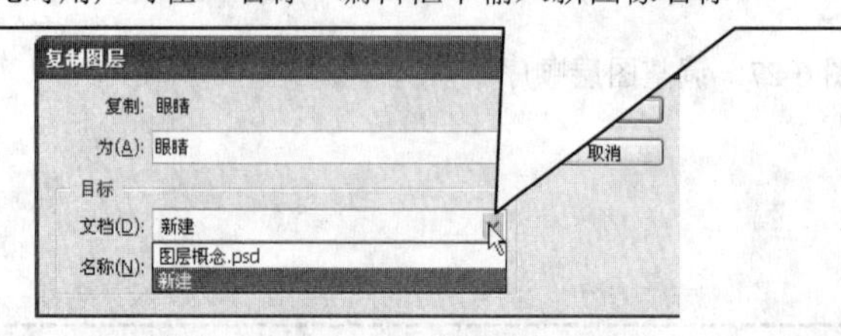

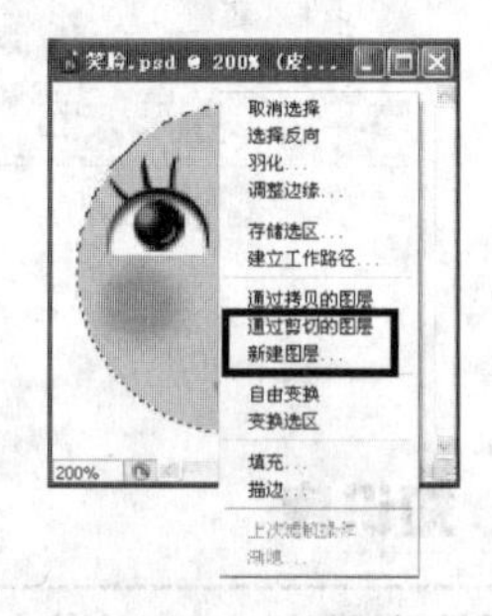

图 6-30　“复制图层”对话框　　　图 6-31　通过复制或剪切选区图像创建新图层

- 在使用第 4 章介绍的方法复制图像时，会自动新建一个图层并将该图像复制到新图层中。

步骤 5▶　若不喜欢新复制的图层，可在“图层”调板中将其直接拖至“删除图层”按钮上。此外删除图层还有如下 4 种方法：

- 在“图层”调板中选中要删除的图层，然后单击调板下方的“删除图层”按钮。并在弹出的对话框中单击“是”按钮。
- 在“图层”调板中单击选中要删除的图层，选择“图层”>“删除”>“图层”菜单。
- 在“图层”调板中，右键单击要删除的图层，从弹出的快捷菜单中选择“删除图层”。
- 在“移动工具”被选中的状态下，按【Delete】键也可删除当前图层。

实训2　制作时尚相框——连接、合并、排列与转换图层

【实训目的】

- 掌握连接图层的方法。
- 掌握合并图层的方法。
- 掌握对齐与分布图层的方法。
- 掌握背景层与普通层之间转换的方法。

【操作步骤】

步骤 1▶ 打开本书配套素材“PH6”文件夹中的“8相框.psd”和“8相框背景.psd”图片文件，如图6-32左图所示。其中“8相框.psd”包含“背景”层和18个普通图层，如图6-32右图所示。

图6-32　素材图片及图层信息

步骤 2▶ 按【Ctrl+Alt+A】组合键，选中“7相框.psd”图像中的所有普通图层。选择“移动工具”，单击其工具属性栏中的“垂直居中对齐”按钮，对齐后的效果如图6-33所示。

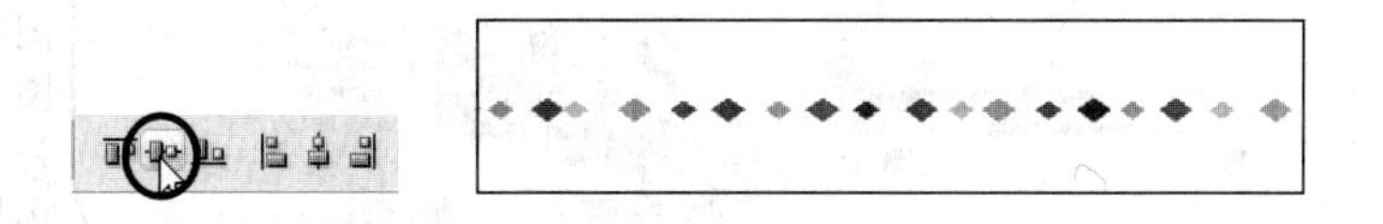

图6-33　垂直居中对齐图像

步骤 3▶ 保持所有普通图层的选中状态并单击工具属性栏中的“水平居中分布”按钮，此时图像效果如图6-34所示。

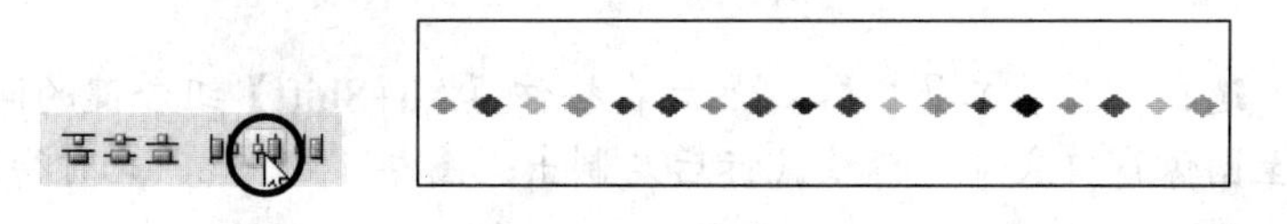

图6-34　水平居中分布图像

用户还可选择“图层”>“分布”菜单中的相关命令进行对齐与分布操作，如图 6-35 所示。在对图层进行对齐操作时，必需选中 2 个或 2 个以上的图层该命令才有效；对图层进行分布操作时，必需选中 3 个或 3 个以上的图层该命令才有效；若在图像中定义了区域，则图层中的对齐命令将变为与选区对齐命令。

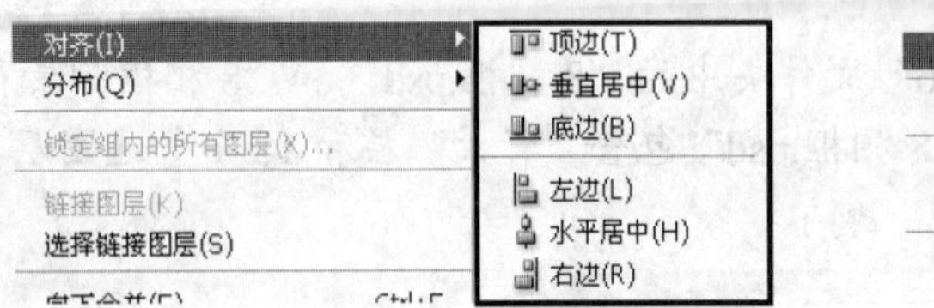

图 6-35 对齐与分布菜单

步骤 4▶ 按【Ctrl+E】组合键，将选中的图层合并为“图层 18”，如图 6-36 左图所示，然后将菱形图像移至“8 相框背景.psd”图像窗口中，并放置在窗口的上方，如图 6-37 左图所示。此时，系统自动生成“图层 1”。

要合并图层，还可选择“图层”主菜单，或单击“图层”调板右上角的按钮，从弹出的调板控制菜单中选择适当的菜单项即可，如图 6-36 右图所示。其中“合并图层”命令表示将当前图层与其下方图层合并。“合并可见图层”命令表示合并图像中的所有可见图层（即“图层”调板中显示眼睛的图层）。“拼合图像”命令表示合并所有图层，并在合并过程中丢弃隐藏的图层。

图 6-36 合并图层

步骤 5▶ 选择“移动工具”，然后在按住【Alt+Shift】组合键的同时，垂直向下拖动菱形图案至图像窗口底部，释放鼠标后复制出“图层 1 副本”，此时得到图 6-37 右图所示效果。

图 6-37　移动与复制菱形图像

步骤 6▶　将“图层 1”再复制出 2 份，分别对复制出的图层图像执行“旋转 90 度（顺时针）”操作（该命令是“编辑”>“变换”下的子菜单），并参照图 6-38 所示效果放置，形成一个边框。

图 6-38　复制图像并执行旋转操作

步骤 7▶　在“图层”调板中选中“图层 1”及其所有副本图层，按【Ctrl+E】组合键，将它们合并为“图层 1 副本”，如图 6-39 所示。

步骤 8▶　在“图层”调板中选中“心”图层和“人”图层，然后单击“图层”调板底部的“链接符号”，当所选图层的右侧显示符号时，即表示已在这些图层之间建立了链接关系，如图 6-40 所示。这样就可以对两个图层同时进行变换和移动等操作了。

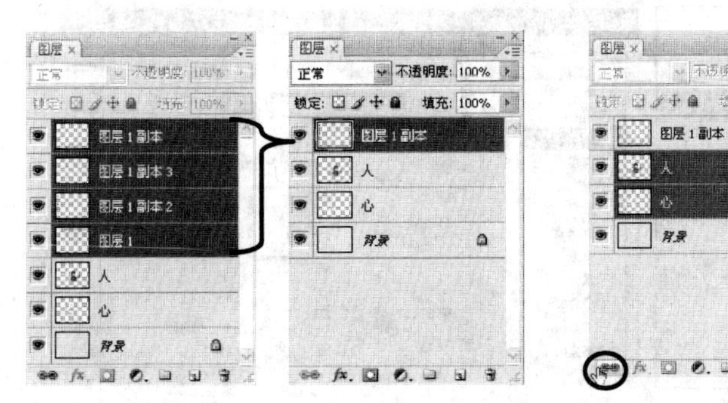

图 6-39　合并图层

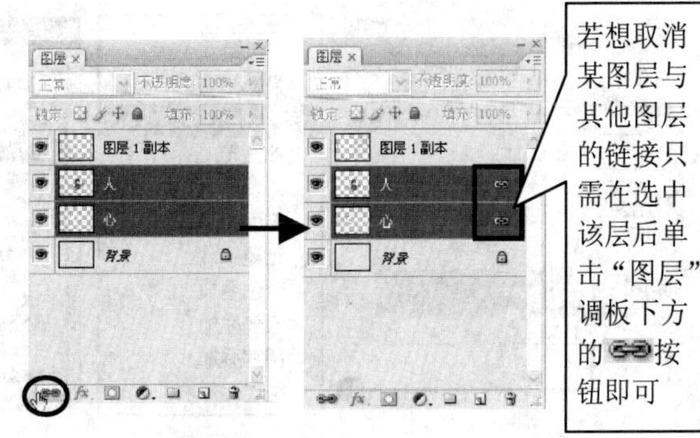

图 6-40　链接图层

.提 示.

链接图层之间存在关联关系，当移动或变换其中一个链接图层时，其他图层也同时进行移动或变换操作。如果某个图层与背景层链接的话，将无法移动任何一个链接图层。

图 6-41　变换后效果

步骤 9▶　按【Ctrl+T】组合键，对连接的图层执行变换操作，变换后的效果如图 6-41 所示。

步骤 10▶　下面我们来为相框背景添加效果，首先选定“背景”图层，可以看到其处于锁定状态，“图层”调板下的“添加图层样式”按钮 fx. 也成灰度显示（即不可编辑）。若要对背景层进行处理的话，应首先将其转换为普通图层。

步骤 11▶　双击“背景”图层，在弹出的“新建图层”对话框中可设置图层名称、颜色模式及不透明度等参数。也可直接单击“确定”按钮，这样“背景”图层就被转换成了普通图层（图层 0），如图 6-42 所示。

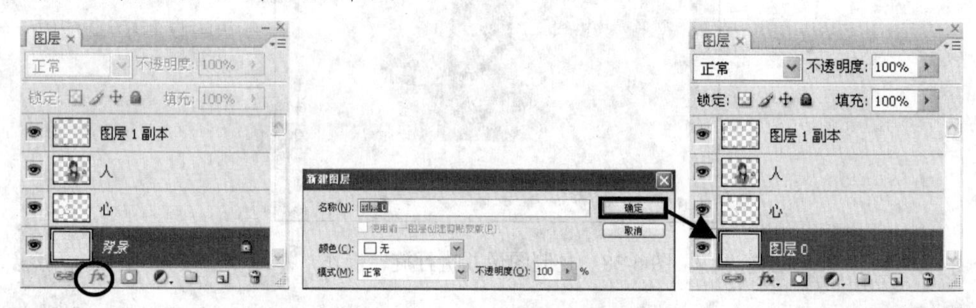

图 6-42　转换“背景”图层为普通图层

步骤 12▶　单击“图层”调板下的“添加图层样式”按钮 fx.，在其下拉菜单中选择“内阴影”样式，并在弹出的对话框中设置图 6-43 右图所示的参数，其中需要双击颜色框设置阴影的颜色为桔红色（#e8403c）。

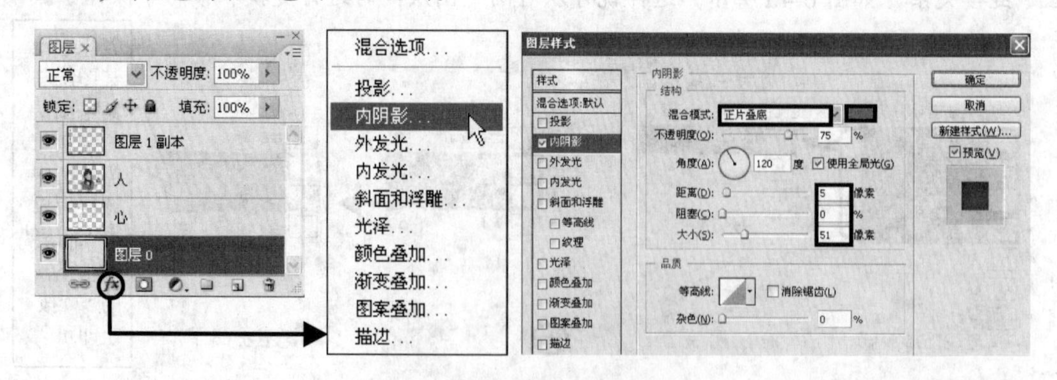

图 6-43　选择并设置图层样式

步骤 13▶ 参数设置好后单击"确定"按钮，"内阴影"样式即被添加到转换后的"背景"图层（图层0）中，最终效果和图层信息如图6-44所示。

图 6-44　最终效果及图层信息

知识库

背景层永远都在最下层，用户不能对其设置图层样式、不透明度、蒙版等。如果图像中没有背景层，则可将任何图层设置为背景层。为此可首先选定某个层，然后选择"图层">"新建">"背景图层"菜单，此时该图层将被转换为背景层，并被自动放置于图层列表的最底部。

实训3　制作装饰画——锁定图层

【实训目的】

- 掌握锁定图层中透明像素的方法。
- 掌握锁定图层中图像像素的方法。
- 掌握锁定图层位置的方法。
- 掌握锁定图层全部的方法。

【操作步骤】

步骤 1▶ 打开本书配套素材"PH6"文件夹中的"9 相框.psd"图片文件，如图6-45所示。

图 6-45　素材图片

步骤 2▶ 单击“相框”图层，并在“图层”调板中按下“锁定透明像素”按钮，把此图层的透明区域锁定，使之不能编辑，如图 6-46 左图所示。

步骤 3▶ 设置前景色为亮绿色（#b0fedb），在工具箱中选择“画笔工具”，并设置“主直径”为“46px”的硬角笔刷。

步骤 4▶ 在画框的边缘连续单击鼠标，绘制花瓣形图案。此处由于“相框”图层的透明区域已被锁定，所以只能在外框的部分绘制出图案，如图 6-46 中图和右图所示。

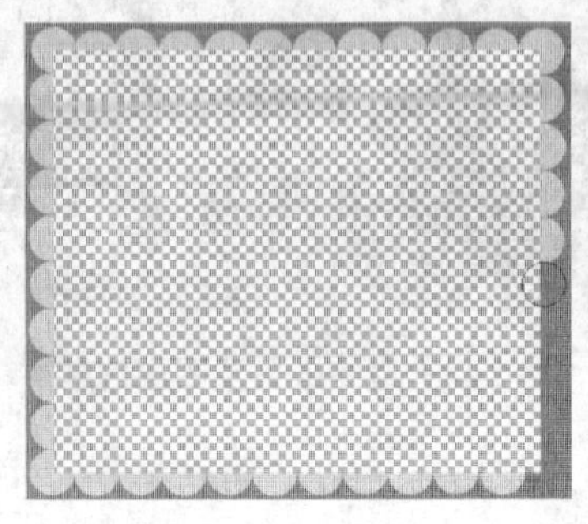

图 6-46　锁定图层透明像素并绘制图案

步骤 5▶ 单击“花”图层前的图标使图层显示出来，用“移动工具”将其移动到合适的位置，如图 6-47 左图和中图所示。在“图层”调板中按下“锁定位置”按钮，把此图层的图像位置锁定，使之不能被移动，如图 6-47 右图所示。

图 6-47　移动图像并锁定图层位置

步骤 6▶ 选择“画笔工具”并在其“画笔预设”选取器中选取“杜鹃花串”笔刷，其他设置如图 6-48 左图所示。设置好后，在图像中绘制花串图案，如图 6-48 右图所示。

步骤 7▶ 在“图层”调板中单击“锁定图像像素”按钮，禁止编辑该层，如图 6-49 所示。

步骤 8▶ 若在“图层”调板中单击“锁定全部”按钮可禁止对该层的一切操作。

如果要取消对某一图层的锁定，可选中该层后，在“图层”调板中单击凹下的锁定按钮即可。

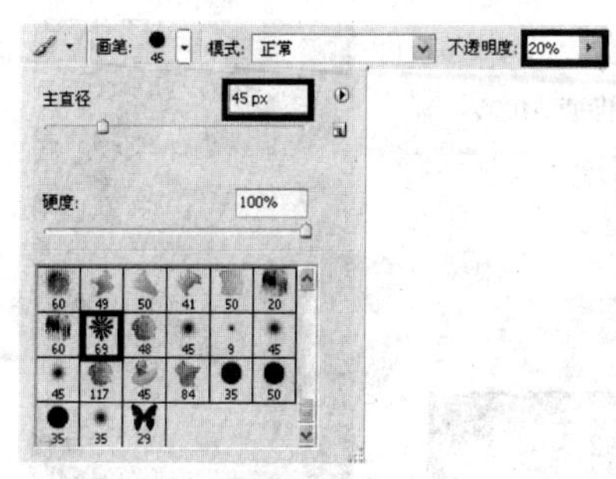

图 6-48　绘制图案

图 6-49　锁定图像像素

综合实训——制作音乐会海报

下面通过制作一幅音乐会海报来练习以上学习的内容，海报效果如图 6-50 所示。制作时，首先导入素材图片，然后新建一个图层并为其创建填充图层，接着对素材执行复制、对齐与分布操作并合并拷贝到海报背景文件中，最后置入 AI 文件并输入文字。用户在制作过程中，要重点注意创建填充图层，复制、对齐、分布图层以及置入图像的方法。

【操作步骤】

步骤 1▶　打开本书配套素材“PH6”文件夹中的“10 音乐会海报.psd”图片文件。在其“图层”调板底部单击按钮，创建“图层 1”并将其拖到所有图层最下方，如图 6-51 所示。

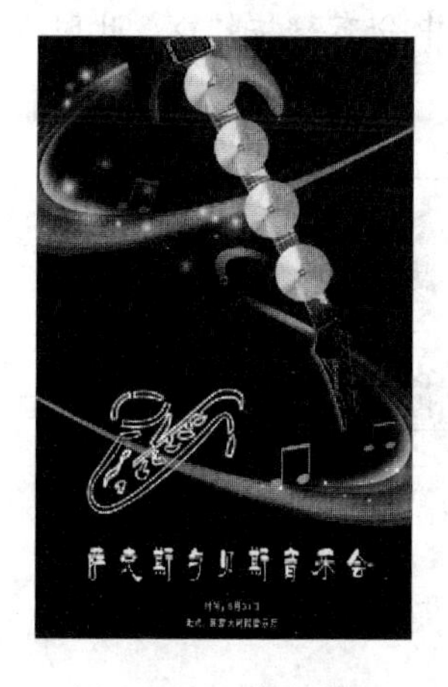

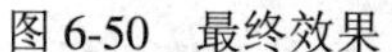

图 6-50　最终效果

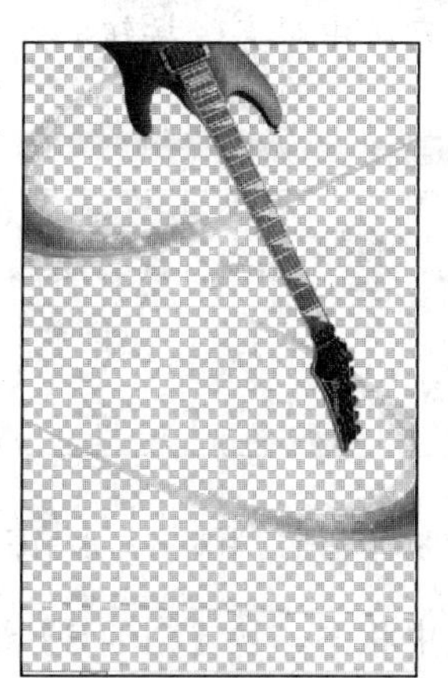

图 6-51　素材图片与新建图层

步骤 2▶　将前景色设置为蔚蓝色（# 233290），背景色设置为深蓝色（#121c3b）。保持“图层 1”的选定状态，单击“图层”调板下方的按钮，在弹出的下拉菜单中选择“渐变”菜单项，在打开的“渐变填充”对话框中设置图 6-52 左图所示的参数。

步骤 3▶　设置完成后，单击“确定”按钮关闭对话框即可创建“填充”图层，其图层信息和最终效果如图 6-52 右图所示。

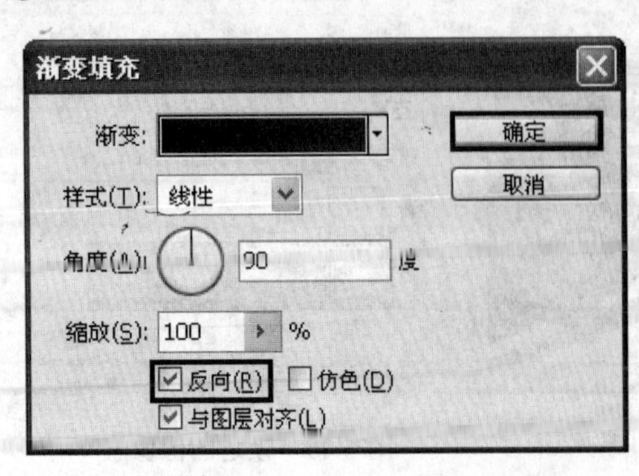

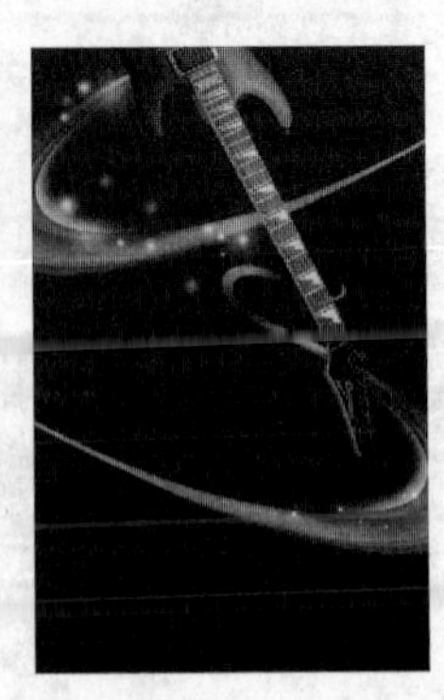

图 6-52 素材图片与新建图层

步骤 4▶ 打开本书配套素材“PH6”文件夹中的“10 光盘.psd”图片文件，将“光盘”层拖动到“图层”调板底部的按钮上，复制一个光盘层，并将该图层上的光盘图像移动到原光盘的右方。用同样的方法再复制两个光盘，如图 6-53 右图所示。

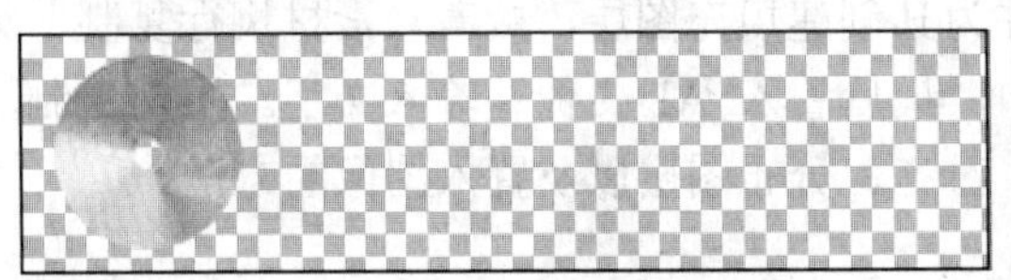

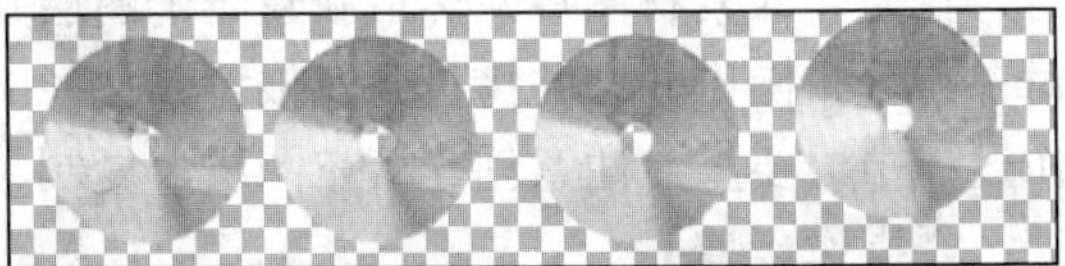

图 6-53 素材图片与复制图层

步骤 5▶ 按【Alt+Ctrl+A】组合键，选中图像中的所有图层。选择“移动工具”，然后分别单击工具属性栏中的“垂直居中对齐”按钮和“水平居中分布”按钮，此时图像效果如图 6-54 所示。

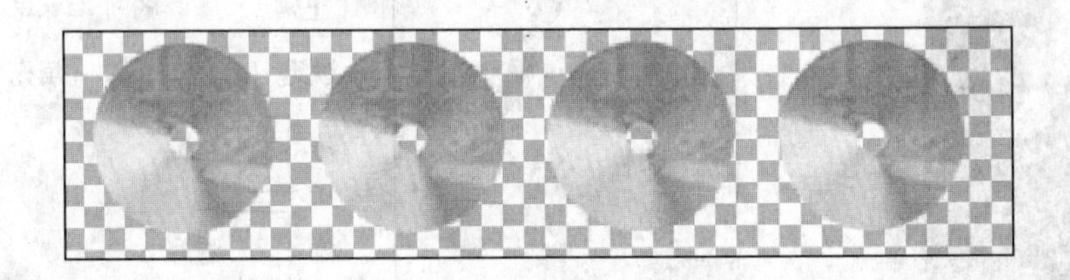

图 6-54 对图层执行垂直居中对齐与水平居中分布操作

步骤 6▶ 保持所有图层的选中状态，按【Ctrl+E】组合键合并图层，然后将光盘图像移至“9 音乐会海报.psd”图像窗口中。

步骤 7▶ 按【Ctrl+T】组合键，旋转图像，并放置在贝斯图像上，如图 6-55 所示。

步骤 8▶ 选择“文件”>“置入”菜单，在打开的“置入”对话框中选择本书配套素材“PH6”文件夹中的“10 萨克斯.ai”文件，并将其置入到“10 音乐会海报.psd”图像窗口中，放置到图 6-56 所示的位置。

步骤 9▶ 在工具箱中选择“钢笔工具”，并在其工具属性栏中做图 6-57 所示的设置，其中“颜色”为紫色（#994c99）。

图 6-55　变换并移动图像

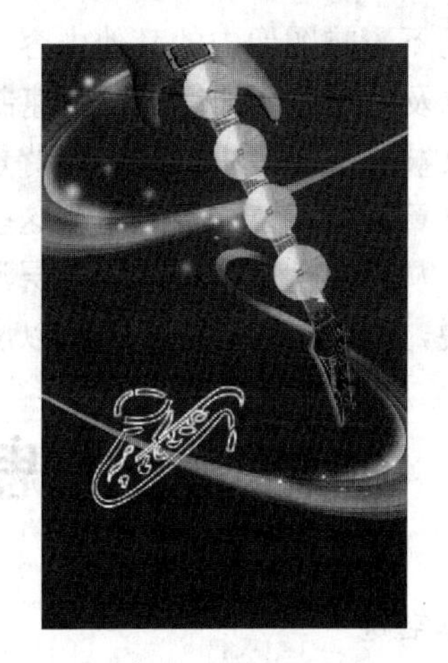

图 6-56　置入图像

图 6-57　“钢笔工具”属性栏

步骤 10▶　在“10 音乐会海报.psd”图像窗口中绘制“双八分音符”形状。用户还可用同样的方法再绘制两个音符，选择自己喜欢的颜色即可，效果如图 6-58 所示。

步骤 11▶　在工具箱中选择“横排文字工具”T，选择一种字体，“字号”为 48 点，在图像下方单击鼠标输入文字“萨克斯与贝斯音乐会”，然后按下【Ctrl+Enter】组合键或单击工具属性栏中的✓确认输入。用户还可以用同样的方法添加音乐会的时间和地点，选择合适的字符属性即可，如图 6-59 所示。至此一幅音乐会海报就制作完成了。

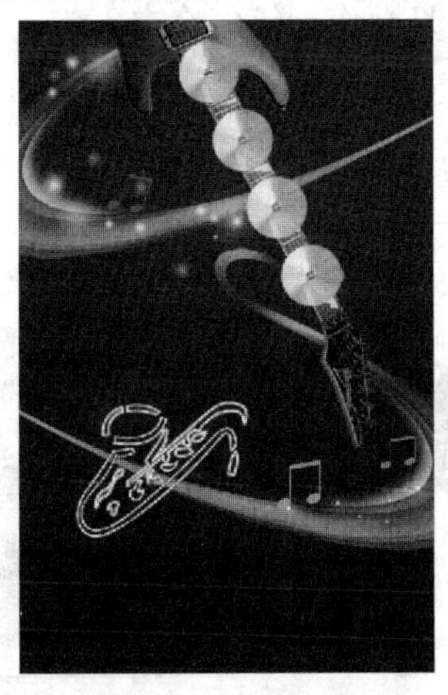

图 6-58　绘制形状

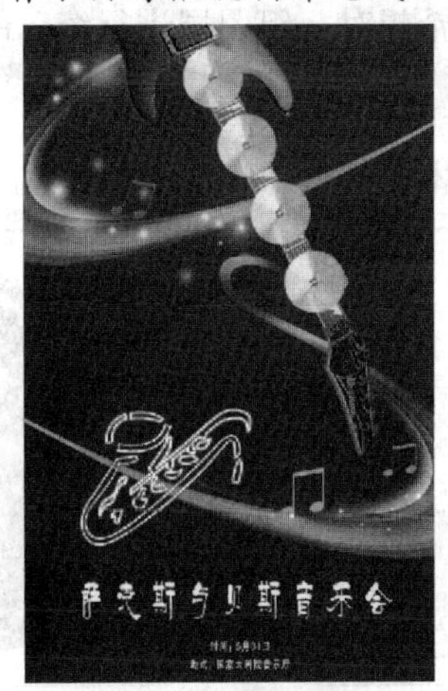

图 6-59　输入文字

课后总结

图层是 Photoshop 中一项非常最重要的功能，利用它我们可以单独编辑图像中的一部

分内容，而不影响图像中的其他内容。此外，我们还可以通过调整图层颜色混和模式、不透明度，以及为图层添加样式来快速制作一些特殊效果。为了适应不同的需求，Photoshop中的图层又被分成了多种类型，如背景图层、文字图层、形状图层、调整图层、填充图层等。通过本章的学习，读者应了解这些图层的特点和创建、编辑方法。

另外，从实用性来讲，设置图层混合模式是很常用的操作，但其原理较难理解，对于初学者来说，会觉得难以捉摸，所以应多动脑、多尝试。

思考与练习

一、填空题

1．图层的类型分为______、______、______、______、_______、______和________。调节图层的优点是________。

2．在“图层”调板中，单击________图标可隐藏/显示图层。

3．按住________键，可同时选中多个连续的图层，按住_______键，可同时选中多个不连续的图层。

4．将“背景”图层转换为普通图层，可选择________>________>________菜单。

二、问答题

1．“背景”图层有哪些特点？

2．创建普通图层有几种方法？

3．合并图层与合并可见图层有何区别？

4．如果希望对一组图层进行统一的移动、变形等操作，该怎么办？

三、操作题

1．利用本章所学知识制作图 6-60 所示的瓶中人影。

图 6-60　瓶中人影

提示：

打开“PH6”文件夹中的素材图片“11.psd”和“12.jpg”文件，将人物复制到水晶球图像中并调整其大小，然后复制人物图层并垂直翻转，再设置图层的不透明度，并用透明度较低的橡皮擦工具擦拭新复制出的图像即可。

第 7 章　图层的高级应用

【本章导读】

在 Photoshop 中，通过为图层添加投影、外发光和斜面浮雕等样式，可以快速地制作出一些特殊图像效果；通过为图层添加蒙版，可以方便地选取图像以及制作图像的融合效果；利用图层组可以对图层进行统一管理。本章我们就来学习这些功能的使用方法。

【本章内容提要】

- 添加图层样式
- 编辑图层样式
- 图层蒙版的建立与使用
- 图层组与剪辑组的应用

7.1　添加图层样式

利用 Photoshop 丰富的图层样式功能，我们可轻松快捷地制作出很多特殊效果。单击“图层”调板中的“添加图层样式”按钮 fx，从弹出的菜单中选择相应的命令，便可为图层设置各种样式，如投影、发光、浮雕等，本节将通过 5 个实例分别介绍。

实训 1　制作活动背板——使用投影与内阴影样式

【实训目的】

- 掌握投影样式的用法。
- 掌握内阴影样式的用法。

【操作步骤】

步骤 1▶ 打开本书配套素材“PH7”文件夹中的“1 活动背板.psd”图片文件，如图 7-1 所示。下面我们分别为白云、心形添加投影与内阴影效果，使它们具有立体感。

步骤 2▶ 选中“图层”调板中的“白云”图层，然后单击调板底部的“添加图层样式”按钮，从弹出的菜单中选择“投影”菜单项，如图 7-2 所示。此时系统将打开“图层样式”对话框。

图 7-1 素材图片

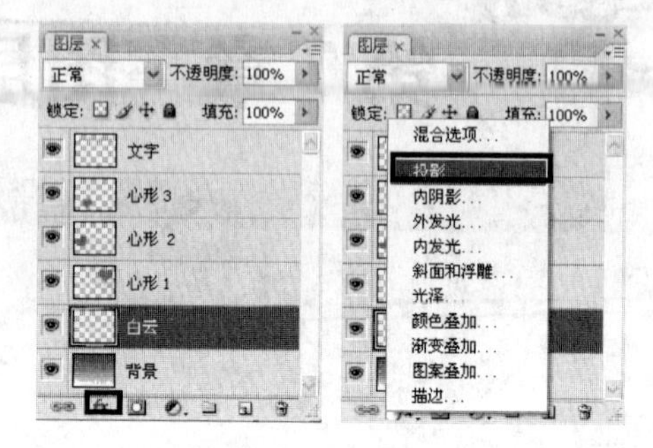

图 7-2 单击调板底部的“添加图层样式”按钮

步骤 3▶ 在“图层样式”对话框中设置投影颜色为桃红（#fa3fe2），“不透明度”为 75，“角度”为 111，“距离”为 5，“大小”为 54，其他参数保持默认不变，如图 7-3 所示。

步骤 4▶ “投影”参数设置好后，单击“确定”按钮，得到图 7-4 所示的效果。

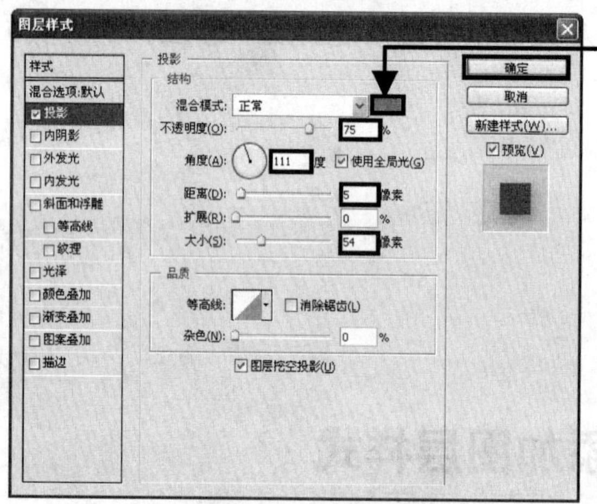

图 7-3 设置投影参数

图 7-4 投影效果

- **混合模式：** 在其下拉列表中可以选择所加阴影与原图像合成的模式。
- **不透明度：** 用于设置投影的不透明度。
- **使用全局光：** 若选中该复选框，表示为同一图像中的所有图层使用相同的光照角度。
- **距离：** 用于设置投影的偏移程度。
- **扩展：** 用于设置阴影的扩散程度。
- **大小：** 用于设置阴影的模糊程度。
- **等高线：** 单击其右侧的按钮可在“等高线”拾色器中选择阴影的轮廓。

- **杂色：**用于设置是否使用杂点对阴影进行填充。
- **图层挖空投影：**选中该复选框可设置层的外部投影效果。

步骤 5▶　在“图层”调板中双击“心形 1”图层的缩览图，打开“图层样式”对话框，然后单击左侧列表中的“投影”项，切换到“投影”参数设置区，并参照图 7-5 所示的参数为“心形 1”图层添加投影效果,其中投影颜色设置为紫色（#9f4194）。

步骤 6▶　暂不关闭“图层样式”对话框，单击对话框左侧列表中的“内阴影”项，切换到“内阴影”参数设置区，然后参照图 7-6 所示的参数为心形添加内阴影，其中阴影颜色设置为黄色（#fdf084）。参数设置完成后，单击“确定”按钮，为“心形 1”图层添加投影与内阴影效果。

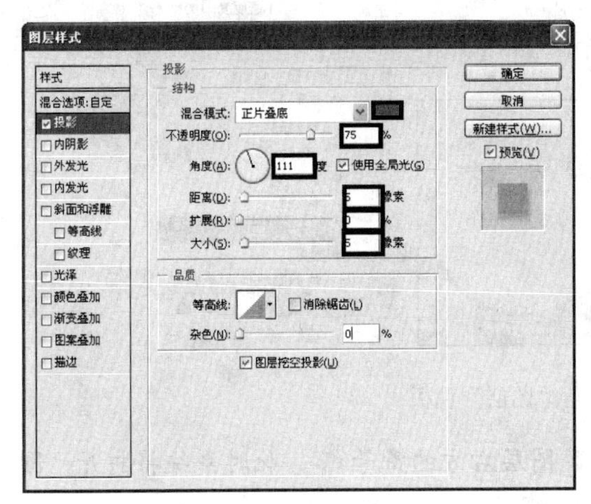

图 7-5　设置投影参数

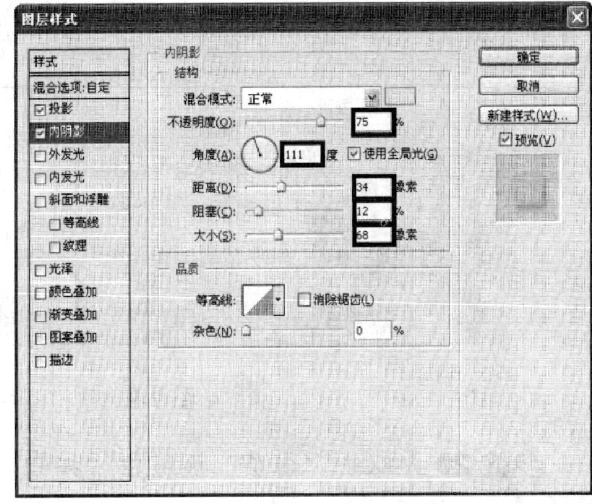

图 7-6　设置内阴影参数

步骤 7▶　利用与前面相同的方法分别为“心形 2”和“心形 3”图层添加投影与内阴影效果，其最终效果如图 7-7 左图所示。此时，“图层”调板如图 7-7 右图所示状态。

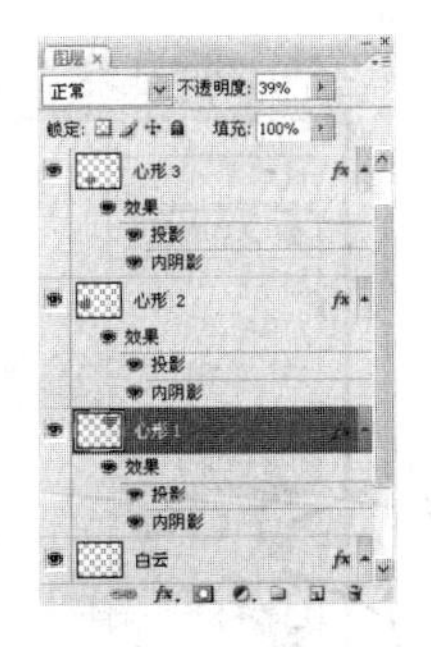

图 7-7　最终效果与“图层”调板

知识库

制作投影或阴影，可使图像产生立体或透视效果。添加样式后，图层右侧会多出两个符号fx和▲（或▼），如图 7-7 右图所示。其中fx符号表明该图层是带有样式的图层，用户需要修改样式时，只需双击fx符号即可。而单击▲或▼符号可折叠或展开图层样式的列表；样式名称左侧的眼睛图标用于控制效果的显示与隐藏。

实训 2　制作网页按钮——使用斜面与浮雕样式

【实训目的】

- 掌握斜面和浮雕样式的用法。

【操作步骤】

步骤 1▶ 打开本书配套素材"PH7"文件夹中的"2 按钮.psd"图片文件，如图 7-8 所示。可以看到该文件由 3 个"按钮"图层和 1 个"背景"图层组成，且"按钮"图层已经添加了投影样式。

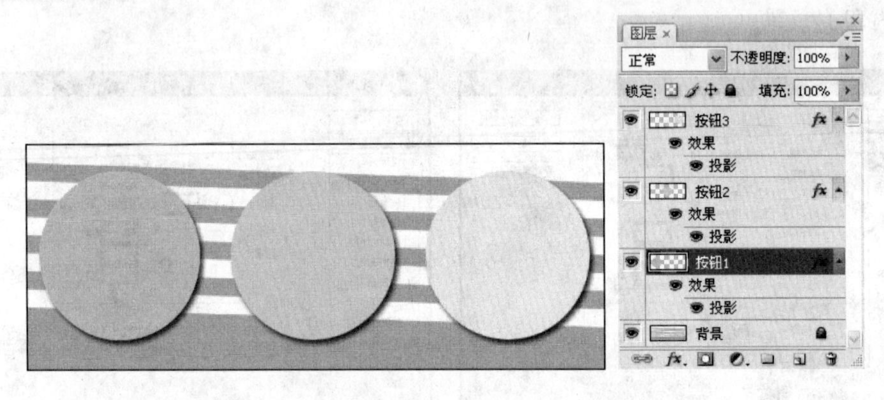

图 7-8　素材图片与"图层"调板

步骤 2▶ 双击"图层"调板中"按钮 1"图层右方的符号 fx，此时系统将打开"图层样式"对话框。

步骤 3▶ 单击对话框左侧列表中的"斜面与浮雕"项，切换到"斜面与浮雕"参数设置区，然后参照如图 7-9 所示的参数为按钮添加斜面与浮雕样式，其中颜色设置为深粉色（# c56499）。参数设置完成后，单击"确定"按钮，确认为按钮添加斜面与浮雕效果。

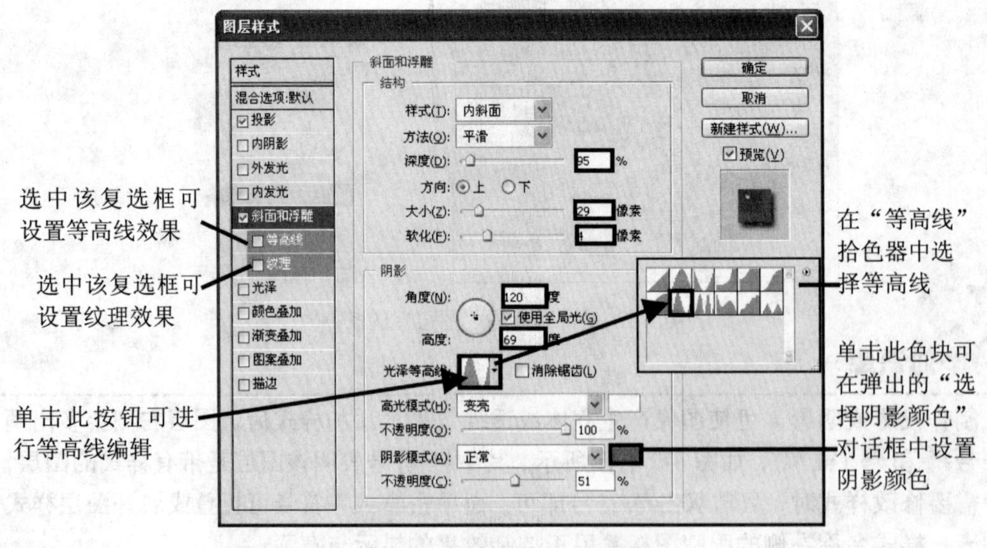

图 7-9　设置斜面与浮雕参数

- **样式**：在其下拉列表中可选择浮雕的样式，其中有“外斜面”、“内斜面”、“浮雕效果”、“枕状浮雕”和“描边浮雕”选项。
- **方法**：在其下拉列表中可选择浮雕的平滑特性，其中有“平滑”、“雕刻清晰”和“雕刻柔和”选项。
- **深度**：用于设置斜面和浮雕效果深浅的程度。
- **方向**：用于切换亮部和暗部的方向。
- **软化**：用于设置效果的柔和度。
- **光泽等高线**：用于选择光线的轮廓。
- **高光模式**：用于设置高光区域的模式。
- **阴影模式**：用于设置暗部的模式。

提示

斜面和浮雕样式是对图层添加高光与阴影的各种组合，该样式是 Photoshop 图层样式中最复杂的，用户需在实践中反复体会。

步骤 4▶ 用同样的方法为另外两个按钮添加同样的图层样式，需要注意的是“按钮2”图层的阴影颜色需设置为草绿色（#3ebd3b），“按钮 3”图层的阴影颜色需设置为暗黄色（#a68c33），如图 7-10 所示。

步骤 5▶ 将前景色设置为白色，然后在工具箱中选择“文字工具” T，在按钮上单击鼠标输入图 7-11 左图所示的文字。

步骤 6▶ 用同样的方法为另外两个按钮输入文字并降低文字图层的不透明度。按钮最终效果如图 7-11 右图所示。

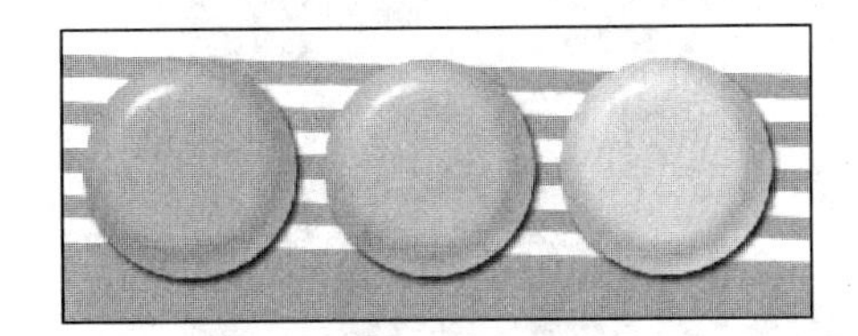

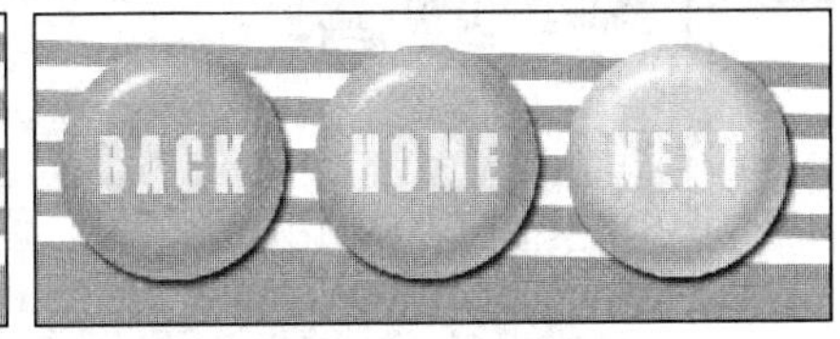

图 7-10 添加图层样式

图 7-11 输入英文字并调整不透明度

实训 3 制作电影海报——使用发光与光泽样式

【实训目的】

- 掌握内发光和外发光样式的用法。
- 掌握光泽样式的用法。

【操作步骤】

步骤 1▶ 打开本书配套素材“PH7”文件夹中的“3 电影海报.psd”图片文件，如图 7-12 左图所示。可以看到该文件由“水晶球”图层和“背景”图层组成，如图 7-12 右图所示。

步骤 2▶ 选中“图层”调板中的“水晶球”图层，然后单击调板底部的“添加图层样式”按钮 fx，从弹出的菜单中选择“外发光”菜单项，此时系统将打开“图层样式”对话框。

图 7-12 素材图片与“图层”调板

步骤 3▶ 在“图层样式”对话框中设置外发光“大小”为 81，其他参数保持默认不变，如图 7-13 所示，效果如图 7-14 所示。

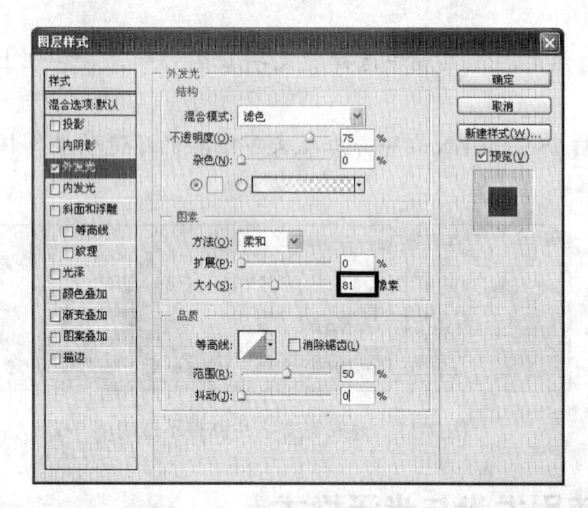

图 7-13 设置外发光参数

图 7-14 外发光效果

- ：选中该单选钮，单击按钮右侧的颜色块，可以从打开的“拾色器”对话框中选择一种纯色发光颜色；选中该单选钮，可以在其右侧的下拉列表中选择或自定一种渐变发光颜色。
- **方法：**用于选择对外发光效果应用的柔和技术。当选择“柔和”选项时，将使外发光效果更柔和。
- **范围：**用于设置外发光效果的轮廓范围。
- **抖动：**用于设置在外发光中随机产生的杂点数。

步骤 4▶ 暂不关闭“图层样式”对话框，单击对话框左侧列表中的“内发光”项，切换到“内发光”参数设置区，设置内发光“大小”为 54。内发光效果如图 7-15 所示。

步骤 5▶ 单击对话框左侧列表中的“光泽”项，切换到“光泽”参数设置区，设置光泽的颜色为浅绿色（# dbfcb7），“不透明度”为 50，“距离”为 11，“大小”为 14。参数设置完成后，单击“确定”按钮，为水晶球添加发光与光泽效果，如图 7-16 所示。

图 7-15　内发光效果

图 7-16　光泽效果

实训 4　制作精美图案——使用叠加与描边样式

【实训目的】

- 掌握叠加样式的用法。
- 掌握描边样式的用法。

【操作步骤】

步骤 1▶ 打开本书配套素材“PH7”文件夹中的“4 图案.psd”图片文件，如图 7-17 所示。选中“图层”调板中的“图案”图层，然后单击调板底部的“添加图层样式”按钮fx，并从弹出的菜单中选择“图案叠加”菜单项，此时系统将打开“图层样式”对话框。

步骤 2▶ 在“图层样式”对话框中设置“不透明度”为 41，“缩放”为 369，并单击“图案”后的按钮▾，在打开的“图案”拾色器中选择“鱼眼棋盘”样式，其他参数保持默认不变，如图 7-18 所示。参数设置完成后，单击“确定”按钮。图案叠加效果如图 7-19 所示。

图 7-17　素材图片

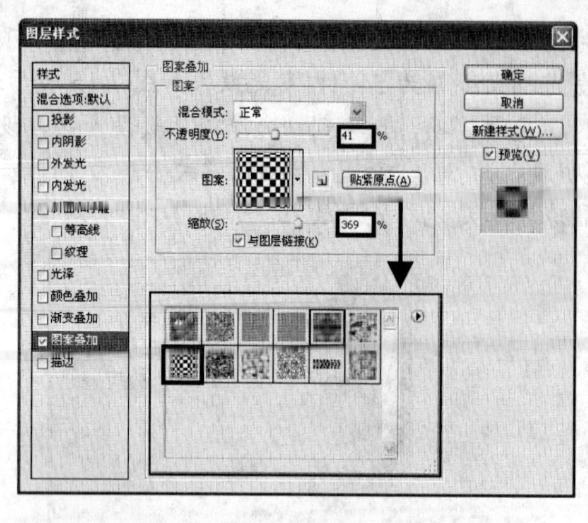

图 7-18　设置图案叠加参数

图 7-19　图案叠加效果

步骤 3▶ 在“图层”调板中单击“图案叠加”效果左边的眼睛图标，使其隐藏，如图 7-20 所示，然后双击“图案”图层右方的符号，打开“图层样式”对话框。

步骤 4▶ 单击对话框左侧列表中的“颜色叠加”项，切换到“颜色叠加”参数设置区，设置叠加颜色为桃红色（# ec1fee），“不透明度”为 38，参数设置完成后，单击“确定”按钮。颜色叠加效果如图 7-21 所示。

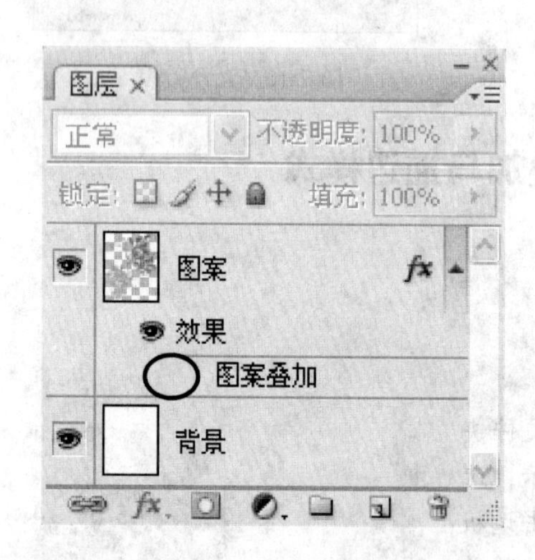

图 7-20　取消图案叠加显示

图 7-21　颜色叠加效果

步骤 5▶ 按照步骤 3 的方法为“图案”图层添加渐变叠加样式。其中在“渐变叠加”参数设置区中，设置“不透明度”为 100，并在“渐变”拾色器中选择“色谱”渐变，渐变叠加效果如图 7-22 所示。

步骤 6▶ 取消“图层样式”列表中“渐变叠加”项的勾选状态，并选择“描边”项。在“描边”参数设置区中，设置“大小”为 10，“位置”为内部，“不透明度”为 74。在“填充类型”中选择“渐变”类型，并在其下的“渐变”拾色器中选择“黄色、紫色、橙色、蓝色”渐变。参数设置完成后，单击“确定”按钮。描边效果如图 7-23 所示。

图 7-22　渐变叠加效果

图 7-23　描边效果

由于使用叠加样式与描边样式未真正改变图层内容并可随时关闭或打开效果，因此，它要比实际的填充和描边操作方便。

实训 5　制作环保插画——使用系统内置样式

【实训目的】

掌握系统内置样式的用法。

【操作步骤】

步骤 1▶　打开本书配套素材“PH7”文件夹中的“5 环保插画.psd”图片文件，如图 7-24 左图所示。可以看到该文件是由 4 个图层组成的，如图 7-24 右图所示。

图 7-24　素材图片与其“图层”调板

步骤 2▶　选中“图层”调板中的“地球”图层，然后在菜单栏中选择“窗口”>“样式”菜单，显示“样式”调板（此操作也可隐藏此调板）。此外，若单击“样式”调板右上角的按钮▾☰，可在弹出的“样式”调板控制菜单中进行复位、加载、保存或替换样式等操作，如图 7-25 所示。

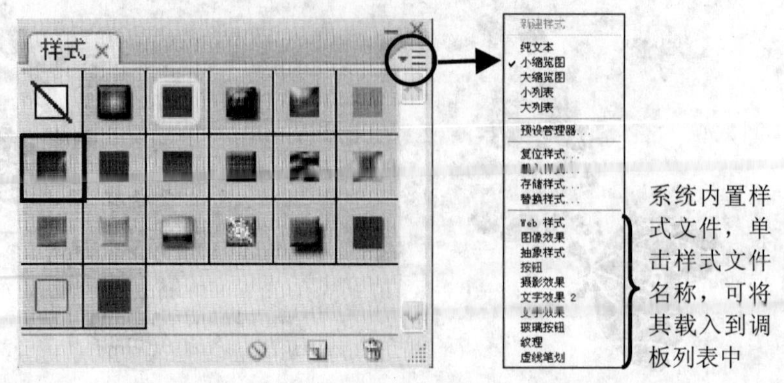

图 7-25 “样式”调板与其控制菜单

步骤 3▶ 在“样式”调板中单击“拼图（图像）”色块，为“地球”图层添加拼图样式，效果如图 7-26 所示。此外用户也可在“图层”调板中双击效果名称编辑效果参数。

步骤 4▶ 单击“图层”调板中“文字”图层前面的图标，恢复其显示状态。至此一张环保插画就设计完成了，如图 7-27 所示。

图 7-26 应用拼图样式

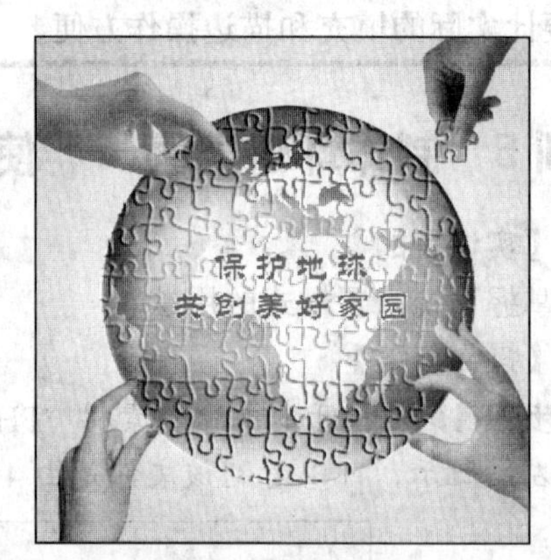

图 7-27 显示文字

7.2 编辑图层样式

在 Photoshop 中，我们可以对已添加的图层样式进行修改，方法是在“图层”调板中双击图层后的“图层样式”图标 fx，打开“图层样式”对话框，然后对其中的参数进行重新设置或修改。

此外，用户还可以对图层样式进行关闭、开启、保存、复制与删除等操作。下面分别介绍。

实训 1 编辑图层样式

【实训目的】

- 掌握显示与隐藏图层样式的方法。

- 掌握保存与删除图层样式的方法。
- 掌握修改与复制图层样式的方法。

【操作步骤】

步骤 1▶ 首先来学习显示与隐藏图层样式的方法。用户可打开上文编辑过的文件进行练习。若要隐藏样式，可在“图层”调板中单击样式名称左侧的眼睛图标，再次单击可重新显示样式，如图 7-28 所示。

图 7-28　隐藏与显示图层样式

步骤 2▶ 若将自己设定的图层样式保存在“样式”调板中，可选中添加样式的图层，然后将光标移至“样式”调板的空白处，当光标呈油漆桶形状时单击，在随后打开的“新建样式”对话框中输入样式名称并选择设置项目，单击“确定”按钮，即可将当前图层的样式保存在“样式”调板中，如图 7-29 所示。

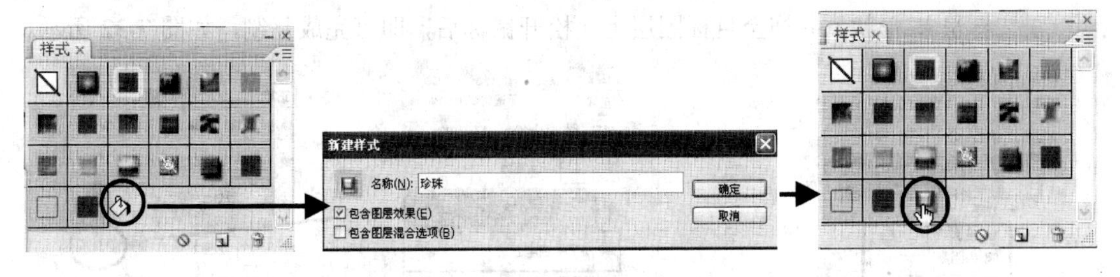

图 7-29　在“样式”调板中保存图层样式

利用上述方法保存的样式，在重装 Photoshop 软件后将会消失。若想长久保存样式，可以在“样式”调板控制菜单中选择存储样式，将其保存成文件。

步骤 3▶ 对于不再需要的样式，我们可以将其删除，其操作方法如下：

- 要删除某个图层中的所有样式，只需将图标拖拽到“图层”调板底部的“删除图层”按钮上，如图 7-30 左图所示。
- 在“图层”调板中，右键单击要删除样式的图层，从弹出的快捷菜单中选择“清除图层样式”项，如图 7-30 右图所示。
- 如果图层中添加了多种样式，要删除其中的某个样式时，只需将其拖拽到“图层”调板底部的“删除图层”按钮上，即可删除该样式。

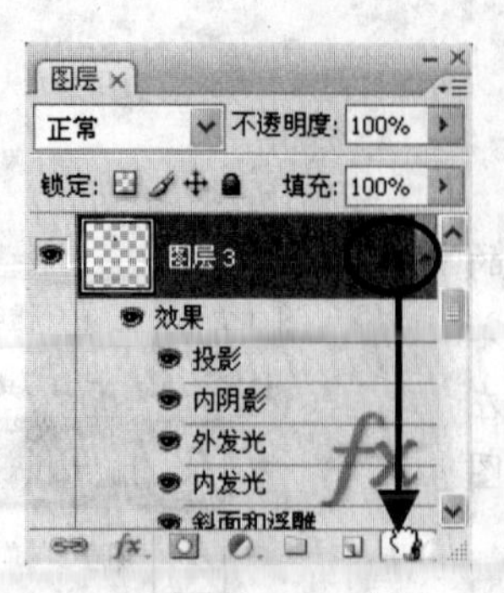

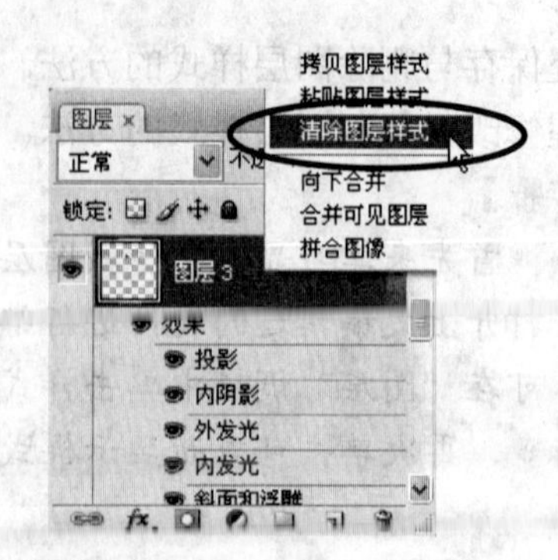

图 7-30　删除图层样式

步骤 4▶　如果对添加的样式效果不满意，可在“图层”调板中双击某图层右侧的fx图标，或者双击某个样式名称，再次打开“图层样式”对话框，对其中的参数进行重新设置或修改直至符合设计需求，如图 7-31 所示。

步骤 5▶　此外我们还可把设置好的样式复制到其他图层或图像，以避免重复操作浪费时间。复制样式的方法有以下两种：

- 在“图层”调板中，按住【Alt】键，将光标放置在fx图标上，按下鼠标左键（光标呈▶形状）并拖至目标图层上，松开鼠标后，即可完成复制，如图 7-32 所示。

图 7-31　修改图层样式

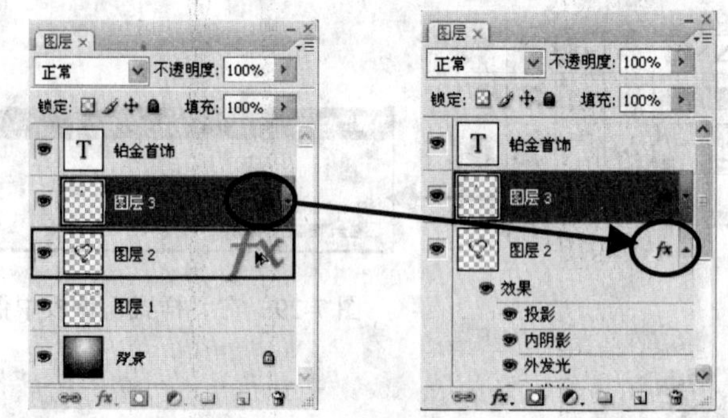

图 7-32　拖动复制样式

- 在源图层上右击fx图标，在弹出的快捷菜单中选择“拷贝图层样式”，然后在目标图层上右击，在弹出的菜单中选择“粘贴图层样式”菜单项即可复制样式，如图 7-33 所示。

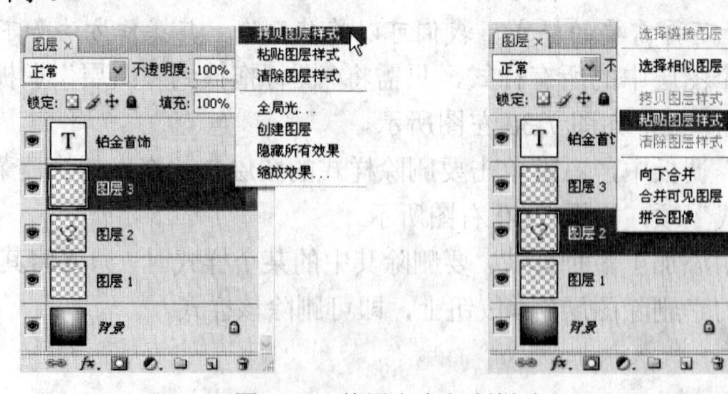

图 7-33　使用命令复制样式

7.3　图层蒙版的建立与使用

图层蒙版是 Photoshop 里的一项方便实用的功能，它是建立在当前图层上的一个遮罩，用来遮挡图像中不需要的部分或制作图像融合效果。

在 Photoshop 中，图层蒙版分为两类，一类为普通图层蒙版，一类为矢量蒙版。对于普通图层蒙版而言，它实际上是一幅 256 色的灰度图像，其白色区域为完全透明区，黑色区域为完全不透明区，其他灰色区域为半透明区。对于矢量蒙版而言，其内容为一个矢量图形。下面将通过 2 个实例分别介绍它们的创建与编辑方法。

实训 1　合成甜蜜婚纱照——创建蒙版

【实训目的】

- 掌握创建普通图层蒙版的方法。
- 掌握创建矢量图层蒙版的方法。
- 掌握利用图层蒙版遮挡图像中不需要的区域和制作图像融合效果的方法。

【操作步骤】

步骤 1▶ 打开本书配套素材“PH7”文件夹中的“6 新娘.jpg”图片文件，如图 7-34 所示。

步骤 2▶ 在“图层”调板中将“背景”层转换成普通图层，然后单击调板下方的“添加图层蒙版”按钮，系统将为当前层创建一个空白蒙版，如图 7-35 所示。此时当前图层中的图像没有任何变化，处于完全显示状态。此外创建图层蒙版还有以下 3 种方法：

图 7-34　素材图片

图 7-35　创建空白图层蒙版

- 在按住【Alt】键的同时，单击“添加图层蒙版”按钮，可创建一个全黑的蒙版。此时，因为当前图层中的图像被隐藏，所以完全显示下层的图像。
- 选择“图层”>“图层蒙版”菜单中的子菜单项也以可创建图层蒙版，如图 7-36 所示。

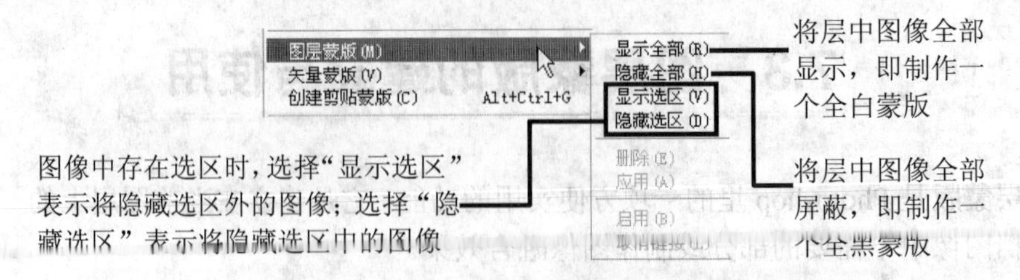

图 7-36　创建图层蒙版的菜单命令

- 利用前面讲过的"编辑">"贴入"菜单，也可创建图层蒙版。("贴入"命令的使用在 4.1 节有详细介绍)。

当前图层中存在选区时，单击"图层"调板底部的"添加图层蒙版"按钮将创建一个显示选区图像的蒙版，如图 7-37 所示便是利用该方法将图层 1 上的人物图片贴到了背景图层笔记本的液晶屏上。方法是首先将人物图片移动到液晶屏合适位置，利用"矩形选框工具"创建一个与液晶屏等大的选区，然后单击"添加图层蒙版"按钮即可；若按住【Alt】键单击"添加图层蒙版"按钮，将创建一个隐藏选区图像的蒙版。

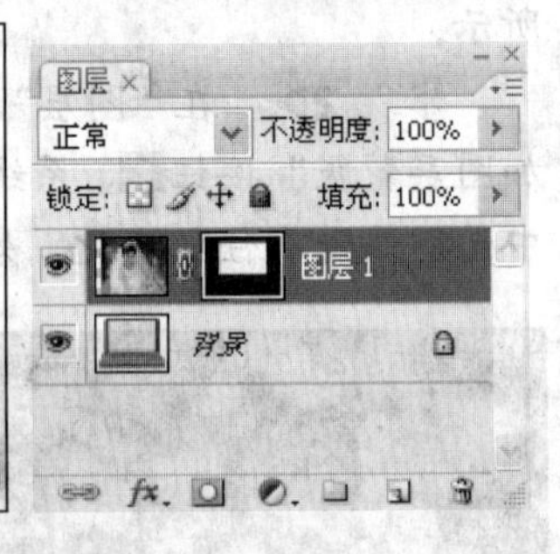

图 7-37　存在选区时创建的蒙版

步骤 3▶　在"图层"调板中，单击"图层 0"的蒙版缩览图，此时缩览图周围会显示白色矩形边框，表示已经进入蒙版编辑状态，如图 7-38 所示。此时，前景色和背景色恢复为默认的黑白颜色。

图 7-38　选择蒙版缩览图

步骤 4▶ 选择"画笔工具"，在其工具属性栏中设置"主直径"为"77px"的硬角笔刷，并在图像窗口中人物的四周区域涂抹，被涂抹过的区域将变为透明。此外，在涂抹人物的头纱时，可以适当降低笔刷的不透明度，来控制蒙版的透明程度，从而产生半透明效果，如图 7-39 所示。

图 7-39　为蒙版涂抹上黑色使图像周围区域变透明

编辑图层蒙版与前景色有关，当前景色为黑色时，用"画笔工具"和"渐变工具"在蒙版中绘画可增加蒙版区，用"橡皮擦工具"在蒙版中擦除可减少蒙版区；当前景色为白色时，用"画笔工具"和"渐变工具"在蒙版中绘画可减少蒙版区，用"橡皮擦工具"在蒙版中擦除可增加蒙版区。

步骤 5▶ 下面来学习创建矢量蒙版的方法。打开本书配套素材"PH7"文件夹中的"6 双人照.jpg"图片文件，如图 7-40 所示。

图 7-40　素材图片

步骤 6▶ 在工具箱中选择“钢笔工具”，并在其工具属性栏中设置如图 7-41 所示的属性。

图 7-41 “钢笔工具”属性栏

步骤 7▶ 设置完毕后在“6 双人照.jpg”文件窗口中画出“红桃”形状，并利用“自由变换”命令将其旋转角度，如图 7-42 所示。

步骤 8▶ 选择“窗口”>“路径”菜单，打开“路径”调板，可以看到刚才创建的“红桃”形状路径已经出现在其中，如图 7-43 所示。

图 7-42 创建路径

图 7-43 “路径”调板

步骤 9▶ 切换到“图层”调板，按住【Ctrl】键并单击其底部的“添加图层蒙版”按钮，为“6 双人照.jpg”文件添加一个红桃形矢量蒙版。此时图像如图 7-44 右图所示。此外创建矢量蒙版还有以下两种方法：

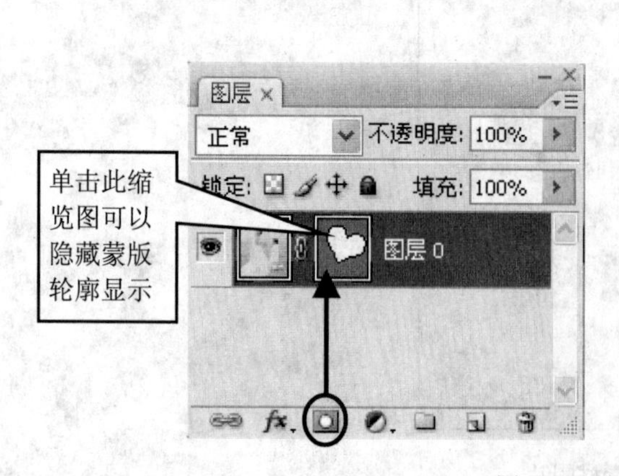

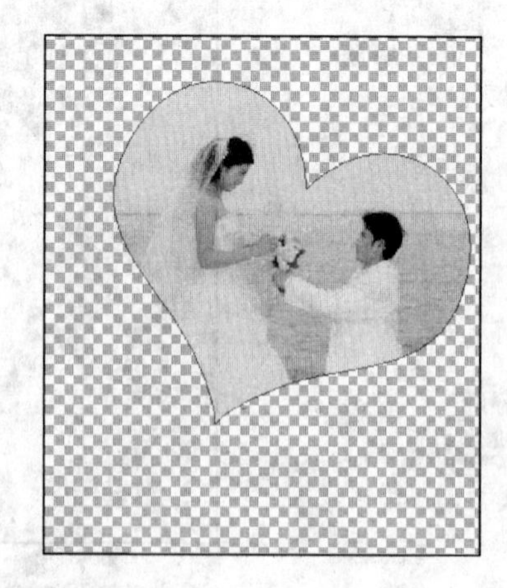

图 7-44 创建矢量蒙版

- 选择要添加矢量蒙版的图层（背景图层除外），利用钢笔工具组或形状工具组绘制路径（详见第 8 章），然后选择“图层”>“矢量蒙版”>“当前路径”菜单，或按住【Ctrl】键单击“图层”调板底部的“添加图层蒙版”按钮，即可在当前图层创建矢量蒙版。
- 选择要添加矢量蒙版的图层（背景图层除外），选择“图层”>“矢量蒙版”>“显示全部”菜单，然后利用钢笔工具组或形状工具组在蒙版上绘制路径即可。

与普通的图层蒙版相比，由于矢量蒙版中保存的是矢量图形，因此，它只能控制图像的透明与不透明，而不能制作半透明效果，并且用户无法使用“渐变”、“画笔”等工具编辑矢量蒙版。矢量蒙版的优点是用户可以随时通过编辑图形来改变矢量蒙版的形状（方法参考第 8 章内容），如图 7-45 所示。

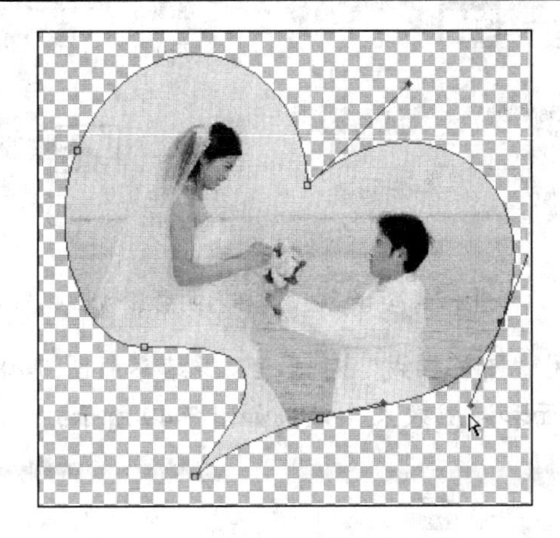

图 7-45 改变矢量蒙版的形状

步骤 10▶ 单击“图层”调板底部的“添加图层蒙版”按钮，为其再添加一个普通图层蒙版，并利用“画笔工具”在红桃形图像的左侧边缘涂抹，制作半透明效果，如图 7-46 右图所示。

符号表示图像和蒙版的连接状态。其表示用户在编辑该图像时蒙版也会随之执行相应的变化。单击该符号可解除链接，这样对图层原图进行处理时，图层蒙版也不受影响。若要重新链接，只需在图层缩览图与蒙版缩览图之间的空白处单击即可出现链接符号

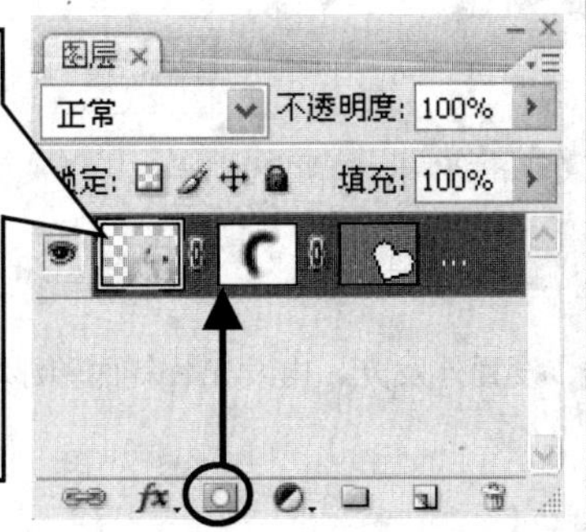

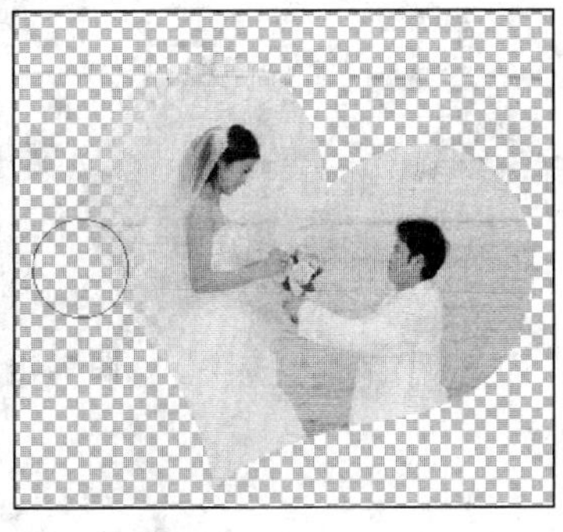

图 7-46 添加并编辑普通图层蒙版

在 Photoshop 中，一个图层中可以同时包含普通图层蒙版与矢量蒙版，这样方便用户更好地编辑图像。用户可通过单击不同的蒙版缩览图，分别对它们进行编辑。

步骤 11▶ 为“图层 2”添加投影、内阴影效果，参数设置分别如图 7-47 所示。

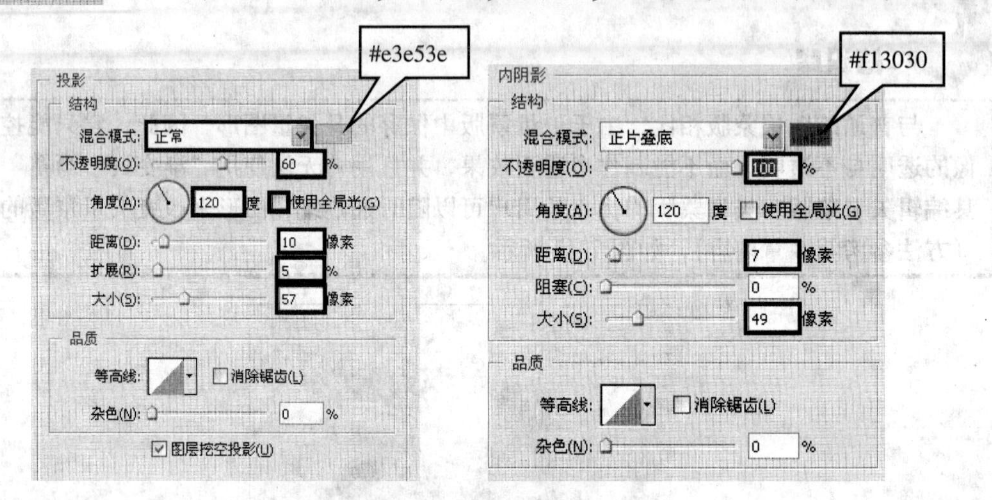

图 7-47 设置投影和内阴影参数

步骤 12▶ 暂不关闭“图层样式”对话框，继续参照图 7-48 所示数值为“图层 2”添加外发光、内发光、斜面和浮雕效果，效果如图 7-49 所示。

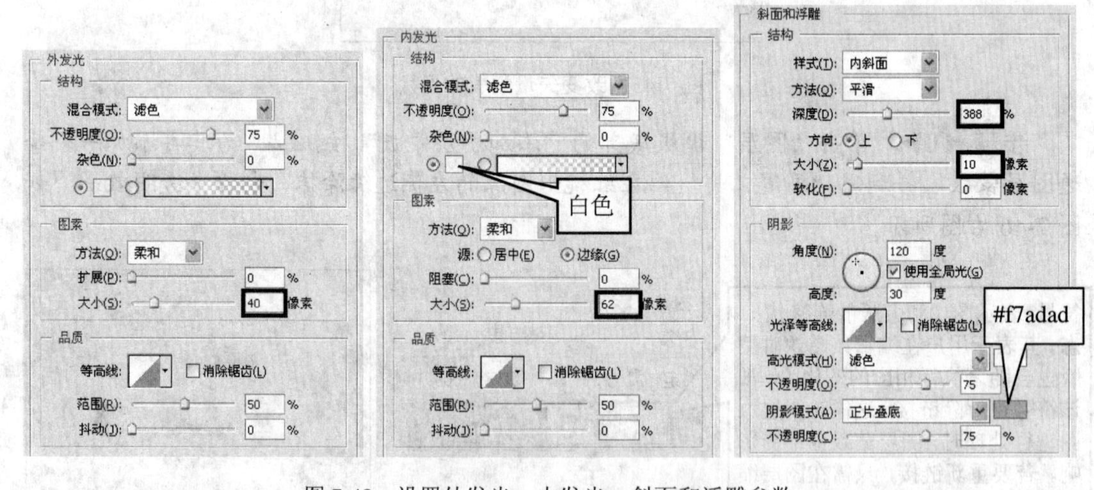

图 7-48 设置外发光、内发光、斜面和浮雕参数

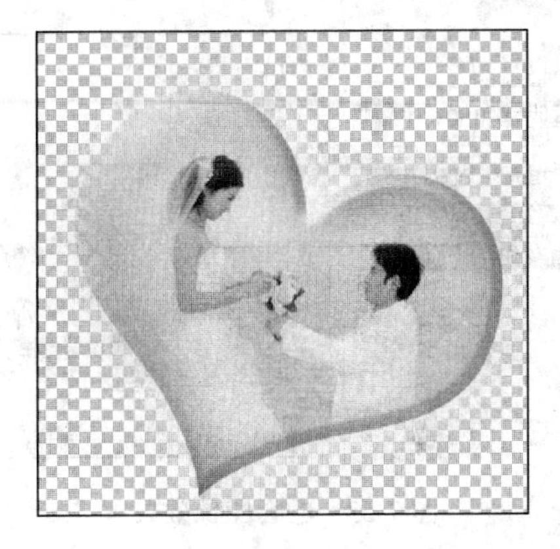

图 7-49　添加图层样式后

步骤 13▶　下面我们来学习利用图层蒙版融合图像的方法。打开本书配套素材"PH7"文件夹中的"6 婚纱背景 1.jpg"和"6 婚纱背景 2.jpg"图片文件，如图 7-50 所示。

图 7-50　素材图片

步骤 14▶　将"6 婚纱背景 1.jpg"移动到"6 婚纱背景 2.jpg"图片文件中，系统将自动生成"图层 1"，为"图层 1"创建图层蒙版，如图 7-51 所示。

步骤 15▶　恢复默认的前景色和背景色，选择"渐变工具"，为"图层 1"的蒙版填充前景色到背景色的渐变色，鼠标拖动方向与位置如图 7-52 所示，效果如图 7-53 右图所示。

图 7-51　创建图层蒙版

图 7-52　为蒙版添加渐变色

图 7-53 融合图像效果

步骤 16▶ 将刚才制作好的“6 新娘.jpg”和“6 双人照.jpg”移动到“6 婚纱背景 2.jpg”图片文件中，并适当调整图像的大小和位置，最终效果如图 7-54 所示。

图 7-54 为蒙版添加渐变色

实训 2 编辑图层蒙版

【实训目的】

- 掌握删除、应用与停用图层蒙版的方法。
- 掌握蒙版与选区之间转换的方法。

【操作步骤】

步骤 1▶ 首先来学习停用图层蒙版的方法，用户可打开本书配套素材“PH7”文件夹中的“6 合成婚纱照最终效果分层文件.jpg”做练习。

步骤 2▶ 在“图层”调板中右键单击任意一个图层蒙版缩览图，并在弹出的图层蒙版快捷菜单中选择“停用图层蒙版”菜单项（此后该命令将变为“启用图层蒙版”），在图层蒙版上会出现一个红色的“×”号，表示蒙版被停用，如图 7-55 所示。要重新打开蒙版，可选择“图层”>“启用图层蒙版”菜单。

步骤 3▶ 按照步骤 2 的方法，若在图层蒙版快捷菜单中选择“删除图层蒙版”菜单项，可将当前图层的蒙版删除。

步骤 4▶ 同理，若在图层蒙版快捷菜单中选择“应用图层蒙版”菜单项，可将当前图层蒙版的效果应用到该层图像。

图7-55　图层蒙版快捷菜单和停用图层蒙版

步骤 5▶　若要将蒙版转换成选区，可从图层蒙版快捷菜单中选择相应的命令即可，如图7-56所示。

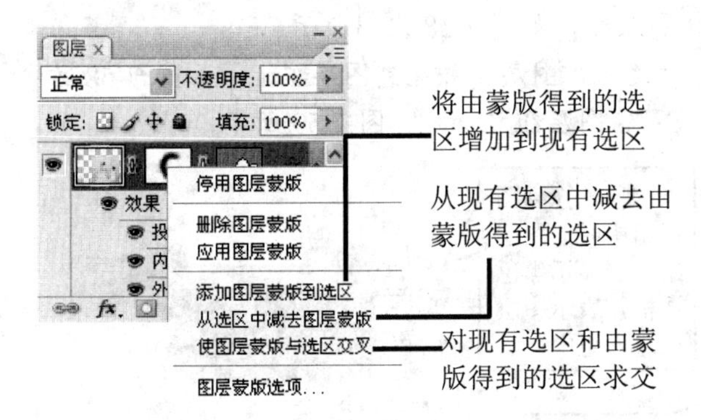

图7-56　将蒙版转换为选区

小技巧

对于普通图层蒙版来说，按住【Ctrl】键，单击蒙版缩览图也可将蒙版转换成选区。对于矢量蒙版来说，可以按【Ctrl+Enter】组合键，将蒙版转换为选区。

7.4　图层组与剪辑组的应用

图层组就是多个图层的组合，利用它可以帮助用户组织和统一管理图层；剪辑组是另一种形式的图层组，不过这种组合的目的不是为了操作上的统一或管理上的方便，而是为了制作特殊效果。

实训1　制作Q版插画——应用图层组

【实训目的】

掌握图层组的应用方法。

【操作步骤】

步骤 1▶　打开本书配套素材“PH7”文件夹中的“7Q版飞机.psd”图片文件，如图7-57左图所示。可以看到该文件是由多个图层组成的，且排列不够系统，如图7-57右图所示。

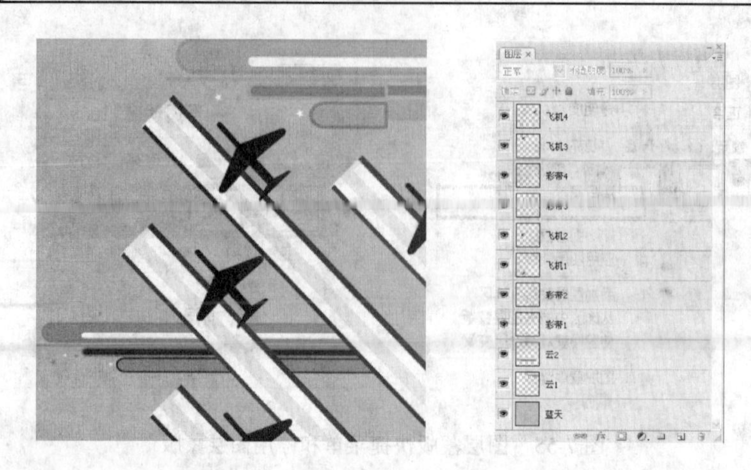

图 7-57　素材图片与其“图层”调板

步骤 2▶　下面我们将学习如何应用图层组对其统一管理。首先单击“图层”调板底部的“创建新组”按钮，即可创建一个新图层组，如图 7-58 左图所示。

步骤 3▶　按住【Ctrl】键，选中所有“飞机”图层，并拖到图层组上，如图 7-58 右图所示。这些图层将作为图层组的子图层放置在图层组之下，如图 7-59 所示。

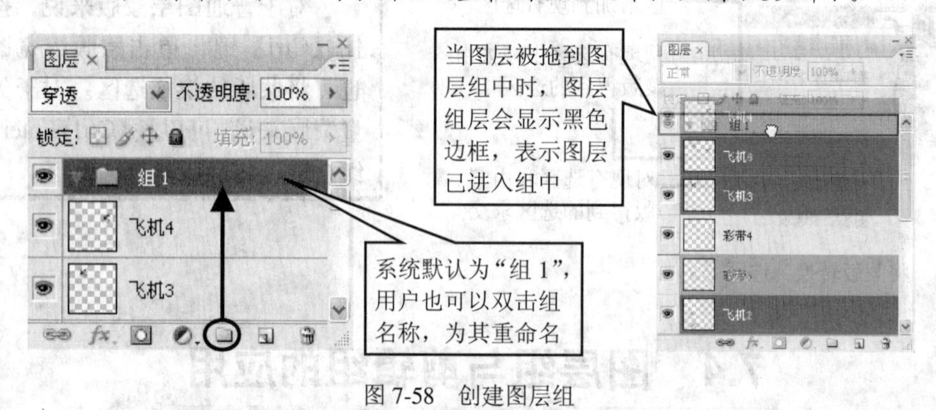

图 7-58　创建图层组

选中要编组的一个或多个图层，然后按住【Shift】键的同时，单击“创建新组”按钮，可以将选中的图层直接编组而无需拖动。

按【Alt+Shift】组合键同时，单击“创建新组”按钮，可以在打开的“从图层新建组”对话框中设置组名称、颜色、混合模式和不透明度属性。

我们可以将除“背景”图层外的其他图层拖至图层组中，也可单独编辑其中的图层，包括将图层移出或移入图层组。

步骤 4▶　单击图层组名称选择该组并用“移动工具”将组中的所有图层整体移动到合适位置，如图 7-60 所示。

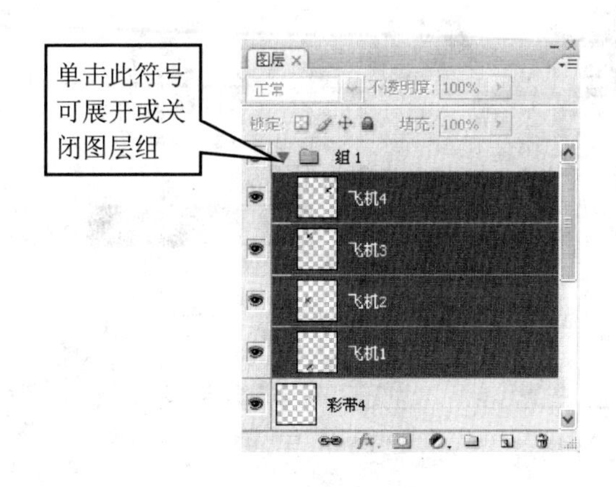

图 7-59　图层组

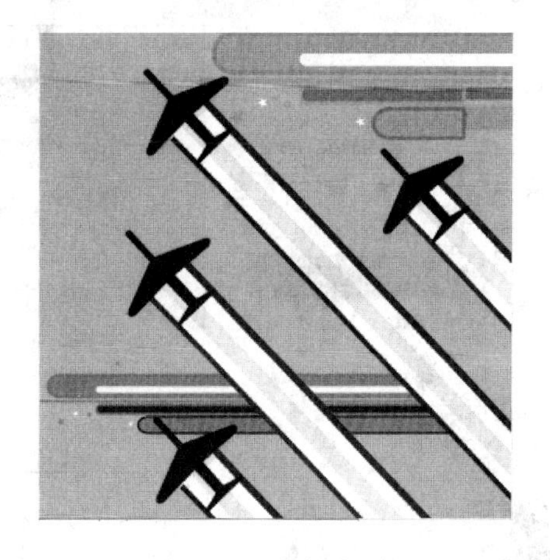

图 7-60　移动图层组

实训 2　制作少女插画——应用剪辑组

【实训目的】

掌握剪辑组的应用方法。

【操作步骤】

步骤 1▶ 打开本书配套素材“PH7”文件夹中的“8 少女插画.psd”图片文件，如图 7-61 左图所示。在“图层”调板中可以看到“花瓣”图层将“翅膀”图层全部遮盖住了，如图 7-61 右图所示。

图 7-61　素材图片与其“图层”调板

步骤 2▶ 将光标移至“图层”调板中“花瓣”图层和“翅膀”图层之间的分界线上，按下【Alt】键，待光标呈形状时单击鼠标，如图 7-62 左图所示。

步骤 3▶ 此时翅膀显示出来，且翅膀中显示“花瓣”图层的内容，如图 7-62 中图所示。在“图层”调板中，“翅膀”图层的名称下增加了一条下划线（翅膀），“花瓣”图层缩览图的左侧显示剪贴蒙版图标，如图 7-62 右图所示。这样便在“花瓣”图层和“翅膀”图层之间建立了剪辑组。

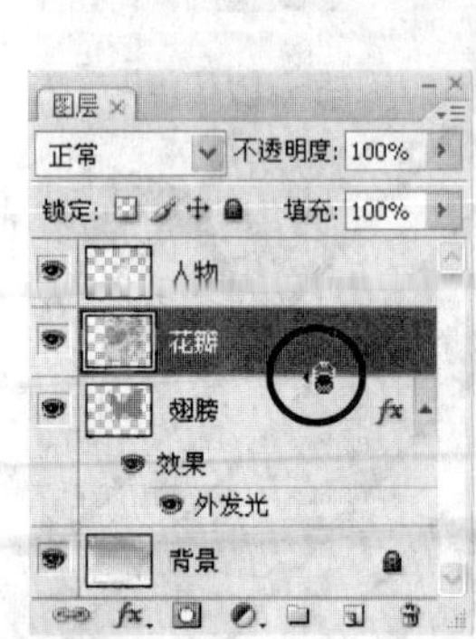

图 7-62 创建图层组

剪辑组是使用某个图层（即基底图层）中的内容来遮盖其上方图层中的内容，其遮盖效果是下方图层中有像素的区域将显示上方图层中的图像，而下方图层中的透明区域将遮盖上方图层中的图像。创建的剪辑组中可以包含多个图层，但它们必须是连续的图层。若要取消剪辑组，首先在“图层”调板中选择基底图层上方的第一个图层（如“花瓣”图层），按【Alt+Ctrl+G】组合键，或按住【Alt】键时单击两图层的分界线即可。

综合实训 1——制作首饰广告

下面通过制作一幅首饰广告来练习以上学习的内容，最终效果如图 7-63 所示。制作时，首先导入素材图片，然后分别为首饰文件的吊绳、吊坠、珍珠图层添加图层样式并创建图层组，接着为背景文件的“玫瑰”图层创建图层蒙版并改变其图层混合模式，最后合成首饰与背景文件并显示文字图层。用户在制作过程中，要重点注意添加图层样式、创建图层组与图层蒙版、显示与隐藏图层的方法。

【操作步骤】

步骤 1▶ 打开本书配套素材“PH7”文件夹中的“9 首饰.psd”和“9 首饰广告背景.psd”图片文件，如图 7-64 所示。将“9 首饰.psd”文件设置为当前窗口。

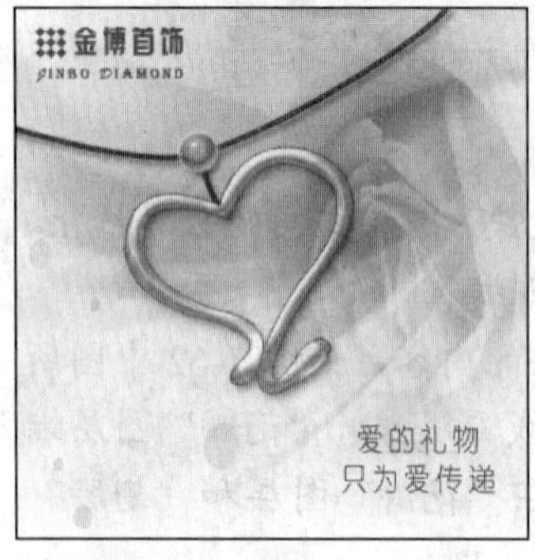

图 7-63 最终效果

图 7-64 素材图片

步骤 2▶　在“图层”调板中双击“吊绳”图层缩览图，打开“图层样式”对话框，分别为吊绳添加投影、内阴影、斜面浮雕和描边效果，参数设置及效果如图 7-65 所示。

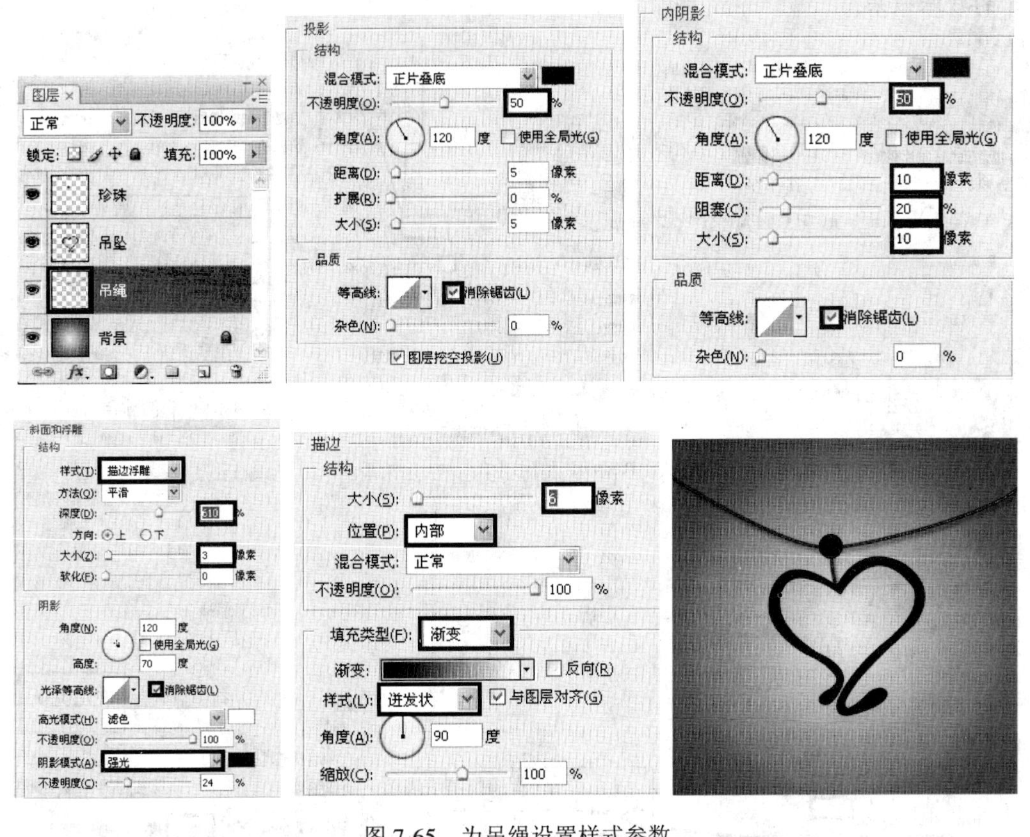

图 7-65　为吊绳设置样式参数

步骤 3▶　选择“吊坠”图层，并打开“样式”调板，单击调板右上角的按钮，从弹出的“调板控制”菜单中选择“Web 样式”项，将该样式文件添加到调板列表中，如图 7-66 所示。

步骤 4▶　在“样式”调板列表中选择“水银”样式，为吊坠添加该样式，其效果如图 7-67 所示。

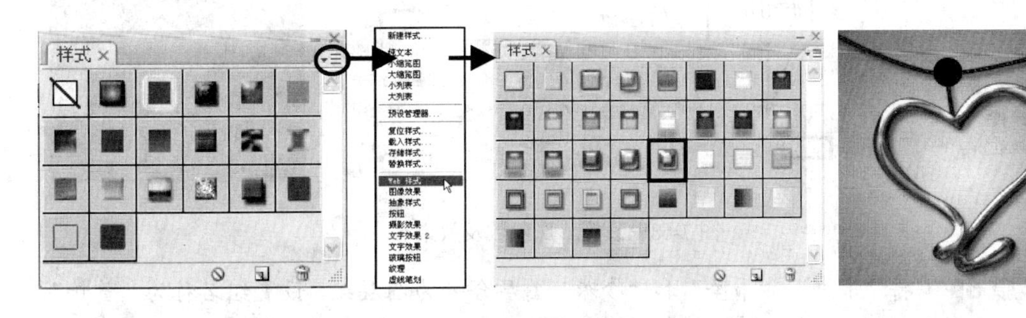

图 7-66　添加样式　　　　图 7-67　添加样式效果

步骤 5▶ 双击“珍珠”图层缩览图，在打开的“图层样式”对话框中为“珍珠”图层设置参数，如图 7-68 所示。参数设置好后，单击“确定”按钮，得到如图 7-68 右下图所示的珍珠效果。

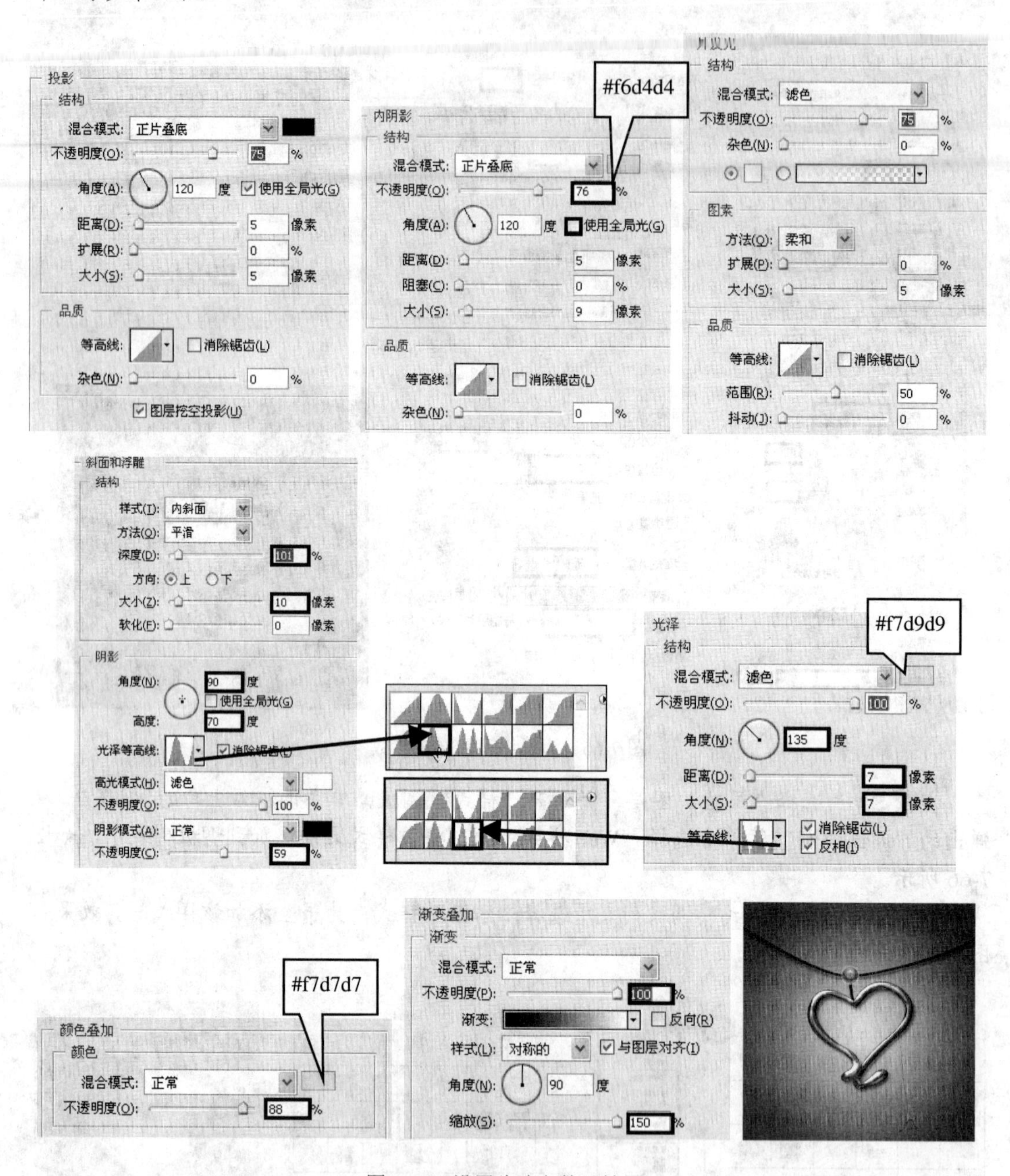

图 7-68 设置珍珠参数及效果

步骤 6▶ 将“吊绳”、“吊坠”和“珍珠”图层合并为图层组，设置组名称为“首饰”，并调整“首饰”组的“不透明度”为 87%，如图 7-69 所示。

步骤 7▶ 切换“9 首饰广告背景.psd”文件为当前窗口，并选中“玫瑰”图层。

步骤 8▶ 在工具箱中选择“椭圆选框工具”，并在其工具属性栏中设置“羽化”为“30px”。参数设置好后，在图像窗口中玫瑰花的位置创建椭圆选区，如图 7-70 所示。

步骤 9▶ 单击“图层”调板下方的“添加图层蒙版”按钮，创建一个显示选区图像的蒙版，选区以外的区域均被遮盖，露出了“背景”层的内容，效果如图 7-71 所示。

步骤 10▶ 将“玫瑰”图层的图层混合模式设置为“柔光”，效果如图 7-72 所示。

图 7-69 创建图层组

图 7-70 创建椭圆选区

图 7-71 创建图层蒙版

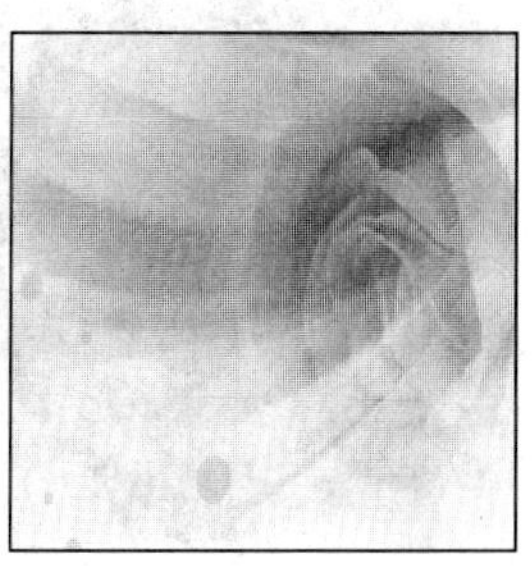

图 7-72 选择柔光模式

步骤 11▶ 全选“9 首饰广告背景.psd”文件中的所有图层，将其移动到“9 首饰.psd”文件窗口中，调整各图层的位置，并点选“文字”图层左边的图标，将此图层显示出来，如图 7-73 所示。

步骤 12▶ 选中“图层”调板中的“首饰”组，利用“变换”命令将其旋转并移动到如图 7-74 所示的位置。至此一张首饰广告就制作完成了。

图 7-73 编辑“图层”调板

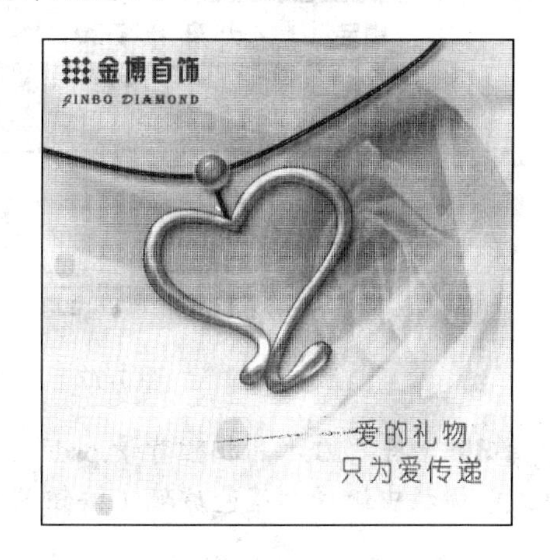

图 7-74 最终效果

综合实训 2——制作水晶相框

下面通过制作一个水晶相框来练习以上学习的内容，最终效果如图 7-75 所示。制作时，首先导入素材图片，然后分别为不同的图像文件进行改变图层混合模式、添加系统内置样式、合并图层与添加图层蒙版操作，最后合成图像。用户在制作过程中，要重点注意添加图层样式与创建图层蒙版的方法。

【操作步骤】

步骤 1▶ 打开本书配套素材“PH7”文件夹中的“10 海的女儿.psd”和“10 水晶相框背景.psd”图片文件，如图 7-76 所示。将“10 海的女儿.psd”图像窗口设置为当前窗口。

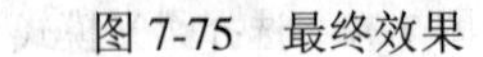

图 7-75 最终效果

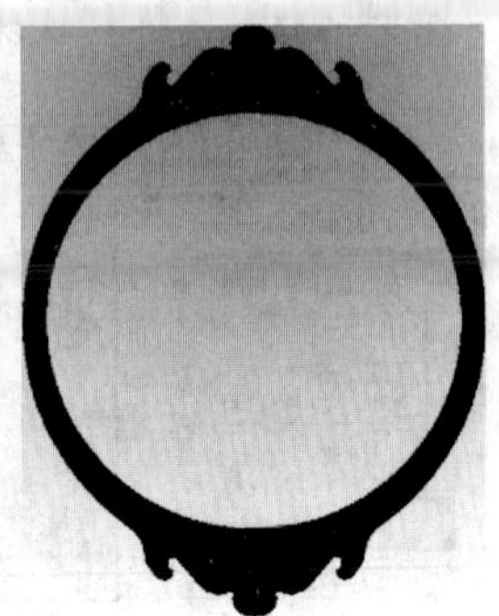

图 7-76 素材图片

步骤 2▶ 在“图层”调板中将“海景”图层的混合模式设置为“正片叠底”，如图 7-77 所示。合并“海景”与“人鱼”图层。

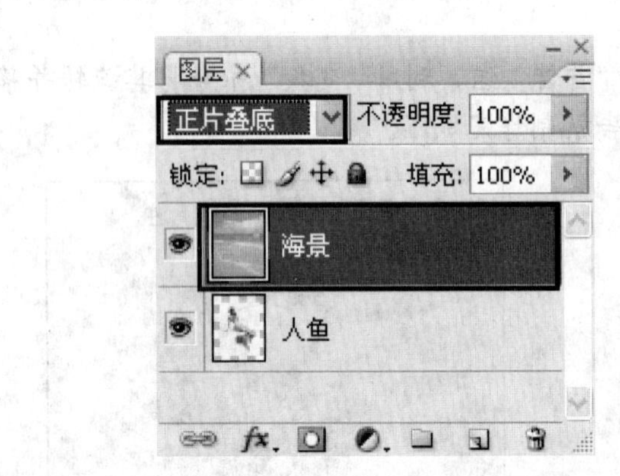

图 7-77 改变图层混合模式

步骤 3▶ 将“10 水晶相框背景.psd”图像窗口设置为当前窗口。单击“相框”图层，在“样式”调板中选择“蓝色玻璃（按钮）”样式，如图 7-78 所示。

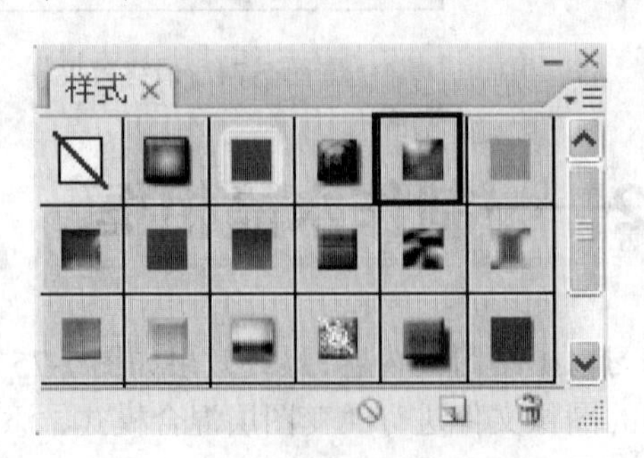

图 7-78 添加样式

步骤 4▶ 用"椭圆选框工具"在图像窗口中拖拽一个与相框中心等大的选区，并把选区移动到"10 海的女儿.psd"图像窗口中，放置在合适的位置，如图 7-79 所示。

图 7-79　创建并移动选区

步骤 5▶ 单击"图层"调板底部的"添加图层蒙版"按钮，创建一个显示选区图像的蒙版，如图 7-80 所示。

图 7-80　创建选区蒙版

步骤 6▶ 用"移动工具"将"10 海的女儿.psd"移动到"10 水晶相框背景.psd"图片文件中，放置在合适的位置，如图 7-81 所示。

图 7-81　移动图像

课后总结

本章主要介绍了图层样式、图层蒙版、图层组和剪辑组的相关知识，读者应重点掌握图层样式和图层蒙版的相关操作。其中，图层样式对话框中的参数较多，只有通过耐心的琢磨和实践经验的不断积累，才能运用自如。

思考与练习

一、填空题

1．图层样式主要包括：_______、_______、_______、_______、_______、和_______。

2．蒙版包括________和________两种类型。

3．图层蒙版是________图像，矢量蒙版用于保存________。

4．创建图层蒙版的方法主要有________、________和________。

5．创建矢量蒙版的方法主要有________与________。

6．选择________菜单来禁止图层蒙版。要重新打开蒙版，可选择________菜单。

7．要删除蒙版，可右击蒙版，在弹出的快捷菜单中选择________命令。

二、问答题

1．简述图层蒙版与矢量蒙版的特点与区别。

2．如何快速设置、保存和清除图层样式？

三、操作题

图 7-82 左图所示为一个具有两个图层的一幅图像（人物层，文字层和背景层），请将其处理为右图所示效果（即：文字，人物与背景融合及投影效果）。

图 7-82　人物与背景融合前后效果

提示:

（1）打开“PH7”文件夹中的素材图片“11荷塘月色.psd”文件，首先为文字图层添加发光、投影等样式。

（2）复制一个人物图层，对复制出的人物进行变换操作以制作倒影效果，完成后将原图层和复制出的图层合并。

（3）在人物图层上创建一个蒙版，然后利用由黑到白的渐变色填充蒙版区域。

【本章导读】

Photoshop 给我们提供了很多色彩和色调调整命令，利用这些命令可以轻松地改变一幅图像的色调及色彩，从而使图像符合用户的要求。

【本章内容提要】

- 图像色调调整
- 图像色彩调整
- 特殊图像颜色调整

8.1　图像色调调整

图像色调的调整主要是调整图像的明暗程度。在 Photoshop 中，用户可通过“色阶”、“自动色阶”、“曲线”、“亮度/对比度”命令调整色调。

实训 1　让灰暗的照片更鲜明——使用“自动色阶”与“色阶”命令

【实训目的】

- 掌握“自动色阶”命令的使用方法。
- 掌握“色阶”命令的使用方法。

【操作步骤】

步骤 1▶　打开本书配套素材“PH8”文件夹中的“1 色阶.jpg”图片文件，如图 8-1 所示。可以看到照片的影调偏灰，下面我们先用“自动色阶”命令对其进行调整。

步骤 2▶　选择“图像”>“调整”>“自动色阶”命令，或按【Shift+Ctrl+L】组合键即可（该命令不设置对话框），如图 8-2 所示。

利用“自动色阶”命令可以自动将每个通道中最亮和最暗的像素定义为白色和黑色，并按比例重新分配中间像素值来自动调整图像的色调。

图 8-1　素材图片

图 8-2　应用“自动色阶”命令

步骤 3▶ 照片在应用“自动色阶”命令后有很大改观，但效果并不尽如人意。下面我们来学习用“色阶”命令调整照片色调使其符合要求。首先按【Ctrl+Z】组合键取消上步操作，然后选择“图像”>“调整”>“色阶”菜单或按【Ctrl+L】组合键，打开“色阶”对话框，如图 8-3 所示。

利用“色阶”命令可以通过调整图像的暗调、中间调和高光的强度级别，来校正图像的色调范围和色彩平衡。

步骤 4▶ 从“色阶”直方图可以看出，这个照片的像素基本上分布在中等偏亮的区域，这就是这张照片偏灰的原因。其中各选项的意义如下：

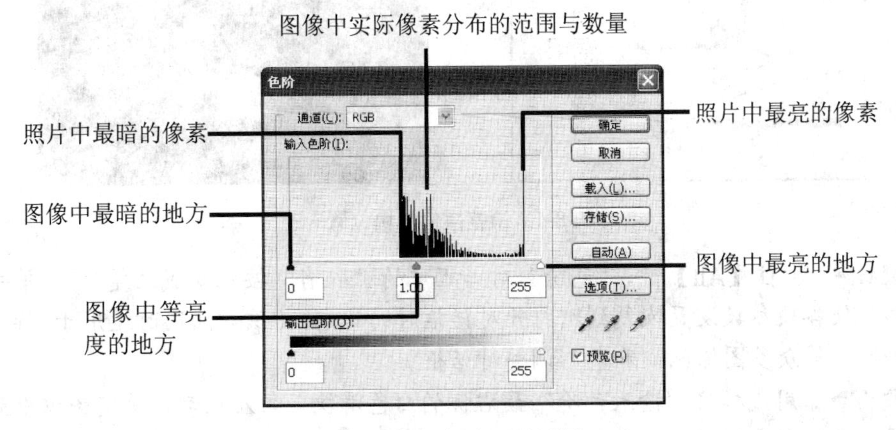

图 8-3　“色阶”对话框

- **通道：**用于选择要调整色调的颜色通道。
- **输入色阶：**该项目包括 3 个编辑框，分别用于设置图像的暗部色调、中间色调和亮部色调，用户也可以拖动上面的滑块进行调整。
- **输出色阶：**用于限定图像的亮度范围。其下的两个文本框用于提高图像的暗部色调和降低图像的亮度。
- **直方图：**对话框的中间部分称为直方图，其横轴代表亮度范围（从左到右为全黑过渡到全白），纵轴代表处于某个亮度范围中的像素数量。显然，当大部分像素集中于黑色区域时，图像的整体色调较暗；当大部分像素集中于白色区域时，图像的整体色调偏亮。
- **“自动”：**单击该按钮，Photoshop 将以 0.5%的比例调整图像的亮度，把最亮的像素变为白色，把最暗的像素变为黑色，其效果同“自动色阶”效果相同。
- **“选项”按钮：**单击该按钮可打开“自动颜色校正选项”对话框，利用该对话框可设置阴影、中间调和高光的切换颜色，以及设置自动颜色校正的算法。
- **“预览”复选框：**勾选该复选框，在原图像窗口中可预览图像调整后的效果。
- **“吸管工具”**：用于在图像中单击选择颜色，从左至右分别是：“在图像中取样以设置黑场”按钮，用它在图像中单击，图像中所有像素的亮度值都会减去单击处像素的亮度值，使图像变暗；“在图像中取样以设置灰场”按钮，用它在图像中单击，Photoshop 将用单击处像素的亮度来调整图像所有像素的亮度；“在图像中取样以设置白场”按钮，用它在图像中单击，图像中所有像素的亮度值都会加上单击处像素的亮度值，使图像变亮。

步骤 5▶ 用鼠标将“输入色阶”左侧的黑色滑块向右拖动，可以看到照片变暗了。因为黑色滑块表示图像中最暗的地方，现在黑色滑块所在的位置是原来灰色滑块所在的位置，这里对应的像素原来是中等亮度的，现在被确认为最暗的黑色，所以图像就变暗了，如图 8-4 右图所示。

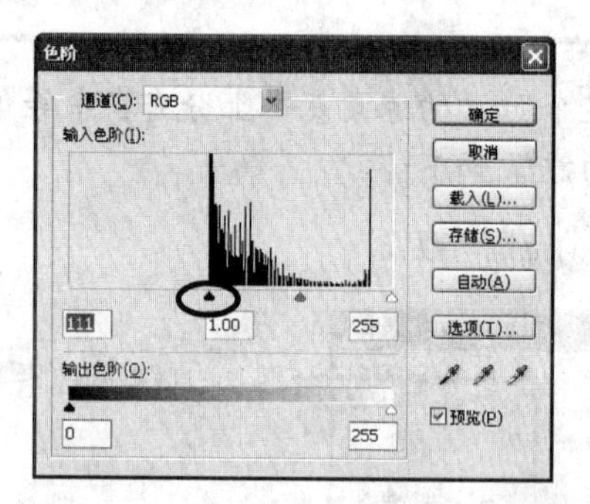

图 8-4　调整黑色滑块位置

步骤 6▶ 按住【Alt】键，“色阶”对话框中的“取消”按钮变成“复位”，单击“复位”按钮，使各项参数设置恢复到刚打开对话框时的状态。（该方法同时适用于“曲线”、“色彩平衡”等众多图像色调和色彩调整对话框）

步骤 7▶ 用鼠标将“输入色阶”最右侧的白色滑块向左拖动，确定图像中最亮像素的位置，此时可看到照片变亮了，如图 8-5 所示。原理同步骤 5 讲述的相似。

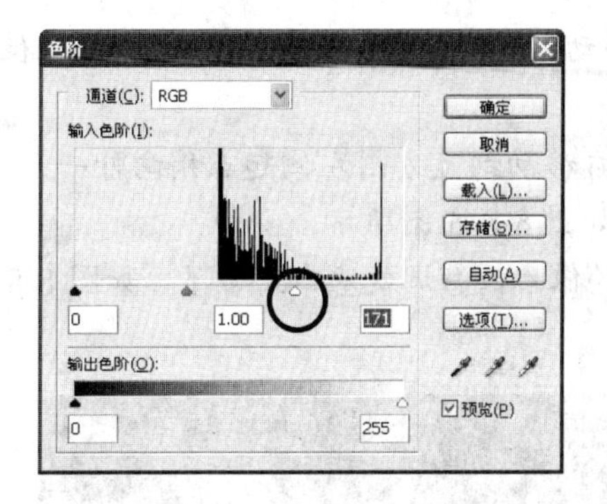

图 8-5　调整白色滑块位置

步骤 8▶　将各项参数恢复到初始状态。黑白两个滑块不动，将中间灰色滑块向左拖动，如图 8-6 所示。因为灰色滑块所在点原来很暗的像素被指定为中间亮度的像素，从灰色滑块向右的亮部空间增加了，所以照片变白、变灰了。

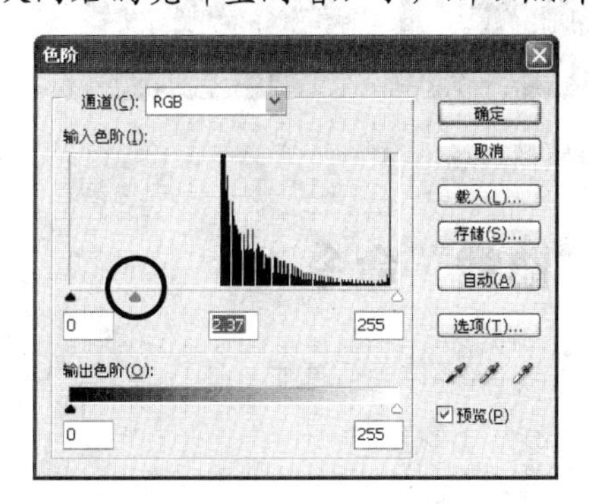

图 8-6　向左拖动中间灰色滑块

步骤 9▶　将灰色滑块向右拖动，图像变暗了，如图 8-7 所示。因为灰色滑块所在点原来的像素是很亮的，现在这些像素被指定为中间亮度的像素，从灰色滑块向左的暗部空间增加了，所以照片变暗了。

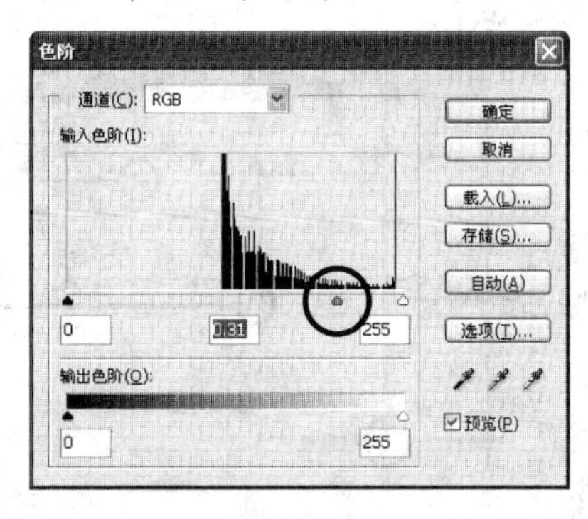

图 8-7　向右拖动中间灰色滑块

步骤 10▶　按照上述步骤调整滑块的位置后，得到的图像效果都不是我们想要的。下面我们来学习正确设定照片黑白场的方法。

步骤 11▶　再次将参数恢复到默认状态。将“输入色阶”的灰色滑块稍向左移动，提高图像中间亮度。然后将白色滑块△向左移动到直方图右侧起点稍向里一点的位置，确定这里为图像最亮的点，也称为“白场”。

步骤 12▶ 将“输入色阶”的黑色滑块向右移动到直方图左侧起点稍向外一点的位置，确定这里为图像最暗的点，也称为“黑场”。如图 8-8 左图所示

步骤 13▶ 这样，图像有了最暗和最亮的像素，影调就基本正常了，如图 8-8 右图所示。最后单击“确定”按钮关闭对话框。

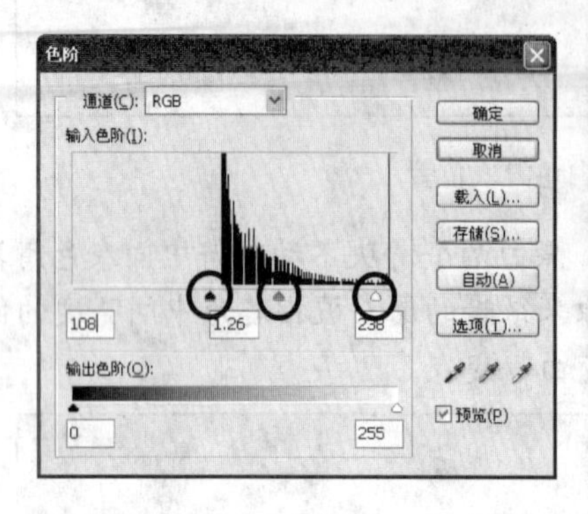

图 8-8 正确设置黑白场

实训 2 增强照片层次感——使用“曲线”命令

【实训目的】

- 掌握“曲线”命令的使用方法。

【操作步骤】

步骤 1▶ 打开本书配套素材“PH8”文件夹中的“2 曲线.jpg”图片文件，如图 8-9 所示。可以看到照片的层次感不强，也不够鲜艳。下面我们就来学习利用“曲线”命令综合调整照片的亮度、对比度和色彩饱和度来增加照片的层次感与质感。

步骤 2▶ 选择“图像”>“调整”>“曲线”菜单，或者按【Ctrl+M】组合键，打开图 8-10 所示的“曲线”对话框，其中各选项的意义如下：

图 8-9 素材图片

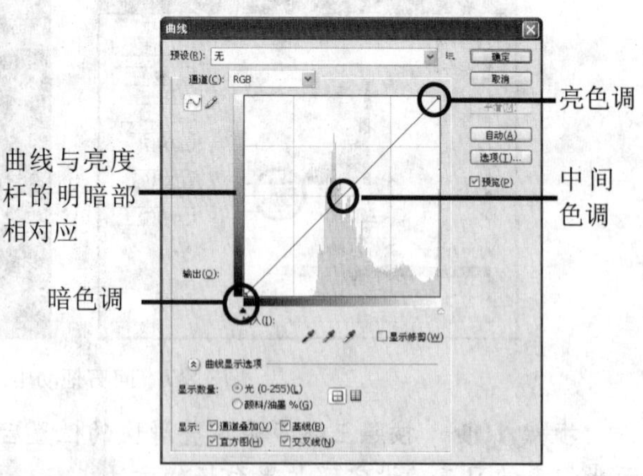

图 8-10 “曲线”对话框

- “曲线”对话框中表格的横坐标代表了原图像的色调，纵坐标代表了图像调整后的色调，其变化范围均在0～255之间。在曲线上单击可创建一个或多个节点，拖动节点可调整节点的位置和曲线的形状，从而达到调整图像明暗程度的目的。
- **“通道”：**单击其右侧的下拉三角按钮▾，从弹出的下拉列表中选择单色通道，可对单一的颜色进行调整。
- **“编辑点以修改曲线”按钮**：该按钮默认为打开状态，可以通过拖动曲线上的节点来调整图像。
- **“通过绘制来修改曲线”按钮**：单击该按钮，将光标放置曲线表格中，当光标变成画笔形状时，可以随意绘制所需的色调曲线。
- **“吸管工具”**：用于在图像中单击选择颜色，其作用与前面介绍的“色阶”对话框中的三个吸管工具相同。
- **“曲线显示选项”按钮**：单击可以展开对话框更多的设置选项。
- **显示数量：**用于设置“输入”和“输出”值的显示方式，系统提供了两种方式：一是“光（0-255）”，即绝对值；一种是“颜料/油墨%”，即百分比。在切换“输入”和“输出”值显示方式的同时，系统还将改变亮度杆的变化方向。
- **“网格显示”按钮**：用于控制曲线部分的网格密度。
- **显示：**用于设置表格中曲线的显示效果。勾选“通道叠加”复选框，表示将同时显示不同颜色通道的曲线；勾选“基线”复选框，表示将显示一条浅灰色的基准线；勾选“直方图”复选框，表示将在网格中显示灰色的直方图；勾选“交叉线”复选框，表示在改变曲线形状时，将显示拖动节点的水平和垂直方向的参考线。

步骤 3▶ 将光标移至曲线中部单击，创建一个节点，并将其稍向下拖动，到适当位置后松开鼠标，如图8-11所示。这样操作的结果是增加了图像暗部的像素范围，且图像中间色调的像素亮度下降最多，所以可以看到图像很和谐地变暗，如图8-12所示。

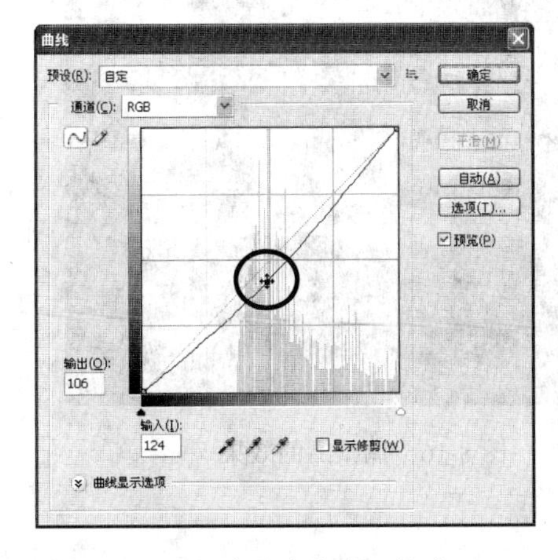

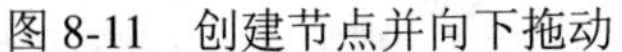
图8-11 创建节点并向下拖动

图8-12 图像变暗

步骤 4▶ 用鼠标在曲线的上部单击，创建一个节点，然后按住鼠标左键并将节点向上拖动，到适当的位置后松开鼠标，如图8-13所示，可以看到照片的亮度提高了，如图8-14所示。从图8-13可看出，曲线呈S型，这种S型曲线可以同时扩大图像的亮部和暗部的像素范围，对于增强照片的质感很有效。

若多次单击曲线，可产生多个节点，从而可将曲线调整成比较复杂的形状；要选中某个节点，可直接单击该节点；按下【Shift】键单击可同时选中多个节点。要删除节点，可在选中节点后将节点拖至坐标区域外，或按下【Ctrl】键后单击节点。

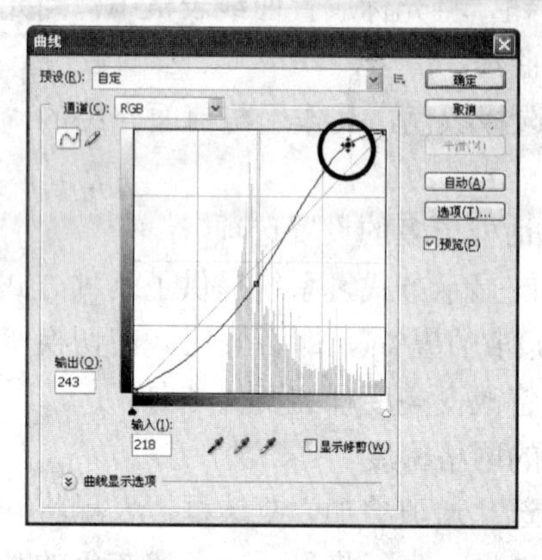

图 8-13　使图像亮部区域更亮暗部区域更暗

图 8-14　调整后的效果

步骤 5▶　用鼠标在曲线的下部单击，再创建一个节点，并将节点稍向下拖动，降低图像暗调区域的亮度，如图 8-15 所示。此时，照片层次分明、饱和度也有所提高，如图 8-16 所示。若对调整效果满意，单击“确定”按钮，关闭对话框。

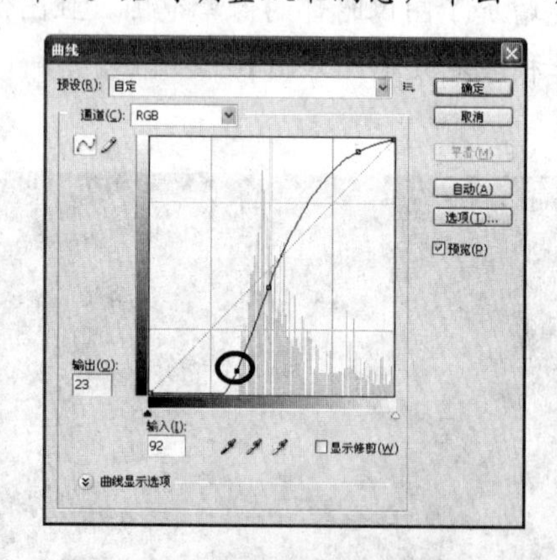

图 8-15　降低图像暗调区域的亮度

图 8-16　调整后的效果

当曲线形状向左下角弯曲时，图像色调变暗；当曲线形状向右上角弯曲时，图像色调变亮。

实训 3　校正偏色照片——使用“色彩平衡”命令

【实训目的】

- 掌握“色彩平衡”命令的使用方法。

【操作步骤】

步骤 1▶ 打开本书配套素材“PH8”文件夹中的“3 色彩平衡.jpg”图片文件，可以看到照片有一定程度的偏色即色彩不平衡。下面我们就来学习利用“色彩平衡”命令使其恢复正常的色彩关系。

步骤 2▶ 首先选择“窗口”>“信息”菜单，打开“信息”调板。然后将光标移至图像窗口中并不停拖动，会发现“信息”调板上的颜色参数等信息在不断变化，这是光标所在位置的像素的颜色信息。

步骤 3▶ 在工具箱中选择“颜色取样器工具”，在相片中查找原本应该为黑白灰的地方，如人物的眼睛、衣服和水泥墙面，将光标放在这些地方的图像上单击，创建颜色取样点，如图 8-17 左图所示。此时，在“信息”调板中可看到取样点的颜色信息，如图 8-17 右图所示。

从图 8-17 右图可知，本应该是黑、白、灰色的地方，RGB 值应该是 R=G=B。现在从各个取样点的颜色信息看，在 RGB 参数中 B 值较高，也就是说蓝色较多，照片有点偏蓝，需要校正。

图 8-17　在图像中设置颜色取样点

步骤 4▶ 选择“图像”>“调整”>“色彩平衡”菜单，或者按【Ctrl+B】组合键，打开“色彩平衡”对话框。

步骤 5▶ 在“色彩平衡”对话框中，按照图 8-18 左图所示设置参数，或者直接拖动下面滑块。此时在“信息”调板中可以看到R、G、B三值已几乎相等。最后单击“确定”按钮，相片效果得到校正，如图8-18右图所示。其中对话框中各选项的意义如下：

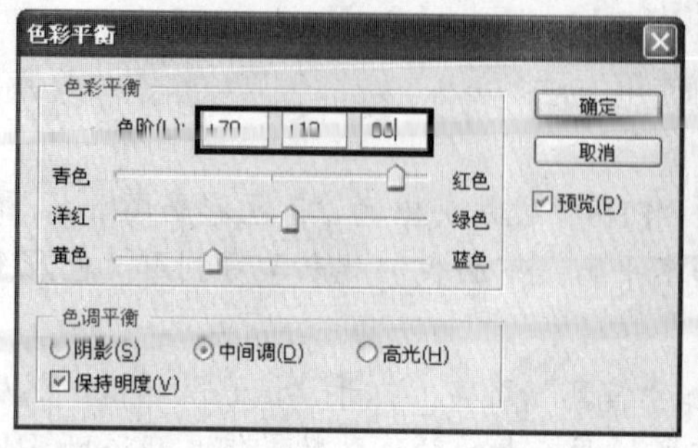

图8-18 “色彩平衡”对话框

- **“色调平衡”设置区：**用于选择需要进行调整的色调，包括“阴影”、“中间调”、“高光”。此外，选中“保持亮度”复选框，有助于在调整时保持色彩的平衡。
- **“色彩平衡”设置区：**选择要调整的色调后，在“色阶”右侧的文本框中输入数值可调整RGB三原色的值，也可直接拖动其下方的3个滑块来调整图像的色彩。当3个数值均为0时，图像色彩无变化。

步骤 6▶ 此时相片还有些偏暗灰暗，可按【Ctrl+L】组合键打开“色阶”对话框，按照图8-19左图所示调整滑块位置。单击“确定”按钮，效果如图8-19右图所示。

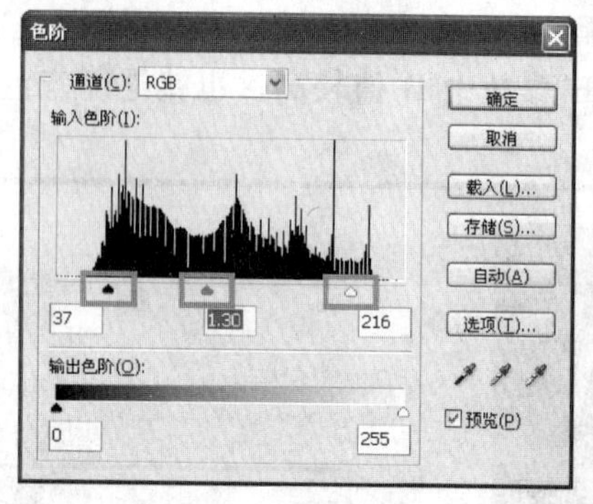

图8-19 调整图像色阶

实训4 让照片更明亮、对比强烈——使用“亮度/对比度”命令

【实训目的】

- 掌握“自动对比度”命令的使用方法。
- 掌握“亮度/对比度”命令的使用方法。

【操作步骤】

步骤 1▶ 打开本书配套素材“PH8”文件夹中的“4亮度/对比度.jpg”图片文件，如图8-20所示，可以看到此张照片整体色彩偏暗、对比度不强。下面我们先用“自动对比度”命令将其调整。

步骤 2▶ 选择“图像”>“调整”>“自动对比度”命令或按【Alt+Shift+Ctrl+L】组合键，可以自动调整图像整体的对比度（该命令不设置对话框），如图 8-21 所示。

图 8-20 素材图片

图 8-21 应用“自动对比度”命令

步骤 3▶ 可以看到照片在应用“自动对比度”命令后效果有很大改观，但效果并不尽如人意。下面我们来学习用“亮度/对比度”命令调整照片色调使其符合要求。

步骤 4▶ 选择“图像”>“调整”>“亮度/对比度”菜单，打开“亮度/对比度”对话框，分别拖动滑块调整“亮度”和“对比度”的值，如图 8-22 左图所示。调整好后单击“确定”按钮，效果如图 8-22 右图所示。对话框中各选项的意义如下：

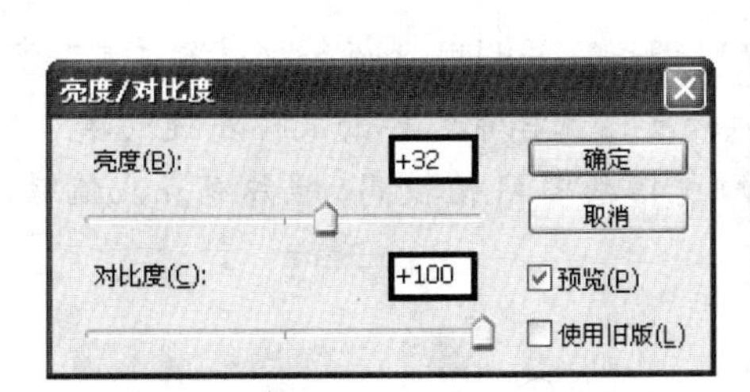

图 8-22 调整亮度/对比度

- **亮度：**在其右侧的编辑框中输入数值为负值时，表示降低图像的亮度；输入的数值为正值时，表示增加图像的亮度；输入值为 0 时，图像无变化。
- **对比度：**在其右侧的编辑框中输入数值为负值时，表示降低图像的对比度；输入的数值为正值时，表示增加图像的对比度；输入值为 0 时，图像无变化。

“亮度/对比度”命令是调整图像色调范围的最简单方法。与“曲线”和“色阶”命令不同，“亮度/对比度”命令一次调整图像中的所有像素（高光、暗调和中间调）。

综合实训 1——运用色调调整命令校正照片色调

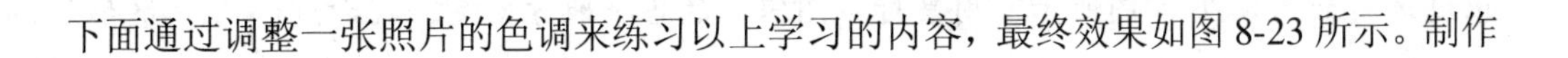

下面通过调整一张照片的色调来练习以上学习的内容，最终效果如图 8-23 所示。制作

时，首先导入图片，然后创建颜色取样点以获取颜色信息，接着用“色阶”命令设置图像“灰场”，最后用“曲线”命令进一步调整色调。用户在制作过程中，要重点注意“颜色取样器工具”、“色阶”命令及“曲线”命令的用法。

【操作步骤】

步骤 1▶ 打开本书配套素材“PH8”文件夹中的“5 偏色.jpg”图片文件，如图 8-24 左图所示。

图 8-23 校正偏色最终效果

图 8-24 素材图片

步骤 2▶ 按【F8】键，打开“信息”调板，并利用“颜色取样器工具”在图像中查找原本应该为黑、白、灰色的地方，如头发、五官等。单击鼠标左键创建 4 个取样点，然后在“信息”调板中可看到在取样点的颜色信息中 G 值较高，照片有点儿偏绿，如图 8-25 右图所示。

图 8-25 创建颜色取样点

步骤 3▶ 按【Ctrl+L】组合键，打开“色阶”对话框，选中对话框中的“在图像中取样以设置灰场”按钮，在图中头发处的取样点上单击，这个取样点位置的颜色就恢复为 R≈G≈B，也就是自动减少了绿色，相应地增加了红色和蓝色，整个图像的颜色也被校正过来，如图 8-26 右图所示。用鼠标在图像中的各个地方检测，可看到 G 值都降低了。

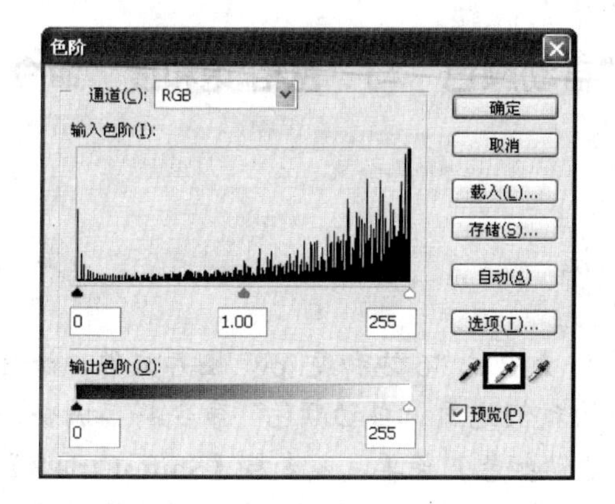

图 8-26　用“色阶”命令调整照片

步骤 4▶　校正图像的偏色后，如果对照片的色调还不满意，我们还可用“曲线”命令对其进一步调整。按【Ctrl+M】组合键，打开“曲线”对话框。根据照片的实际情况调整曲线的形状，调整满意效果后，单击“确定”按钮，得到图 8-27 右图所示的最终效果。

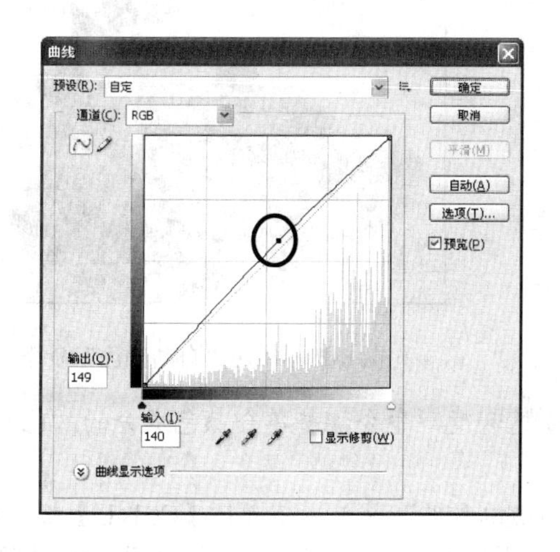

图 8-27　用“曲线”命令调整照片

对图像进行色调、色彩等调整时，如果图像中有选区，则是针对选区内的区域进行调整，否则是针对当前图层进行调整。

8.2　图像色彩调整

Photoshop 还提供了多种用于调整图像色彩的命令，如“色彩平衡”、“色相/饱和度”和“替换颜色”等。用户可根据当前图像情况和希望得到的效果，选择合适的命令。

实训 1 让照片色彩更鲜艳——使用“自动颜色”与“色相/饱和度”命令

【实训目的】

- 掌握“自动颜色”命令的使用方法。
- 掌握“色相/饱和度”命令的使用方法。

【操作步骤】

步骤 1▶ 打开本书配套素材“PH8”文件夹中的“6 饱和度.jpg”图片文件，如图 8-28 所示。可以看到该照片的色彩不够鲜艳，下面我们先用“自动颜色”命令将其调整。

步骤 2▶ 选择“图像”>“调整”>“自动颜色”菜单，或者按【Shift+Ctrl+B】组合键即可进行调整。由于此命令没有设立对话框，所以灵活度很低，有的图片很难调出满意的效果，如图 8-29 所示。

图 8-28 素材图片

图 8-29 应用“自动颜色”命令

步骤 3▶ 下面我们就来学习利用“色相/饱和度”命令调整单个颜色成分的“色相”、“饱和度”和“明度”，使画面变得更美观。

步骤 4▶ 选择“图像”>“调整”>“色相/饱和度”菜单，或者按【Ctrl+U】组合键，打开“色相/饱和度”对话框，在“编辑”下拉列表中选择“红色”，并按照图 8-30 左图所示调整参数，调整后的效果如图 8-30 右图所示。其中各选项的意义如下：

- **编辑：**在其右侧的下拉列表中可以选择要调整的颜色。其中，选择“全图”可一次性调整所有颜色。如果选择其他单色，则调整参数时，只对所选的颜色起作用。
- **色相：**即我们常说的颜色，在“色相”文本框中输入数值或移动滑块可调整色相。
- **饱和度：**也就是颜色的纯度。饱和度越高，颜色越纯，图像越鲜艳，否则相反。
- **明度：**也就是图像的明暗度。
- **“着色”复选框：**若选中该复选框，可使灰色或彩色图像变为单一颜色的图像，此时在“编辑”下拉列表中默认为“全图”。

步骤 5▶ 暂不关闭“色相/饱和度”对话框，在“编辑”下拉列表中选择“黄色”，并按照图 8-31 左图所示调整参数，此时图像效果如图 8-31 右图所示。调整满意后，单击“确定”按钮关闭对话框，此时可看到图像的颜色比原来鲜艳了。

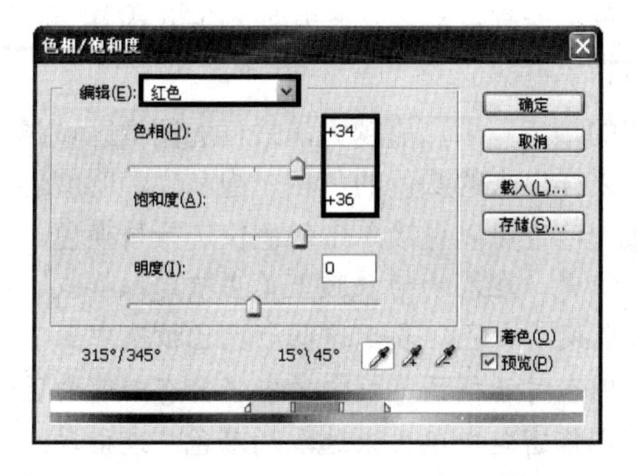

图 8-30　调整图像中红色成分的色相和饱和度值

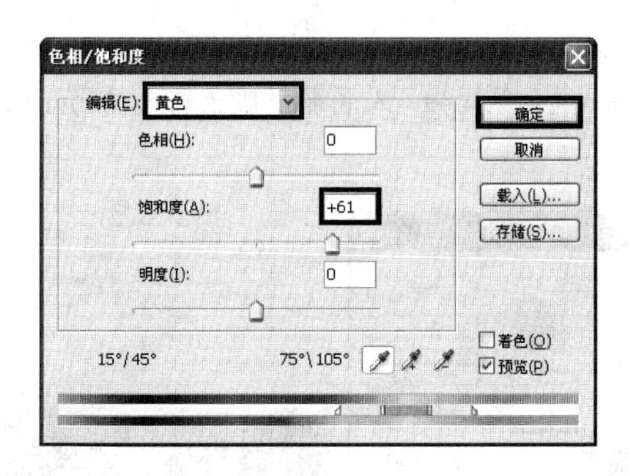

图 8-31　调整图像中黄色成分的饱和度值

利用“色相/饱和度”命令调整图像时，我们知道提高图像的“饱和度”可以使图像变得更加鲜艳美丽，但提高图像的“饱和度”也是有限度的，要根据图像的实际情况来调整。如果把“饱和度”调至最高，不但不能改善图像，反而会破坏图像。

实训 2　替换照片部分颜色——使用“替换颜色”命令

【实训目的】

- 掌握“替换颜色”命令的使用方法。

【操作步骤】

步骤 1▶　打开本书配套素材“PH8”文件夹中的“7 替换颜色.jpg”图片文件，用“套索工具” 将人物的蓝色衣服圈选，以确定要调整的区域，如图 8-32 左图所示。下面，我们利用“替换颜色”命令改变衣服的颜色。

步骤 2▶　选择“图像”>“调整”>“替换颜色”菜单，打开“替换颜色”对话框，如图 8-32 中图所示。其中各选项的意义如下：

- ：这 3 个吸管工具用于采样需要替换的颜色，从左到右分别是“吸管工具”、“添加到取样”和“从取样中减去”。
- **颜色容差：**用于调整与采样点相似的颜色范围，值越大，采样的图像区域越大。
- **“替换”设置区：**用于调整或替换采样出来的颜色的色相、饱和度和明度值，设置的颜色将显示在“结果”颜色块中，也可以直接单击颜色快选择替换色。

步骤 3▶ 选择对话框中的“吸管工具”，在人物的衣服上单击确定取样点，在对话框的预览框中可以看到与采样点相似的颜色变为白色，表示这些颜色已被选中。

步骤 4▶ 若衣服颜色没有全被选中，则在对话框预览框中的衣服会有未变白区域，此时可选择“添加到取样”按钮，然后在图像窗口中单击未选取的颜色，或拖动滑块将“颜色容差”调整得大一些，例如调整为 200，直到预览框中的衣服全变为白色，如图 8-32 中图所示。

步骤 5▶ 在“替换颜色”对话框中，将“色相”设为+123，“饱和度”设为+40，其他选项保持默认，如图 8-32 中图所示。单击“确定”按钮，人物的衣服由蓝色变为了红色，而且保持纹理不变，如图 8-32 右图所示。

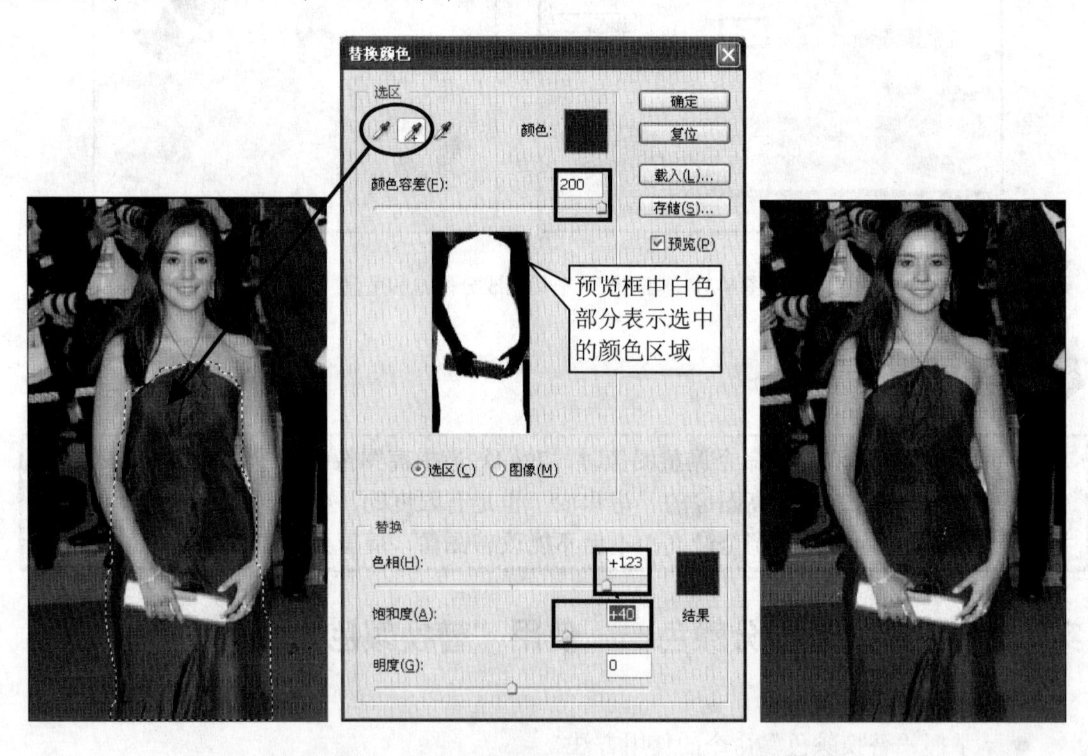

图 8-32 使用“替换颜色”命令改变衣服颜色

实训 3 修改照片某种颜色数量——使用“可选颜色”命令

【实训目的】

- 掌握“可选颜色”命令的使用方法。

【操作步骤】

步骤 1▶　打开本书配套素材“PH8”文件夹中的“8 可选颜色.jpg”图片文件，如图 8-33 所示。下面，我们利用“可选颜色”命令使照片中的秋色更浓。

步骤 2▶　选择“图像”>“调整”>“可选颜色”菜单，打开“可选颜色”对话框，在“颜色”下拉列表中选择“红色”，然后分别拖动“青色”、“洋红”和“黄色”滑块，调整红色的颜色成份，如图 8-34 所示。对话框中各选项的意义如下：

图 8-33　素材图片

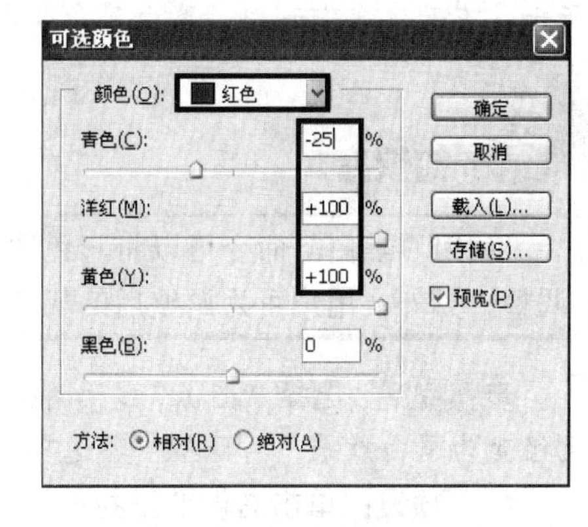

图 8-34　“可选颜色”对话框

- **颜色：**在其右侧的下拉列表中可以选择要调整的颜色。
- **青色、洋红、黄色、黑色：**先在“颜色”下拉列表中选择某种颜色，然后通过拖动滑块或在右侧的编辑框中输入数值来调整所选颜色的成份。
- **方法：**若选中“相对”，表示按照总量的百分比更改现有的青色、洋红、黄色和黑色量；若选中“绝对”，表示按绝对值调整颜色。

步骤 3▶　暂不关闭对话框，在“颜色”下拉列表中选择“黄色”，然后分别拖动下方的各颜色滑块，调整黄色的颜色成份，如图 8-35 左图所示。此时，可看到照片中的秋色更浓了，如图 8-35 右图所示。调整满意后，单击“确定”按钮，关闭对话框。

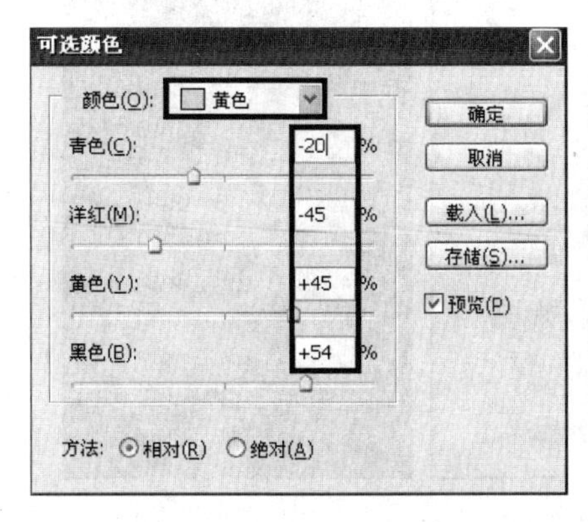

图 8-35　调整黄色的颜色成份

实训 4　制作老照片效果——使用“黑白”命令

【实训目的】

- 掌握“黑白”命令的使用方法。

【操作步骤】

步骤 1▶ 打开本书配套素材“PH8”文件夹中的“9 黑白.jpg”图片文件，如图 8-36 所示。下面，我们利用“黑白”命令制作老照片效果。

利用“黑白”命令可以将彩色图像转换为灰色图像，并可对单个颜色成份作细致的调整。另外，用户可为调整后的灰色图像着色，将其变为单一颜色的彩色图像。

步骤 2▶ 选择“图像”>“调整”>“黑白”菜单，打开“黑白”对话框，此时照片已经变为黑白效果。对话框中各选项的意义如下：

- **预设：** 单击右侧的下拉按钮▾，从弹出的下拉列表中可选择系统预设或自定义的灰度混合效果，若选择“自定”表示用户可以通过拖动各颜色滑块来确定灰度混合效果。
- **颜色滑块：** 用于调整图像中单个颜色成份在灰色图像中的色调，向左拖动滑块可使选择的颜色成份变暗，向右拖动滑块可使该颜色成份变亮。
- **“色调”复选框：** 勾选该复选框后，“色相”和“饱和度”两个选项被激活，拖动这两个滑块可将灰色图像转换为单一颜色的图像。

步骤 3▶ 由于照片变成黑白效果后，缺少了彩色，人物嘴唇显得过于苍白。此时可以向左拖动“红色”滑块，调整其颜色成分，如图 8-37 所示。

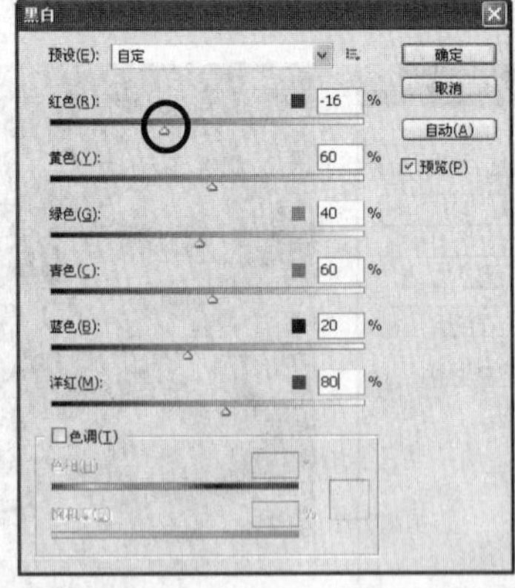

图 8-36　素材图片

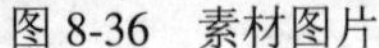

图 8-37　调整颜色成分

步骤 4▶ 勾选“色调”复选框，然后设置“色相”和“饱和度”值，选择一种单一颜色，如图 8-38 左图所示。

步骤 5▶ 调整好参数后，单击“确定”按钮，得到图 8-38 右图所示的单一颜色的彩色图片效果。

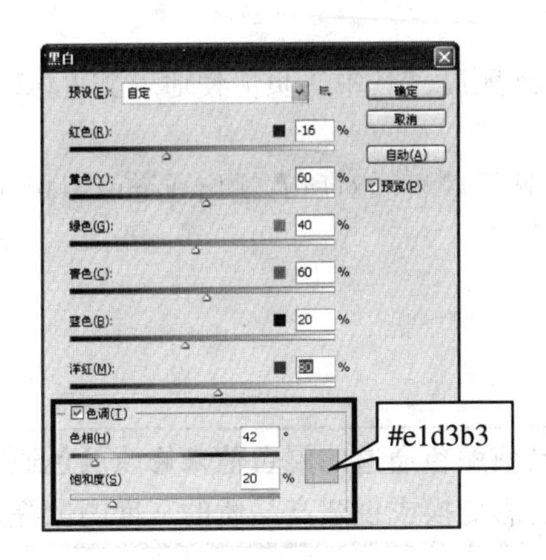

图 8-38　为照片添加单一颜色

实训 5　利用颜色通道改变照片色调——使用“通道混合器”命令

【实训目的】

- 掌握“通道混合器”命令的使用方法。

【操作步骤】

步骤 1▶ 打开本书配套素材“PH8”文件夹中的“10 通道混合器.jpg”图片文件，可以看到照片中红色的灯光过于昏暗，节日气氛不够浓厚，如图 8-39 左图所示。

步骤 2▶ 选择“图像”>“调整”>“通道混合器”菜单，打开“通道混合器”对话框，设置“输出通道”为“红”，然后分别设置“源通道”的值，如图 8-39 中图所示。调整满意效果后，单击“确定”按钮，关闭对话框，效果如图 8-39 右图所示。对话框中各选项的意义如下：

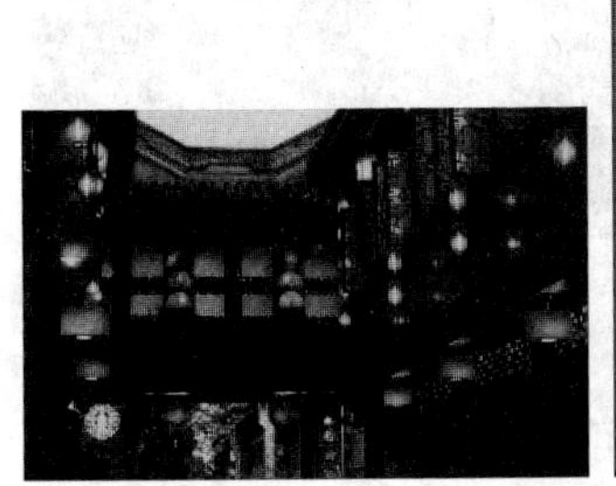

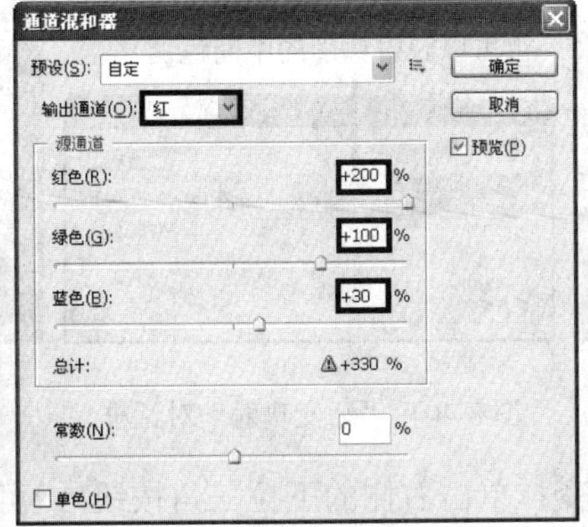

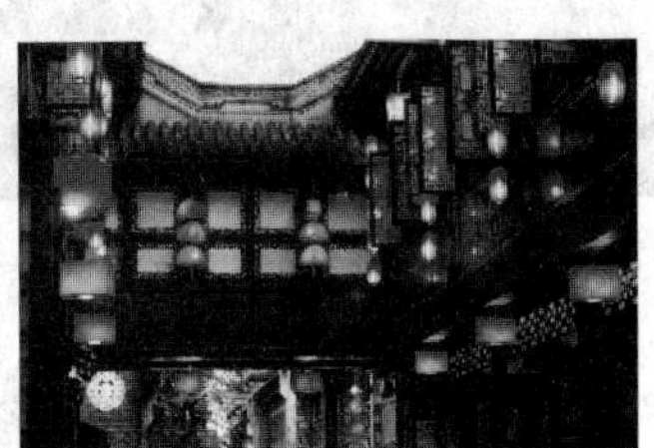

图 8-39　利用“通道混合器”调整图像

- **输出通道**：在其下拉列表中可以选择要调整的颜色通道。
- **源通道**：拖动滑杆上的滑块或直接输入数值，可以调整源通道在输出通道中所占的百分比。
- **常数**：拖动滑块可调整通道的不透明度。其中，负值使通道颜色偏向黑色，正值使通道颜色偏向白色。
- **“单色”复选框**：如果选中该复选框，表示对所有输出通道应用相同的设置，此时将会把图像转换为灰色图像。

知识库

利用“通道混合器”命令可以使用当前颜色通道的混合值来修改颜色通道，从而改变图像的色彩，可使图像产生戏剧性的色彩变换或创建高品质的灰度图像等。

实训 6 利用照片的明暗度匹配渐变色——使用“渐变映射”命令

【实训目的】

- 掌握“渐变映射”命令的使用方法。

【操作步骤】

步骤 1▶ 打开本书配套素材“PH8”文件夹中的“11 渐变映射.jpg”图片文件，如图 8-40 左图所示。下面我们利用“渐变映射”命令来对图像的色彩进行调整，以获得渐变效果的图像。

步骤 2▶ 选择“图像”>“调整”>“渐变映射”菜单，打开“渐变映射”对话框，单击按钮，在打开的“渐变”拾色器中选择“色谱”渐变，如图 8-40 中图所示。单击“确定”按钮确认操作，效果如图 8-40 右图所示。对话框中各选项的意义如下：

图 8-40 “渐变映射”对话框

- **灰度映射所用的渐变**：单击右侧的下拉三角按钮，可在弹出的下拉列表中选择要使用的渐变颜色，也可单击中间的颜色框，在打开的“渐变编辑器”对话框中自定义所需的渐变颜色。
- **仿色**：选中该复选框，可以使渐变项过渡更加均匀。

- **反向**：选中该复选框，将实现反转渐变。

实训 7　非精确调整照片色调——使用“变化”命令

【实训目的】

- 掌握“变化”命令的使用方法。

【操作步骤】

步骤 1▶　打开本书配套素材“PH8”文件夹中的“12 变化.jpg”图片文件，如图 8-41 左图所示。下面需要为该风景照片添加黄色和红色，使其呈现出日出的效果。

步骤 2▶　选择“图像”>“调整”>“变化”菜单，在打开的“变化”对话框中分别单击两次“加深黄色”缩览图、3 次“加深红色”缩览图和 1 次“较暗”缩览图，如图 8-41 中图所示。设置完成后，单击“确定”按钮关闭对话框，效果如图 8-41 右图所示。

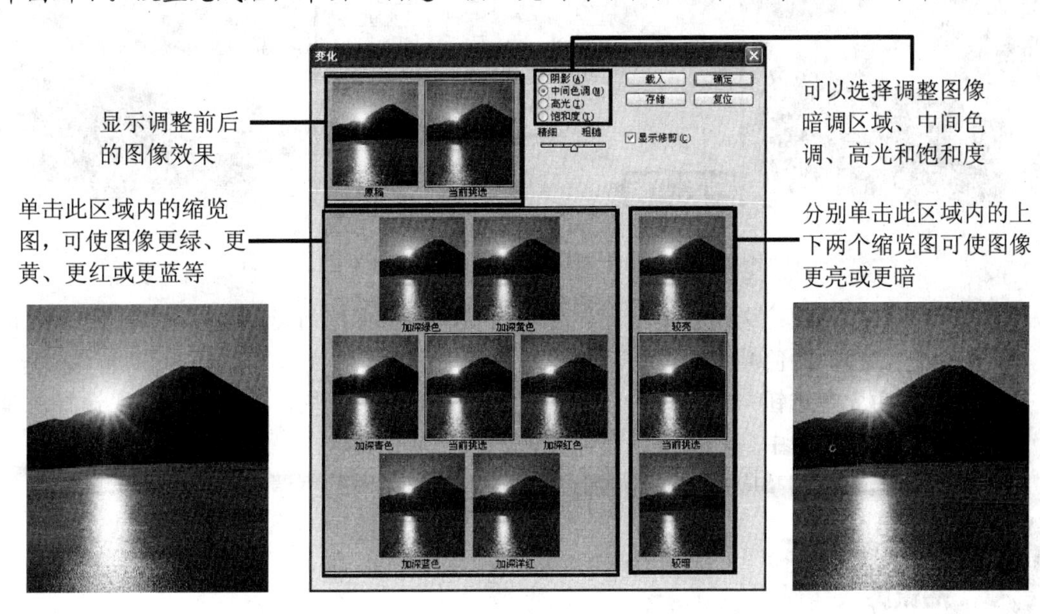

图 8-41　使用“变化”命令调整图像

“变化”命令用于可视地调整图像或选区的色彩平衡、对比度和饱和度，此命令对于不需要精确调整色彩的平均色调图像最有用。

实训 8　营造照片情调——使用“照片滤镜”命令

【实训目的】

- 掌握“照片滤镜”命令的使用方法。

【操作步骤】

步骤 1▶ 打开本书配套素材“PH8”文件夹中的“13 照片滤镜.jpg”图片文件，如图 8-42 左图所示。

步骤 2▶ 选择“图像”>“调整”>“照片滤镜”菜单，打开“照片滤镜”对话框，选中“颜色”单选钮，然后单击右侧的色块，在随后打开的“选择滤镜颜色”对话框中选择橘黄色（#ec8a00），单击“确定”按钮，关闭对话框。

步骤 3▶ 接着在“照片滤镜”对话框中设置“浓度”为 84，如图 8-42 中图所示。最后单击“确定”按钮，得到图 8-42 右图所示效果。

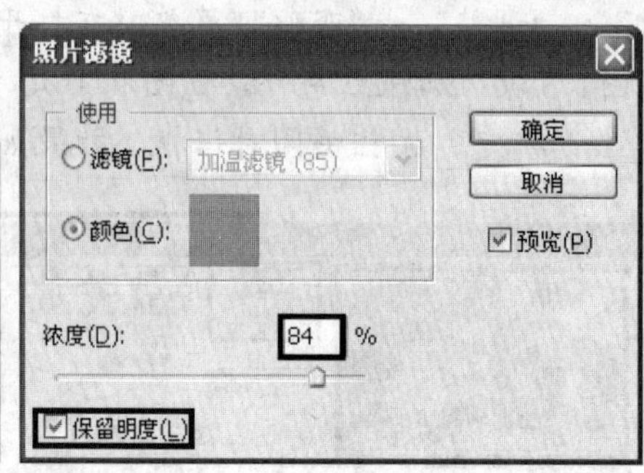

图 8-42　使用“照片滤镜”命令调整图片颜色

- **滤镜”单选钮：** 选中该单选钮，然后在其右侧的下拉列表中可以选择一种系统预设的滤镜（颜色）来对图像进行色相调整。
- **“颜色”单选钮：** 选中该单选钮，然后单击右侧的色块，可在打开的“选择滤镜颜色”对话框中自定义颜色来对图像的色相进行调整。
- **浓度：** 用于调整应用到图像的颜色数量，值越大，颜色调整幅度就越大。

利用“照片滤镜”命令可以模仿在相机镜头前面加彩色滤镜，以便调整通过镜头传输的光的色彩平衡和色温。

实训 9　匹配照片色调——使用“匹配颜色”命令

【实训目的】

- 掌握“匹配颜色”命令的使用方法。

【操作步骤】

步骤 1▶ 打开本书配套素材“PH8”文件夹中的“14 匹配颜色 1.jpg”和“14 匹配颜色 2.jpg”图片文件，如图 8-43 所示。本例将“14 匹配颜色 1.jpg”作为源图像（以其颜色做参考），“14 匹配颜色 2.jpg”作为目标图像（被调整图像）。首先将目标图像设置为当前图像。

图 8-43　素材图片

步骤 2▶　选择“图像”>“调整”>“匹配颜色”菜单，打开“匹配颜色”对话框，在“源”下拉列表中选择“14 匹配颜色 1.jpg”，然后在“图像选项”设置区设置相关参数，如图 8-44 左图所示。

- **“图像选项”设置区：**用于调整目标图像的亮度、饱和度，以及应用于目标图像的调整量。选中“中和”复选框表示匹配颜色时自动移去目标图层中的色痕。
- **“图像统计”设置区：**用于设置匹配颜色的图像来源和所在的图层。在“源”下拉列表中可以选择用于匹配颜色的源图像文件。如果用于匹配的图像含有多个图层，可在“图层”下拉列表框中指定用于匹配颜色图像所在图层。

步骤 3▶　参数设置好后，单击“确定”按钮，关闭对话框，此时两幅素材图片的颜色就匹配好了，如图 8-44 右图所示。

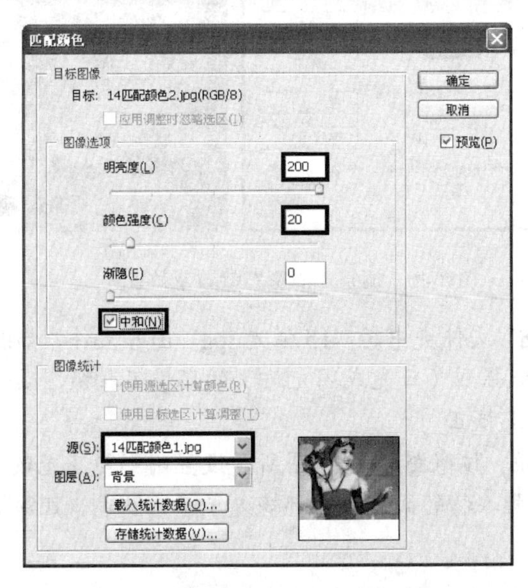

图 8-44　匹配颜色

知识库

利用“匹配颜色”命令可以将当前图像文件或当前图层中图像的颜色与其他图像文件或其他图层中的图像相匹配，从而改变当前图像的主色调。此外还可在源图像和目标图像中建立要匹配的选区，匹配特定区域的图像。不过该命令仅适用于RGB模式图像。

实训 10 修正逆光或曝光过度照片——使用“阴影/高光”命令

【实训目的】

- 掌握“阴影/高光”命令的使用方法。

【操作步骤】

步骤 1▶ 打开本书配套素材“PH8”文件夹中的“15逆光.jpg”图片文件，如图8-45所示。可以看到照片中的人物因为逆光拍摄呈现出剪影效果，面部不清晰。下面我们来利用“阴影/高光”命令将其校正。

步骤 2▶ 选择“图像”>“调整”>“阴影/高光”菜单，打开“阴影/高光”对话框，按照图8-46左图所示的参数设置阴影数量。单击“确定“按钮，得到图8-46右图所示的效果。

图8-45 素材图片

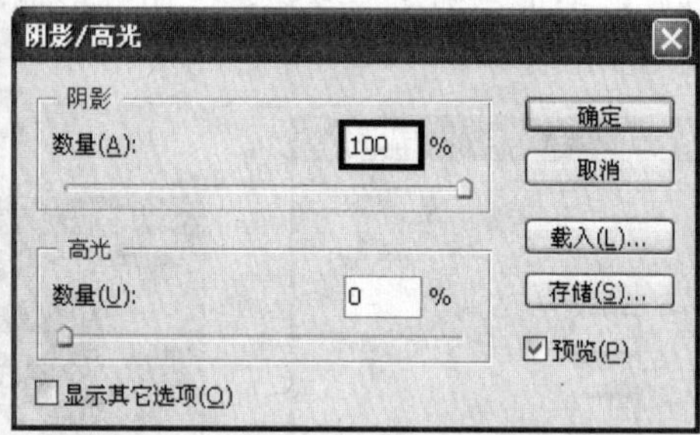

图8-46 调整“阴影”参数及效果

步骤 3▶ 打开本书配套素材“PH8”文件夹中的“15强光.jpg”图片文件，如图8-47所示。可以看到照片中的人物因为在光线强烈（日光或闪光灯）的环境下拍摄，面部发白了。下面我们来用“阴影/高光”命令将其校正。

步骤 4▶ 打开“阴影/高光”对话框，按照图8-48左图所示设置阴影与高光数量。调整后的效果如图8-48右图所示，可以看到人物的面部和手部恢复了正常肤色，且背景颜色也变浅了。

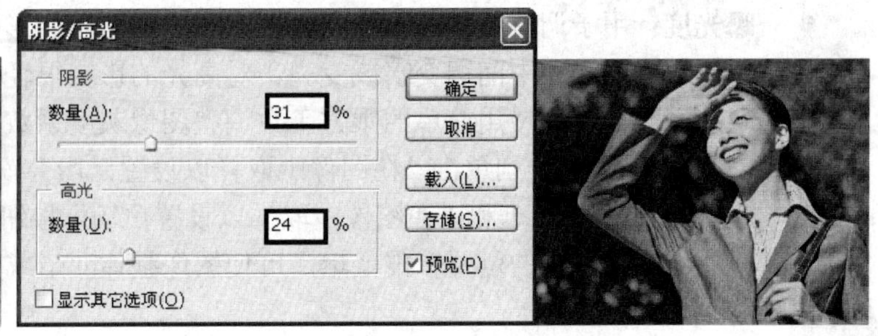

图 8-47　素材图片　　　　图 8-48　调整“阴影/高光”参数及效果

“阴影/高光”命令不是简单地使图像变亮或变暗，它基于暗调或高光中的周围像素（局部相邻像素）增亮或变暗，该命令允许分别控制暗调和高光。默认值设置为修复具有逆光问题的图像。

实训 11　增加照片亮度范围——使用“曝光度”命令

【实训目的】

- 掌握“曝光度”命令的使用方法。

【操作步骤】

步骤 1▶ 打开本书配套素材“PH8”文件夹中的“16 曝光度.jpg”图片文件，如图 8-49 所示。可以看到由于一般照片可容纳的亮度范围有限致使房间内部的家具暗黑不清。下面我们就利用“曝光度”命令将其调整，使照片更接近于现实世界视觉效果。

步骤 2▶ 选择“图像”>“模式”>“32 位/通道”菜单（曝光只在 32 位起作用），转换原图像模式。

步骤 3▶ 选择“图像”>“调整”>“曝光度”菜单，打开“曝光度”对话框，按照图 8-50 左图所示设置参数。可以看到原图中屋内暗部的区域变亮了且屋外的景色仍然很清晰，如图 8-50 右图所示。对话框中各选项的意义如下：

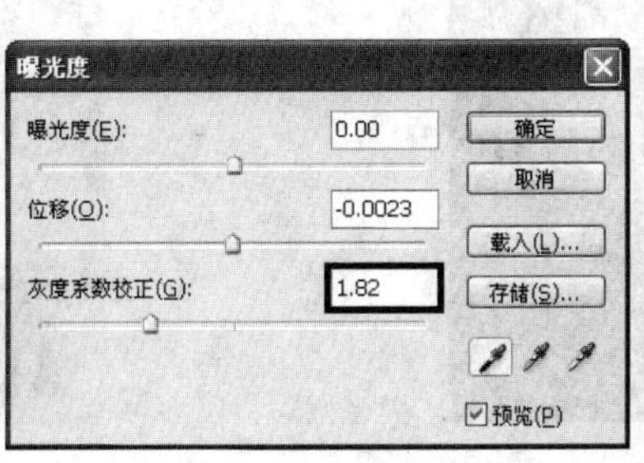

图 8-49　素材图片　　　　图 8-50　调整“曝光度”参数及效果

- **曝光度**：用于调整色调范围的高光端，对极限阴影的影响很轻微。
- **位移**：使阴影和中间调变暗或变亮，对高光的影响很轻微。
- **灰度系数校正**：使用简单的乘方函数调整图像灰度系数。
- **“吸管工具”**：分别单击“在图像中取样以设置黑场”按钮、“在图像中取样以设置灰场”按钮和“在图像中取样以设置白场”按钮，然后在图像中最暗、最亮或中间亮度的位置单击鼠标，可使图像整体变暗或变亮。

利用“曝光度”命令可以模拟照相机的“曝光”效果。与亮度不同的是，亮度是修正整幅图片的光亮程度，而曝光度主要是提高图像局部区域的亮度。

综合实训 2——制作非主流照片

下面通过制作一张非主流照片来练习前面所学的色调与色彩调整命令，最终效果如图 8-51 所示。制作时，首先导入图片，然后分别使用“照片滤镜”、“模糊”、“半调图案”、“通道混合器”和“色阶”命令调整照片效果，接着用“矩形选框工具”及“羽化”命令为照片添加外框，最后导入“音符”图像并移动到照片中。用户在制作过程中，要重点注意“照片滤镜”、“通道混合器”命令及“色阶”命令的用法。

【操作步骤】

步骤 1▶ 打开本书配套素材“PH8”文件夹中的“17 非主流照片.jpg”图片文件，如图 8-52 所示。选择“图像”>“调整”>“照片滤镜”菜单，在打开的“照片滤镜”对话框中设置“滤色”为黄色，“浓度”为 80，选中“保留亮度”复选框，如图 8-53 左图所示。单击“确定”按钮，效果如图 8-53 右图所示。

图 8-51 实例最终效果

图 8-52 素材图片

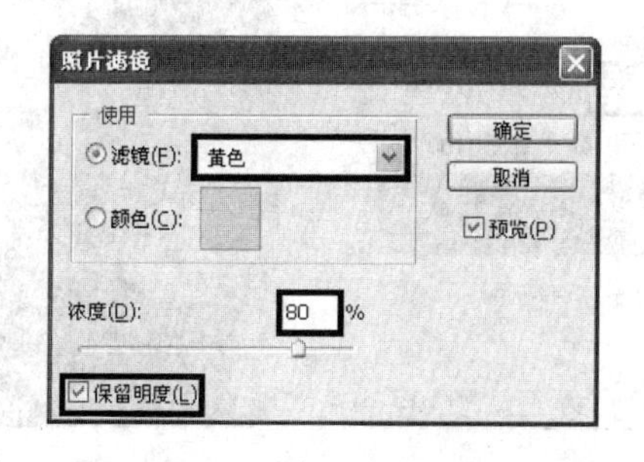

图 8-53 用“照片滤镜”命令调整照片颜色

步骤 2▶ 选择“滤镜”>“模糊”>“特殊模糊”菜单，在打开的对话框中设置“半径”为 85，“阈值”为 90，然后单击“确定”按钮，如图 8-54 左图所示。

步骤 3▶ 将前景色设置为黑色，背景色设置为白色，按【Ctrl+J】组合键复制“背景图层”，并将复制出的图层设置为当前图层。选择“滤镜”>“素描”>“半调图案”菜单，在打开的对话框中设置“大小”为 1，“对比度”为 6，单击“确定”按钮，如图 8-54 右图所示。

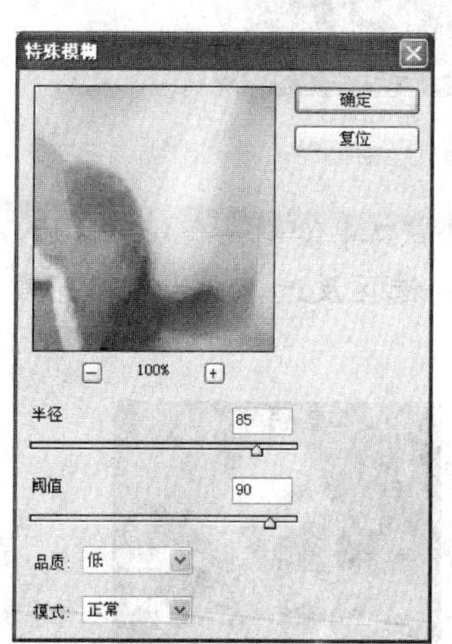

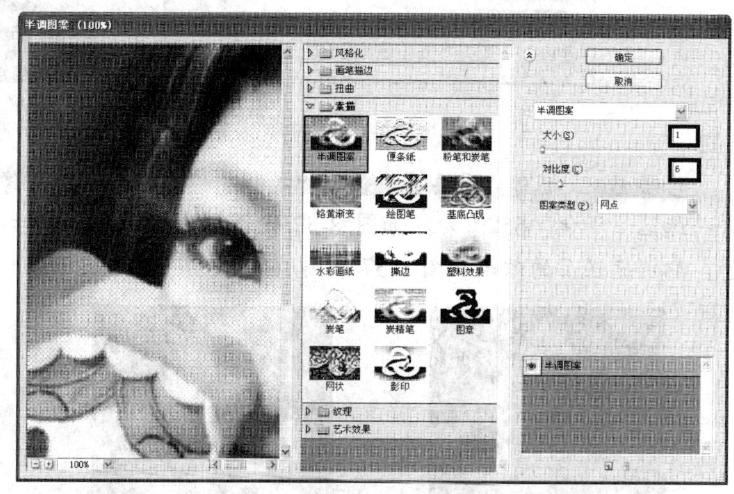

图 8-54 对照片应用“特殊模糊”和“半调图案”滤镜

步骤 4▶ 选择“图像”>“调整”>“通道混合器”菜单，在打开的对话框中设置合适的参数，设置好后，单击“确定”按钮，如图 8-55 左图所示。在“图层”调板中将图层的混合模式设置为“变暗”，如图 8-55 中图所示，此时图像效果如图 8-55 右图所示。

步骤 5▶ 按【Ctrl+J】组合键复制“图层 1”，然后选择“图像”>“调整”>“色阶”菜单，在打开的对话框中设置合适的参数，完成后单击“确定”按钮，如图 8-56 左图所示，此时图像效果如图 8-56 右图所示。

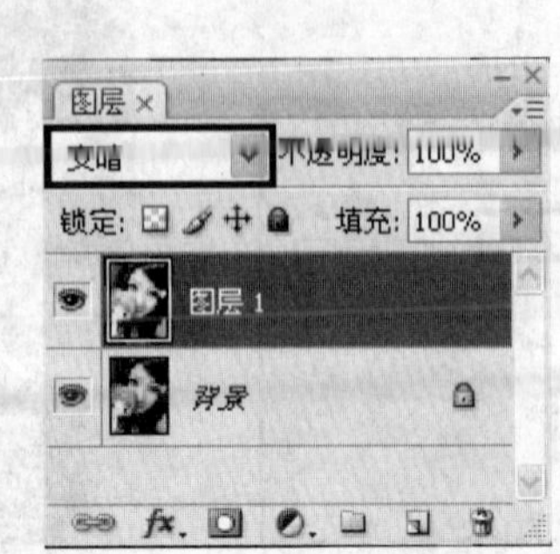

图 8-55　使用“通道混和器”命令并设置图层混合模式

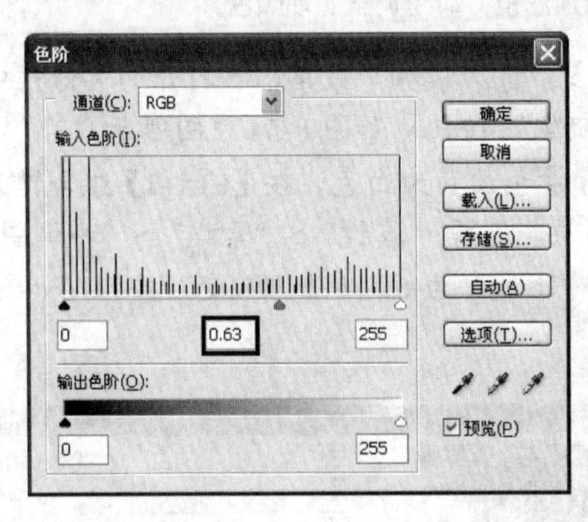

图 8-56　使用“色阶”命令并设置图层混合模式

步骤 6▶　新建“图层 2”，使用“矩形选框工具”在图像窗口中绘制一个矩形区域，并将选区“羽化”65 像素，如图 8-57 左图和中图所示，然后将选区反选，并为其填充黑色。取消选区后的效果如图 8-57 右图所示。

图 8-57　绘制并填充选区

步骤 7▶　打开“PH8”文件夹中的素材图片“17 音符.psd”文件，如图 8-58 左图所示，将音符进行变换操作并移动到图 8-58 右图所示的位置。至此一张非主流照片就制作完成了。

图 8-58　完成效果

8.3　特殊图像颜色调整

在 Photoshop 中，用户不但可以调整图像的色调和色彩，还可以将图像调整成比较特殊的图像效果，如去色、反相、色调均化等，下面将分别介绍。

实训 1　制作时装广告——使用“去色”与“色调均化”命令

【实训目的】

- 掌握“去色”命令的使用方法。
- 掌握“色调均化”命令的使用方法。

【操作步骤】

步骤 1▶ 打开本书配套素材“PH8”文件夹中的“18 服装广告.psd”图片文件，如图 8-59 所示。图像中，由于背景与衣服的颜色过于接近使得衣服并不突出，影响了宣传效果。下面我们用“去色”命令将其调整。

步骤 2▶ 把“背景”图层设置为当前图层，然后选择“图像”>“调整”>“去色”命令，或直接按【Shift+Ctrl+U】组合键，背景即被转换为灰度图像，如图 8-60 左图所示。

步骤 3▶ 用同样的方法将人物的皮肤部分也做去色处理(可选用快速蒙版功能或“快速选择工具”为人物皮肤制作选区)。去色后的效果如图 8-60 右图所示。

“去色”命令和将图像转换成“灰度”模式都能制作黑白图像，但“去色”命令不更改图像的颜色模式。

步骤 4▶ 去色后，人物的皮肤灰蒙蒙的。下面我们利用“色调均化”命令均匀地调整其色调。此命令可将图像中最亮的像素转换为白色，最暗的像素转换为黑色，其余的像素也做相应地调整，使图片更有层次感。

步骤 5▶ 选择“图像”>“调整”>“色调均化”命令。此时系统会自动分析图像的像素分布范围，均匀调整图像的亮度，如图 8-61 所示。

图 8-59 素材图片

图 8-60 使用“去色”命令

图 8-61 使用“色调均化”命令

实训 2 制作梦幻插画——使用“反相”命令

【实训目的】

- 掌握“反相”命令的使用方法。

【操作步骤】

步骤 1▶ 打开本书配套素材“PH8”文件夹中的“19 反相.jpg”图片文件，如图 8-62 左图所示。

步骤 2▶ 选择“图像”>“调整”>“反相”菜单，或者按【Ctrl+I】组合键，即可将图像反相，其效果如图 8-62 右图所示。

知识库

利用“反相”命令可以将图像的色彩进行反相，以原图像的补色显示，常用于制作胶片效果。“反相”命令是惟一一个不丢失颜色信息的命令，通过再次执行该命令可恢复原图像。

图 8-62 利用“反相”命令将图像反相

实训 3 制作光盘封面——使用“阈值”与“色调分离”命令

【实训目的】

- 掌握“阈值”命令的使用方法。

● 掌握“色调分离”命令的使用方法。

【操作步骤】

步骤 1▶ 打开本书配套素材“PH8”文件夹中的“20 光盘.psd”图片文件，如图 8-63 所示。将“人物 1”图层设置为当前图像。然后选择“图像”>“调整”>“阈值”菜单，打开图 8-64 左图所示的“阈值”对话框，在其中调整“阈值色阶”值，单击“确定”按钮，即可得到图 8-64 右图所示黑白版画效果。

知识库

利用“阈值”命令可以将一幅灰度或彩色图像转换为高对比度的黑白图像。该命令允许用户将某个色阶指定为阈值，所有比该阈值亮的像素会被转换为白色，所有比该阈值暗的像素会被转换为黑色。

图 8-63　素材图片

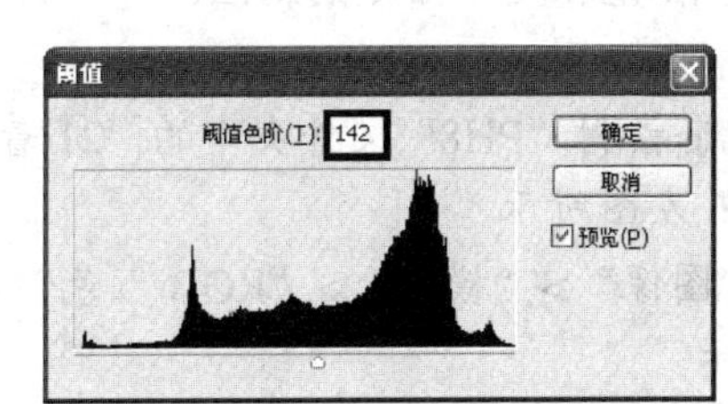

图 8-64　利用“阈值”命令制作黑白版画效果

步骤 2▶ 单击“人物 2”图层左边的图标，使其显示出来，并将其设置为当前图层。下面我们利用“色调分离”命令调整图像中的色调亮度，减少并分离图像的色调。

步骤 3▶ 选择“图像”>“调整”>“色调分离”菜单，打开“色调分离”对话框，并按照图 8-65 左图所示的参数设置，调整后的效果如图 8-65 右图所示。

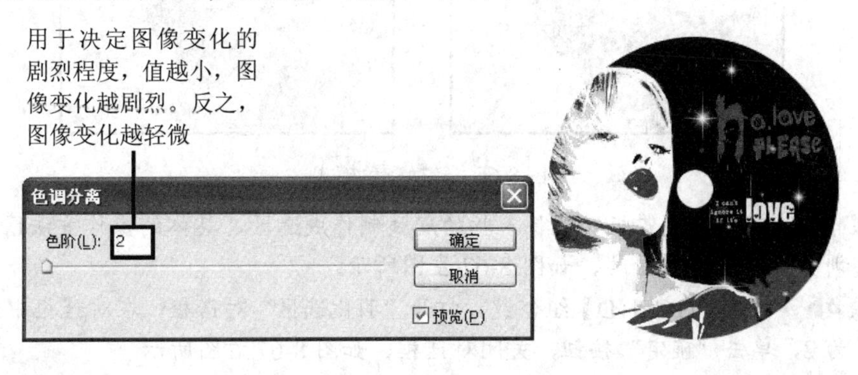

图 8-65　利用“色调分离”命令调整色调

知识库

在利用色调和色彩调整命令调整图像时，如果要单独对图像中某个区域进行调整，可以先创建选区（有必要时还可对选区进行羽化），再进行调整。另外，在调整对话框中设置参数时，如果要取消更改但不关闭调整命令对话框，可按住【Alt】键，将“取消”按钮转换为“复位”，然后单击，将参数设置恢复到刚打开对话框时的状态。

综合实训 3——为黑白照片着色

下面通过为一张黑白照片着色来练习前面所学的色调与色彩调整命令，最终效果如图 8-57 右图所示。制作时，首先将素材图片的色彩模式进行转换，然后用“色相/饱和度”命令分别为人物的皮肤、嘴唇和头发着色，最后用“减淡工具”美白人物牙齿。用户在制作过程中，要重点注意“色相/饱和度”命令的用法。

【操作步骤】

步骤 1▶ 打开本书配套素材“PH8”文件夹中的“21 着色.jpg”图片文件，该图片的模式为灰度模式，如图 8-66 左图所示。

步骤 2▶ 首先选择“图像”>“模式”>“RGB 颜色”菜单，将照片转换成 RGB 颜色模式，如图 8-66 右图所示。

图 8-66　转换颜色模式

步骤 3▶ 使用快速蒙版功能将人物的皮肤制作成选区，具体的操作方法请参阅 3.2 节的“实训 2”，这里不再赘述，如图 8-67 左图所示。

步骤 4▶ 按【Alt+Ctrl+D】组合键，打开“羽化选区”对话框，在对话框中设置“羽化半径”为 2，单击“确定”按钮，关闭对话框，如图 8-67 右图所示。

步骤 5▶ 按【Ctrl+H】组合键隐藏选区。然后按【Ctrl+U】组合键，在弹出的“色相/饱和度”对话框中勾选“着色”复选框，再设置“色相”为 25，“饱和度”为 45，“明度”为 5，单击“确定”按钮关闭对话框，人物的皮肤被着色，如图 8-68 所示。

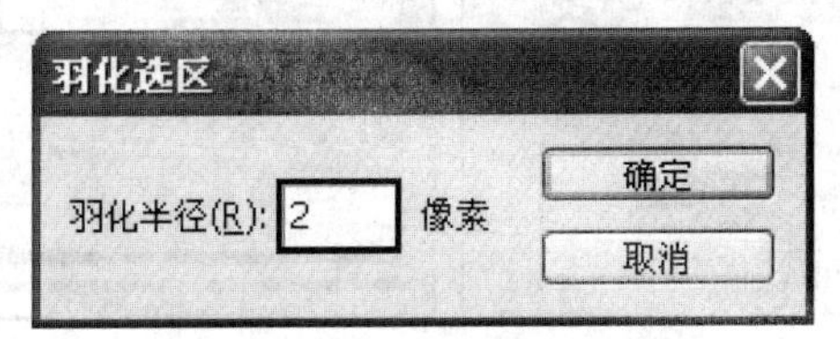

图 8-67　创建、羽化选区

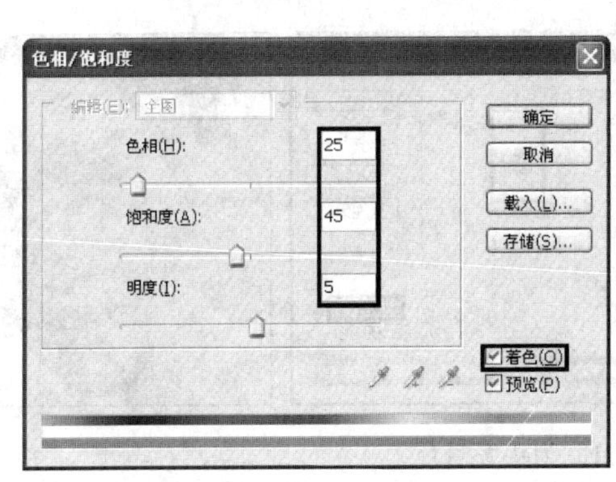

图 8-68　使用“色相/饱和度”命令为皮肤着色

步骤 6▶　按【Ctrl+M】组合键打开“曲线”对话框，在“通道”下拉列表中选择“红”，然后将曲线调整至图 8-69 左图所示形状，单击“确定”按钮，此时可看到人物的皮肤变得红润有光泽了。最后取消选区，如图 8-69 右图所示。

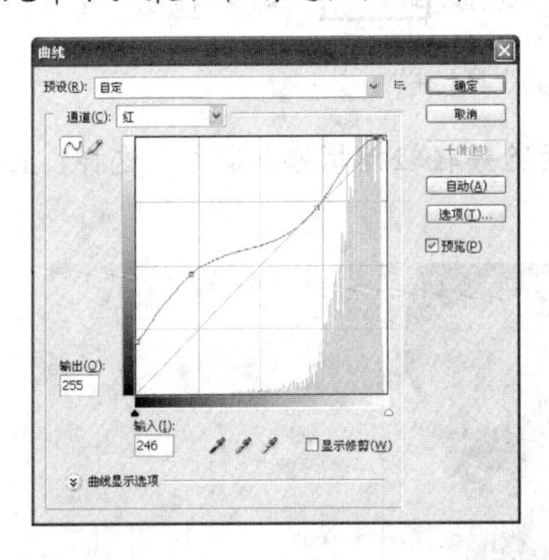

图 8-69　用“曲线”命令调整肤色

步骤 7▶　将人物的嘴唇制作成选区，并羽化 1 个像素，然后用“色相/饱和度”命令为嘴唇着色，其参数设置及效果分别如图 8-70 中图和右图所示。

步骤 8▶　将人物的头发制作成选区并羽化 2 个像素，继续用“色相/饱和度”为头发着色，参数设置及效果如图 8-71 所示。

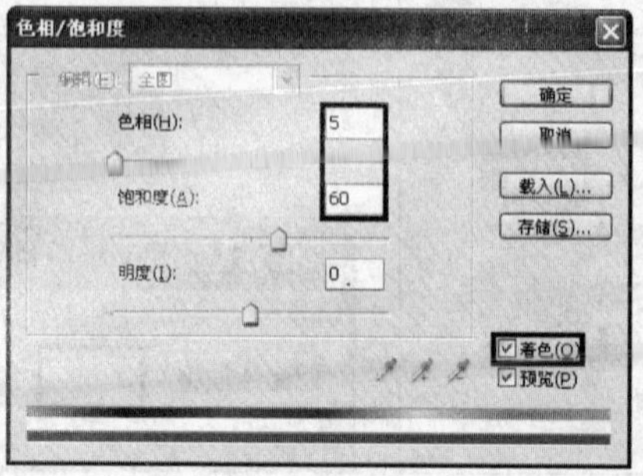

图 8-70 为嘴唇着色

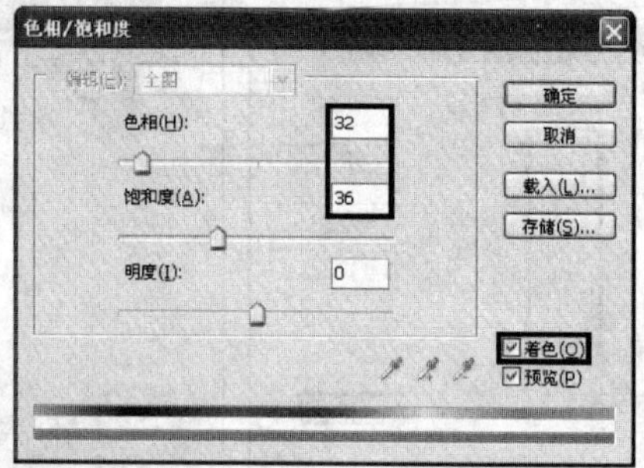

图 8-71 为头发着色

步骤 9▶ 取消选区，然后将前景色设置为粉红色（#fa7c8a）。选择“画笔工具”，在工具属性栏中设置笔刷为“主直径”为“60px”的软边笔刷，“模式”为“柔光”，“不透明度”为 50%，如图 8-72 所示。

图 8-72 “画笔工具”属性栏

步骤 10▶ 属性设置好后，用画笔在人物的脸颊轻轻擦拭添加腮红。这样，上色操作基本完成，其效果如图 8-73 所示。

图 8-73 添加腮红

步骤 11▶ 最后，选择“减淡工具”为人物美白牙齿。在“减淡工具”属性栏中设置合适的笔刷属性，如图 8-74 上图所示。然后在人物牙齿上轻轻涂抹，使牙齿变白，这样照片的整体看上去更有活力了，如图 8-74 下图所示。

图 8-74 美白牙齿

课后总结

图像的色调和色彩调整是平面设计中的一项重要工作，最常用于数码照片的修饰和修复。就整个 Photoshop 而言，色调和色彩调整命令是比较难于掌握的。要想学好这部分内容，必须首先搞清楚每个命令的功能和命令中各参数的用法，然后多练习。

思考与练习

一、填空题

1．对图像进行色调调整的命令主要包括：_______、_______、_______、_______、_______、_______。

2．对图像进行色彩调整的命令主要包括：_______、_______、_______、_______、_______、_______、_______、_______、_______、_______、_______。

3. 对图像进行整体快速调整的命令主要包括：_______、_______、_______和_______。

4．对图像进行特殊调整的命令有：_______、_______、_______、_______和_______。

二、问答题

1．在调整命令参数设置对话框中，如何快速恢复所设置的参数到默认状态？

2．“去色”命令与“灰度”模式有何区别？

3．在所有调整命令中，哪个命令不会丢失颜色信息？

4．要制作黑白图像效果，可使用什么命令来实现？

三、操作题

1．打开“PH8”文件夹中的素材图片“22.jpg”文件，用“曲线”命令将照片中五官中阴影部分减弱，突出照片的整体亮度与颜色，其效果对比如图 8-75 所示。

图 8-75　修复照片前后对比效果

2．打开“PH8”文件夹中的素材图片“23.jpg”文件，用“替换颜色”命令将图片中人物的上衣颜色替换为紫色（#bf6bc9），如图 8-76 所示。

图 8-76　替换上衣颜色

第9章 形状与路径

【本章导读】

在 Photoshop 中，形状与路径都用于辅助绘画。其共同点是：它们都使用相同的绘制工具（如钢笔、直线、矩形等工具），其编辑方法也完全一样。不同点是：绘制形状时，系统将自动创建以前景色为填充内容的形状图层，此时形状被保存在图层的矢量蒙版中；路径并不是真实的图形，无法用于打印输出，需要用户对其进行描边、填充才成为图形，此外，可以将路径转换为选区。

【本章内容提要】

- 形状的绘制与编辑
- 路径的创建与编辑

9.1 形状的绘制与编辑

在 Photoshop 中，系统提供了多种绘图与编辑工具：钢笔工具组、形状工具组和路径选择工具组，如图 9-1 所示。其中利用形状工具组可绘制图形；利用钢笔工具组不仅可以绘制图形，还可对绘制的图形进行简单的编辑。

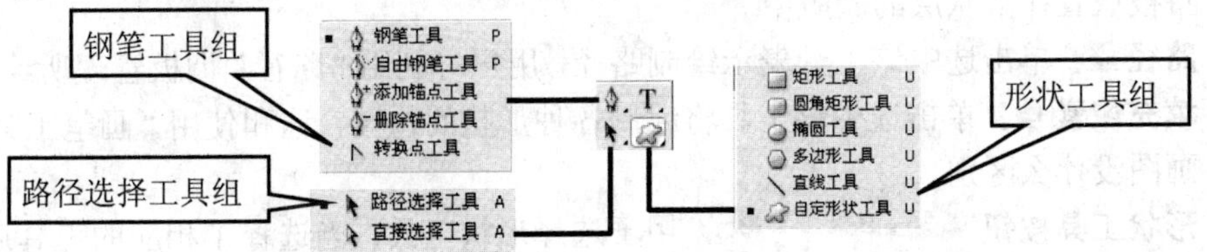

图 9-1 Photoshop CS3 提供的绘图与编辑工具

实训1 制作信封——使用直线与几何工具

【实训目的】

- 掌握矩形和圆角矩形工具的使用方法。
- 掌握椭圆和多边形工具的使用方法。
- 掌握“直线工具”的使用方法。

【操作步骤】

步骤1▶ 新建一个空白文档，命名为“信封”，并参照图9-2所示设置参数。

步骤2▶ 为“背景”图层填充蓝色（#38b4d1），如图9-3所示。

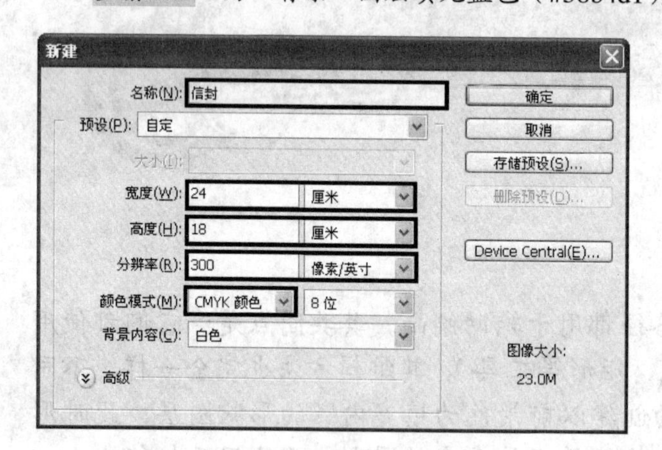

图9-2 新建文档

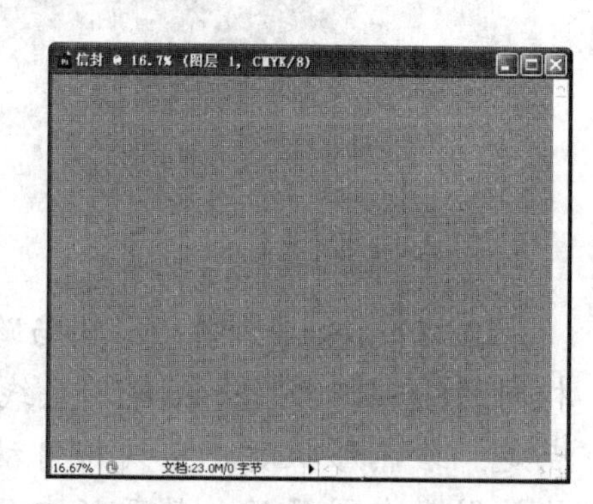

图9-3 填充背景色

步骤3▶ 在工具箱中选择“矩形工具”，并在其工具属性栏中设置图9-4所示参数。其中各选项的意义如下：

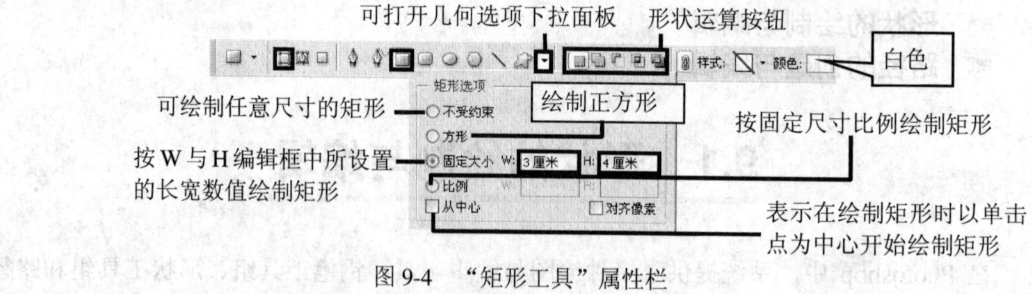

图9-4 “矩形工具”属性栏

- **形状图层**：单击选中该工具表示绘制图形，此时将创建形状层，所绘制的形状将被放置在形状层的蒙版中。
- **路径**：单击选中该工具表示绘制路径，用户可利用“路径”调板管理所绘路径。
- **填充像素**：单击选中该工具将绘制各种形状的位图，这和使用“画笔工具”画图没什么区别。
- **形状工具按钮**：用于选择形状工具，当选择了相应的工具后，单击右侧的按钮，可弹出几何选项下拉面板，在其中可设置相关工具的参数。

- **样式**：单击“样式”右侧的图标，可以从弹出的“样式”拾色器中为当前形状图层添加样式，从而使形状显示各种特殊效果。
- **颜色**：选中一个形状图层，并确保“样式”左侧的图标处于按下状态，然后单击右侧的色块，可以从弹出的“拾色器”对话框中为当前形状设置填充颜色。如果不按下图标，则“颜色”右侧的色块只影响前景色，而不修改当前形状的颜色。

步骤 4▶ 设置好“矩形工具”的相关属性后，将鼠标光标移至图像中的适当位置，单击并拖动鼠标创建一个矩形，如图 9-5 所示。

图 9-5 绘制矩形

步骤 5▶ 下面我们为信封绘制邮票黏贴处，首先在“矩形工具”属性栏中单击形状工具后的按钮，在打开的几何选项下拉面板中选择“方形”单选钮，如图 9-6 左图所示。

步骤 6▶ 属性设置好后，将光标移至图像窗口中白色矩形的右上方绘制一个方形，然后单击“图层”调板下方的“添加图层样式”按钮，为新绘制的方形添加“描边”样式，其中将描边的“颜色”设置为天蓝色（#6fc8e8），如图 9-6 右图所示。

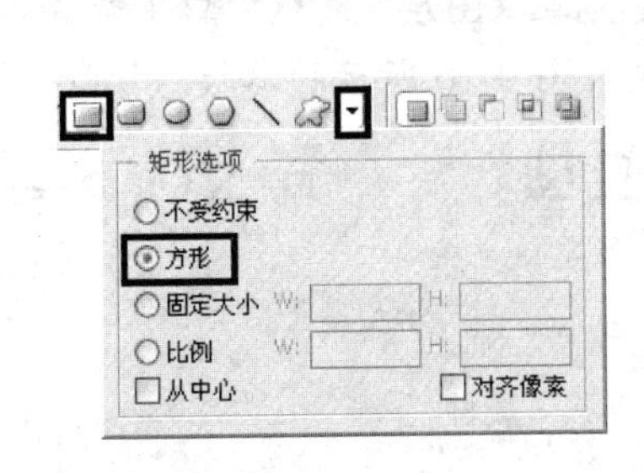

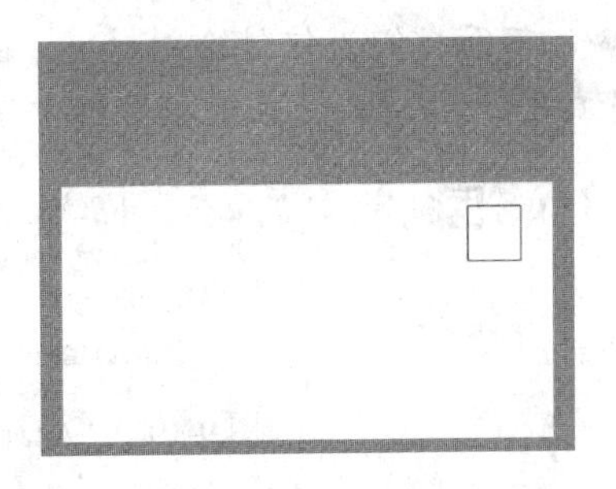

图 9-6 设置“矩形工具”属性并绘制

步骤 7▶ 在工具箱中选择“圆角矩形工具”，并在其工具属性栏中设置图 9-7 所示的参数。

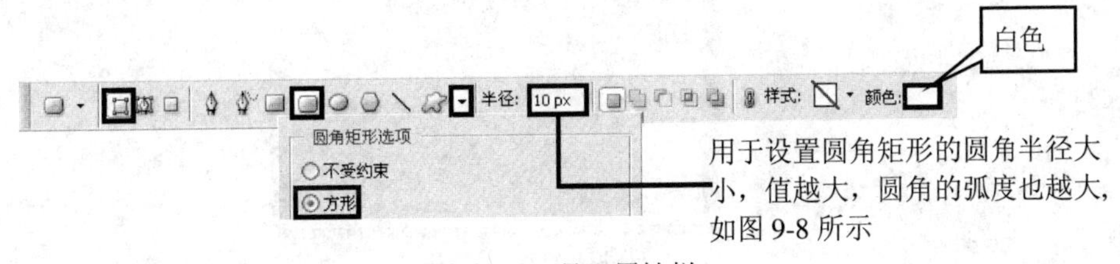

图 9-7 “圆角矩形工具”属性栏

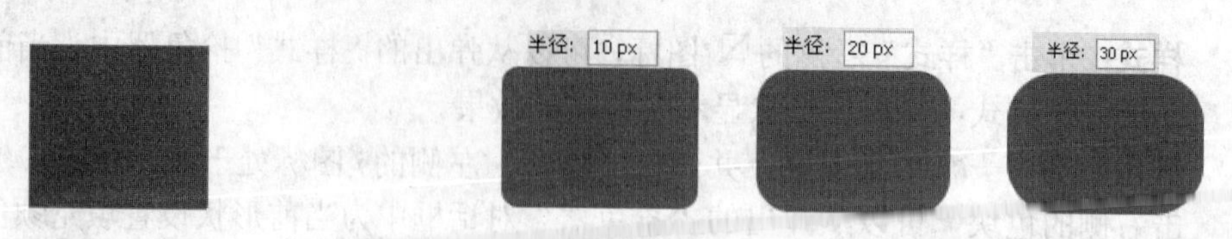

图 9-8　设置不同半径值绘制的圆角矩形

步骤 8▶　参数设置好后，在文件窗口中白色矩形的左上方绘制一个小圆角矩形，作为邮政编码的书写处，并为其添加"描边"样式，将描边"颜色"设置为红色（#e71f19），如图 9-9 左图所示。

步骤 9▶　在工具箱中选择"路径选择工具"，按住【Alt】键，然后单击圆角矩形并向右拖动鼠标，释放鼠标后即可复制出一个圆角矩形。用同样的方法再将圆角矩形复制 4 份，效果如图 9-9 右图所示。

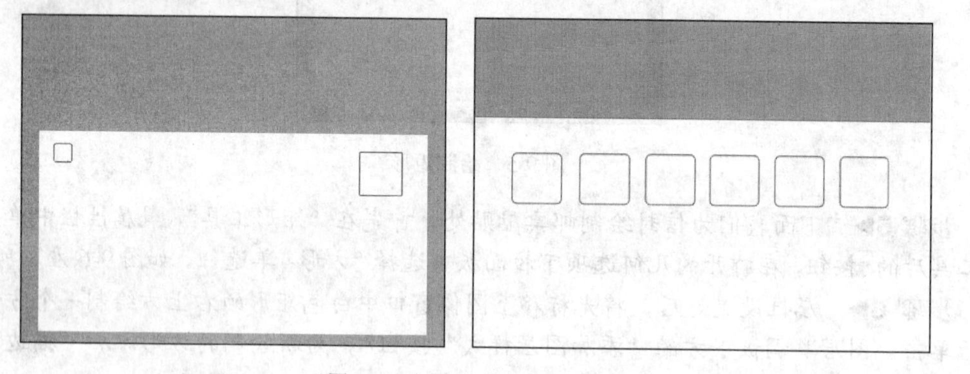

图 9-9　创建并复制圆角矩形

步骤 10▶　下面我们为信封绘制封口。首先在"图层"调板中单击背景层并在工具箱中选择"椭圆工具"，在其工具属性栏中设置图 9-10 所示的参数。

图 9-10　"椭圆工具"属性栏

步骤 11▶　设置完毕，在图像窗口中绘制椭圆。并放置在图 9-11 所示的位置。

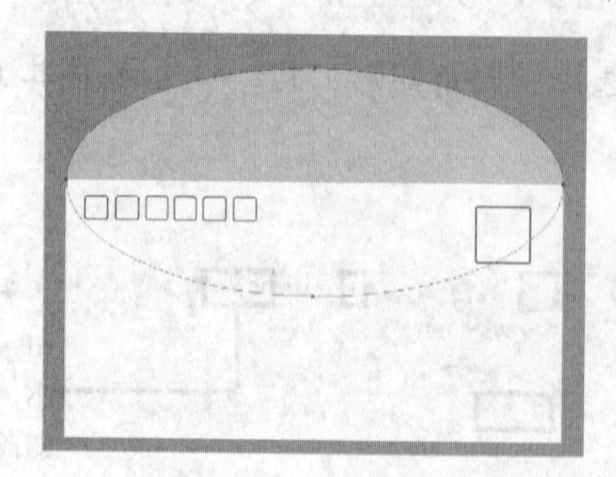

图 9-11　绘制椭圆

步骤 12▶　下面我们为信封添加装饰，首先在“图层”调板中单击“形状 1”图层（即白色矩形信封所在图层），然后在工具箱中选择“多边形工具”，并在其工具属性栏中设置图 9-12 所示的参数。

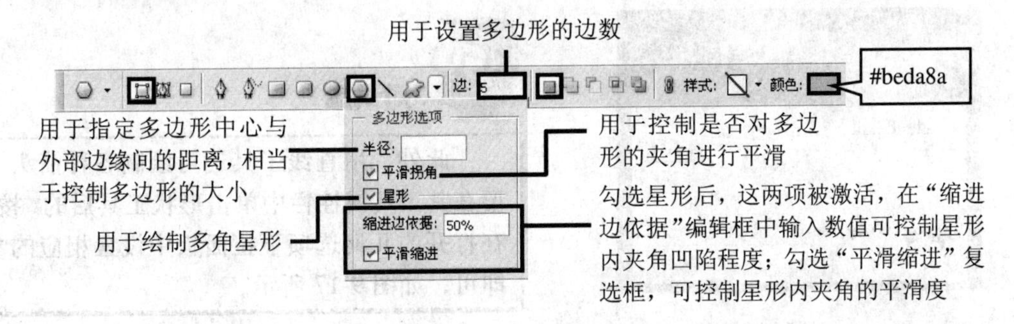

图 9-12　“多边形工具”属性栏

步骤 13▶　参数设置好后，在窗口中信封的左下角单击并拖动鼠标绘制星星形状。然后用同样的方法再绘制几个星星，如图 9-13 所示。

图 9-13　绘制多边形

用户可设置不同的参数来绘制不同的多边形图案，如图 9-14 所示。

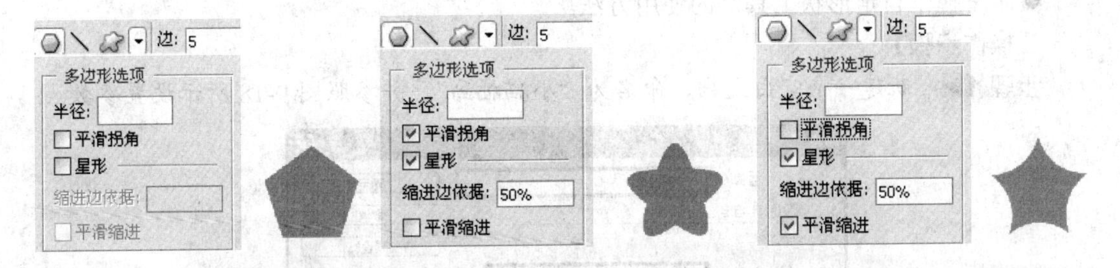

图 9-14　勾选不同选项得到的多边形

步骤 14▶　图案绘制好后，我们再为信封添加几条横线，作为文字书写处。首先在工具箱中选择“直线工具”，并在其工具属性栏中设置图 9-15 所示的参数。

图 9-15　“直线工具”属性栏

步骤 15▶ 参数设置好后，按住【Shift】键，在图像窗口右下方单击并向水平方向拖动鼠标即可绘制一条直线。（若不按住【Shift】键，则可在任意方向绘制直线）

步骤 16▶ 用同样的方法再绘制 2 两条直线，效果如图 9-16 所示。

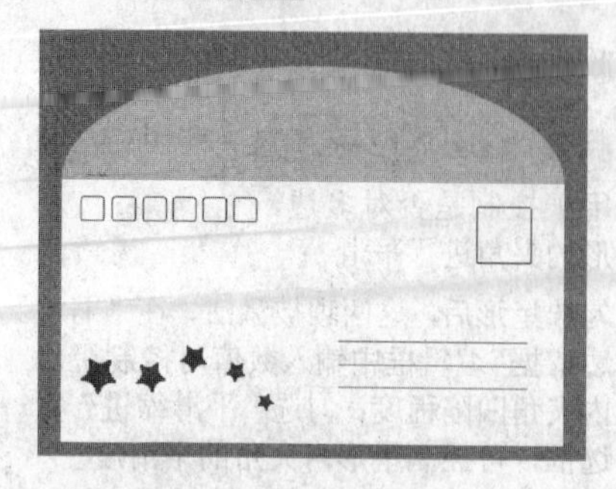

图 9-16 绘制直线

此外，用直线工具还可绘制各种箭头，只要在其工具属性栏中单击形状工具后的▼按钮，在打开的几何选项下拉面板中设置相应的参数即可，如图 9-17 所示。

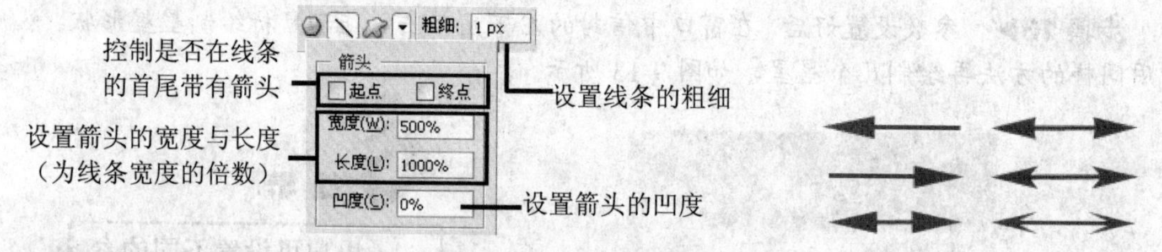

图 9-17 “直线工具”的几何选项下拉面板与绘制箭头图形

实训 2 制作小猫插画——使用钢笔与自定形状工具

【实训目的】

- 掌握钢笔与自由钢笔工具的使用方法。
- 掌握“自定形状工具”的使用方法。

【操作步骤】

步骤 1▶ 新建一个空白文档，命名为“小猫插画”，并参照图 9-18 所示设置参数。

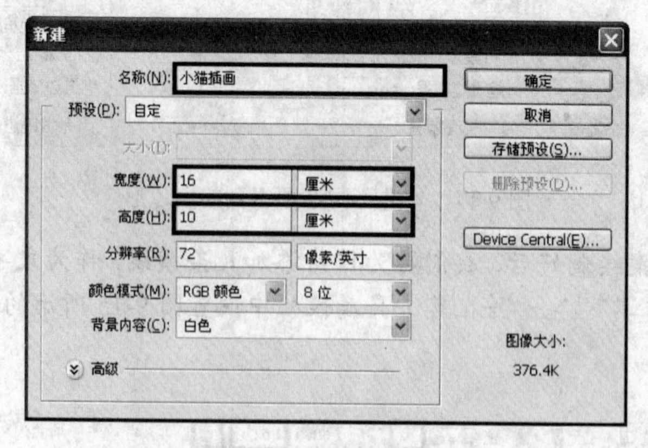

图 9-18 新建文档

步骤 2▶ 为“背景”图层填充蓝色（#00ccf5）。

步骤 3▶ 在工具箱中选择“钢笔工具”，并在其工具属性栏中设置图 9-19 所示的参数。利用“钢笔工具”可以绘制连续的直线或曲线，并可在绘制过程中对形状进行简单编辑。

自动添加/删除 样式: 颜色: 白色

钢笔选项 橡皮带

勾选该复选框，表示绘制形状时显示一条反映线条外观的橡皮线，方便用户观察绘制效果

勾选该复选框，表示将实现自动添加或删除锚点的功能

图 9-19 “钢笔工具”属性栏

步骤 4▶ 参数设置好后，把鼠标光标移至图像窗口左上方单击左键确定起点，如图 9-20 左图所示。

步骤 5▶ 起点确定好后，将光标向左上方移动并单击鼠标，确定第 2 点，如图 9-20 中图所示。

步骤 6▶ 在第 2 点下方确定第 3 点，这样一个猫耳朵的形状就绘制好了，如图 9-20 右图所示。

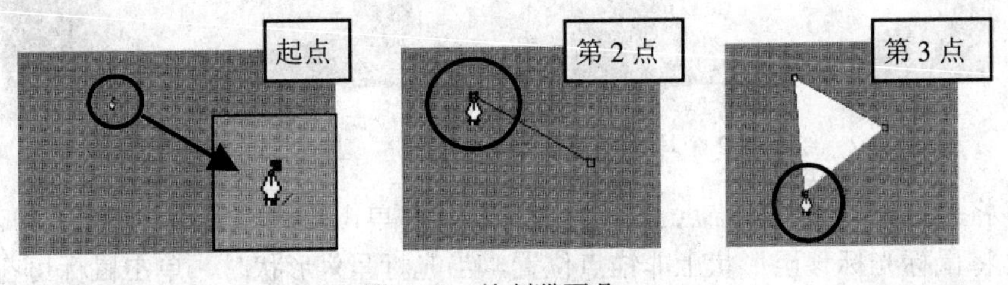

图 9-20 绘制猫耳朵

步骤 7▶ 下面我们继续绘制小猫的脸，首先在图像窗口的中下方单击并按住鼠标不放向右拖动控制柄，可以看到小猫左半边脸的轮廓就绘制出来了，如图 9-21 左图所示。

形状上的方块被称为描点。在 Photoshop 中，锚点的类型可分为直线锚点、曲线锚点与贝叶斯锚点。利用“转换点工具”可改变锚点类型。

直线锚点没有方向控制杆。利用“钢笔工具”在选定位置单击，即可获得直线锚点。

用“钢笔工具”在选定位置单击并拖动可创建曲线锚点，其特点是锚点两侧存在方向控制杆。虽然两个方向控制杆的长度可以不同，但始终在一条直线上。

贝叶斯锚点两侧都有方向控制杆，不但两个方向控制杆的长度可以不同，而且可以不在一条直线上，从而制作“凹”形状。但是，用户无法用“钢笔工具”制作贝叶斯锚点，而只能使用“转换点工具”将曲线锚点转换为贝叶斯锚点。

步骤 8▶ 在第 4 点的右上方，并与第 3 点高度相同的地方绘制第 5 点，如图 9-21 右图所示。

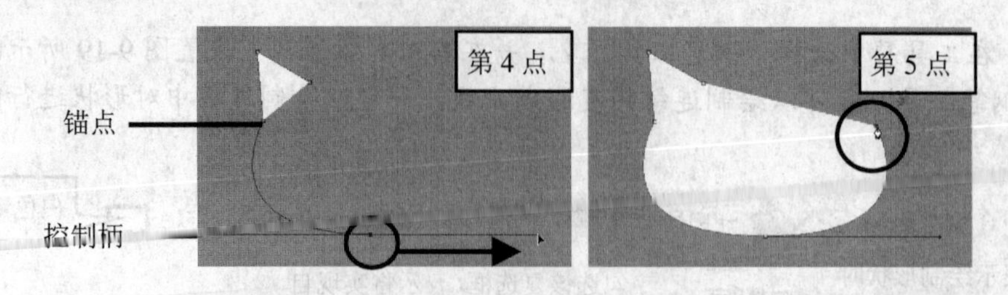

图 9-21 绘制猫脸

步骤 9▶ 按照步骤 5 与步骤 6 的方法为小猫绘制第 2 个耳朵，效果如图 9-22 所示。

步骤 10▶ 将鼠标光标移至起点，此时光标将呈形状，单击鼠标即可封闭形状。这样小猫的脸就绘制好了，如图 9-23 所示。使用“钢笔工具”时应注意如下几点：

图 9-22 绘制第 2 个耳朵

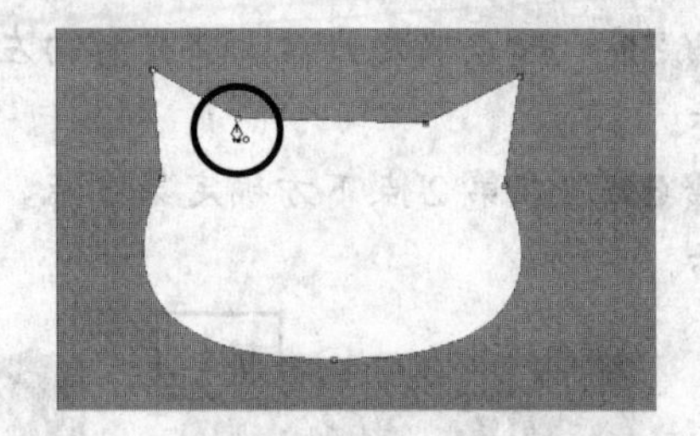

图 9-23 封闭形状

- 将鼠标光标移至某锚点上，光标呈形状时单击可删除锚点，如图 9-24 左图所示。
- 将鼠标光标移至形状上非锚点位置，当光标呈形状时，单击鼠标可在该形状上增加锚点。如果单击并拖动，则可调整形状的外观，如图 9-24 中图和右图所示。
- 默认情况下，只有在封闭了当前形状后，才可绘制另一个形状。但是，如果用户希望在未封闭上一形状前绘制新形状，只需按【Esc】键；也可单击“钢笔工具”或其他工具，此时鼠标光标呈形状。
- 将鼠标光标移至形状终点，当鼠标光标呈形状时，单击并拖动可调整形状终点的方向控制线。
- 在绘制路径时，可用 Photoshop 的撤销功能可逐步回溯删除所绘线段。

图 9-24 删除、添加锚点与调整形状外观

步骤 11▶ 下面我们为小猫绘制尾巴。首先在工具箱中选择“自由钢笔工具”，并在其工具属性栏中设置图 9-25 所示的参数。利用“自由钢笔工具”可以像使用铅笔在纸上绘图一样来绘制形状。

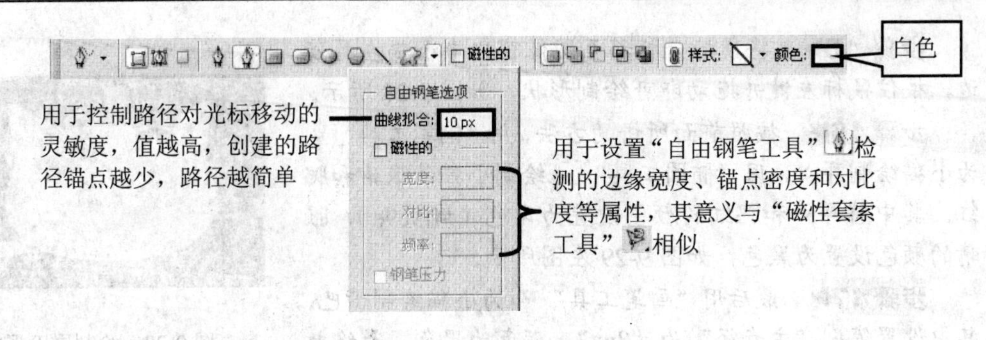

图 9-25　自由钢笔工具属性栏

勾选"磁性的"复选框可以使"自由钢笔工具"具有"磁性套索工具"的属性，也就是说，绘制形状（路径）时，在绘制的形状边缘自动附着磁性锚点，使曲线更加平滑。因此，该工具常用于精确制作选区，或者进行临摹绘画。

步骤 12▶　参数设置好后，将光标移到图像窗口右下方，按住鼠标左键并拖动绘制猫尾巴形状，如图 9-26 所示。

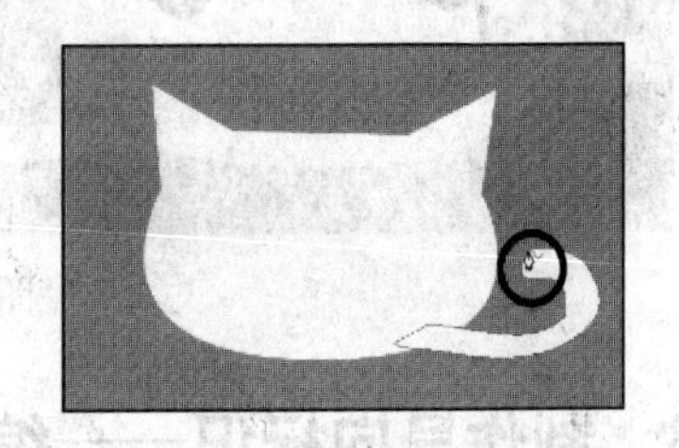

图 9-26　绘制猫尾巴

步骤 13▶　尾巴绘制好后，我们来为小猫添加一点装饰。首先在工具箱中选择"自定形状工具"，并在其工具属性栏中设置形状"颜色"为桃红（#fe48cd）。利用"自定形状工具"可以使用系统预设或自定义的形状样式绘制形状图形。

步骤 14▶　单击形状工具右侧的下拉三角按钮，将弹出"自定形状"拾色器。单击拾色器右上角的圆形三角按钮，从弹出的拾色器控制菜单中选择"自然"形状来替换当前形状。替换好后，在"自定形状"拾色器中选择"花 4"形状，如图 9-27 所示。

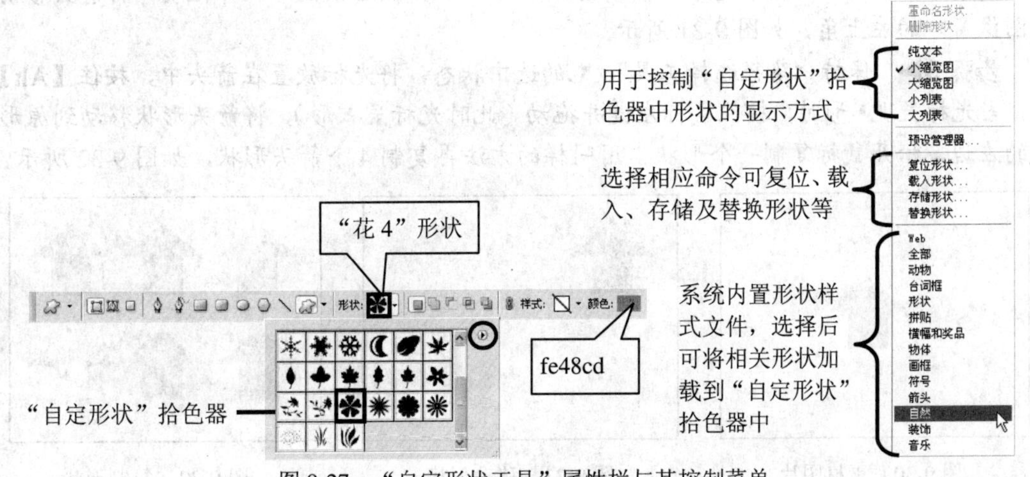

图 9-27　"自定形状工具"属性栏与其控制菜单

图 9-28　绘制尾巴形状

步骤 15▶　将鼠标光标移至图像窗口中小猫左耳傍边，按住鼠标左键并拖动即可绘制形状，如图 9-28 所示。

步骤 16▶　按照前面所讲的方法，用“钢笔工具”为小猫绘制耳心，用“椭圆工具”绘制小猫的眼睛和腮红，其中将耳心和腮红的颜色设置为肉色（#ff9e9e），眼睛的颜色设置为黑色，如图 9-29 左图所示。

步骤 17▶　最后用“画笔工具”为小猫绘制嘴巴，其中设置笔刷“主直径”为“8px”，颜色为黑色。最终效果如图 9-29 右图所示。

图 9-29　绘制小猫

实训 3　制作导向标识——编辑形状

【实训目的】

- 掌握移动、复制与删除形状的方法。
- 掌握改变形状外观的方法。

【操作步骤】

步骤 1▶　打开本书配套素材“PH9”文件夹中的“3 标识.psd”文件，如图 9-30 所示。可以看到此文件中已经创建了一个箭头标识形状。

步骤 2▶　在工具箱中选中“路径选择工具”，然后按住形状并拖动，将箭头移动到图像窗口的左上角，如图 9-31 所示。

步骤 3▶　保持“路径选择工具”的选中状态，将光标放置在箭头中，按住【Alt】键，当光标呈现形时，按住鼠标左键并拖动（此时光标呈形），将箭头形状移动到原形状的左边，松开鼠标复制一个形状。用同样的方法再复制 4 个箭头形状，如图 9-32 所示。

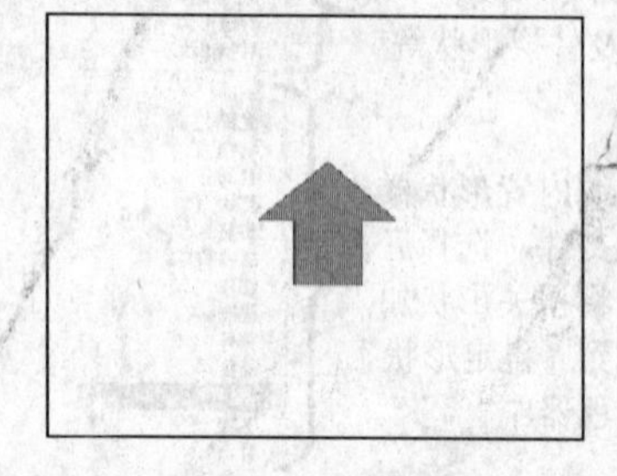

图 9-30　素材图片

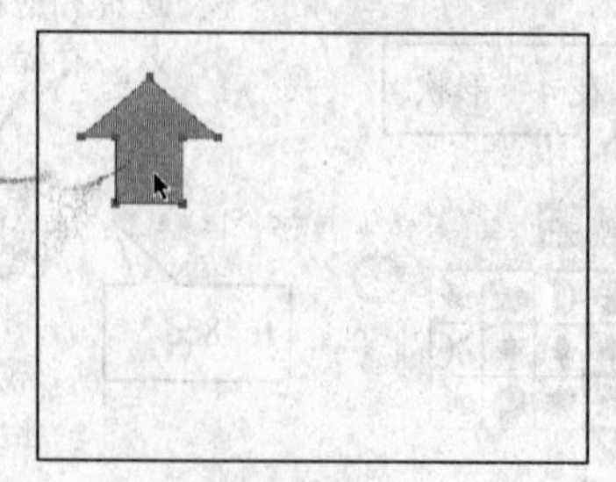

图 9-31　移动形状

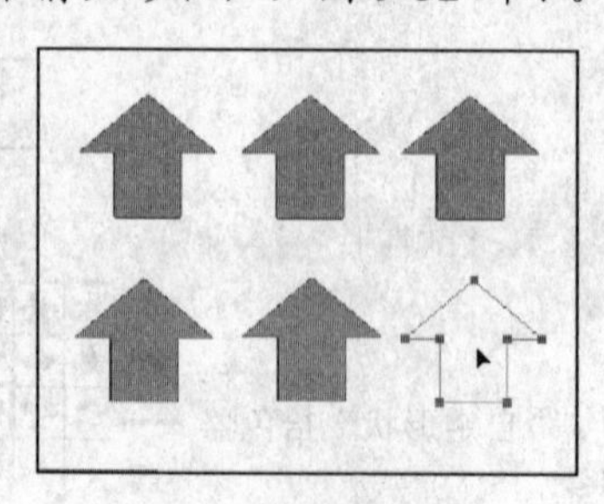

图 9-32　复制形状

若要删除形状，只需先选中形状，然后按【Delete】键即可。

步骤 4▶ 下面我们来学习通过改变这些箭头的外观，来设计各种形状标识的方法。为方便讲解，我们分别为这些箭头标了号，如图 9-33 所示。（用户不用执行相同操作）

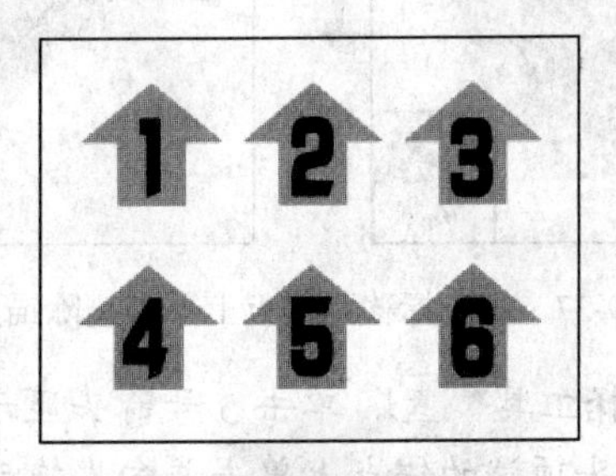

图 9-33　为箭头标号示意

步骤 5▶ 首先在工具箱中选择“直接选择工具”，单击 2 号箭头形状边线可显示形状锚点，如图 9-34 所示。单击锚点并拖动，可移动锚点的位置，如图 9-35 所示。（若为曲线锚点，单击锚点可显示锚点的控制柄，单击控制柄的端点并拖动，可调整形状的外观。）

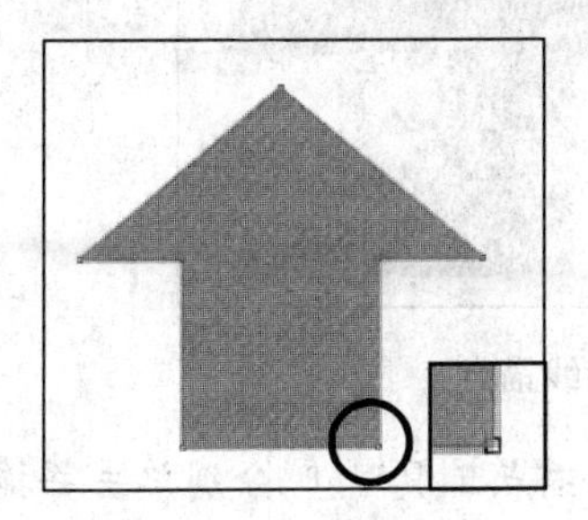

图 9-34　显示形状锚点

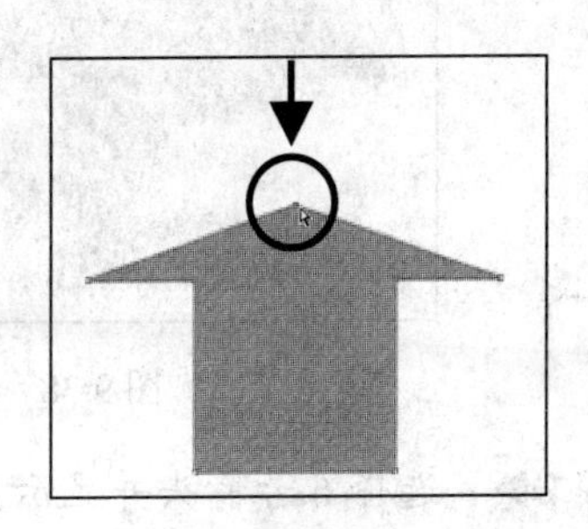

图 9-35　移动直线锚点

步骤 6▶ 选择 3 号箭头，并在工具箱中选择“增加锚点工具”，在箭头形状底边线上单击可为其增加锚点，如图 9-36 左图所示。选择“直接选择工具”，移动该锚点即可改变形状外观，如图 9-36 右图所示。

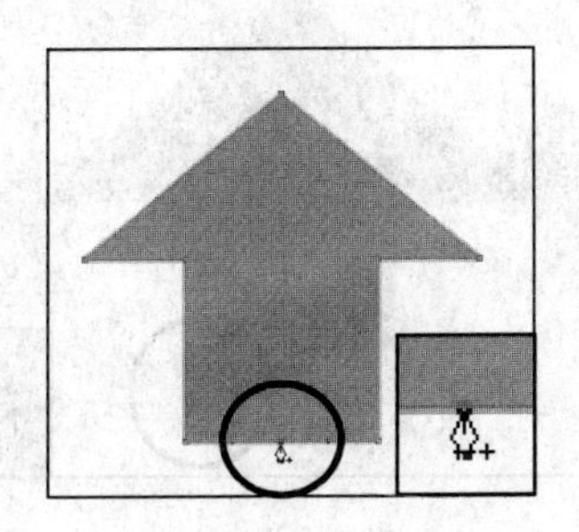

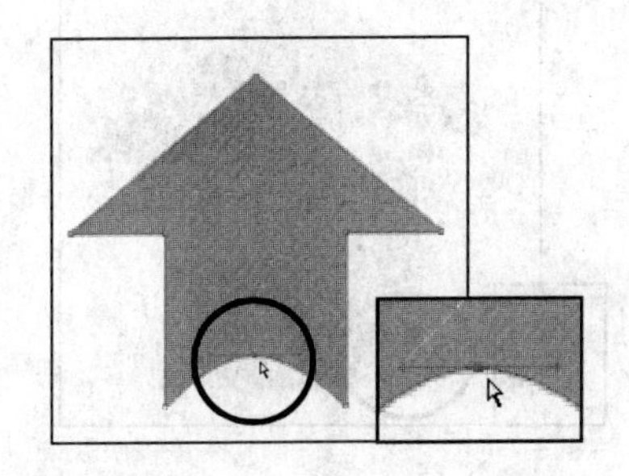

图 9-36　添加并移动锚点

步骤 7▶ 选择“直接选择工具”，单击4号箭头显示其锚点，然后在工具箱中选择“删除锚点工具”，在箭头左下角的锚点上单击可删除锚点，从而改变形状的外观，如图9-37所示。

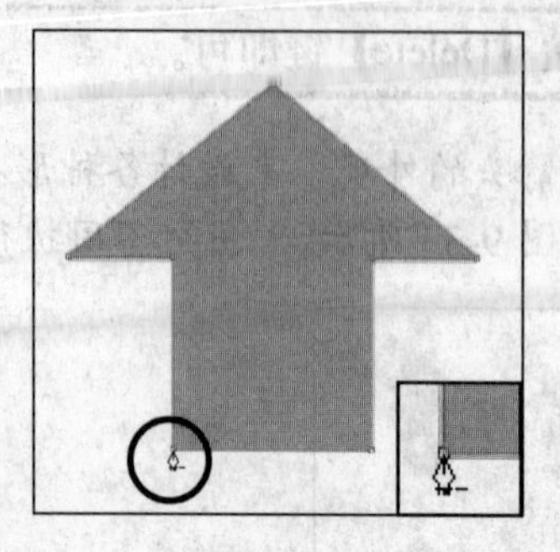
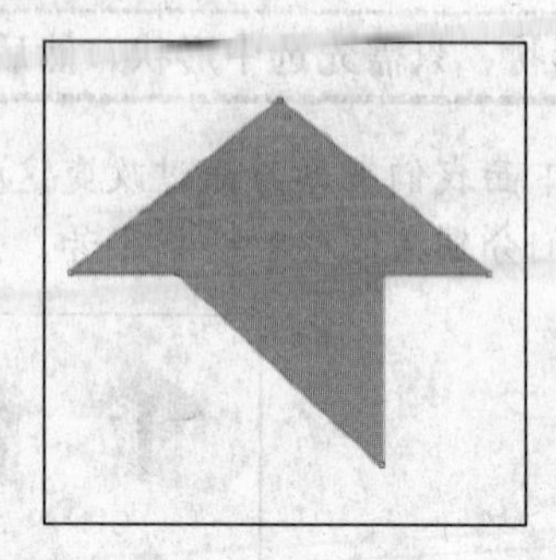

图9-37 将光标移到锚点上单击删除锚点

步骤 8▶ 选择“直接选择工具”，单击5号箭头显示其锚点，然后在工具箱中选择“转换锚点工具”，在箭头顶端的锚点上单击并向左拖动控制柄可将直线锚点转换成曲线锚点，如图9-38所示。

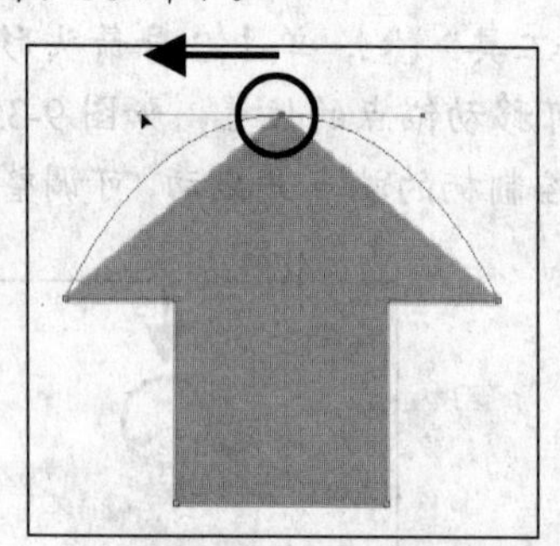
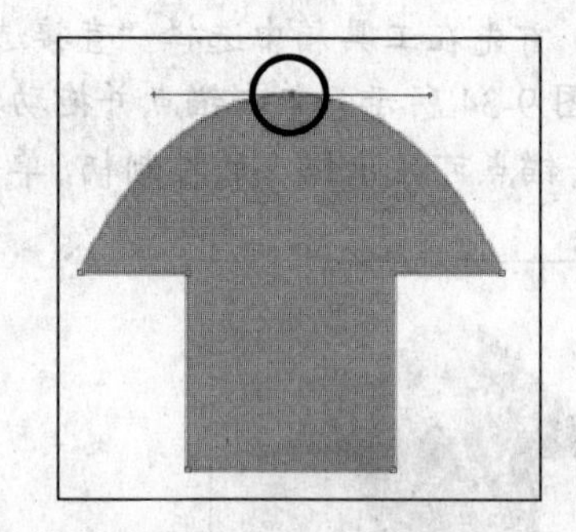

图9-38 将直线锚点转换成曲线锚点

步骤 9▶ 选择6号箭头并显示其锚点，用“转换锚点工具”分别单击并拖动箭头底端的两个锚点，将直线锚点转换成曲线锚点，如图9-39左图所示。

步骤 10▶ 用“转换锚点工具”单击曲线锚点控制柄的端点并拖动，可将其转换为贝叶斯锚点,从而改变形状外观，如图9-39右图所示。

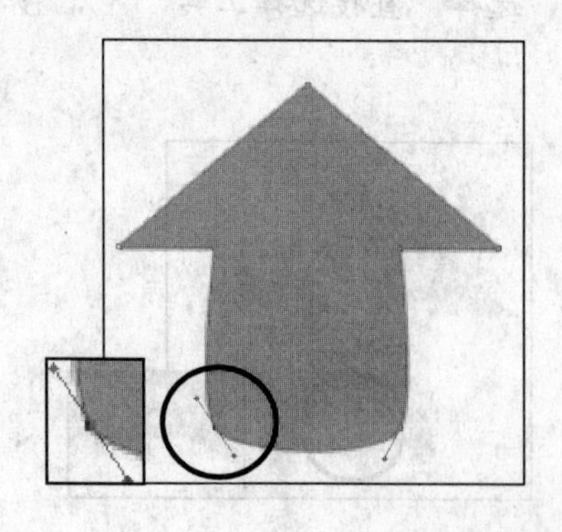
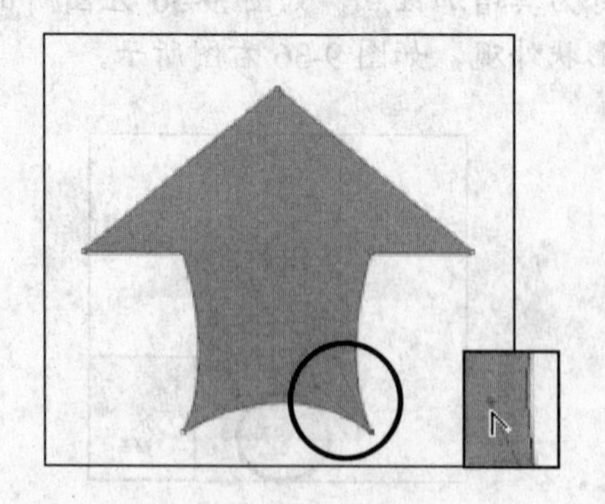

图9-39 将直线锚点转换成贝叶斯锚点

实训4 制作小兔插画——变换、填充与转换形状

【实训目的】

- 掌握变换形状的方法。
- 掌握填充形状的方法。
- 掌握形状与选区转换的方法。

【操作步骤】

步骤 1▶ 打开本书配套素材“PH9”文件夹中的“4 小兔插画.psd”文件，如图 9-40 所示。可以看到该文件是由两个普通图层，一个形状图层和一个背景图层组成。

图 9-40 素材图片与其“图层”调板

步骤 2▶ 利用“路径选择工具”选中小兔形状，此时选择“编辑”菜单，会发现原来的“自由变换”和“变换”菜单项变成了“自由变换路径”和“变换路径”菜单项。

步骤 3▶ 选择“自由变换路径”菜单项，进入路径自由变换状态，对小兔形状进行旋转操作，如图 9-41 所示。

步骤 4▶ 利用“直接选择工具”框选小兔耳朵，并在菜单栏中选择“编辑”菜单，则“编辑”菜单中相应位置的菜单项将变为“自由变换点”和“变换点”。选择“自由变换点”菜单项，对小兔耳朵进行变形，让其变得更修长，如图 9-42 所示。

图 9-41 形状的自由变换

图 9-42 对部分形状进行变形

提示

形状变换的各种方法和图像变换完全相同，可按【Enter】键确认变形，按【Esc】键取消变形。

步骤 5▶ 下面我们来学习将选区制作成形状的方法。首先按住【Ctrl】键，在“图层”调板中单击“花朵”图层的缩览图，将其制作成选区，如图 9-43 左图所示。

步骤 6▶ 选择“窗口”>“路径”菜单，打开“路径”调板，单击调板底部的“从选区生成工作路径”按钮，即可将选区存储为路径，如图 9-43 中图所示。

步骤 7▶ 在“路径”调板中选中“工作路径”层，然后选择“编辑”>“定义自定形状”菜单，打开“形状名称”对话框，在“名称”编辑框中输入形状的名称。单击“确定”按钮，关闭对话框，如图 9-43 右图所示。

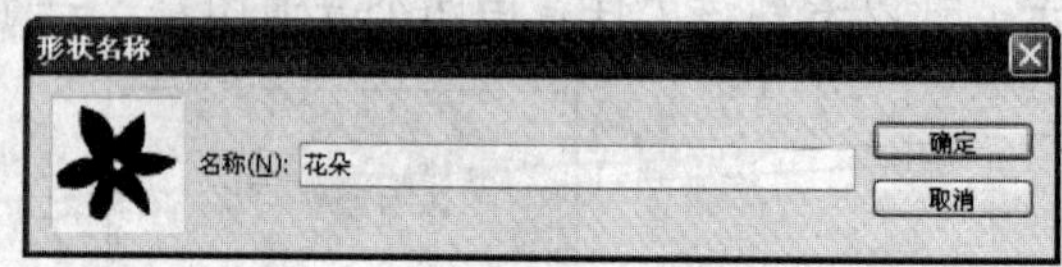

图 9-43 创建选区并将其储存为形状

步骤 8▶ 选择“自定形状工具”，并在工具属性栏中单击其右侧的下拉三角按钮，然后在弹出的“自定形状”拾色器的最下方可看到自定义的“花朵”形状，如图 9-44 所示。

步骤 9▶ 选中该形状，并在图像窗口左上角绘制“花朵”形状，如图 9-45 所示。

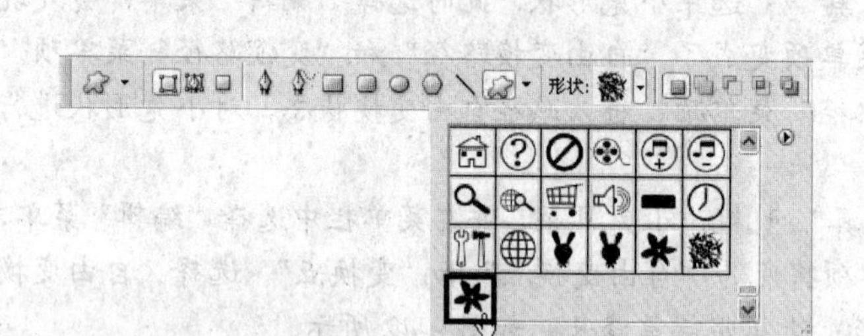

图 9-44 自定形状下拉面板中的自定义形状

图 9-45 绘制形状

步骤 10▶ 下面我们来学习为形状更改填充内容的方法。默认情况下，用户所绘制形状的填充内容为当前前景色，要更改形状颜色，可双击“图层”调板中形状图层的缩览图，在打开的“拾取实色”对话框中设置新颜色。图 9-46 是将新创建的“花朵”形状颜色改成绿色后的效果。

图 9-46 更改形状填充颜色

用户也可为形状填充渐变色或图案。方法是选择一个形状图层，然后选择“图层”>“更改图层内容”>“渐变”或“图案”菜单，在随后打开的设置对话框中设置相应渐变或图案选项即可。

9.2 路径的创建与编辑

路径和形状的创建与编辑方法完全相同，这里不再赘述。要绘制路径，只需选择相应的工具，并单击工具属性栏中的“路径”按钮，即可绘制出路径，如图 9-47 所示。

绘制好路径后，也可用前面介绍的形状编辑工具移动、复制路径，调整路径的形状，以及对路径进行旋转、翻转和变换等（其操作方法与编辑形状的方法相似，这里不再赘述）。

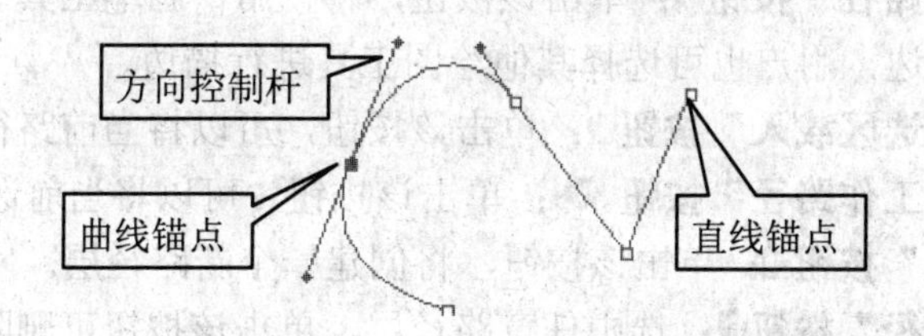

图 9-47　用“钢笔工具”绘制的路径

路径与形状的区别在于，路径被保存在图像的“路径”调板中。因此，路径本身不会出现在将来输出的图像中。只有对路径进行描边和填充后，它才会影响图像的效果。

实训 1　制作标志——创建、描边与填充路径

【实训目的】

- 掌握路径的相关概念。
- 掌握填充路径的方法。
- 掌握描边路径的方法。
- 掌握隐藏与显示路径的方法。

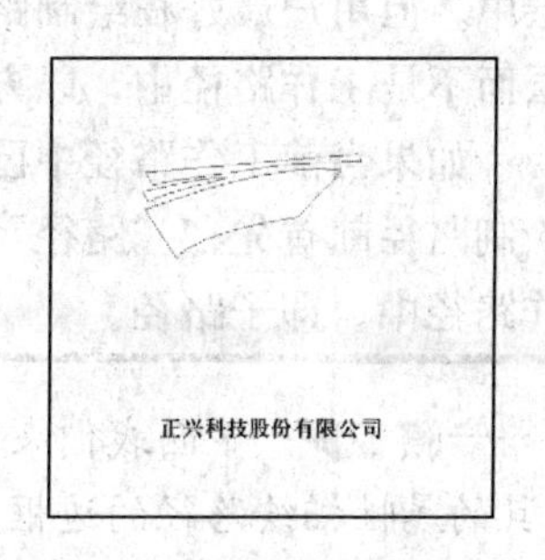

图 9-48　素材图片

步骤 1▶　打开本书配套素材“PH9”文件夹中的“5 标志.psd”文件，如图 9-48 所示。然后选择“窗口”>“路径”菜单，打开“路径”调板，可以看到该文件是由四个路径组成的，如图 9-49 所示。调板中各元素的意义如下：

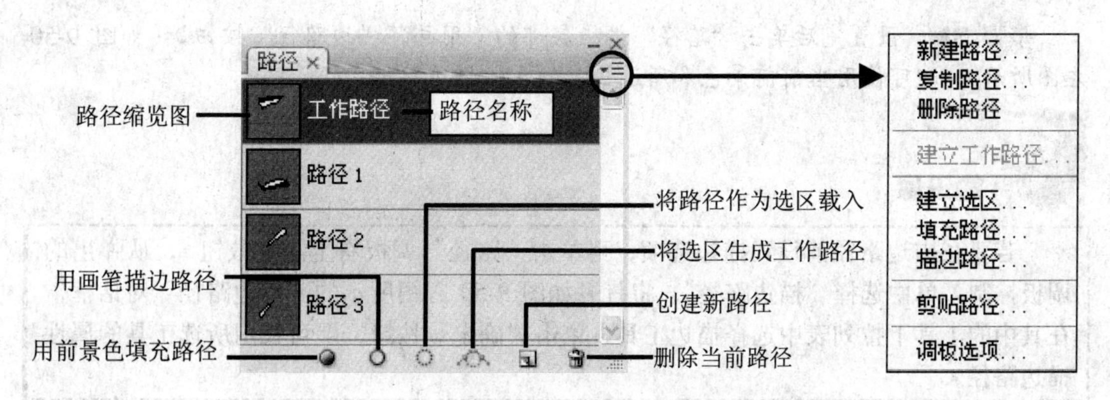

图 9-49　“路径”调板和调板控制菜单

- **路径缩览图**：用于显示路径的预览图，用户可以从中观察到路径的大致形状。
- **当前路径**：在调板中以蓝色条显示的路径为当前工作路径，用户所作的操作都是针对当前路径的。
- **路径名称**：显示了路径的名称，用户可以修改或重命名路径。
- **路径**：单击“路径”调板底部的“创建新路径”按钮，可以创建一个路径层，并按照系统的排列规则命名，如“路径 1”、“路径 2”等。
- **“用前景色填充路径”按钮**：单击该按钮，可以用前景色填充当前路径。
- **“用画笔描边路径”按钮**：单击该按钮，将使用“画笔工具”和当前前景色为当前路径描边，用户也可选择其他绘图工具进行描边。
- **“将路径作为选区载入”按钮**：单击该按钮，可以将当前路径转换为选区。
- **“将选区生成工作路径”按钮**：单击该按钮，可以将当前选区转换为路径。
- **“创建新路径”按钮**：单击该按钮，将创建一个新路径层。
- **“删除当前路径”按钮**：选中任意路径层，单击该按钮可删除路径。

在“路径”调板中，我们可以进行新建、复制、删除和重命名路径等操作，其操作方法与操作图层相似。在未绘制任何路径前，新绘制的路径将自动保存在“工作路径”层中。但用户最好在绘制路径前先创建一个路径层，将新绘制的路径储存在创建的路径层而不是工作路径中，以方便对不同的路径进行编辑。

如果当前工作路径中已经存放了路径，则其内容将被新绘制的路径所取代。如果在绘制路径前首先在“路径”调板中单击选中了工作路径，则新绘制的路径将被增加到工作路径中，即子路径。

步骤 2▶ 下面我们来学习为路径描边的方法。描边路径是使用画笔、铅笔、加深等工具的属性描绘路径的边框。首先在“路径”调板中选中一个路径，并将前景色设置为灰色（#9fa0a0）。在工具箱中选中“画笔工具”，在其工具属性栏中选择“主直径”为“3px”的笔刷。

步骤 3▶ 设置完后单击“路径”调板底部的“用画笔描边路径”按钮（如图 9-50 左图所示），即可使用当前前景色和所选工具的属性描边路径。

若要在描边路径前设置描边选项，可单击“路径”调板右上角的按钮，从弹出的调板控制菜单中选择“描边路径”，将打开如图 9-50 右图所示的“描边路径”对话框，在其中的工具下拉列表中选择描边工具，单击“确定”按钮，即可使用所选工具的属性描边路径。

步骤 4▶　用同样的方法将图像文件中其他路径也添加描边效果，如图 9-51 所示。

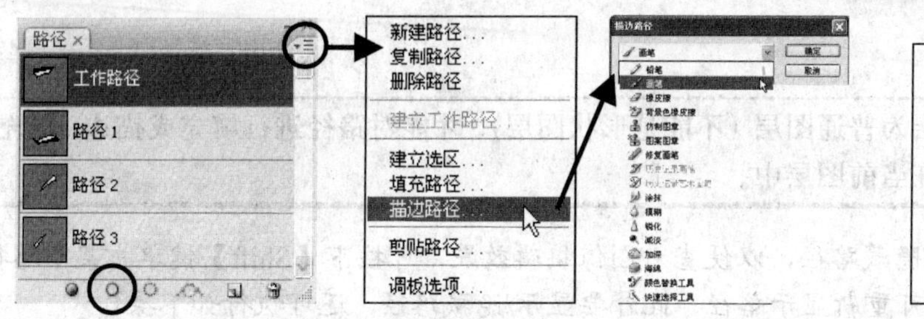

图 9-50　使用“描边路径”命令描边路径

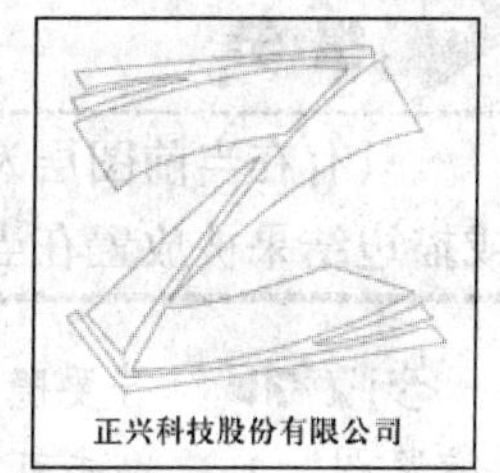

图 9-51　描边效果

步骤 5▶　下面为标志路径填充颜色。填充路径是在路径的内部填充颜色、图案或图像等。首先将前景色设置为蓝色（#10c7dd），并在“路径”调板中选中“工作路径”层，单击“路径”调板底部的“用前景色填充路径”按钮对路径进行填充。

若要在填充路径前设置填充选项，可单击“路径”调板右上角的按钮，从弹出的调板控制菜单中选择“填充路径”项，打开如图 8-52 右图所示的“填充路径”对话框，在其中可选择填充方式（图案、颜色等），设置混合模式、不透明度、羽化等参数，单击“确定”按钮，即可按照设置填充路径。

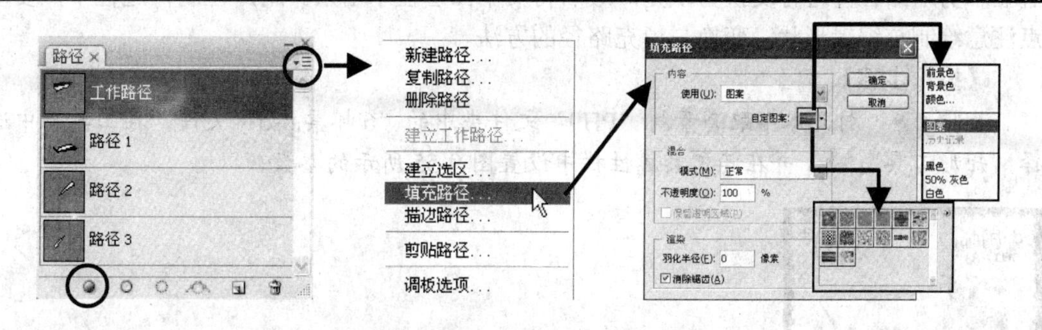

图 9-52　利用“填充路径”命令填充路径

步骤 6▶　用同样的方法分别为“路径 1”至“路径 3”填充颜色，并将颜色分别设置为红色（#e71f1c）、绿色（#19b36c）和黄色（#fffa00）。填充后的最终效果如图 9-53 所示。

图 9-53　填充效果

提示

只有在当前图层为普通图层（不能是形状图层），才能对路径进行填充或描边，填充或描边结果被放置在当前图层中。

步骤 7▶ 若要隐藏路径，以便查看图像编辑效果，可按下【Shift】键单击某个路径的缩览图，再次单击可重新显示路径。此外要显示/隐藏路径，还可执行如下操作：

- 选择“视图”>“显示”>“目标路径”菜单，可以在选中路径层的状态下，在图像窗口中显示 / 隐藏所有路径显示。
- 按【Ctrl+H】组合键，也可隐藏/显示当前图像窗口中的所有路径。
- 在“路径”调板中单击空白处可隐藏所有路径的显示，单击某个路径层，可显示该层中的路径。

综合实训——制作邮票

下面通过制作一张邮票来练习以上学习的内容，邮票效果如图 9-54 所示。制作时，首先导入素材图片，然后绘制邮票的形状与打孔效果并对“打孔”执行对齐与分布操作，接着显示剪纸路径并进行变换与填充，最后将文字图层显示出来。用户在制作过程中，要重点注意绘制与编辑形状，变换与填充路径的方法。

【操作步骤】

步骤 1▶ 打开本书配套素材“PH9”文件夹中的“6 邮票.psd”文件。在工具箱中选择“矩形工具”，并在其工具属性栏中设置图 9-55 所示的参数。

图 9-54　最终效果

图 9-55　“矩形工具”属性栏

步骤 2▶ 参数设置好后，在图像窗口中央绘制矩形，如图 9-56 所示。

步骤 3▶ 新建一个图层，选择“椭圆工具”，并在其工具属性栏中设置图 9-57 所示的参数。

图 9-56 绘制矩形形状

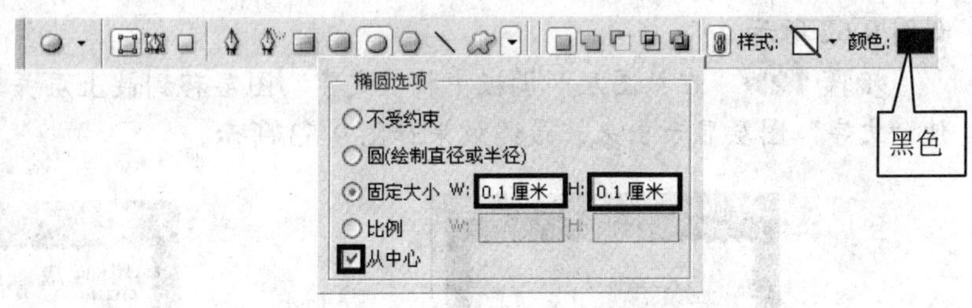

图 9-57 "椭圆工具"属性栏

步骤 4▶ 参数设置好后，将光标移至图像窗口中白色矩形的上边线，单击鼠标即可绘制一个边长为 1 毫米的圆形。多次单击鼠标，在矩形上边线绘制 20 个圆形，如图 9-58 左图所示。

步骤 5▶ 在图层面板中选中所有圆形，并执行垂直居中对齐与水平居中分布操作，效果如图 9-58 右图所示。

步骤 6▶ 将所有椭圆形状组成图层组，命名为"打孔 1"。

图 9-58 绘制与排列椭圆形状

步骤 7▶ 按照步骤 3 至步骤 6 所示的方法为矩形的另外三条边线添加打孔效果，其中竖边线需要绘制 25 个"打孔"(包括底边角打孔)，如图 9-59 所示。

步骤 8▶ 选择"窗口">"路径"菜单，打开"路径"调板，单击"工作路径"层，在图像窗口中显示剪纸路径(此处是我们预先为用户绘制好的路径)，如图 9-60 所示。

步骤 9▶ 取消所有图层的选中状态，选择"编辑">"自由变换路径"菜单项，进入自由变换状态，并在其工具属性栏中设置变换参数，其中"宽(W)"为 40%，"高(H)"为 43.8%(注意不要按下"保持长宽比"按钮)。变换后的效果如图 9-61 所示。

图 9-59 绘制椭圆形状

图 9-60 选择路径

图 9-61 变换路径

步骤 10▶ 在“路径”调板中单击“将路径作为选区载入”按钮，将路径载入为选区。

步骤 11▶ 新建一个透明图层，在新图层中为选区填充“蓝色、红色、黄色”渐变色，如图 9-62 所示。

步骤 12▶ 在“图层”调板中将“文字”图层移到最上层并单击图层左边的图标，使“文字”图层显示出来。最终效果如图 9-63 所示。

图 9-62　为选区填充渐变

图 9-63　显示文字

课后总结

本章重点为读者讲述了形状和路径的绘制与编辑方法，读者从中应能了解路径与形状之间的区别，并通过简单实例的学习，巩固所学的知识。读者应重点掌握路径和形状工具的应用技巧，特别是“钢笔工具”和相关调整工具的使用很难把握，对于初学者来说，平时可以用这些工具描绘图像的轮廓来练习其使用方法，做到熟练使用后再来绘制自己喜欢的作品。

思考与练习

一、填空题

1．“路径”调板组成元素主要包括：________、________、________、________、________、________、和________。

2．使用路径与形状绘画工具可绘制 3 类对象包括：________、________和________。

3．3 种锚点类型分别是________、________和________。

4．要在路径中填充图案，可以执行________操作。

二、问答题

1．创建路径与创建形状有什么区别？

2．如何将路径与选区进行互换？

3．如何对路径执行移动、复制和删除操作？

4．用哪些工具可以调整路径的形状？

5．如何对路径进行填充与描边？

三、操作题

利用本章所学的各种绘制工具绘制出图9-64所示的小螃蟹。

图9-64　绘制小螃蟹

第10章　文字的输入与编辑

【本章导读】

文字的编排是平面设计中非常重要的一项工作。利用 Photoshop 中的文字工具，用户可为图像增加具有艺术感的文字，从而增强图像的表现力。通过对本章的学习，读者应熟练掌握文字工具及文字相关调板的使用方法。

【本章内容提要】

- 输入文字
- 字符和段落调板功能
- 文字的个性化处理
- 文字的转换操作

10.1　使用文字工具组输入文字

在 Photoshop 中，系统提供了 4 种文字工具："横排文字工具"、"直排文字工具"、"横排文字蒙版工具"和"直排文字蒙版工具"，如图 10-1 所示。利用这些工具可以输入普通文字、段落文字，还可以创建文字形状选区。

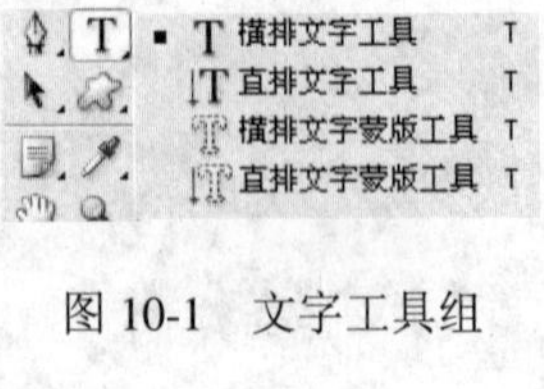

- **"横排文字工具"**：可以输入横向文字。
- **"直排文字工具"**：可以输入纵向文字。
- **"横排文字蒙版工具"**：可以输入横向文字选区。
- **"直排文字蒙版工具"**：可以输入纵向文字选区。

图 10-1　文字工具组

实训 1　制作饮料广告

【实训目的】

- 掌握输入普通文字的方法。
- 掌握输入段落文字的方法。
- 掌握文字蒙版工具的使用方法。

【操作步骤】

步骤 1▶ 打开本书配套素材“PH10”文件夹中的“1 饮料广告背景.jpg”和“1 橙子.jpg”图片文件，如图 10-2 所示。切换“1 饮料广告背景.jpg”图像窗口为当前窗口。

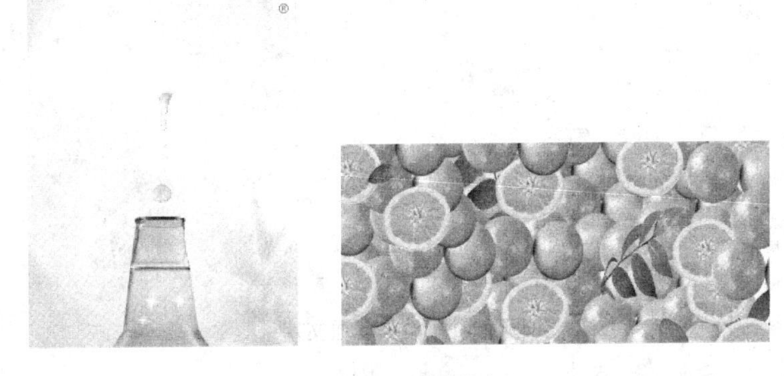

图 10-2　素材图片

步骤 2▶ 首先我们来学习输入普通文字的方法（此种方法适合于在图像中输入少量文字）。在工具箱中选择“横排文字工具” T（若需要输入纵排文字可选择“直排文字工具” IT），并在其工具属性栏中设置图 10-3 所示的参数，其中各选项的意义如下：

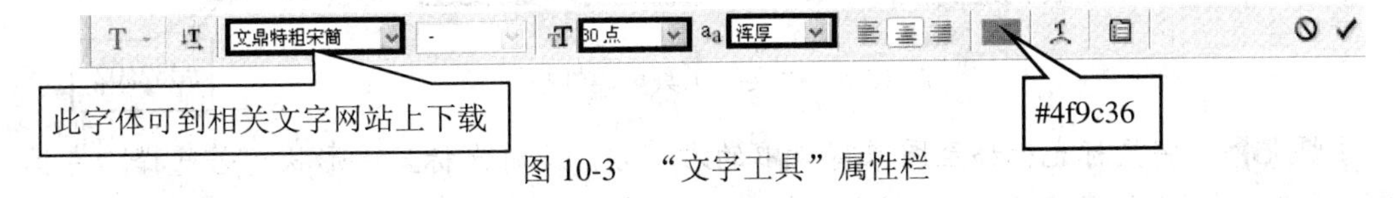

图 10-3　“文字工具”属性栏

- **更改文本方向**：输入文字后，该按钮被激活，单击它可以在文字的水平和垂直排列状态之间切换。
- **设置字体系列**：在该下拉列表中可以选择字体样式。
- **设置字体大小**：用于设置字体大小，可以直接输入数字，也可在下拉列表中选择字体大小。
- **设置消除锯齿方法**：在该下拉列表中可设置用什么方式消除文字锯齿。
- **对齐文字**：当选择 T 或 T 工具时，对齐按钮显示为：，分别单击可使水平文字向左对齐、沿水平中心对齐、向右对齐。当选择 IT 或 IT 工具时，对齐按钮显示为：，分别单击可使垂直文字向上对齐、沿垂直中心对齐、向下对齐。

- **设置文本颜色□**：单击该色块可以在弹出的“拾色器”对话框中设置字体的颜色。
- **创建文字变形**：输入文字后，该按钮被激活，单击它可在弹出的“变形文字”对话框中设置文字的变形样式。
- **显示/隐藏字符和段落调板**：单击该按钮，在弹出的“字符/段落”调板中，可对文字进行更多的设置。

步骤 3▶ 参数设置好后，将鼠标移至图像窗口左上角的位置单击，在出现闪烁光标后，输入“鲜橙”字样。输入好后，单击属性栏中的✓按钮，或者按【Ctrl+Enter】组合键即可完成输入，如图 10-4 所示。

图 10-4 输入普通文字

步骤 4▶ 接下来我们来为此广告加些广告语，学习段落文字的输入方法。首先在工具箱中选择“横排文字工具”T（若需要输入纵排文字可选择“直排文字工具”），并在其工具属性栏中设置图 10-5 所示的文字属性。

图 10-5 “文字工具”属性栏

步骤 5▶ 将鼠标光标移至图像窗口中的右下方，此时光标呈形状（若选择“直排文字工具”则光标呈形状），按住鼠标左键不放并拖动绘制图 10-6 左图所示的矩形区域，绘制完后松开鼠标，即可创建一个段落文本框。

步骤 6▶ 此时在文本框中会出现闪烁的光标，随后即可输入文字，如图 10-6 右图所示。

当输入的文字到文本框的边缘时，文字会自动换行。如果输入的文字过多，文本框的右下角控制点将呈⊞形状，这表明文字超出了文本框范围，文字被隐藏了，这时我们可以通过拖动文本框上的控制点来改变文本框大小，显示被隐藏的文字。

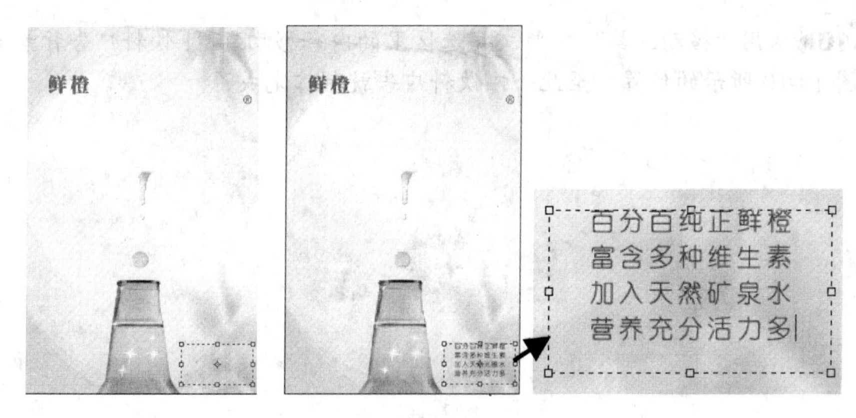

图 10-6　输入段落文字

步骤 7▶　最后我们来用文字蒙版工具制作文字选区(不是文字),为广告添加主题字。首先切换“1 橙子.jpg”文件窗口为当前窗口。选择“横排文字蒙版工具”（若需要输入纵排文字蒙版可选择“直排文字蒙版工具”），并在其工具属性栏中设置图 10-7 所示的参数。

图 10-7　“文字工具”属性栏

步骤 8▶　参数设置好后，在“1 橙子.jpg”文件窗口中单击鼠标，此时图像暂时转为快速蒙版模式，在出现闪烁的光标后输入“百分百”字样，如图 10-8 所示。

步骤 9▶　按【Ctrl+Enter】组合键确认输入，文字转换成了选区，图像返回到了标准编辑模式，如图 10-9 所示。

图 10-8　“百分百”字样

图 10-9　创建文字选区

使用横排和直排文字蒙版工具建立选区后，无法再对文字进行修改，所以在按【Ctrl+Enter】组合键确认输入以前，一定要确保创建的选区效果符合需要。

步骤 10▶ 用“移动工具”将文字选区里的内容移动到“1饮料广告背景.jpg”中，并放置在图10-10所示的位置。至此一幅饮料广告就制作完成了。

图10-10　组合图像

10.2　使用字符和段落调板编辑文字

用户在图像中输入文字后，还可通过字符和段落调板对文字进行编辑，比如修改文字内容、大小或颜色等。下面将通过一个实例对其加以说明。

实训1　制作书签

【实训目的】

- 掌握选取文字的方法。
- 掌握设置字符格式的方法。
- 掌握设置段落格式的方法。

【操作步骤】

步骤 1▶ 打开本书配套素材“PH10”文件夹中的“2书签.psd”图片文件，如图10-11所示。可以看到我们已经预先在图片中输入了文字。

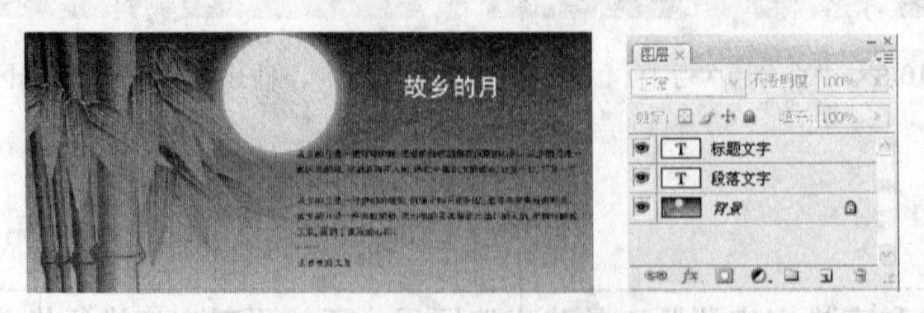

图10-11　素材图片与其“图层”调板

步骤 2▶ 下面我们先来学习选取文字的方法。用户可在“图层”调板中双击“标题

文字”图层缩览图，便可选中该图层中的所有文字，此时系统将自动切换到文字工具，如图 10-12 所示。

图 10-12 选取文字

还可以在选择文字工具（T 或 IT）后将光标移至文字区上单击，此时系统会自动将文字图层设置为当前图层，并进入文字编辑状态。用户可以在插入点输入文字；也可用拖动方式选中个别文字。

步骤 3▶ 选择“窗口”>“字符”菜单项，打开“字符”调板（也可单击工具属性栏中的“显示/隐藏字符与段落调板”按钮）设置文字属性，如图 10-13 所示。其中各选项的意义如下：

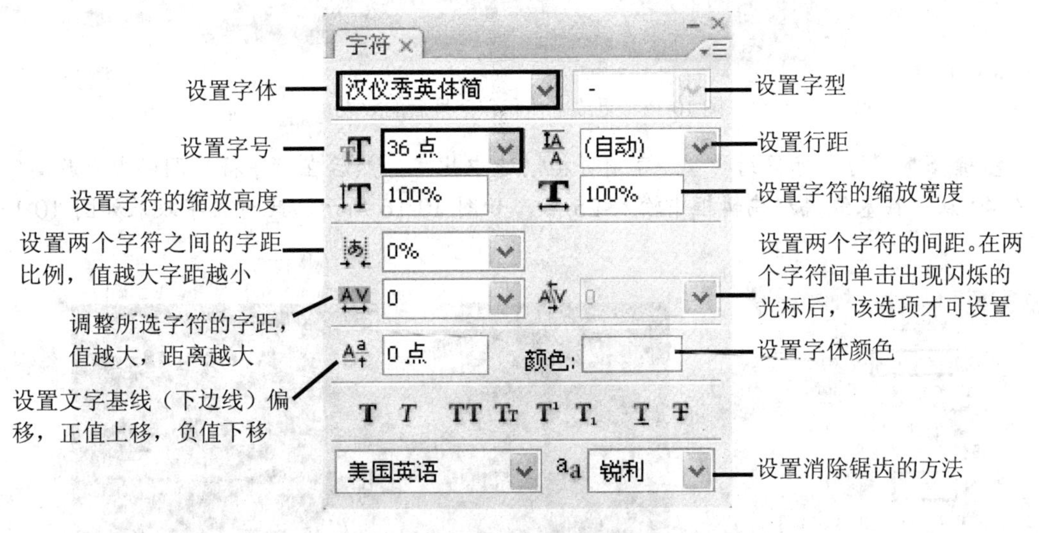

图 10-13 “字符”调板

- **T T TT Tr T¹ T₁ T Ŧ**：单击相应的按钮可分别将字体设置为仿粗体、仿斜体、全部大写字母、小型大写字母、上标、下标、下划线和删除线，如图 10-14 所示。

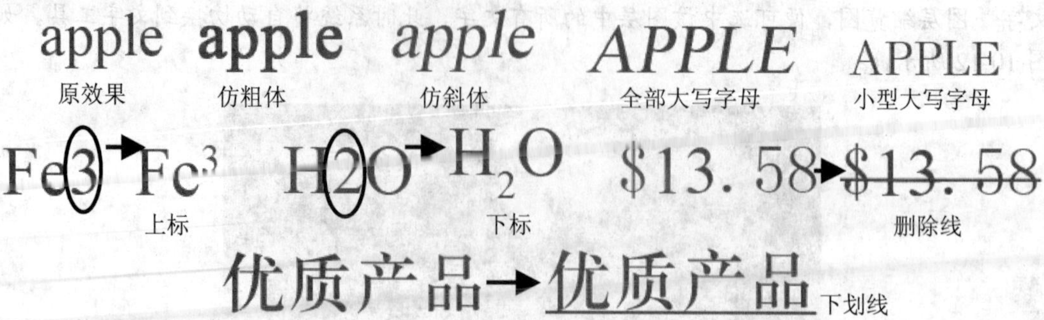
apple apple apple APPLE APPLE
原效果
仿粗体
仿斜体
全部大写字母
小型大写字母
Fe3→Fe3
上标
H2O→H2O
下标
$13. 58→$13. 58
删除线
优质产品→优质产品
下划线

图 10-14 设置字符属性

小技巧

> 如果要调整字符的间距，也可用鼠标在两个字符间单击。当出现闪烁的光标后，按住【Alt】键的同时，再按方向键【←】、【→】可调整字符的间距。此外，选中文字后，按【Shift+Ctrl+>】或【Shift+Ctrl+<】组合键可放大或缩小字号。

步骤 4▶ 参数设置好后，可以看到图像窗口中文字的变化，如图 10-15 所示。

故乡的月

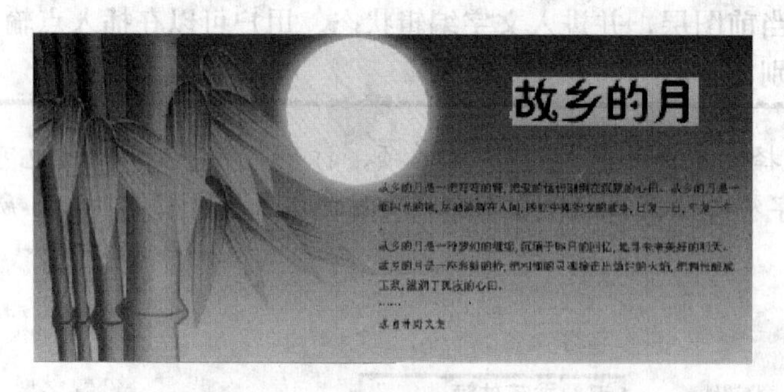

图 10-15 更改字体和和字号后的效果

步骤 5▶ 将光标移到“乡”字前并拖动选中此字，然后在“字符”调板中更改其字体为 40 点，在基线偏移编辑框中输入-25 点，如图 10-16 所示，此时文字效果如图 10-17 所示。

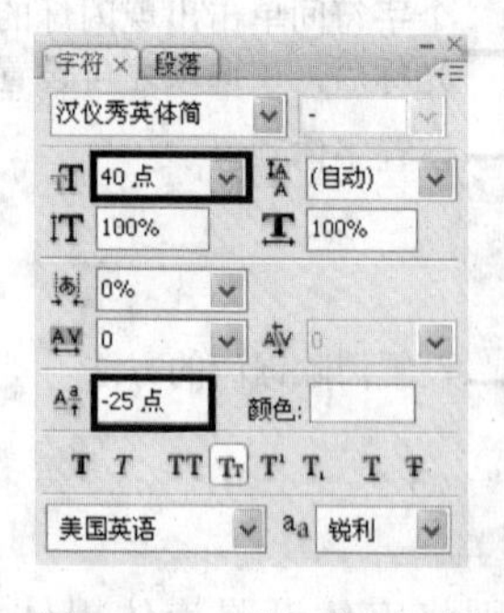

字符 段落
汉仪秀英体简
40 点
(自动)
100%
100%
0%
0
-25 点
颜色:
美国英语
锐利

图 10-16 “字符”调板

故乡的月

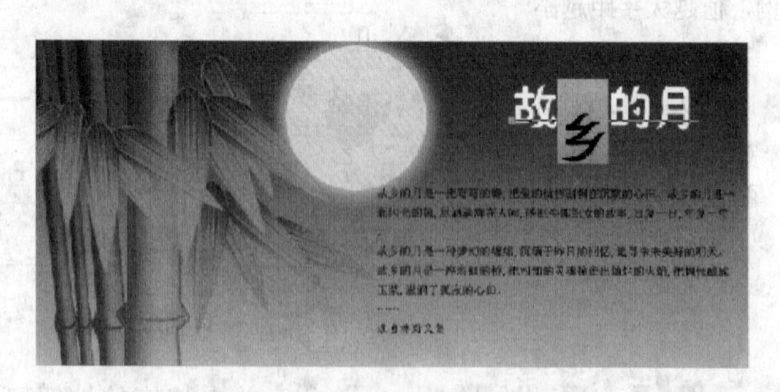

图 10-17 “乡”字设置效果

步骤 6▶ 选中“月”字，更改其字体大小为 60 点，设置其基线偏移为-20 点，如图

10-18 所示。设置好后按【Ctrl+Enter】组合键确认操作，此时文字效果如图 10-19 所示。

图 10-18　“字符”调板

图 10-19　“月”字设置效果

步骤 7▶　在“图层”调板中双击“段落文字”图层缩览图，将段落文字全选。然后选择“窗口”>“段落”菜单项打开“段落”调板（也可单击工具属性栏中的“显示/隐藏字符与段落调板”按钮），并参照图 10-20 所示设置参数，其中各选项的意义如下：

- **左对齐文本**：默认的文本对齐方式，单击该按钮可以使文本左对齐。
- **居中文本**：单击该按钮可以使文本居中对齐。
- **右对齐文本**：单击该按钮可以使文本右对齐。
- **最后一行左边对齐**：单击该按钮可以使文本左右对齐，最后一行左边对齐。
- **最后一行居中对齐**：单击该按钮可以使文本左右对齐，最后一行中间对齐。
- **最后一行右边对齐**：单击该按钮可以使文本左右对齐，最后一行右边对齐。
- **全部对齐**：单击该按钮可以使文本左右全部对齐。

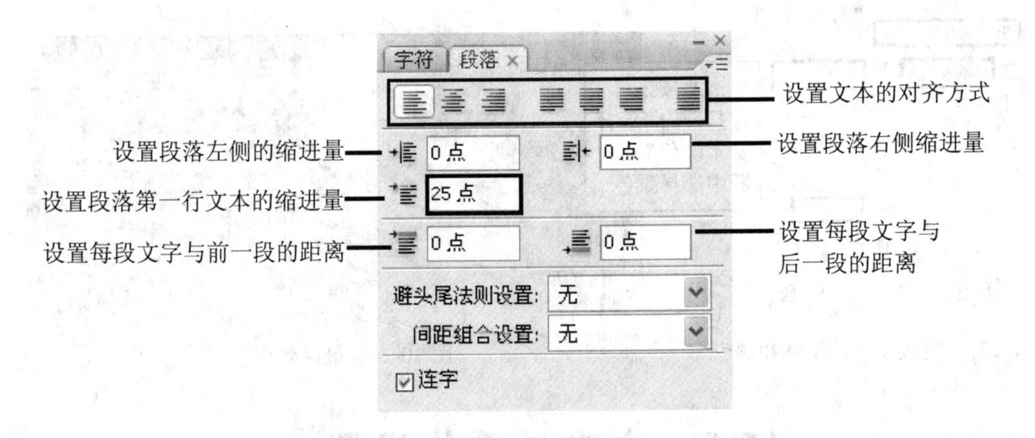

图 10-20　“段落”调板

步骤 8▶　参数设置好后可以在图像窗口中看到段落文本的变化，如图 10-21 所示。

步骤 9▶　在段落的最后一行单击，插入一个光标，然后在“段落”调板中单击“右对齐文本”按钮将文字右对齐，如图 10-22 所示。

图 10-21　设置首行缩进后的效果

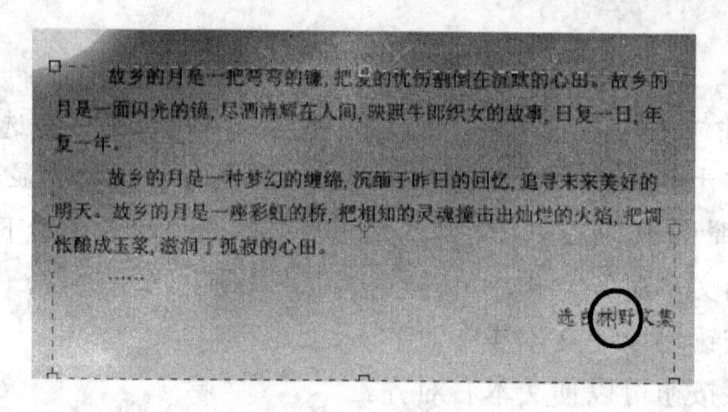

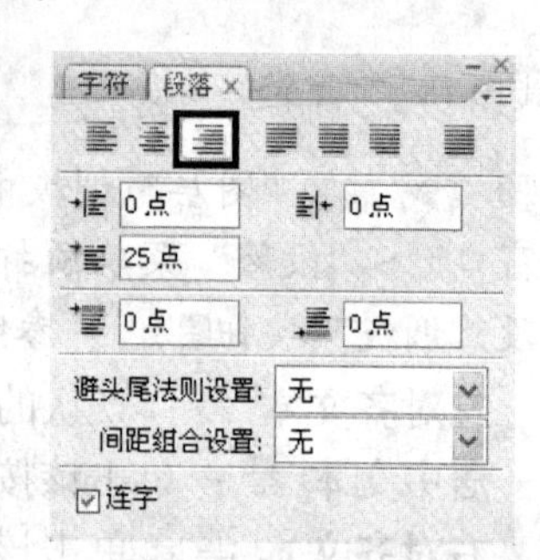

图 10-22　设置段落文字的右对齐

步骤 10▶　全选段落文字并切换到“字符”调板，参照如图 10-23 所示的参数设置文本属性。最终效果如图 10-24 所示。

图 10-23　更改文字的字体和颜色

图 10-24　最终效果

10.3　文字特殊化设置

在 Photoshop 中除了可设置文字的基本属性外，还可对文字应用系统预设的变形样式、将文字转换为形状、沿路径或内部放置文字，以及对文字进行栅格化处理，以便对文字进行更多的设置。这样做的目的，不但能制作各种变形文字，还能起到美化版面的作用。

实训 1　制作徽章——文字版型设置和沿路径放置

【实训目的】

- 掌握设置文字版型的方法。
- 掌握将文字沿路径放置的方法。
- 掌握将文字沿图形内部放置的方法。

【操作步骤】

步骤 1▶ 打开本书配套素材“PH10”文件夹中的“3 徽章.psd”图片文件，如图 10-25 所示。

图 10-25　素材图片与其“图层”调板

步骤 2▶ 首先我们来学习设置文字版形的方法，它可以使文字呈现千姿百态的特殊效果，使其具有艺术美感。双击“十五”图层的缩览图全选文字，然后单击文字工具属性栏中的“创建文字变形”按钮，打开“变形文字”对话框。

步骤 3▶ 在“样式”下拉列表框中选择“扇形”样式，然后在对话框中设置其变形参数，单击“确定”按钮即可得到相应的变形文字，如图 10-26 所示。其中各选项的意义如下：

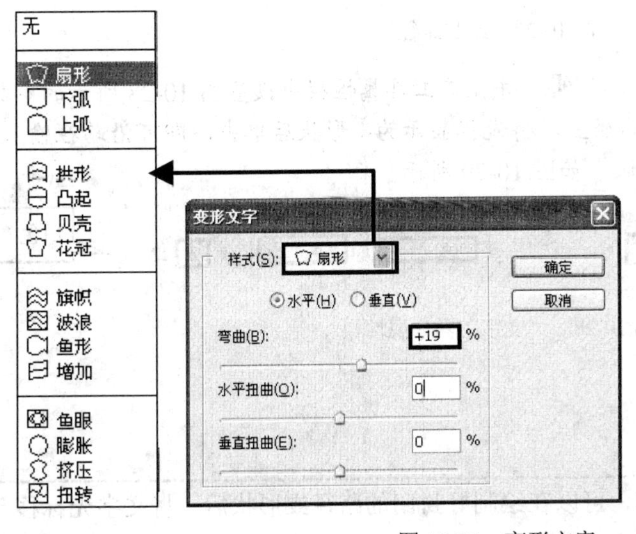

图 10-26　变形文字

- **样式**：在该下拉列表中可以选择不同的变形样式。
- **“水平”或“垂直”单选钮**：这两个单选钮用于决定扭曲作用在水平方向上还是垂直方向上。
- **弯曲**：决定文字的扭曲程度。
- **水平扭曲**：可以缩放水平扭曲的效果。
- **垂直扭曲**：可以缩放垂直扭曲的效果。

选中文字图层后，选择“编辑”>“变换”>“变形”菜单，也可对文字变形。

如果对文字的变形效果不满意，可在“变形文字”对话框的“样式”下拉列表中选择其他样式；如果要取消变形设置，可选择“样式”下拉列表中的“无”选项。

步骤 4▶ 下面我们来学习让文字沿路径或图形内部放置的方法。首先选择“椭圆工具”，并在其工具属性栏中按下“路径”按钮，然后在图像窗口中绘制图 10-27 所示的路径。

图 10-27 绘制路径

步骤 5▶ 选择“横排文字工具”，并在其工具属性栏中设置图 10-28 所示的参数。参数设置好后，将文字光标移至路径上，待光标显示为形状后单击，即可沿路径输入文字。输入好后按【Ctrl+Enter】确认，如图 10-29 所示。

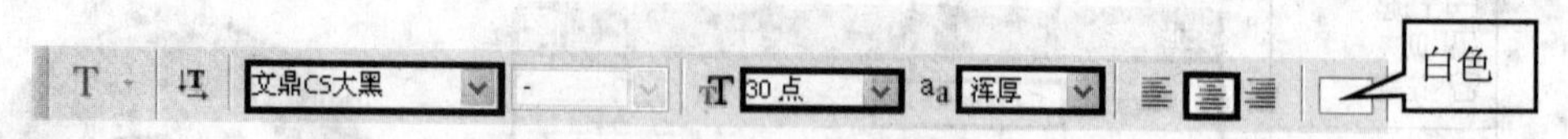

图 10-28 “文字工具”属性栏

若要将文字放置在图形内部，可以在绘制好封闭的路径或形状后，将文字光标移至路径或形状内部，待光标呈形状时，单击并输入文字，其效果如图 10-30 所示。

步骤 6▶ 选择"钢笔工具"，在图像窗口下方绘制图 10-31 所示的路径。

图 10-29　将文字沿路径放置

图 10-30　将文字放置在图形内部

图 10-31　绘制路径

步骤 7▶ 按照步骤 4 所示的方法沿新绘制的路径输入文字。然后选择"直接选择工具"或"路径选择工具"，将光标移至文字上方，待光标呈形状后，按下鼠标左键并沿路径拖动可移动文本，如图 10-32 左图所示（如果上下拖动鼠标，还可以翻转文字）。最终效果如图 10-33 所示。

图 10-32　沿路径移动文字

图 10-33　最终效果

实训 2　制作化妆品广告——转换文字

【实训目的】

- 掌握相互转换普通文字与段落文字的方法。
- 掌握将文字图层转换成普通图层的方法。
- 掌握将文字转换成形状或路径的方法。

【操作步骤】

步骤 1▶ 打开本书配套素材"PH10"文件夹中的"4 化妆品广告.psd"图片文件，如图 10-34 所示。

图 10-34　素材图片

图 10-35　“图层”调板

步骤 2▶　首先我们来学习将普通文字转换成段落文字的方法。在“图层“调板中将“广告语”图层设置为当前图层。然后选择“图层”>“文字”>“转换为段落文本”菜单，可将普通文字转换为段落文本。

根据所选文本的不同，“图层”>“文字”菜单中的命令也不同，当所选文本为段落文本时，该菜单项将显示为“转换为点文本”(即普通文字)。

步骤 3▶　转换好后，全选段落文字，并在“段落”调板中进行左对齐操作，效果如图 10-36 所示。

步骤 4▶　接下来我们把“广告语”图层转换成普通图层，并为其添加渐变色。用户可选择“图层”>“栅格化”>“文字”(或“图层”)菜单，或者在“图层”调板中文字图层上右击鼠标，在弹出的快捷菜单中选择“栅格化文字”菜单项，如图 10-37 左图和中图所示。

步骤 5▶　文字转换好后，按住【Ctrl】键，单击“广告语”图层的缩览图，将其中的图像制作成选区，并为其添加“紫色、橙色”渐变色，效果如图 10-37 右图所示。

图 10-36　将段落文本左对齐

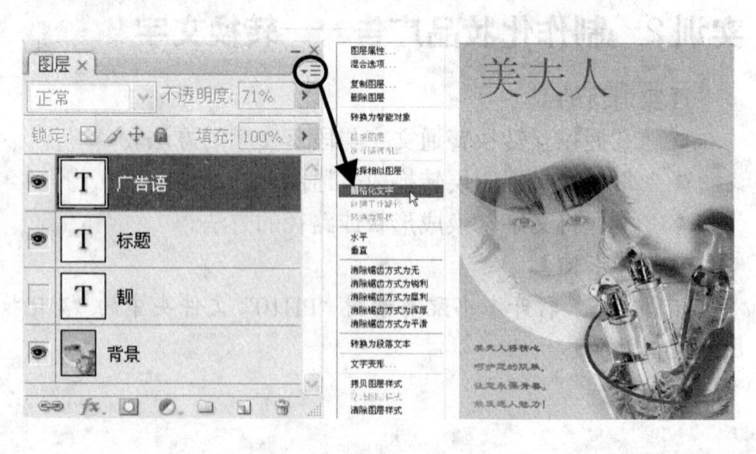

图 10-37　栅格化文字并添加渐变色

由于用户不能在文字图层上进行绘画和修饰、应用滤镜等操作。所以在很多时候我们都需要将文字图层转换为普通图层。转换后的图层将无法再转换为文字图层，并进行文本编辑。

步骤 6▶ 下面来学习将文字转换成形状的方法，以便制作一些异形文字。首先选中“标题字”图层，然后选择“图层”>“文字”>“转换为形状”菜单项，即可完成转换。

步骤 7▶ 利用“缩放工具”局部放大“美”字，然后利用“删除锚点工具”删除部分锚点，再分别用“添加锚点工具”、“转换点工具”和“直接选择工具”调整“美”字的外观，得到图 10-38 右图所示效果。

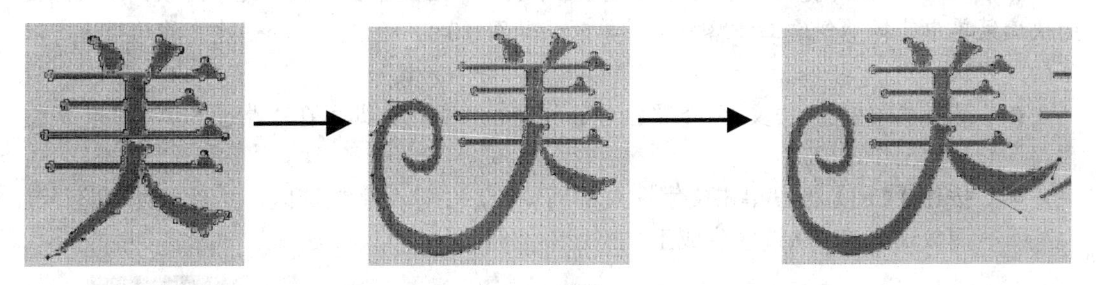

图 10-38　调整“美”字形状

步骤 8▶ 利用“直接选择工具”框选“美”字上方的部分锚点并删除，如图 10-39 左图和中图所示，再利用“钢笔工具”将断开的锚点连接起来，其效果如图 10-39 右图所示。

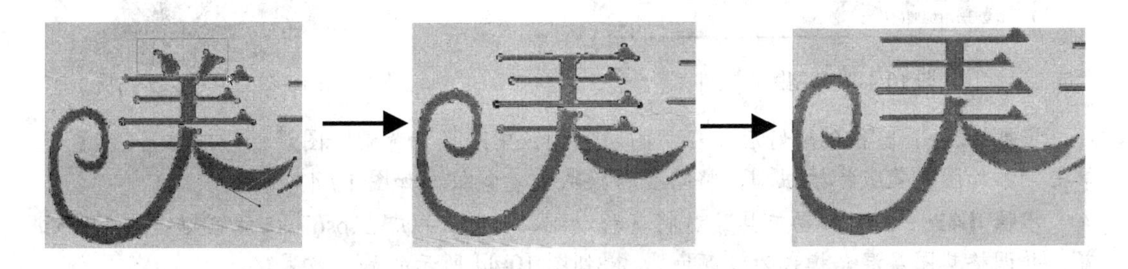

图 10-39　删除锚点并闭合形状

步骤 9▶ 选择“自定形状工具”，在其工具属性栏中单击“形状图层”按钮，在“形状”下拉面板中选择“红桃”形状，并选中“添加到形状区域”按钮，然后在“美”字的上方绘制“红桃”形状，并利用“自由变换”命令适当旋转，效果如图 10-40 左图所示。

步骤 10▶ 继续用绘制工具分别调整“夫”和“人”字形状，效果如图 10-40 右图所示。

图 10-40　调整文字形状

步骤 11▶　最后我们来学习将文字转换成路径的方法。选择"图像">"复制"菜单，打开复制对话框，单击"确定"按钮将原图像文件复制成"4 化妆品广告 副本.psd"，如图 10-41 所示。

步骤 12▶　在新复制图像文件的"图层"调板中右键单击"靓"文字图层，并从弹出的快捷菜单中选择"创建工作路径"菜单项，如图 10-42 所示。此外创建工作路径还有以下两种方法：

- 选择"图层">"文字">"创建工作路径"菜单，即可在"路径"调板中生成文字的工作路径。
- 按住【Ctrl】键，单击文字图层的缩览图，创建文字的选区，然后单击"路径"调板底部的"从选区生成工作路径"按钮 即可。

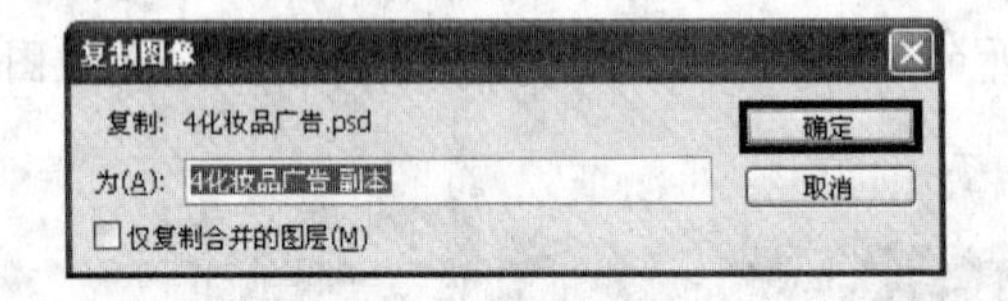

图 10-41　复制图像文件

图 10-42　显示文字图层

步骤 13▶　路径创建好后，在"图层"调板中选择"背景"图层，并按住【Ctrl】键单击"添加图层蒙版"按钮，将路径转换成矢量蒙版，如图 10-43 所示。

步骤 14▶　用"移动工具"将其移动到"4 化妆品广告.psd"图像窗口中右上角位置，并调整其图层混合模式为"颜色"，得到图 10-44 所示的最终效果。

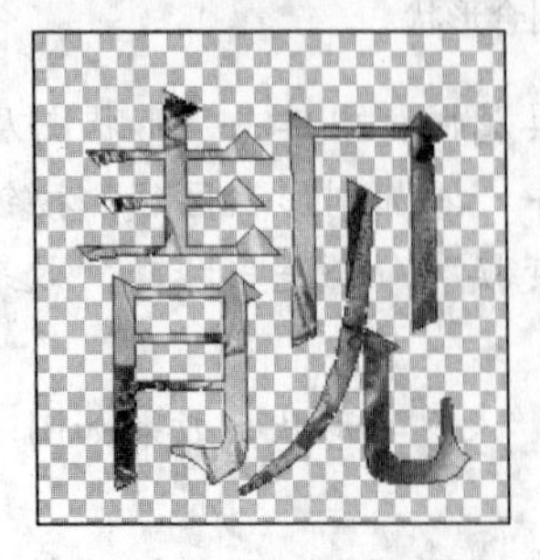

图 10-43　制作图层蒙版

图 10-44　最终效果

综合实训——制作图书封面

下面通过制作一幅图书封面来练习以上学习的内容，封面最终效果如图 10-45 所示。制作时，首先导入图片，然后输入书名文字，将其进行栅格化处理并添加图层样式，接着输入书脊文字并更改部分文字颜色，最后在封底上输入段落文字并设置文字版型。用户在制作过程中，要重点注意文字工具、“文字”调板、转换文字和文字板型等功能的应用。

【操作步骤】

步骤 1▶ 打开本书配套素材“PH10”文件夹中的“5 图书封面.jpg”图片文件，按【Ctrl+;】组合键显示参考线，如图 10-46 所示。

图 10-45　书籍封面最终效果

图 10-46　素材图片

步骤 2▶ 选择“直排文字工具” IT，在“字符”调板设置文字属性参数（如图 10-47 左图所示），然后分别在图 10-47 右图所示位置输入“中国”、“文化”字样。

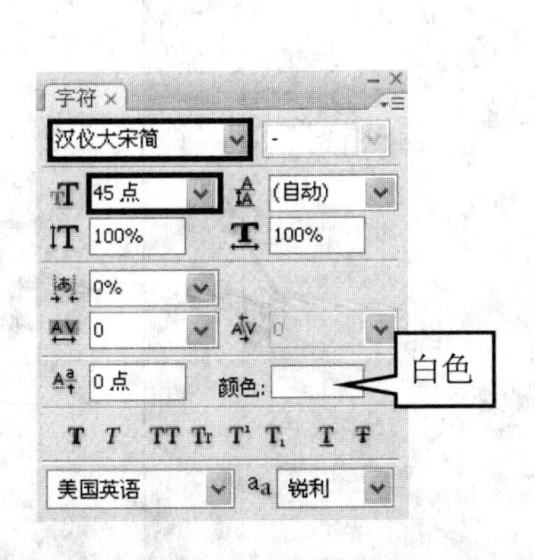

图 10-47　设置字符参数并输入文字

步骤 3▶ 利用“横排文字工具” T.在“中国”和“文字”之间输入“茶”字，文字属性设置与效果如图 10-48 所示。

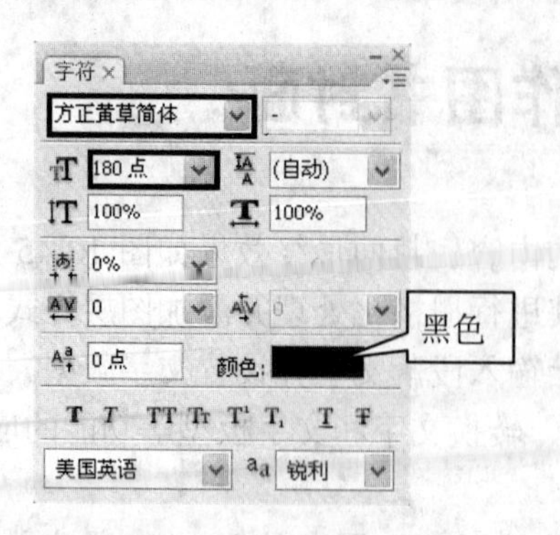

图 10-48　设置字符参数并输入文字

步骤 4▶　栅格化“茶”字，并添加描边与浮雕图层样式，参数设置及效果如图 10-49 所示。

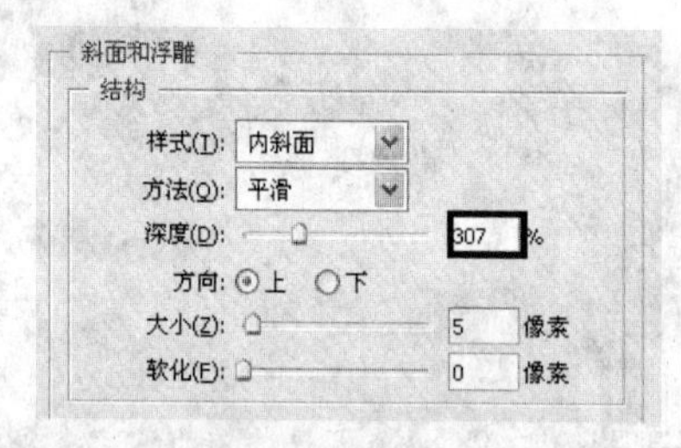

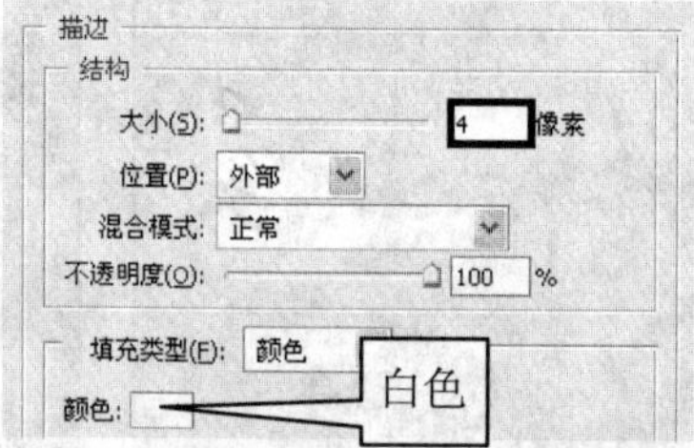

图 10-49　设置图层样式及效果

步骤 5▶　选择“直排文字工具”IT，在其工具属性栏中设置图 10-50 左图所示的文字属性，然后在书脊位置输入书名、作者和出版社等信息，如图 10-50 右图所示。

步骤 6▶　分别单独选取书名和出版社文字，改变其颜色，如图 10-51 所示。

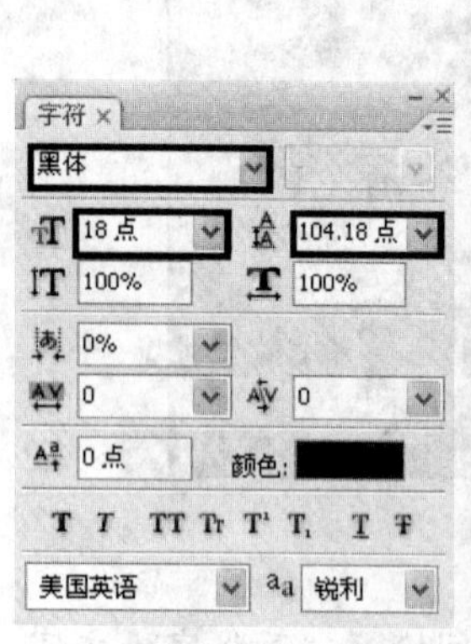

图 10-50　设置字符参数并输入文字

图 10-51　改变部分文字颜色

步骤 7▶ 选择“直排文字工具”IT，在图像右边单击并拖动鼠标，画出一个文本框。在“字符”调板中设置图10-52左图所示的参数，然后输入图10-52中图所示的文字。

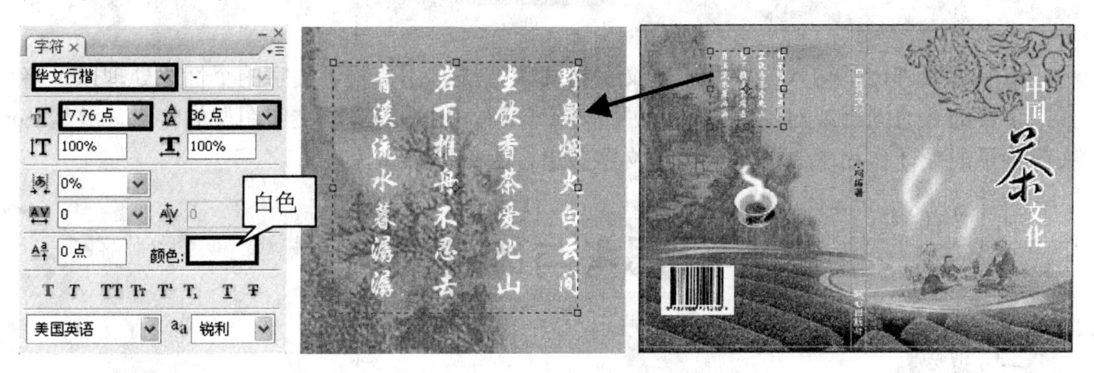

图 10-52 输入段落文字

步骤 8▶ 输入好后按【Ctrl+Enter】组合键确认，并单击文字工具属性栏中的“创建文字变形”按钮，打开“变形文字”对话框，按照如图10-53左图所示的参数设置变形效果，如图10-53右图所示。

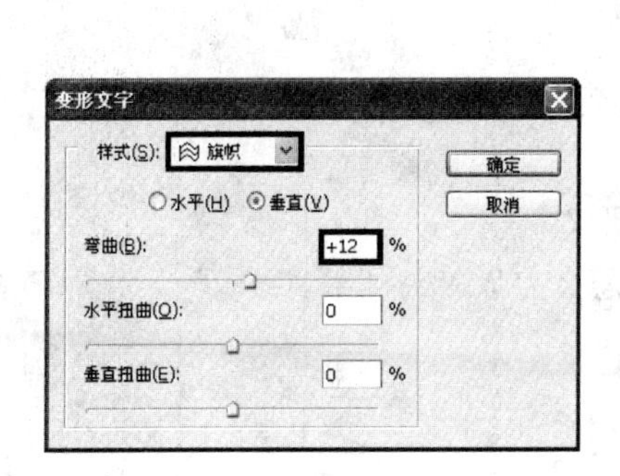

图 10-53 变形文字

步骤 9▶ 选择“横排文字工具”T，在“字符”调板中设置文字属性参数（如图10-54左图所示），然后分别在图10-54右图所示位置输入定价和出版社字样。

图 10-54 设置字符参数并输入文字

课后总结

本章主要讲述了输入文字和设置文字格式的方法，还介绍了文字的个性化处理以及将文字转换为普通图层或对象的方法。通过本章学习，用户应了解文字图层的特点，并能够在各种平面设计作品中制作出所需的文字效果，为作品锦上添花。

思考与练习

一、填空题

1．要将文字层转换为路径，可选择________>________>________菜单命令。

2．要制作文字形状选区，可使用________或________工具来实现。

3. 利用"字符"调板可设置________、________、________、________、________和________等。

4．利用"段落"调板可设置________、________、________等。

二、问答题

1．美术字与段落文字有何区别？如何将两者进行转换？

2．如何编辑文字？

3．如何为文字设置版形，可以设置哪些版形？

4．如果想在文字图层上使用绘图工具，该怎么办？

5．简述将文字转换为路径的方法。

6．如何将文字沿路径放置？

三、操作题

参照本章所学知识，并结合第 9 章内容，制作图 10-55 所示的"包装前线"变形文字。

图 10-55　制作变形文字

【本章导读】

通过学习通道，读者可以更好地理解图像处理的原理。在充分理解通道的特点并掌握其用法之后，读者还可借助通道制作复杂的选区以及一些特殊的图像效果。

【本章内容提要】

- 通道概览
- 通道基本操作和应用

11.1　通道概览

简单地讲，通道就是用来保存图像的颜色数据和存储图像选区的。在实际应用中，利用通道可以方便、快捷地选择图像中的某部分图像，还可对原色通道进行单独操作，从而制作出许多特殊的图像效果。

11.1.1　通道的原理

在实际生活中，我们看到的很多设备（如电视机、计算机的显示器等）都是基于三色合成原理工作的。例如，电视机中有 3 个电子枪，分别用于产生红色（R）、绿色（G）与蓝色（B）光，其不同的混合比例可获得不同的色光。Photoshop 也基本上是依据此原理对图像进行处理的，这就是通道的由来。

11.1.2 通道的类型

在 Photoshop 中，通道类型有：颜色通道、Alpha 通道和专色通道，下面分别介绍。

1．颜色通道

颜色通道主要用于存储图像的颜色，是打开新图像时自动创建的。在 Photoshop 中，不同颜色模式的图像，其颜色通道的数目也不相同，例如：RGB 模式的图像是由红（R）、绿（G）、蓝（B）3 个颜色通道组成，分别用于保存图像中的红色、绿色和蓝色的颜色信息，如图 11-1 左图所示；而 CMYK 模式的图像是由青色（C）、洋红（M）、黄色（Y）和黑色（K）4 个颜色通道组成，如图 11-1 右图所示。此外 Lab 模式图像有 3 个颜色通道，包括明度通道、a 通道和 b 通道。位图、灰度和索引模式图像只有一个通道。

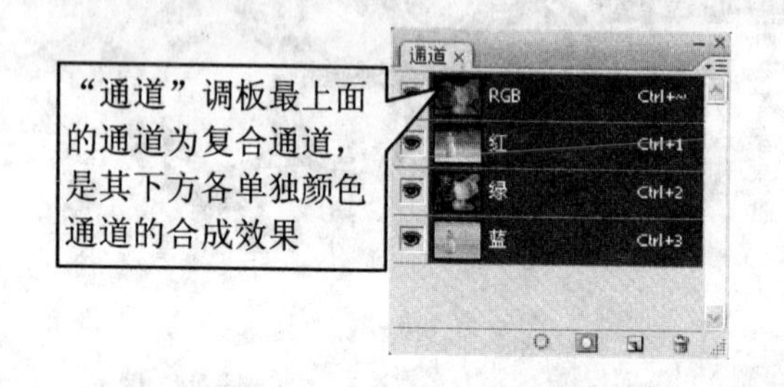

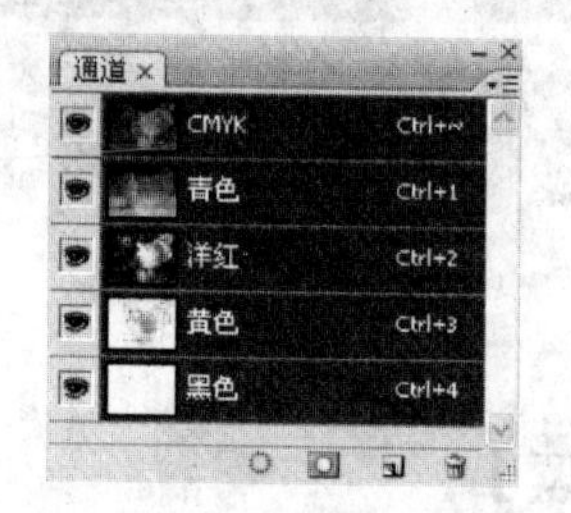

图 11-1　RGB 和 CMYK 模式下的图像颜色通道

2．Alpha 通道

在“通道”调板中，新创建的通道称为 Alpha 通道，它可保存 256 级灰度图像，不保存图像的颜色。其不同的灰度代表了不同的透明度，其中黑色代表全透明，白色代表不透明，灰色代表半透明。Alpha 通道可作为保存图像选区的蒙版。

3．专色通道

专色通道主要用于辅助印刷，它可以使用一种特殊的混合油墨替代或附加到印刷（CMYK）油墨中，以补充四色印刷的不足（如金色、UV 墨等）。每一个专色通道都有相应的印板。在打印输出一个含有专色通道的图像时，必须先将图像模式转换到多通道模式下。

11.1.3 通道的用途

从日常使用通道的经验来说，通道主要有以下几个用途：

- **制作复杂选区：**用户可借助“通道”调板观察图像的各通道显示效果，然后通过编辑单个通道来精确选取图像，如选取人物或动物的毛发等。
- **辅助制作一些特殊效果：**例如，在图 11-2 所示中，我们将中图的图像复制到左图的“绿”通道中，其效果如 11-2 右图所示。

图 11-2　复制图像到通道中

- **利用 Alpha 通道可保存选区：**除此之外，利用通道的透明信息，还可以制作一些特殊效果，图 11-3 显示了对 Alpha 通道执行“染色玻璃”滤镜后的效果。

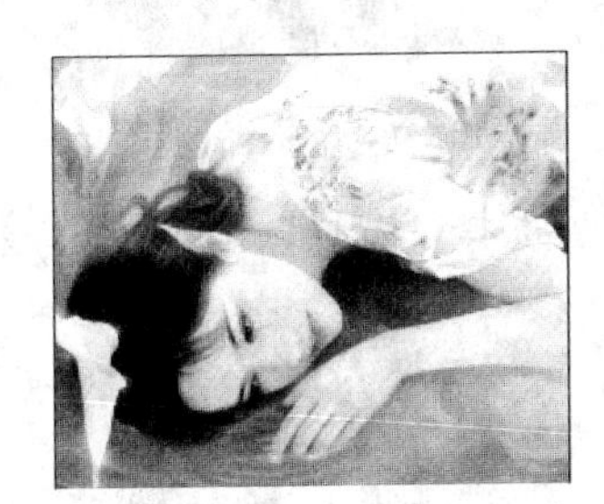

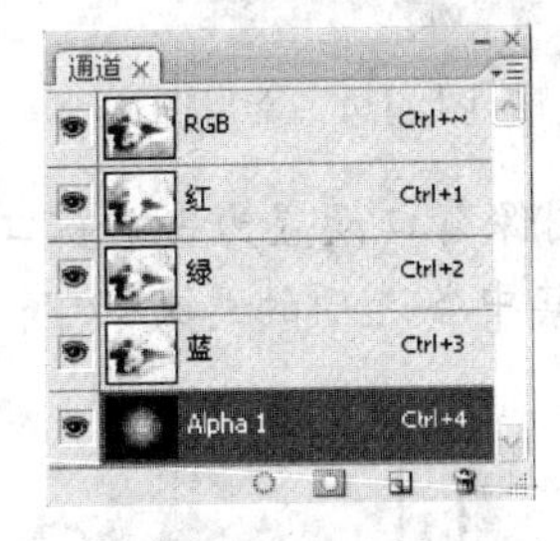

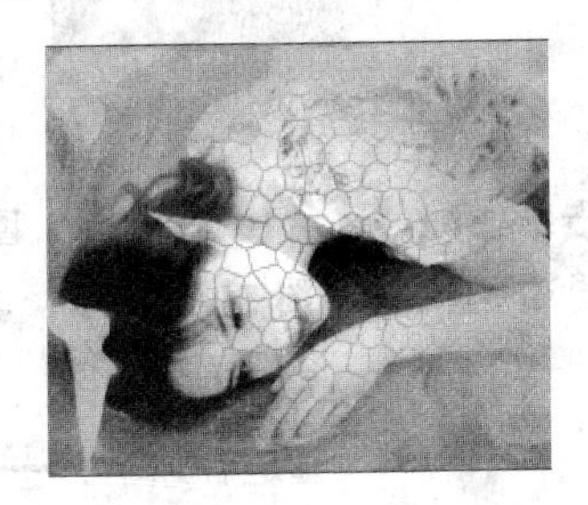

图 11-3　对 Alpha 通道执行“染色玻璃”滤镜后的效果

在不同通道中放入不同的图像或分别对通道中的图像进行处理后，可借助“图像”>“调整”菜单中的各种命令调整图像，从而获得更好的效果。

- **辅助印刷：**如前所述，在印刷时，可利用专色来替代或补充 CMYK 中的油墨色，而要添加专色，就必须利用专色通道。

11.2　通道基本操作和应用

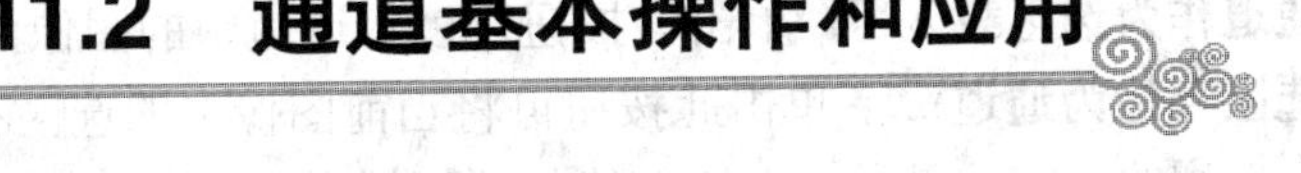

通道的操作方法与图层相似，可以创建新通道、复制通道、删除通道、合并通道和分离通道。下面我们分别来介绍它们。

实训 1　制作影集封面——选择、创建、复制与删除通道

【实训目的】

- 了解选择通道的方法。
- 掌握创建通道的方法。
- 掌握复制与删除通道的方法。

【操作步骤】

步骤 1▶ 打开本书配套素材“PH11”文件夹中的“1 影集背景.jpg”、“1 老太.jpg”和“1 少女.jpg”图片文件，如图 11-4 所示。

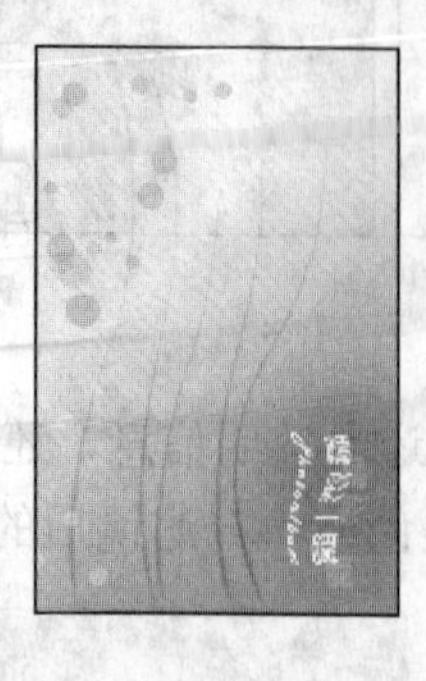

图 11-4 素材图片

步骤 2▶ 将“1 老太.jpg”图像窗口设置为当前窗口。选择“窗口”>“通道”菜单，打开通道调板，如图 11-5 所示。其中各选项的意义如下：

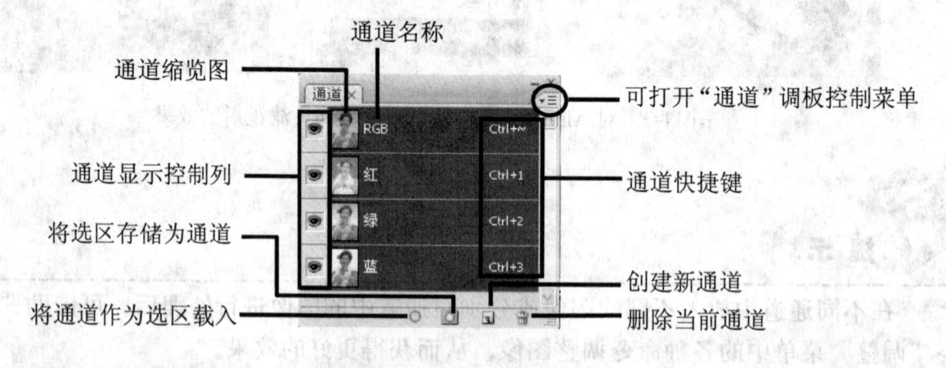

图 11-5 “通道”调板

- **通道名称、通道缩览图、眼睛图标：**和“图层”调板中相应项目的意义完全相同。和“图层”调板不同的是，每个通道都有一个对应的快捷键，用户可通过按相应快捷键来选择通道，而不必打开“通道”调板来选择。
- **将通道作为选区载入**：单击该按钮可以将通道中的图像内容转换为选区。
- **将选区存储为通道**：单击此按钮可将当前图像中的选区存储为蒙版，并保存到一个新增的 Alpha 通道中。该功能与“编辑”>“存储选区”菜单相同。
- **创建新通道**：单击该按钮可以创建新通道。用户可最多创建 24 个通道。
- **删除当前通道**：单击该按钮可删除当前所选通道。但不能删除 RGB 主通道。

步骤 3▶ 若要单独查看某个通道当中的内容，只要单击所需颜色通道即可，同时系统将自动隐藏其他通道，如图 11-6 左图所示。

步骤 4▶ 此外，在图像窗口中还可以显示多个颜色通道中的内容，只需在其他颜色通道左侧单击，显示图标即可，如图 11-6 右图所示。

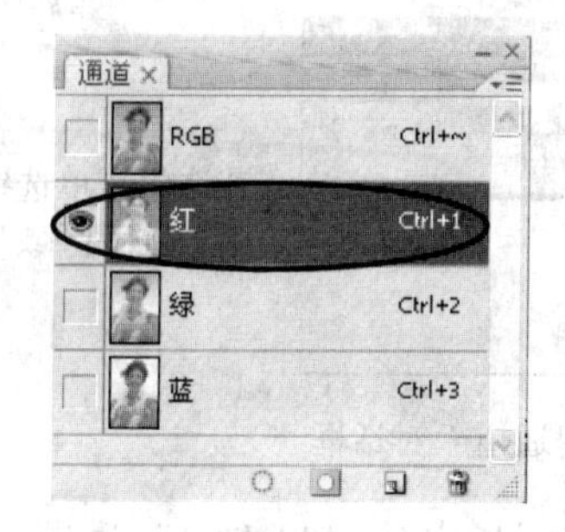

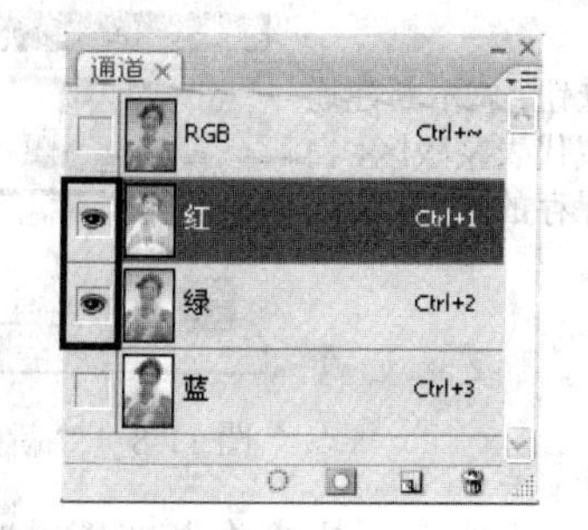

图 11-6　显示单个或多个通道

在 RGB、CMYK 和 Lab 图像模式的“通道”调板中，如果单击其上的复合颜色通道，则其下方的各颜色通道将自动显示；若隐藏颜色通道中的任何一个通道，复合通道将自动隐藏。

步骤 5▶ 在“通道”调板中选择“RGB”通道。然后选择“椭圆工具”，并在其工具属性栏中按下“路径”按钮，在图像窗口中绘制如图 11-7 左图所示的工作路径。

步骤 6▶ 按【Ctrl+Enter】组合键，将路径转换为选区。打开“通道”调板，单击调板底部的“将选区存储为通道”按钮，创建一个新通道“Alpha 1”，如图 11-7 右图所示。

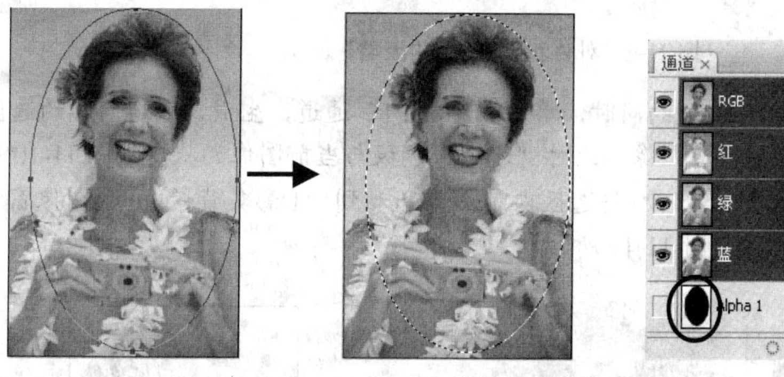

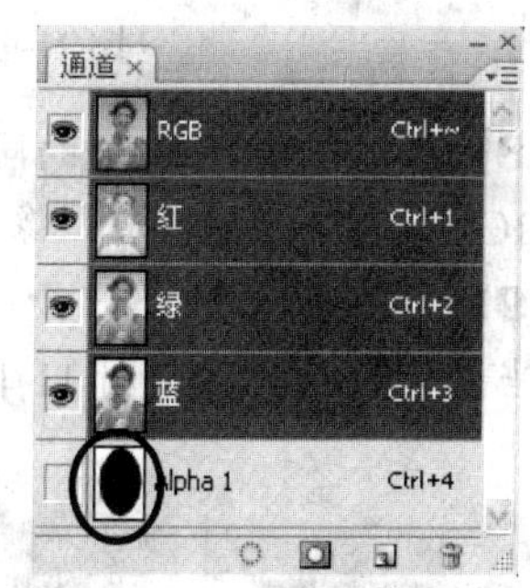

图 11-7　为路径创建选区与 Alpha 通道

还可以单击“通道”调板底部的“创建新通道”按钮，创建一个全透明的通道，或单击调板右上角的按钮，在弹出的控制菜单中选择“新建通道”命令，此时可打开图 11-8 所示的“新建通道”对话框。用户可通过该对话框设置通道名称、通道颜色和不透明度等。若选择“色彩指示”区中的“被蒙版区域”或“所选区域”，可决定新建通道的显示方式。

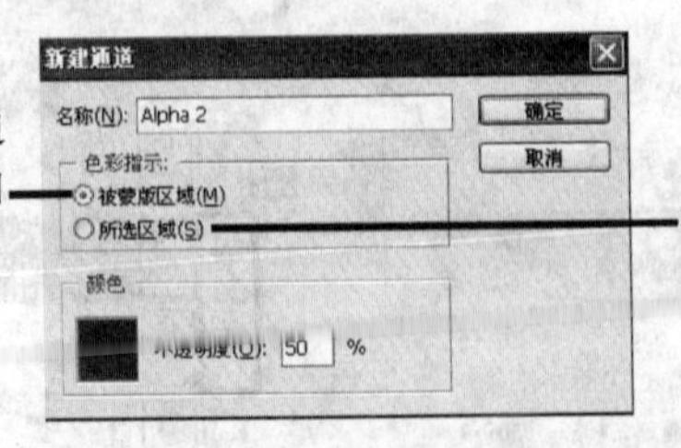

图 11-8 “新建通道”对话框

步骤 7▶ 取消选区，然后单击“通道”调板中的“Alpha 1”通道，将其设置为当前通道。选择“滤镜”>“扭曲”>“玻璃”菜单，打开“玻璃”对话框，保持默认的参数不变，然后单击“确定”按钮，得到如图 11-9 右图所示效果。

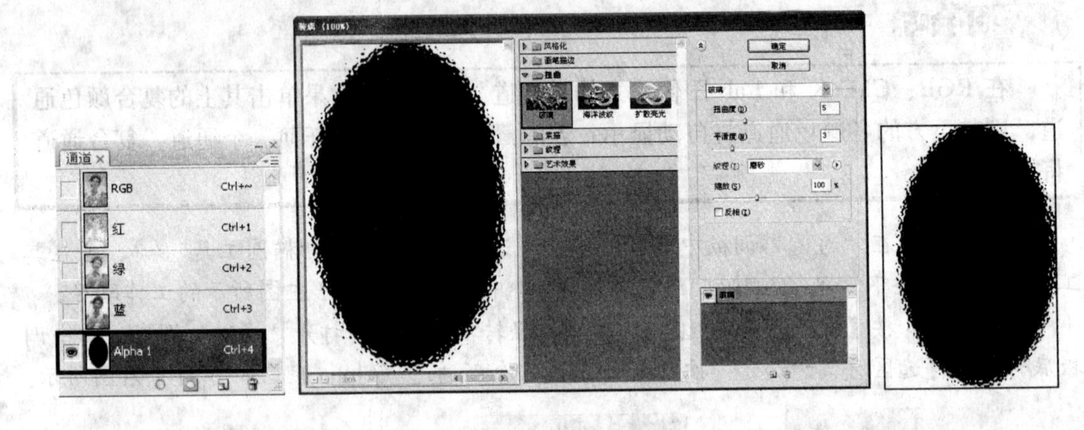

图 11-9 对 Alpha 1 应用“玻璃”滤镜

步骤 8▶ 按住【Ctrl】键的同时，单击“Alpha 1”通道，生成该通道内容的选区，然后单击“RGB”通道，返回原图像。此时“通道”调板与当前图像的状态如图 11-10 所示。

步骤 9▶ 用“移动工具”将选区内的图像移动到“1 影集背景.jpg”图像窗口中，并进行适当的变换操作，如图 11-11 所示。

图 11-10 将通道生成选区

图 11-11 组合图像

利用 Alpha 通道保存选区后，用户必须以 PSD、PDF、PICT、Pixar、TIFF、PSB、或 Raw 格式存储文件才会保留 Alpha 通道。否则，可能会导致 Alpha 通道信息丢失。

步骤 10▶ 下面我们来学习复制通道的方法。切换“1 老太.jpg”文件窗口为当前窗口，在通道调板中单击按钮，从弹出的“通道”调板控制菜单中选择“复制通道”菜单项。此时系统将打开“复制通道”对话框，按照图 11-12 所示进行设置，单击“确定”按钮即可复制通道。

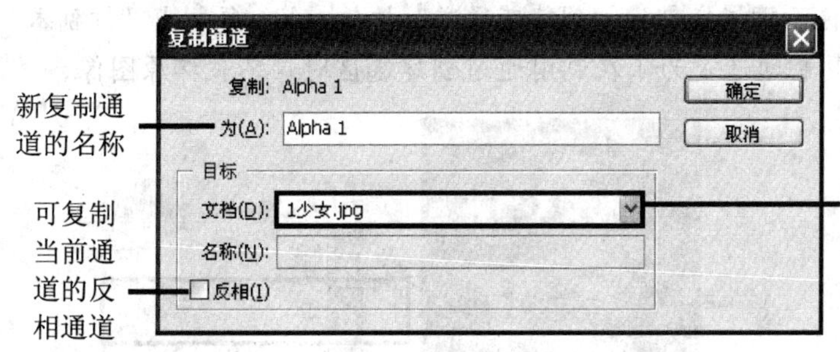

图 11-12　“复制通道”对话框

若要在同一文件中复制通道可直接将要复制的通道拖拽到“通道”调板底部的“创建新通道”按钮上。

若要删除通道，应首先选中该通道，然后将要删除的通道拖拽到“图层”调板底部的“删除当前通道”按钮上，或者在“通道”调板的控制菜单中选择“删除通道”菜单项。

步骤 11▶ 按照步骤 8 所示的方法将“1 少女.jpg”文件中的 Alpha 通道制作成选区，并将选区内的少女图像移动到“1 影集背景.jpg”中，变换其大小并放置在图 11-13 所示的位置。至此一张影集封面就制作完成了。

图 11-13　最终效果

实训 2 制作沐浴乳广告——抠图、分离、合并与创建专色通道

【实训目的】

- 掌握用通道抠取图像的方法。
- 掌握分离与合并通道的方法。
- 掌握创建专色通道的方法。

【操作步骤】

步骤 1▶ 打开本书配套素材"PH11"文件夹中的"2 沐浴女.jpg"图片文件，如图 11-14 所示。下面我们先利用通道选取人物图像。

步骤 2▶ 打开"通道"调板，分别单击各颜色通道，查找层次分明、对比度强的通道，这里选择"红"通道，并将其拖至调板底部的"创建新通道"按钮上，复制出"红副本"通道，如图 11-15 右图所示。复制通道是为了在利用通道创建选区时，不破坏原图像。

图 11-14 素材图片

图 11-15 查看并复制通道

步骤 3▶ 按【Ctrl+I】组合键将"红副本"通道反相，此时图像窗口中显示为图 11-16 所示效果。此时，用户可以使用"画笔工具"、"铅笔工具"或"橡皮擦工具"等编辑通道图像。

步骤 4▶ 按【Ctrl+L】组合键，打开"色阶"对话框，参照图 11-17 左图所示设置参数，将人物图像区域变成黑色，如图 11-17 右图所示。调整完毕，单击"确定"按钮。

图 11-16 将通道图像反相

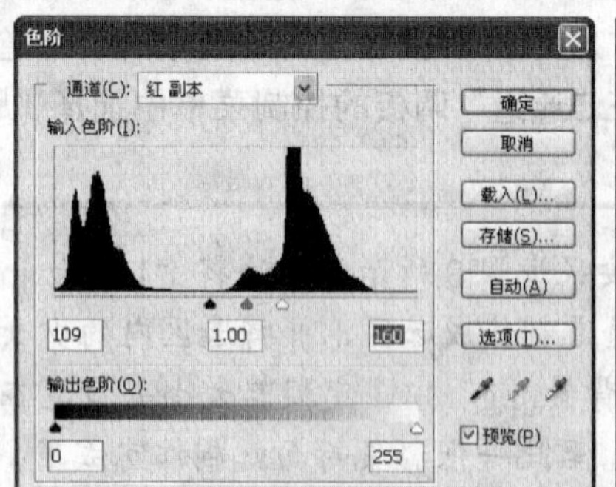

图 11-17 利用"色阶"命令调整图像

步骤 5▶　将背景色设置为白色，然后利用“橡皮擦工具”在除人物图像区域外进行擦除，使这些区域完全变成白色，如图 11-18 左图所示。

步骤 6▶　用“画笔工具”在人物图像上进行涂抹，使人物图像区域完全变成黑色，注意把变白的头发也一同选中，其效果如图 11-18 右图所示。

图 11-18　编辑通道图像

提示

利用通道选取图像时，黑色区域会被选中，白色区域不会被选中，这也是本例要执行步骤 3、4、5、6 的原因。利用通道的这一特性，用户可以使用颜色调整命令，以及画笔、橡皮擦等工具编辑通道，从而抠取图像中像头发丝一样细微的部分。

步骤 7▶　按住【Ctrl】键单击“红副本”通道，生成该通道内容的选区，然后单击“RGB”通道返回原图像，如图 11-19 左图所示。

提示

在利用通道选取图像时，为方便用户查看选取结果，可在编辑通道图像的同时显示复合通道。其操作方法是：保持 Alpha 通道或其他副本通道选中的状态，单击复合通道前的眼睛图标显示原图像。此时可以在图像窗口中显示蒙版颜色。

步骤 8▶　按【Alt+Ctrl+D】组合键，在打开的“羽化选区”对话框中设置“羽化半径”为 5，单击“确定”按钮羽化选区，如图 11-19 中图所示。

步骤 9▶　按【Ctrl+J】组合键，将选区内人物图像创建一个新图层，并取消选区，如图 11-19 右图所示。

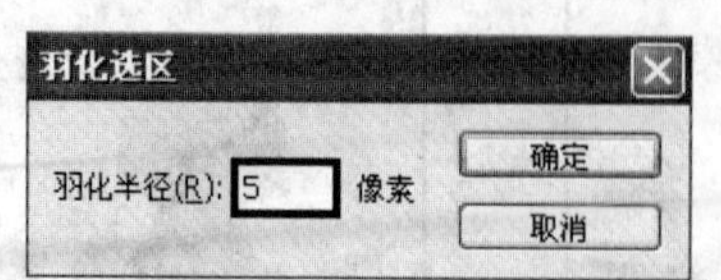

图 11-19 创建选区与新图层

步骤 10▶ 打开本书配套素材“PH11”文件夹中的“2 沐浴乳背景.jpg”图片文件。

步骤 11▶ 单击“通道”调板右上角的按钮，在弹出的调板控制菜单中选择“分离通道”菜单项，将当前图像文件的各通道分离。分离后的各个文件都以单独的窗口显示在屏幕上，且均为灰度图。其文件名为原文件的名称加上通道名称的缩写，如图 11-20 所示。

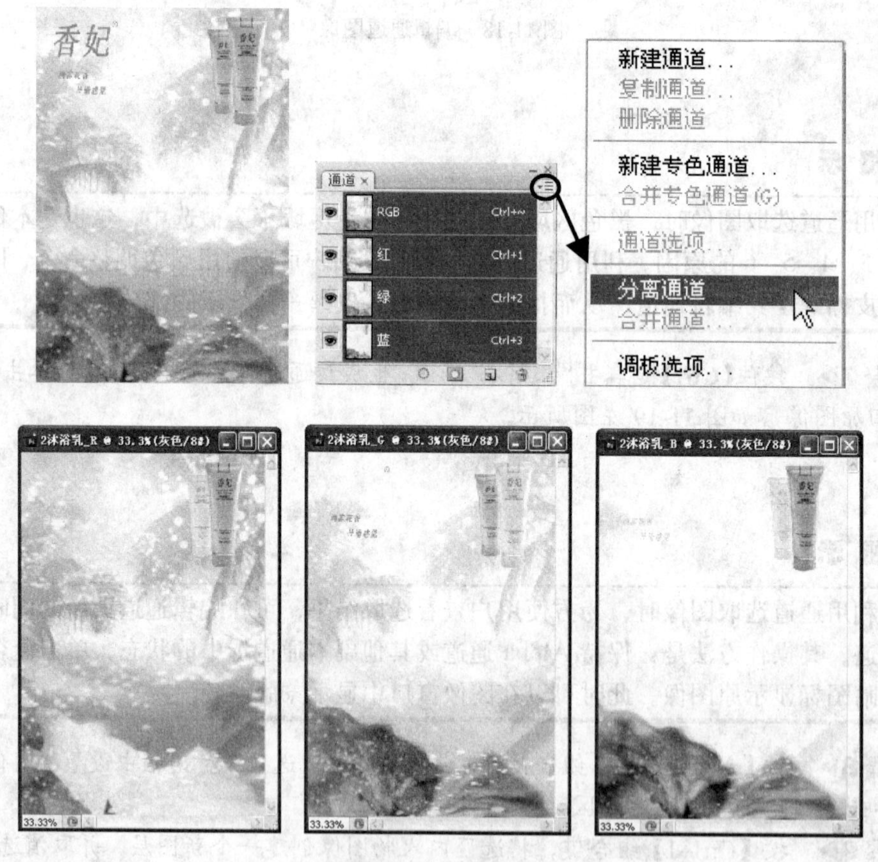

图 11-20 分离通道

步骤 12▶ 设置不同灰度的前、背景色，然后利用“画笔工具”分别在三个灰度图像上绘制“缤纷蝴蝶”图案，其效果分别如图 11-21 所示。

图 11-21　利用“画笔工具”在灰度图像中绘画

若图像包含多个图层，在执行分离通道命令之前，用户必须将图像中所有图层合并，否则此命令不能使用。通道分离后的文件个数与图像的颜色通道数量有关，RGB 模式图像可以分离成 3 个独立的灰度文件，而 CMYK 模式图像将分离成 4 个独立的灰度文件。用户可分别对分离后的各通道进行编辑。

步骤 13▶　编辑好后，单击“通道”调板控制菜单中的“合并通道”菜单项，在打开的“合并通道”对话框中设置合并后文件的色彩模式，如选择“RGB 颜色”，如图 11-22 左上图所示。单击“确定”按钮，系统将打开“合并 RGB 通道”对话框，单击“确定”按钮可将分离后的 3 个灰度图像恢复为原来的 RGB 图像，如图 11-22 右图所示。

步骤 14▶　将“2 沐浴女.psd”图像文件中的“图层 1”拖至刚编辑好的背景图像中并放置在红花的花芯上。然后选择“橡皮擦工具”，选择一种柔角笔刷，擦去裙子的两角，使其与背景过度更柔和，最终效果如图 11-23 所示。

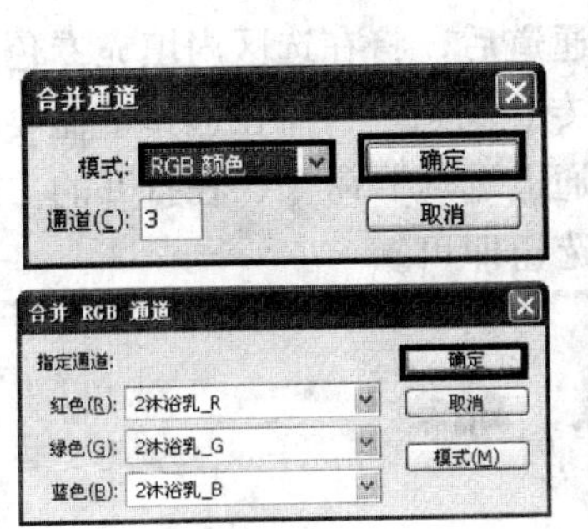

图 11-22　合并通道

图 11-23　移动图像

步骤 15▶ 选择“横排文字工具”T并在“字符”调板中设置图 11-24 左图所示的参数。设置完毕后，在图中左上角的位置输入“香妃”字样，如图 11-24 右图所示。

图 11-24 输入文字

步骤 16▶ 下面我们为“文字”图层创建专色通道。首先为文字创建选区，然后选择“通道”调板控制菜单中的“新建专色通道”菜单项，此时系统将打开图 11-25 左图所示的“新建专色通道”对话框。用户可通过该对话框设置通道名称、油墨颜色（对印刷有用）和油墨密度。单击“确定”按钮，即可创建一个专色通道，如图 11-25 右图所示。

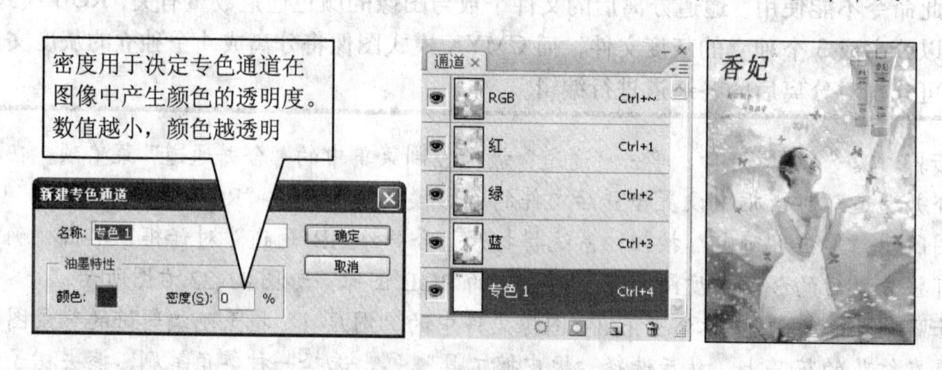

图 11-25 为“文字”图层创建专色通道

专色通道设置只是用来在屏幕上显示模拟打印效果，对实际打印输出并无影响。此外，如果在新建专色通道之前制作了选区，则新建专色通道后，将在选区内填充专色通道颜色（标识选区）。用户可将普通的 Alpha 通道转换为专色通道，只需在选择了需要转换的 Alpha 通道后，在“通道”调板控制菜单中选择“通道选项”命令，在打开的“通道选项”对话框的“色彩指示”选区中选中“专色”单选钮即可。

实训 3 制作电影海报——使用“应用图像”命令

【实训目的】

- 掌握“应用图像”命令的使用方法。

【操作步骤】

步骤 1▶　打开本书配套素材"PH11"文件夹中的"3 电影海报背景.jpg"和"3 电影人.jpg"图片文件，如图 11-26 所示。下面我们利用"应用图像"命令，将这两幅图像的通道快速合并，制作特殊效果。（此命令也可将多个图像中的图层快速合并。）

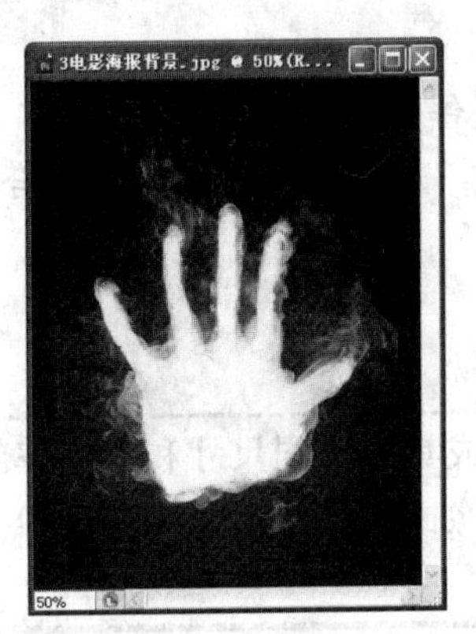

要利用"应用图像"命令合成图像，图像的尺寸、分辨率必须相同

图 11-26　打开图像文件

步骤 2▶　确定"3 电影海报背景.jpg"为当前图像窗口，选择"图像">"应用图像"菜单，打开"应用图像"对话框，在"源"下拉列表中选择"3 电影人.jpg"，并勾选"蒙版"复选框，其他选项保持默认，如图 11-27 左图所示。单击"确定"按钮，即可将两幅图像合并，如图 11-27 右图所示。其中对话框中各选项的意义如下：

- **源：**可选择要与当前文件相混合的源图像。只有与当前图像文件具有相同尺寸和分辨率，并且已经打开的图像才能出现在下拉列表中。
- **图层：**选择需要合并的源图像文件中的图层。若源图像有多个图层，则会出现一个"合并图层"选项，选中该项表示以源图像中所有图层的合并效果进行合成。
- **通道：**选择源图像的通道进行图像合成。
- **"蒙版"复选框：**勾选该复选框后，用户可从中选择一幅图像作为合成图像时的蒙版（即设置限制合并的区域）。若此时选中"反相"复选框，表示将通道中的蒙版内容进行反转。

步骤 3▶　最后在合成后的文件中输入文字，如图 11-28 所示。

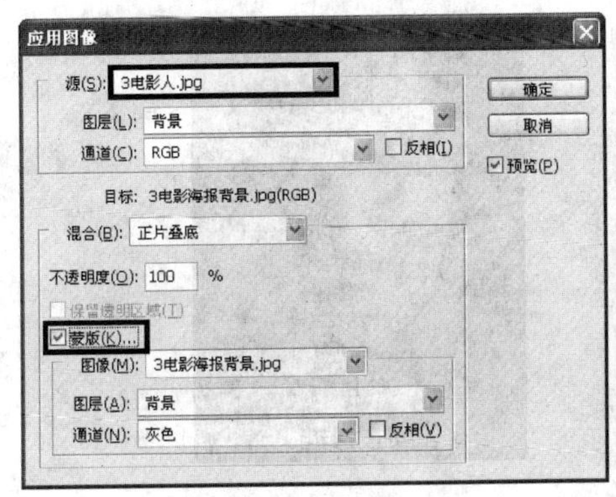

图 11-27　利用"应用图像"命令合成图像

图 11-28　输入文字

实训 4 制作电视剧海报——使用“计算”命令

【实训目的】

- 掌握“计算”命令的使用方法

【操作步骤】

步骤 1▶ 打开本书配套素材“PH11”文件夹中的“4 纹面人.jpg”和“4 图案.jpg”图片文件，如图 11-29 所示。下面我们利用“计算”命令将两幅图像进行合并，制作纹面效果。

利用“计算”命令可以将同一幅图像，或具有相同尺寸和分辨率的两幅图像中的两个通道进行合并，并将结果保存到一个新图像或当前图像的新通道中。另外，还可以将结果直接转换为选区。

步骤 2▶ 选择“图像”>“计算”菜单，打开 “计算”对话框，按照图 11-30 所示的参数进行设置。

图 11-29 素材图片

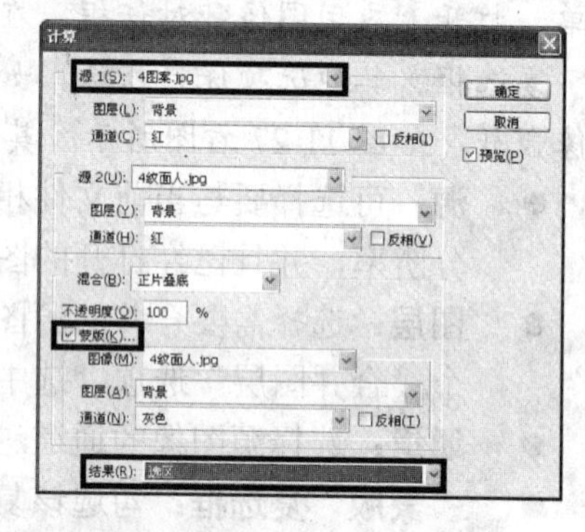

图 11-30 “计算”对话框

步骤 3▶ 将前景色设置为深灰色（#352a2a），并按【Alt+Delete】组合键为选区填充前景色，如图 11-31 所示。最后为图像添加文字，如图 11-32 所示。

图 11-31 应用“计算“命令

图 11-32 输入文字

综合实训——制作时尚桌面

下面将通过制作一张时尚桌面练习以上学习的内容。制作时首先为导入的人物图片创建一个新图层并制作图层蒙版，然后复制一个对比强烈的通道并在新通道上进行色阶操作，接着将复制的通道转换成选区并为“背景”图层创建图层蒙版，最后合并人物图像中的所有图层并移动到背景图像中。制作时，用户应重点掌握利用通道和蒙版相结合抠取图像的方法。本实训最终效果如图 11-33 所示，用户可参考本书配套素材“PH11”文件夹中的“5 时尚桌面最终效果分层文件”。

图 11-33　最终效果

【操作步骤】

步骤 1▶　打开“PH11”文件夹中的素材图片“5 时尚女.jpg”图片文件，如图 11-34 左图所示。按【Ctrl+J】组合键复制“背景图层”，然后选择“钢笔工具”，勾出图像中人物的大体轮廓路径，如图 11-34 右图所示。

图 11-34　素材图片与绘制路径

提示

在勾人物的大体轮廓时，碎发的细节部分不要勾在里面，因为在后面我们要利用通道来进行扣取。

步骤 2▶ 按【Ctrl+Enter】组合键将路径变成选区，如图 11-35 左图所示，单击图层调板底部的"添加图层蒙版"按钮，创建人物蒙版，如图 11-35 右图所示。

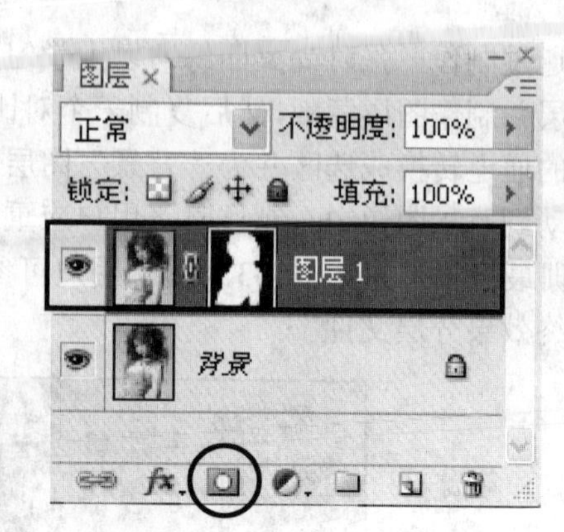

图 11-35　创建蒙版

步骤 3▶ 打开"通道"调板，分别单击各颜色通道，查找层次分明、对比度强的通道，这里选择"蓝"通道，并将其拖至调板底部的"创建新通道"按钮上，复制出"蓝副本"通道，如图 11-36 左图所示。

步骤 4▶ 按【Ctrl+L】组合键，在打开的"色阶"对话框中分别将"色阶"下的 3 个滑块的数值调整为 145、1 和 177，单击"确定"按钮，从而使头发和背景更清楚地分开，如图 11-36 右图所示。

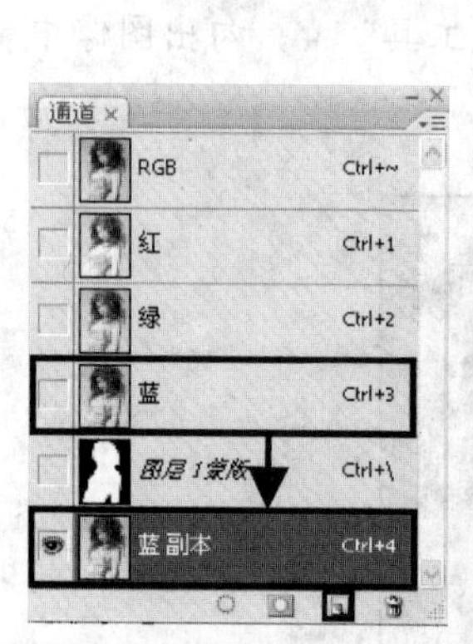

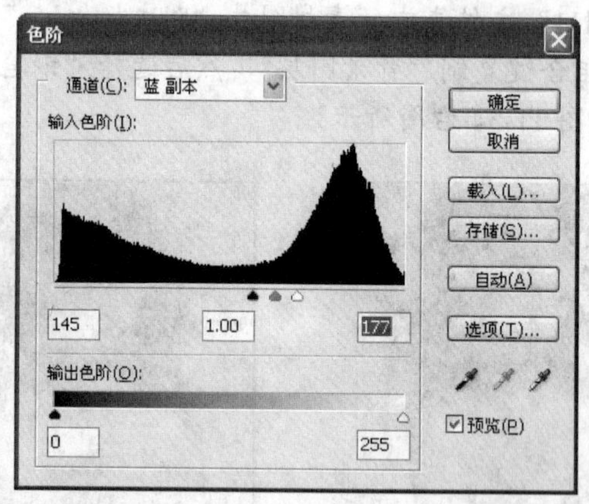

图 11-36　复制通道并利用"色阶"命令调整复制的通道

步骤 5▶ 按【Ctrl+I】组合键将"蓝副本"通道的颜色反向（即黑变成白，白变成黑），如图 11-37 左图所示，单击"通道"调板底部的"将通道作为选区载入"按钮（或按住【Ctrl】键单击"蓝副本"的缩略图），载入"蓝副本"通道的选区，如图 11-37 右图所示。

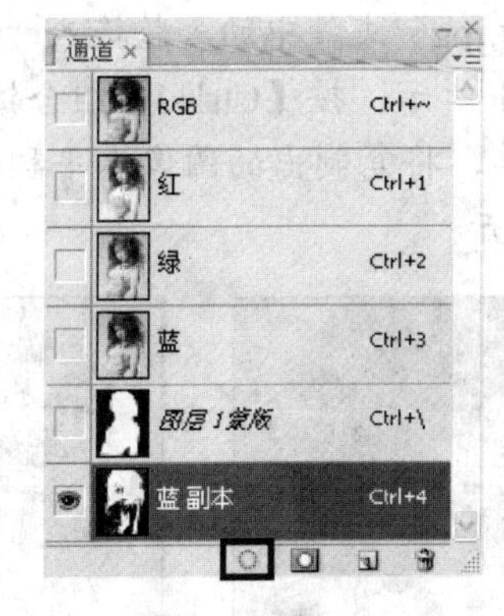

图 11-37　将“绿副本”通道载入选区

步骤 6▶　在“通道”调板中单击“RGB”通道。在“图层”调板中双击“背景”图层，打开“新建图层”对话框，保持参数不变，单击“确定”按钮将背景层转换为普通图层，如图 11-38 左图所示，然后单击“图层”调板底部的“添加图层蒙版”按钮，为其填加蒙版，如图 11-38 中图所示，此时图像效果如图 11-38 右图所示。

新建图层
名称(N): 图层 0　确定
取消
颜色(C): 无
模式(M): 正常　不透明度(O): 100 %

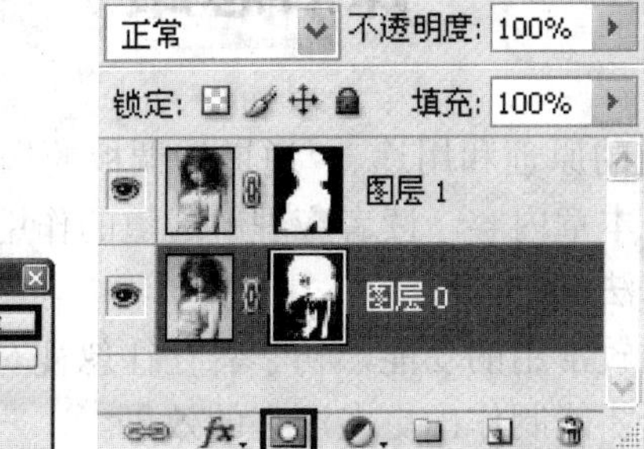

图 11-38　创建蒙版

步骤 7▶　将前景色设置为黑色，使用“画笔工具”将图像中的杂质去掉，使图像更清晰独立，效果如图 11-39 所示，然后按【Ctrl+Shift+E】组合键将两个图层合并。

步骤 8▶　打开“PH11”文件夹中的素材图片“5 桌面背景.jpg”文件，如图 11-40 所示。

图 11-39　去除杂质并合并图层

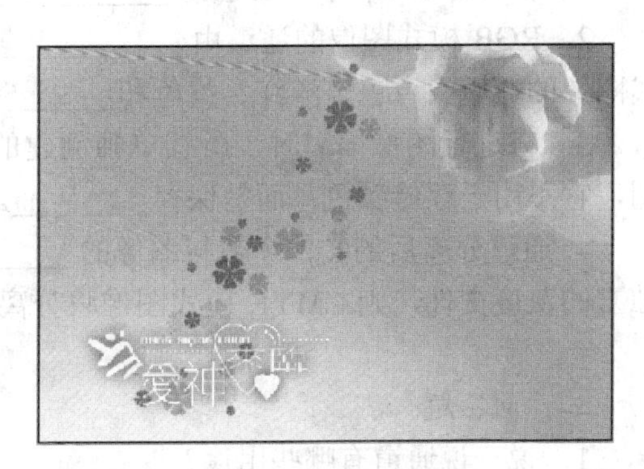

图 11-40　打开图像

步骤 9▶ 将"5时尚女.jpg"文件中的人物拖入"5桌面背景.jpg"图像窗口中，并放置在合适的位置，如图 11-41 所示。按【Ctrl+J】组合键复制出"图层 1 副本"，然后选择"编辑">"自由变换"菜单，将复制出的图像水平翻转，并将该图层的混合模式设置为"柔光"，效果如图 11-42 所示。

图 11-41　移动图像

图 11-42　完成效果

课后总结

本章主要介绍了通道的原理和用途、"通道"调板的构成元素、通道的分类，以及通道的基本操作。通过学习本章内容，读者应理解通道的作用，掌握利用通道制作图像特殊效果和抠取图像区域的方法。

使用通道制作特效是较常用的功能，初学者往往忽视对通道的学习，其实，只有将通道、图层和滤镜综合运用才能制作出更多漂亮的效果。

思考与练习

一、填空题

1. 在 Photoshop 中主要包括________、________、________3 种通道。

2. RGB 模式图像的通道由________、________、________3 个通道组成；CMYK 模式图像的通道由青色、洋红、黄色和________4 个通道组成。

3. 在进行图像编辑时，所有单独创建的通道都称为________通道，它与颜色通道不同，它不用于存储颜色，而是保存________。

4. 通道分离后的文件个数与图像的________有关，RGB 模式图像可以分离成______个独立的灰度文件，则 CMYK 模式图像将分离成________个独立的灰度文件。

二、问答题

1. 说一说通道有哪些用途？

2．简述“通道”调板中各组成元素的作用。

3．通道有哪些类型？其功能分别是什么？

4．通道和选区之间如何相互转换？

5．如何将一个普通的 Alpha 通道转换为专色通道？

三、操作题

打开本书配套素材“PH11”文件夹中的“6 婚纱.jpg”和“6 小路.jpg”图像文件，利用图层通道制作如图 11-43 所示的婚纱合成效果。最终效果文件请参考“6 合成婚纱最终效果分层文件.psd”。

图 11-43　合成图像

提示：

复制“6 婚纱.jpg”图片文件中对比强烈的通道抠取人物图像，然后移至“6 小路.jpg”图像文件中将两幅图像融合在一起。

第 12 章 神奇的滤镜

【本章导读】

在 Photoshop 中，滤镜是进行图像处理最常用的手段，利用滤镜可快速制作出很多特殊的图像效果，如风吹效果、浮雕效果、光照效果等。Photoshop 提供的滤镜种类繁多，本章将挑选一些较为常用的滤镜进行介绍。

【本章内容提要】

- 滤镜概览
- 制作特效字
- 制作绘画效果
- 为风光照片增色
- 修复图像

12.1 滤镜概览

滤镜是我们在处理图像时的得力助手，经过滤镜处理后的图像可以产生许多令人惊叹的神奇效果。在学习使用滤镜前，我们先来了解滤镜的分类、用途、使用规则和技巧等。

12.1.1 滤镜使用规则

所有滤镜的使用，都有以下几个相同的特点，用户必须遵守这些操作要领，才能准确有效地使用滤镜功能。

- 滤镜的处理效果是以像素为单位的，因此，用相同的参数处理不同分辨率的图像，其效果也不同。
- 当执行完一个滤镜命令后，如果按下【Shift+Ctrl+F】组合键（或选择“编辑”>

"渐隐+滤镜名称"菜单），系统将打开图12-1所示的"渐隐"对话框。利用该对话框可将执行滤镜后的图像与源图像进行混合。用户可在该对话框中调整"不透明度"和"模式"选项。

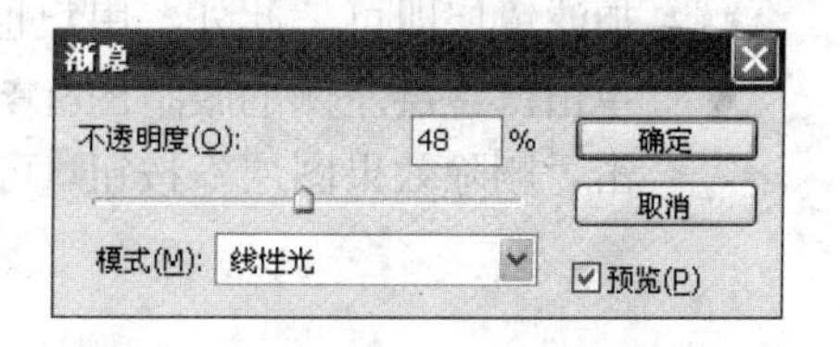

图12-1 "渐隐"对话框

- 在任一滤镜对话框中，按下【Alt】键，对话框中的"取消"按钮将变成"复位"按钮，单击它可将滤镜设置恢复到刚打开对话框时的状态。
- 在位图和索引颜色的色彩模式下不能使用滤镜。另外，在除RGB以外的其他色彩模式下，只能使用部分滤镜。例如，在CMYK和Lab颜色模式下，部分滤镜不能使用，如"画笔描边"、"纹理"和"艺术效果"等滤镜。
- 使用"编辑"菜单中的"还原"和"重做"命令可对比执行滤镜前后的效果。

12.1.2 滤镜使用技巧

滤镜功能是非常强大的，使用起来千变万化，要想熟练地使用滤镜制作出所需的图像效果，还需要掌握如下几个使用技巧：

- Photoshop会针对选区进行滤镜效果处理。如果没有定义选区，则对当前选中的某一图层或通道进行处理。
- 只对局部图像进行滤镜效果处理时，可以对选区设定羽化值，使处理的区域能自然地与源图像融合，减少突兀的感觉。
- 可以对单独的某一层图像使用滤镜，然后通过色彩混合合成图像。
- 可以对单一色彩通道或者是Alpha通道执行滤镜，然后合成图像，或将Alpha通道中的滤镜效果应用到主画面中。
- 可以将多个滤镜组合使用，从而制作出漂亮的文字、图形或底纹。此外，用户还可将多个滤镜记录成一个"动作"（有关"动作"的内容详见第13章）
- 按【Ctrl+F】组合键，可以在图像中重复应用上次使用过的滤镜；按【Alt+Ctrl+F】组合键，可打开上次应用滤镜的参数设置对话框，用户可以重新设置参数并应用到图像中。

12.1.3 使用滤镜库

利用Photoshop提供的滤镜库可以预览常用滤镜效果，可以同时对一幅图像应用多个滤镜、打开/关闭滤镜效果、复位滤镜的选项以及更改应用滤镜的顺序等。

要使用滤镜库，可选择"滤镜">"滤镜库"菜单，打开图12-2所示的滤镜库对话框，其中部分选项的意义如下所示。

- 滤镜库对话框中放置了一些常用滤镜，并将它们分别放置在不同的滤镜组中。例如，要使用"纹理化"滤镜，可首先单击"纹理"滤镜组名，展开滤镜文件夹，然后单击"纹理化"滤镜。选中某个滤镜后，系统会自动在右侧设置区显示该滤镜的相关参数，用户可根据情况进行调整。

- 要一次应用多个滤镜，可在对话框右下角设置区中单击“新建效果图层”按钮增加滤镜层即可。此外，用户也可以通过调整滤镜层的顺序，来改变图像效果。
- 单击滤镜层左侧的眼睛图标，可以暂时隐藏该滤镜效果；选中某个滤镜层，单击“删除效果图层”按钮可以删除该滤镜效果。

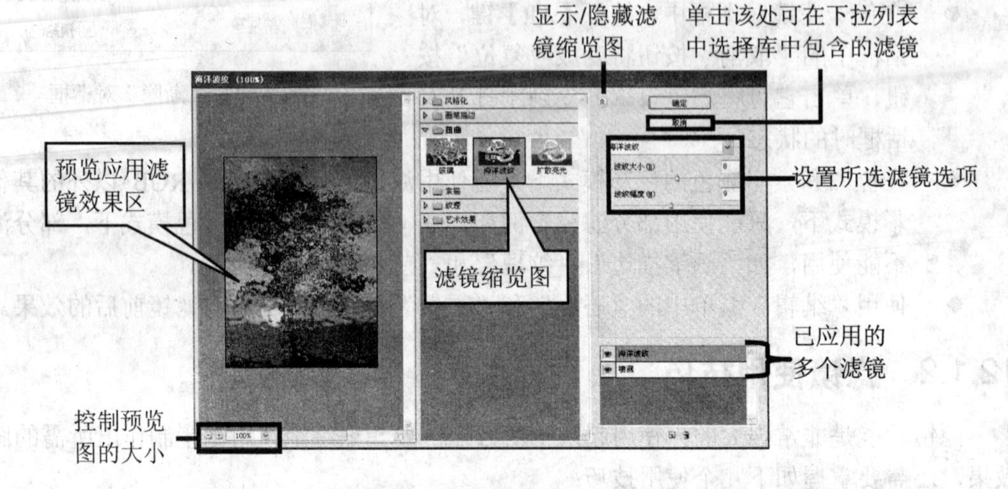

图 12-2 “滤镜库”对话框

12.2 制作特效字

实训 1 制作不锈钢效果字

【实训目的】

- 掌握“添加杂色”滤镜的使用方法。
- 掌握“动感模糊”滤镜的使用方法。
- 掌握“光照效果”滤镜的使用方法。

【操作步骤】

步骤 1▶ 打开本书配套素材“PH12”文件夹中的“1 不锈钢效果字.psd”图片文件，如图 12-3 所示。

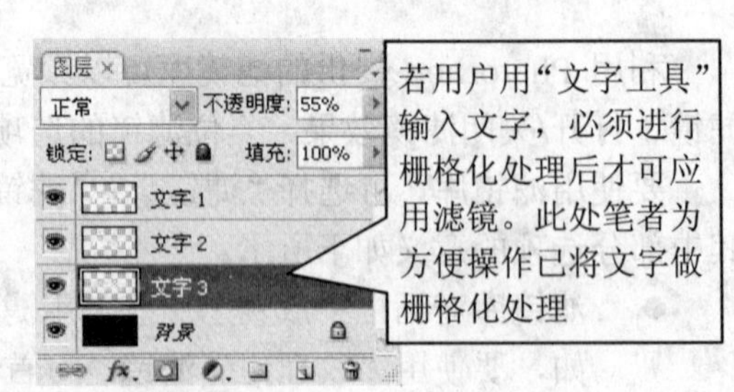

图 12-3 素材图片与“图层”调板

步骤 2▶ 将“文字 1”图层设置为当前图层并将其中文字制作成选区，然后选择“滤镜”>“杂色”>“添加杂色”菜单，打开“添加杂色”对话框，按照图 12-4 左图所示的参数设置。该滤镜可随机地将杂色混合到图像中，并可使混合时产生的色彩有漫散效果。

步骤 3▶ 设置完毕，单击“确定”按钮，添加杂色后的效果如图 12-4 右图所示。

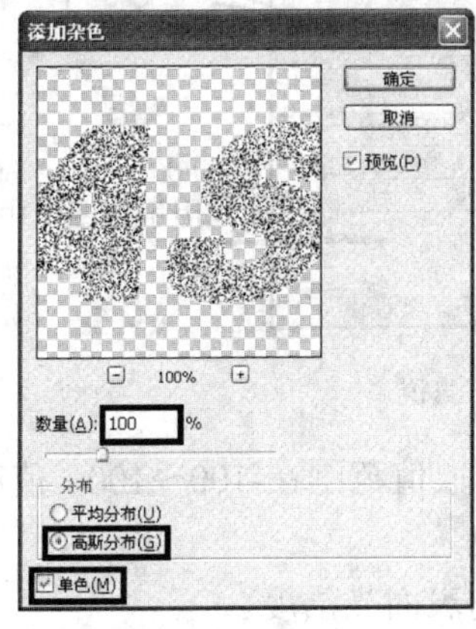

图 12-4　使用“添加杂色”滤镜效果

步骤 4▶ 选择“滤镜”>“模糊”>“动感模糊”菜单，打开“动感模糊”对话框，按照图 12-5 左图所示的参数设置。

步骤 5▶ 单击“确定”按钮，动感模糊效果如图 12-5 右图所示。

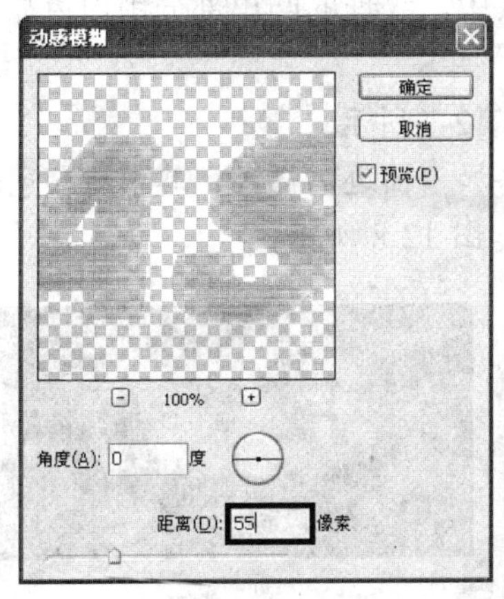

图 12-5　使用“动感模糊”滤镜效果

“动感模糊”滤镜是在某一方向对像素进行线性位移，产生沿该方向运动的模糊效果。在“动感模糊”对话框中，“角度”用于控制动感模糊的方向；“距离”文本框用于设定像素移动的距离。它的变化范围为 1～999 像素，值越大，模糊效果越强。

步骤 6▶ 选择“滤镜”>“渲染”>“光照效果”菜单，打开“光照效果”对话框，

按照图 12-6 所示进行参数设置。其中各主要选项的意义如下:

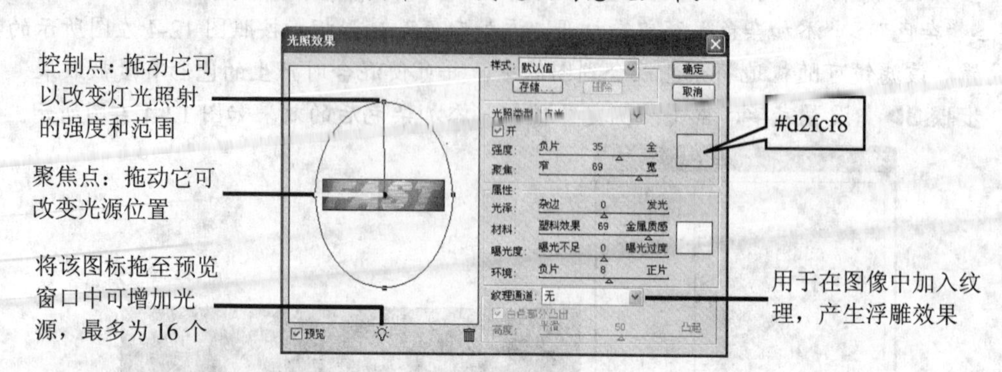

图 12-6 “光照效果”滤镜

- **强度:** 拖动其右侧的滑块可控制光的强度,取值范围在-100～100,值越大,光亮越强。其右侧的颜色块用于设置灯光的颜色。
- **光泽:** 拖动其右侧的滑块可设置反光物体的表面光洁度。
- **材料:** 用于设置在灯光下图像的材质,该项决定反射光色彩是反射光源的色彩还是反射物本身的色彩。拖动其右侧的滑块将从“塑料效果”到“金属质感”,反射光线颜色从光源颜色过渡到反射物颜色。
- **曝光度:** 拖动其右侧的滑块可控制照片射光线的明暗度。
- **高度:** 用于设置图像浮雕效果的深度。其中,纹理的凸出部分用白色显示,凹陷部分用黑色显示。

步骤 7▶ 单击“确定”按钮,光照效果如图 12-7 所示。

步骤 8▶ 打开“图层样式”对话框为文字添加“描边”样式,其中将颜色设置为灰蓝色(# 405e6d),其他参数保持不变,描边效果如图 12-8 所示。

图 12-7 使用“光照效果”滤镜效果

图 12-8 使用“描边”样式

步骤 9▶ 最后将“文字 3”图层也进行动感模糊操作,并在“动感模糊”对话框中设置“距离”为 484,效果如图 12-9 所示。

图 12-9 使用“动感模糊”滤镜

实训 2　制作燃烧效果字

【实训目的】

- 掌握“风”滤镜的使用方法。
- 掌握“高斯模糊”滤镜的使用方法。
- 掌握“液化”滤镜的使用方法。

【操作步骤】

步骤 1▶ 打开本书配套素材“PH12”文件夹中的“2 燃烧字.psd”图片文件，如图 12-10 所示。

步骤 2▶ 将“背景”图层设置为当前层，选择“滤镜”>“风格化”>“风”菜单，打开“风”对话框，按照图 12-11 左图所示设置参数。该滤镜通过在图像中增加一些细小的水平线生成起风的效果。

步骤 3▶ 设置好后，单击“确定”按钮，并两次按下【Ctrl+F】组合键执行该滤镜，将其效果强化，如图 12-11 右图所示。

图 12-10　素材图片

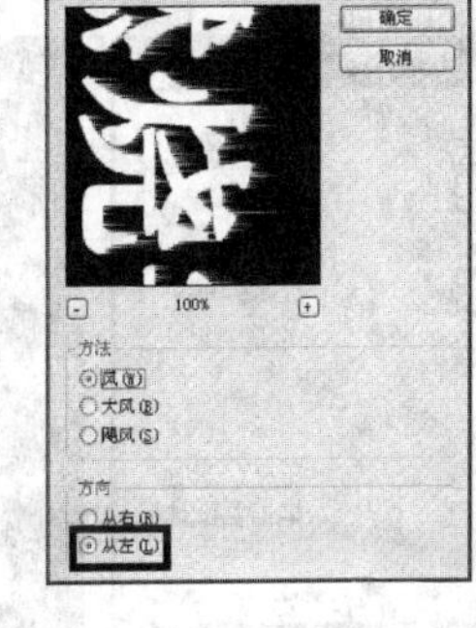

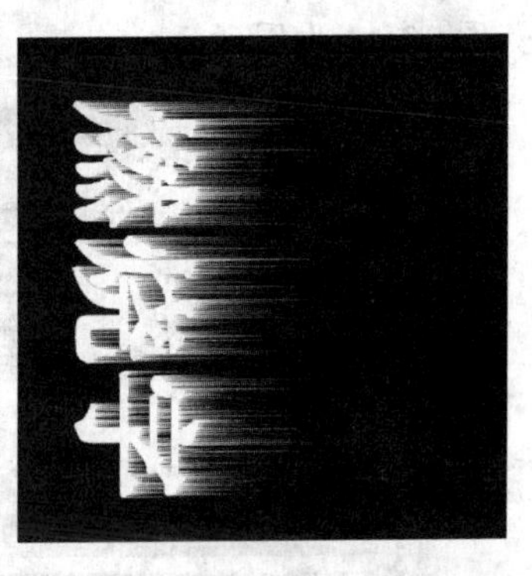

图 12-11　使用“风”滤镜及效果

步骤 4▶ 选择“图像”>“旋转画布”>“90 度（逆时针）”菜单，将画布旋转。然后选择“滤镜”>“模糊”>“高斯模糊”菜单，打开“高斯模糊”对话框，按照图 12-12 左图所示的参数设置。该滤镜可以利用高斯曲线的分布方式有选择地模糊图像，并且可以设置模糊半径，半径数值越小，模糊效果越弱。

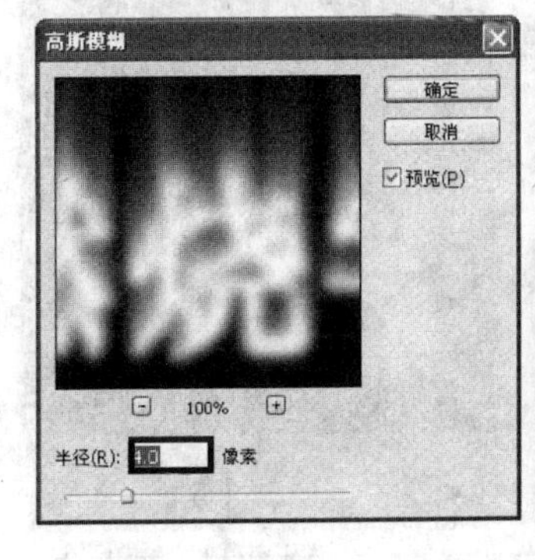

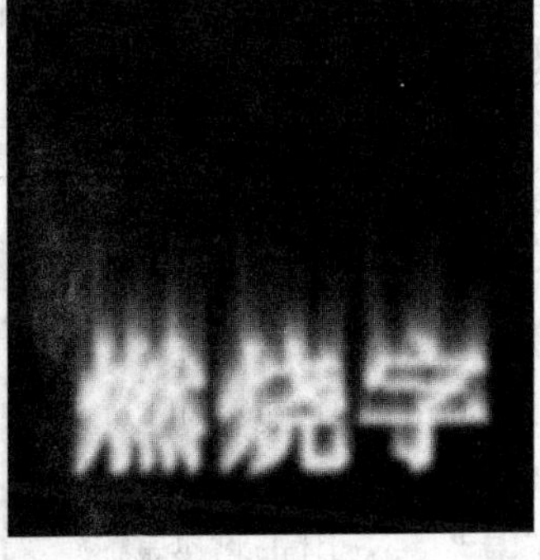

图 12-12　使用“高斯模糊”滤镜及效果

步骤 5▶ 按下【Ctrl+U】组合键，打开“色相/饱和度”对话框，按照图 12-13 所示设置参数。

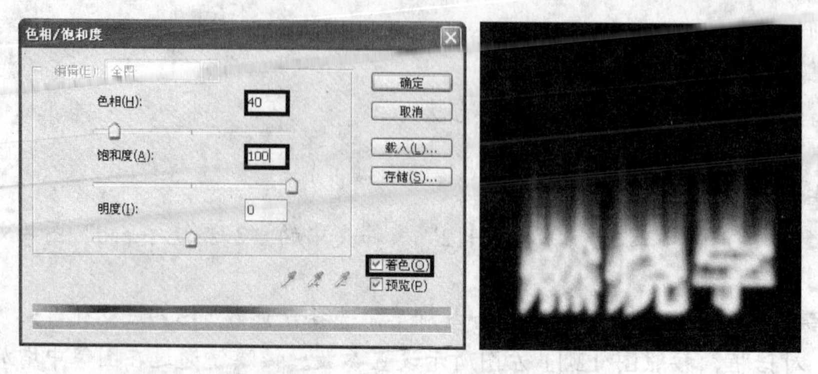

图 12-13 调整图像的色相和饱和度

步骤 6▶ 按下【Ctrl+J】组合键，将“背景”图层复制，并参照图 12-14 左图所示的参数调整新复制图层的色相和饱和度值。调整完后将其图层混合模式设置为“颜色减淡”，效果如图 12-14 右图所示。

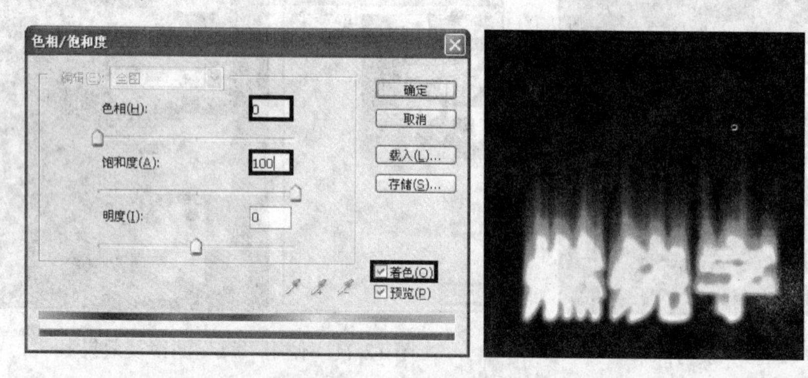

图 12-14 调整图层的色相和饱和度并改变混合模式

步骤 7▶ 按下【Ctrl+E】组合键将“背景”图层与“背景副本”图层合并。然后选择“滤镜”>“液化”菜单，打开“液化”对话框，在该对话框中选择“向前变形工具”，然后沿着火焰的走向反复涂抹，使火焰达到熊熊燃烧的效果，如图 12-15 所示。对话框中各选项的意义如下：

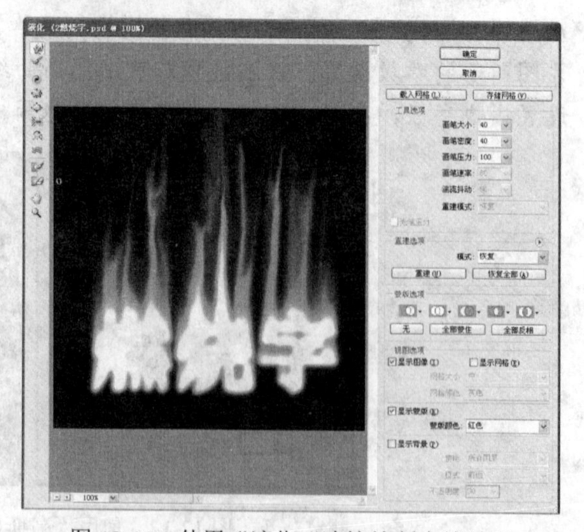

图 12-15 使用“液化“滤镜绘制火焰效果

- **“向前变形工具”**：选中该工具后，在预览框中拖动可以改变图像像素位置。
- **“重建工具”**：用于将变形后的图像恢复为原始状态。

- **“顺时针旋转扭曲工具”**：在图像区单击或拖动可使画笔下的图像按顺时针旋转。
- **“褶皱工具”** 与 **“膨胀工具”**：利用这两个工具可收缩或扩展像素。
- **“左推工具”**：选中该工具后，在图像编辑窗口中单击并拖动，系统将在垂直于光标移动的方向上移动像素。
- **“镜像工具”**：该工具用于镜像复制图像。选择该工具后，直接单击并拖动光标可镜像复制与描边方向垂直的区域，按住【Alt】键单击并拖动可镜像复制与描边方向相反的区域。通常情况下，在冻结了要反射的区域后，按住【Alt】键单击并拖动可产生更好的效果。
- **“湍流工具”**：该工具用于平滑地混杂像素，它主要用于创建火焰、波浪等效果。
- **“冻结蒙版工具”**：用于保护图像中的某些区域，以免被这些区域被编辑。默认情况下，被冻结区域以半透明红色覆盖。
- **“解冻蒙版工具”**：用于解冻冻结区域。
- **“工具选项”设置区**：在此区域可设置各工具的参数，如“画笔大小”、“画笔密度”、“画笔压力”等。
- **“重建选项”设置区**：在该区域中可选择重置方式，单击“恢复全部”按钮，可将前面的变形全部恢复。如果进行过冻结，区域中的部分也被恢复，只留下覆盖颜色。
- **“蒙版选项”设置区**：用于取消、反相被冻结区域（也称为被蒙版区域），或者冻结整幅图像。
- **“视图选项”设置区**：在该区域中可对视图显示进行控制。

利用“液化”滤镜可以逼真地模拟液体流动的效果，用户可非常方便地利用它制作弯曲、漩涡、扩展、收缩、移位及反射等效果。

步骤 8▶　绘制好火焰效果后单击“确定”按钮，确认液化操作。然后在“图层”调板中单击“燃烧字 1”图层前的图标，使其显示出来。最终效果如图 12-16 所示。

图 12-16　显示文字

实训 3　制作腐蚀效果字

【实训目的】

- 掌握“喷溅”滤镜的使用方法。
- 掌握“拼贴”滤镜的使用方法。
- 掌握“龟裂缝”滤镜的使用方法。

【操作步骤】

步骤 1▶ 打开本书配套素材“PH12”文件夹中的“3 腐蚀字.jpg”图片文件，如图 12-17 所示。

步骤 2▶ 选择“滤镜”>“纹理”>“龟裂缝”菜单,打开“滤镜库”对话框，按照图 12-18 所示设置参数。该滤镜以随机方式在图像中生成龟裂纹理，并能产生浮雕效果。

图 12-17 素材图片

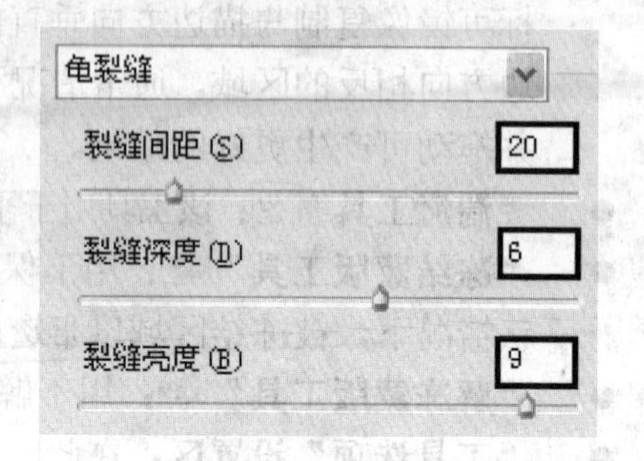

图 12-18 设置“龟裂缝”滤镜参数

步骤 3▶ 设置完毕，单击“确定”按钮，应用“龟裂缝”滤镜后的效果如图 12-19 所示。

步骤 4▶ 将前景色设置为黑色，然后选择“滤镜”>“风格化”>“拼贴”菜单,打开“拼贴”对话框，按照图 12-20 所示的参数设置。单击“确定”按钮，效果如图 12-21 所示。

图 12-19 使用“龟裂缝”滤镜效果

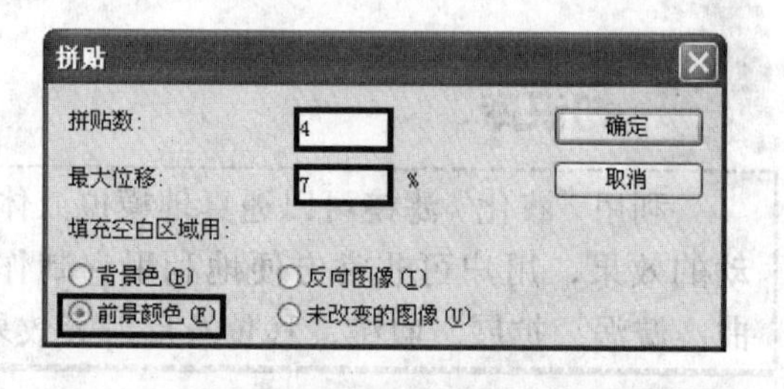

图 12-20 设置“拼贴”滤镜参数

“拼贴”滤镜是根据对话框中指定的值将图像分成多块磁砖状，产生拼贴效果。该滤镜与“凸出”滤镜相似，但生成砖块的方法不同。使用“拼贴”滤镜时，在各砖块之间会产生一定的空隙，其空隙中的图像内容可在对话框中自由设定。

图 12-21 使用“拼贴”滤镜效果

步骤 5▶ 将背景色设置为熟褐色（#5d3207），然后选择“滤镜”>“画笔描边”>“喷溅”菜单,打开“滤镜库”对话框，按照图 12-22 左图所示设置参数。单击“确定”按钮，效果如图 12-22 右图所示。该滤镜能使图像产生笔墨喷溅的艺术效果。

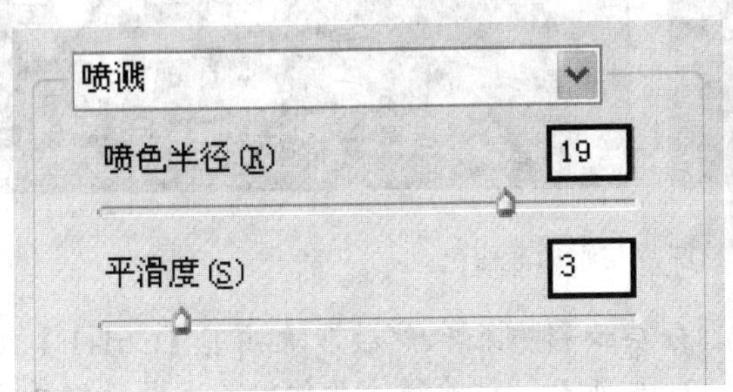

图 12-22 使用“喷溅”滤镜效果

步骤 6▶ 选择“魔棒工具”，并在其工具属性栏中设置“容差”为 10，按下“添加到选区”按钮，在图中的浅色斑点处单击，将其全部选中，如图 12-23 所示。

步骤 7▶ 将前景色设置为土红色（# a96347），并为选区填充前景色，效果如图 12-24 所示。

图 12-23 将浅色斑点制作成选区

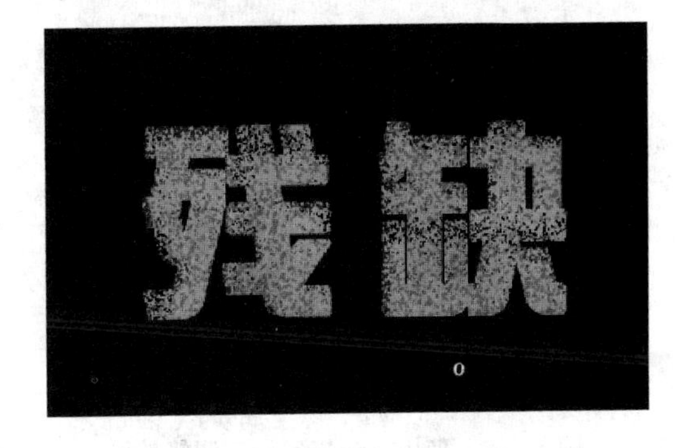

图 12-24 为选区填充前景色

实训 4 制作霹雳效果字

【实训目的】

- 掌握“分层云彩”滤镜的使用方法。
- 掌握“霓虹灯光”滤镜的使用方法。

【操作步骤】

步骤 1▶ 打开本书配套素材“PH12”文件夹中的“4 霹雳字.psd”图片文件，如图 12-25 左图所示。

步骤 2▶ 在英文输入法状态下按【D】键，将前景色和背景色恢复为默认的黑白状态，然后将“霹雳字”图层制作为选区，并为选区填充黑白渐变色，如图 12-25 右图所示。

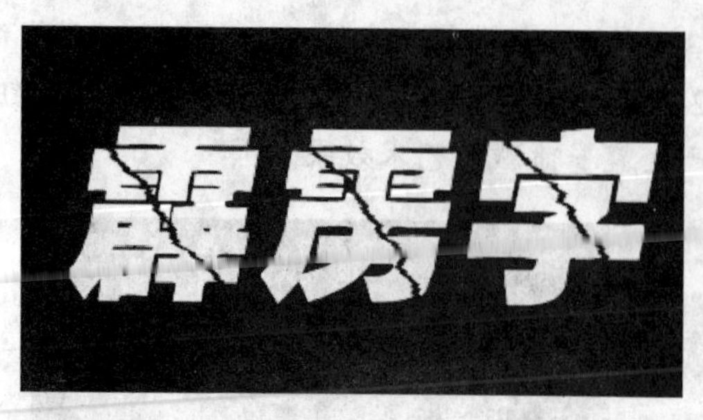

图 12-25　素材图片与添加渐变色

步骤 3▶　选择“滤镜”>“渲染”>“分层云彩”菜单,然后3次按下【Ctrl+F】组合键执行该滤镜，让文字中布满云彩，如图12-26所示。该滤镜主要作用是生成云彩并将图像进行反白处理。

步骤 4▶　按下【Ctrl+L】组合键，打开“色阶”对话框，按照图12-27所示的参数调整画面的对比度。单击“确定”按钮，效果如图12-28所示。

步骤 5▶　按下【Ctrl+I】组合键将文字图像反相，效果如图12-29所示。

图 12-26　使用“分层云彩”滤镜效果

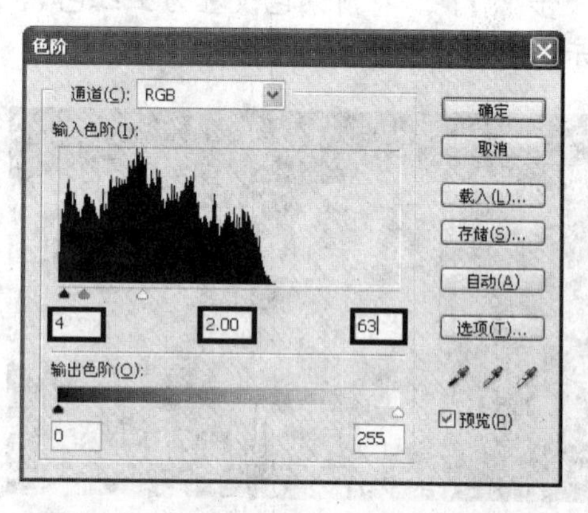

图 12-27　使用“色阶”命令增加对比度

图 12-28　调整色阶效果

图 12-29　反相效果

步骤 6▶　按下【Ctrl+U】组合键，打开“色相/饱和度”对话框，按照图12-30左图所示的参数为画面着色。单击“确定”按钮，效果如图12-30右图所示。

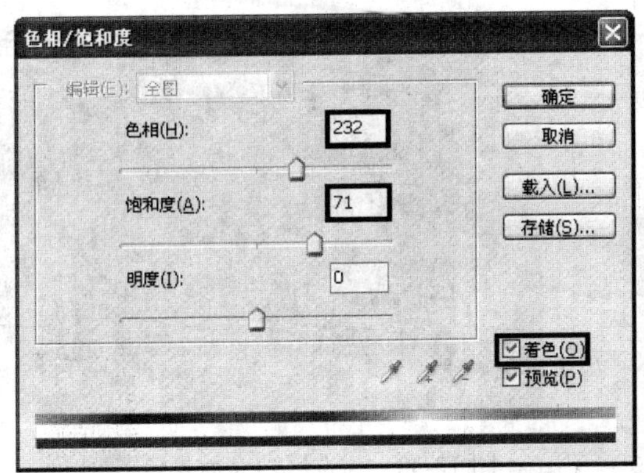

图 12-30　调整图像的色相和饱和度

步骤 7▶ 取消选区，然后在“图层”调板中单击“背景”图层，选择“滤镜”>“艺术效果”>“霓虹灯光”菜单，打开“滤镜库”对话框，按照图 12-31 左图所示的参数进行设置。该滤镜可以产生霓虹灯光照效果，营造出朦胧的气氛。单击“确定”按钮，效果如图 12-31 右图所示。

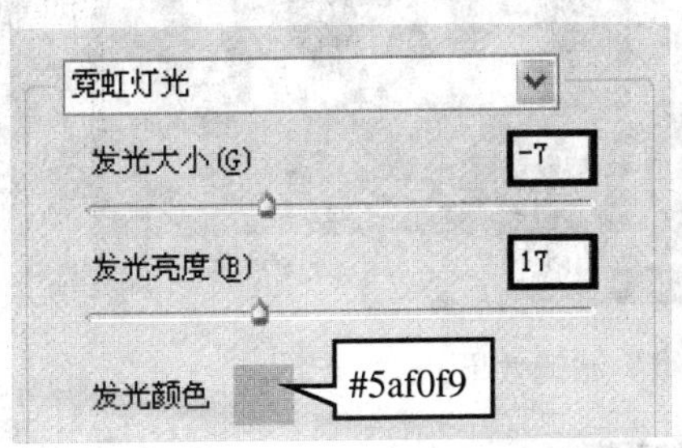

图 12-31　使用“霓虹灯光”滤镜效果

实训 5　制作木刻字牌

【实训目的】

- 掌握“浮雕”滤镜的使用方法。
- 掌握“纤维”滤镜的使用方法。
- 掌握“颗粒”滤镜的使用方法。

【操作步骤】

步骤 1▶ 打开本书配套素材“PH12”文件夹中的“5 木刻字牌.psd”图片文件，如图 12-32 所示。

步骤 2▶ 将前景色设置为深棕色（#a4977e），背景色设置为浅棕色（#c4ba97），按住【Ctrl】键单击“图层 1”缩览图，将其制作成选区，并为其填充前景色，如图 12-33 所示。

步骤 3▶ 选择“滤镜”>“渲染”>“纤维”菜单，打开“纤维”对话框，按照图 12-34 左图所示设置参数。“纤维”滤镜可在图像中产生光纤效果，光纤效果颜色由前景色和背景色决定。单击“确认”按钮，效果如图 12-34 右图所示。

图 12-32　素材图片

图 12-33　为选区填充前景色

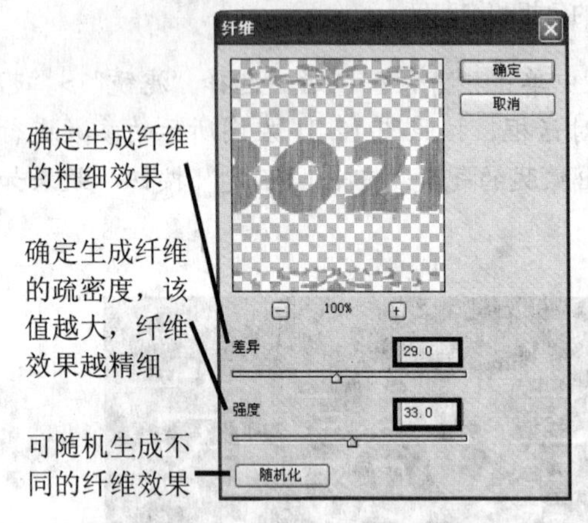

图 12-34　使用“纤维”滤镜效果

步骤 4▶ 在“图层”调板中单击“添加图层蒙版”按钮，为“图层 1”的选区添加图层蒙版。然后选择“滤镜”>“风格化”>“浮雕效果”菜单，打开“浮雕效果”对话框，并按照图 12-35 左图所示进行参数设置。该滤镜通过勾画图像或所选区域的轮廓和降低周围色值来生成浮雕效果。单击“确认”按钮，效果如图 12-35 右图所示。

图 12-35　使用“浮雕效果”滤镜效果

步骤 5▶ 按下【Ctrl+L】组合键，打开“色阶”对话框，按照图 12-36 左图所示的参数调整蒙版的对比度。单击“确定”按钮，效果如图 12-36 右图所示。

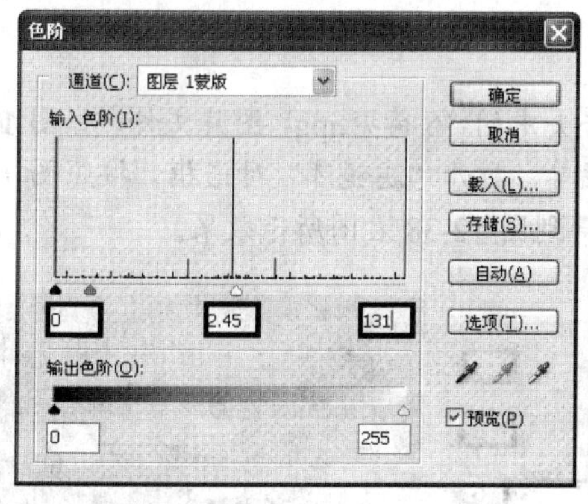

图 12-36　调整蒙版色阶

步骤 6▶ 将“背景”图层切换为当前图层，用“魔棒工具”将其中的黑色区域制作成选区。然后选择“滤镜”>“纹理”>“颗粒”菜单，打开“滤镜库”对话框，按照图 12-37 左图所示设置参数。单击“确定”按钮，效果如图 12-37 右图所示。

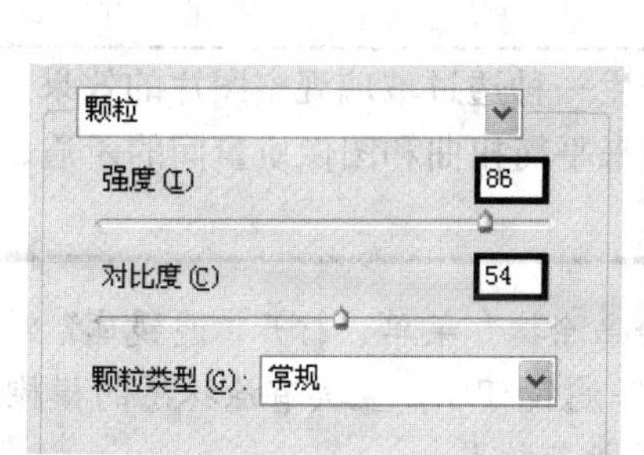

图 12-37　使用“颗粒”滤镜效果

知识库

“颗粒”滤镜能在图像中随机加入不规则的颗粒，按规定的方式形成各种颗粒纹理。在“颗粒类型”列表中共有结块、喷洒等 10 种类型。

12.3　制作绘画效果

实训 1　制作油画效果

【实训目的】

- 掌握“绘画涂抹”滤镜的使用方法。

- 掌握“玻璃”滤镜的使用方法。
- 掌握“成角的线条”滤镜的使用方法。
- 掌握“纹理化”滤镜的使用方法。

【操作步骤】

步骤 1▶ 打开本书配套素材“PH12”文件夹中的“6 荷塘.jpg”图片文件，如图 12-38 左图所示。选择“滤镜”>“扭曲”>“玻璃”菜单，打开“滤镜库”对话框，按照图 12-38 中图所示进行参数设置。单击“确定”按钮，得到图 12-38 右图所示效果。

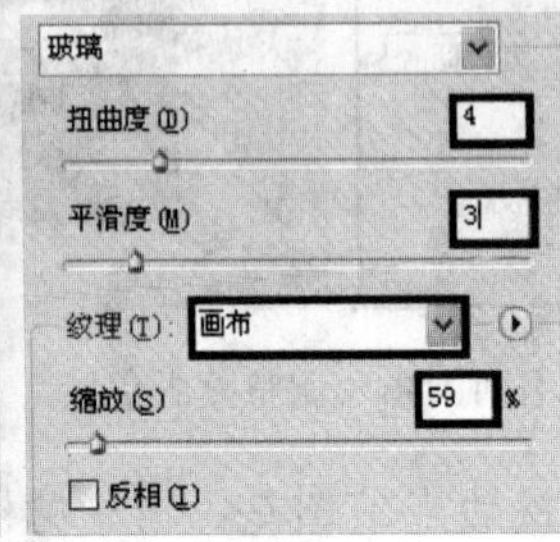

图 12-38 使用“玻璃”滤镜效果

“玻璃”滤镜可用来制造一系列细小纹理，产生一种透过玻璃观察图片的效果。在该滤镜对话框中，“扭曲度”和“平滑度”选项可用来平衡扭曲和图像质量间的矛盾，还可确定纹理类型和比例。

步骤 2▶ 选择“滤镜”>“艺术效果”>“绘画涂抹”菜单，打开“滤镜库”对话框，按照图 12-39 左图所示进行参数设置。“绘画涂抹”滤镜可以产生具有涂抹感的模糊效果。设置好后，单击“确定”按钮，得到图 12-39 右图所示效果。

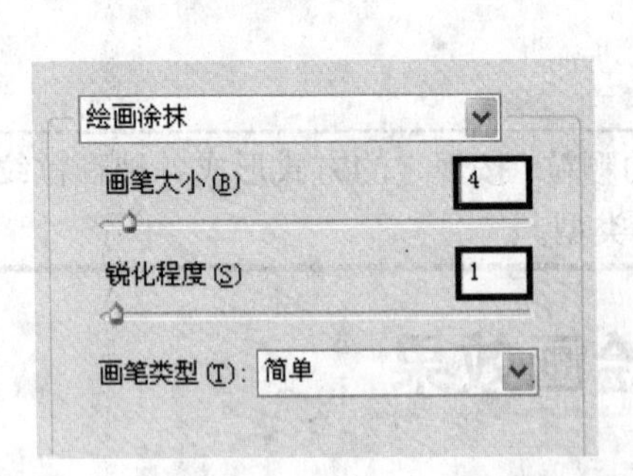

图 12-39 使用“绘画涂抹”滤镜效果

步骤 3▶ 选择“滤镜”>“画笔描边”>“成角的线条”菜单，打开“滤镜库”对话框，按照图 12-40 左图所示进行参数设置。“成角的线条”滤镜可使图像产生倾斜笔锋的效果。设置好后，单击“确定”按钮，得到图 12-40 右图所示效果。

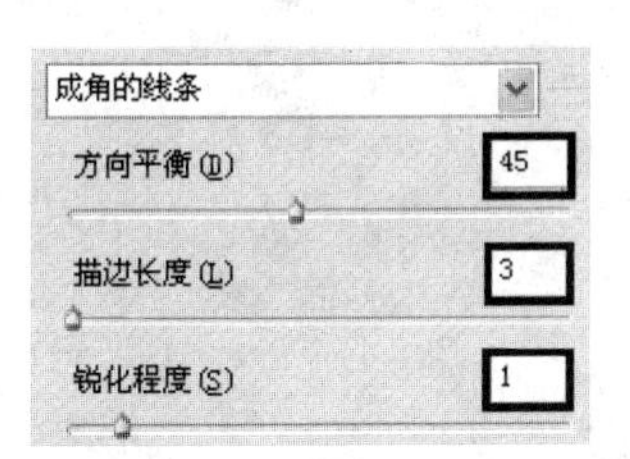

图 12-40　使用"成角的线条"滤镜效果

步骤 4▶ 选择"滤镜">"纹理">"纹理化"菜单，打开"滤镜库"对话框，按照图 12-41 左图所示进行参数设置。单击"确定"按钮，得到图 12-41 右图所示效果。

"纹理化"滤镜的主要功能是在图像中加入各种纹理，在"纹理"下拉列表中可选择"砖形"、"粗麻布"、"画布"、"砂岩"四种纹理。当单击按钮◉并选择"载入纹理"选项时，Photoshop 会打开一装载对话框，要求选择一个*.psd 文件作为产生纹理的模板。

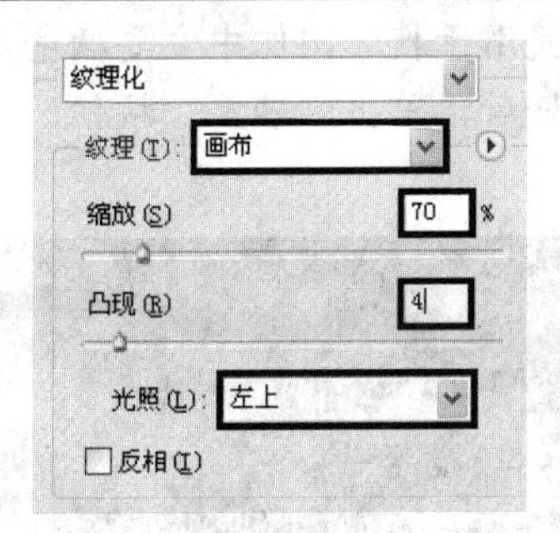

图 12-41　使用"纹理化"滤镜效果

步骤 5▶ 在"图层"调板中，将"背景"图层拖拽到按钮◨上，复制出"背景副本"图层，并设置该图层的"混合模式"为"柔光"，得到图 12-42 右图所示效果。这样，一个简单的油画效果就完成了。

图 12-42　设置图层混合模式

实训 2　制作水墨画效果

【实训目的】

- 掌握“特殊模糊”滤镜的使用方法。
- 掌握“照亮边缘”滤镜的使用方法。
- 掌握“深色线条”滤镜的使用方法。

【操作步骤】

步骤 1▶ 打开本书配套素材“PH12”文件夹中的“7 水乡.psd”图片文件，如图 12-43 左图所示。将“背景”图层设置为当前图层，然后复制一个“背景副本”图层。

图 12-43　素材图片

步骤 2▶ 选择“滤镜”>“风格化”>“照亮边缘”菜单，打开“滤镜库”对话框，按照图 12-44 左图所示设置参数。“照亮边缘”滤镜用于搜索图像中主要颜色变化区域，加强其过渡像素，产生轮廓发光的效果。参数设置好后，单击“确定”按钮，得到图 12-44 右图所示效果。

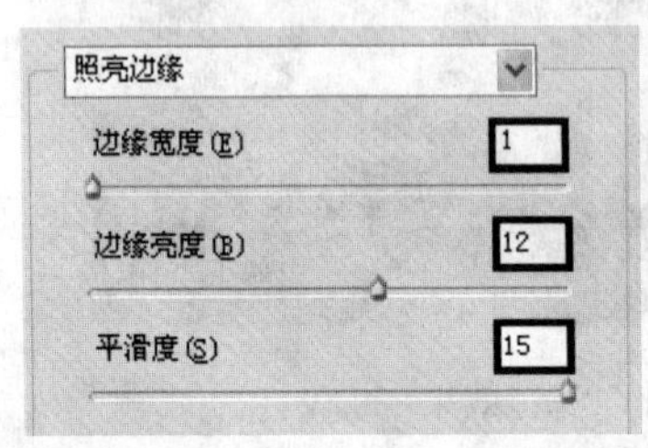

图 12-44　使用“照亮边缘”滤镜效果

步骤 3▶ 为“背景副本”图层执行反相操作，并设置其图层混合模式为“正片叠底”，得到图 12-45 右图所示的效果。

图 12-45　设置图层混合模式

步骤 4▶ 选择“滤镜”>“模糊”>“特殊模糊”菜单，打开“特殊模糊”对话框，按照图 12-46 左图所示设置参数。单击“确定”按钮，得到如图 12-46 右图所示效果。

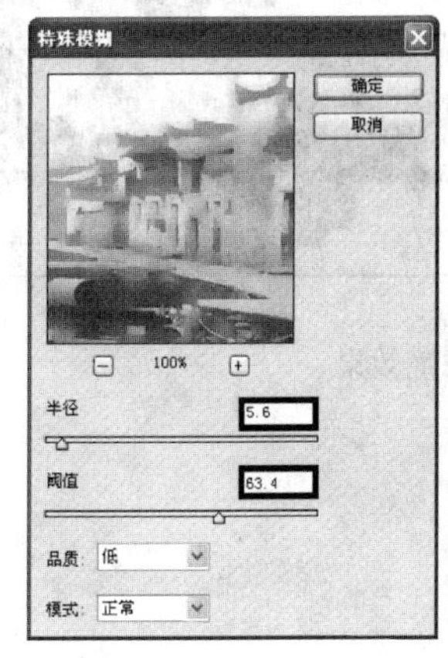

图 12-46 使用“特殊模糊”滤镜效果

“特殊模糊”滤镜与其他模糊滤镜相比，能够产生一种清晰边界的模糊方式。在“模式”下拉列表中可以选择“正常”、“仅限边缘”和“叠加边缘”3 种模式来模糊图像，从而产生 3 种不同的特效。

步骤 5▶ 按下【Ctrl+U】组合键，打开“色相/饱和度”对话框，按照图 12-47 左图所示设置参数。单击“确定”按钮，效果如图 12-47 右图所示。

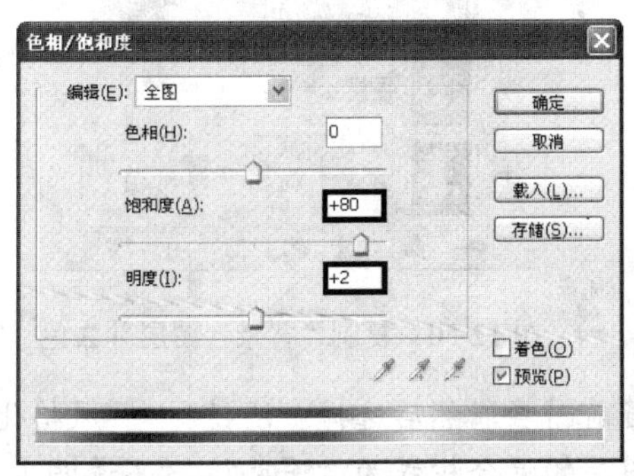

图 12-47 调整图像的色相和饱和度

步骤 6▶ 选择“滤镜”>“画笔描边”>“深色线条”菜单，打开“滤镜库”对话框，按照图 12-48 左图所示设置参数。该滤镜可在图像中产生很强烈的黑色阴暗面。参数设置好后，单击“确定”按钮。最后将“文字”图层显示出来，得到图 12-48 右图所示效果。

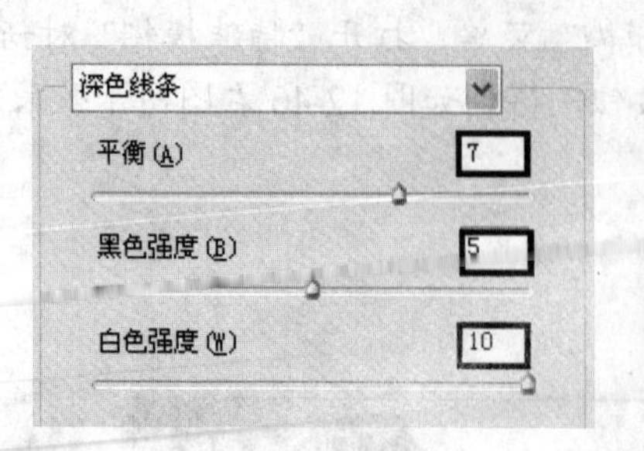

图12-48 使用“深色线条”滤镜效果

实训3 制作素描效果

【实训目的】

- 掌握“查找边缘”滤镜的使用方法。
- 掌握“阴影线”滤镜的使用方法。
- 掌握“扩散亮光”滤镜的使用方法。

【操作步骤】

步骤 1▶ 打开本书配套素材“PH12”文件夹中的“8 素描素材.jpg”图片文件，如图12-49所示。按两次【Ctrl+J】组合键将“背景”图层复制两份并分别按【Shift+Ctrl+I】组合键做去色处理，如图12-50所示。

图12-49 素材图片

图12-50 复制“背景”图层并去色

步骤 2▶ 将“图层1副本”图层设置为当前图层，然后选择“滤镜”>“风格化”>“查找边缘”菜单，再在“图层”调板中设置图层的混合模式为“深色”，“不透明度”为66%，得到图12-51右图所示效果。

“查找边缘”滤镜用来搜索图像中颜色像素对比度变化剧烈的边界并使其突出，从而使图像产生速写效果。

图 12-51　使用“查找边缘”滤镜并改变图层属性

步骤 3▶　将“图层 1”图层设置为当前图层，然后选择“滤镜” > “画笔描边” > “阴影线”菜单，打开“滤镜库”对话框，按照图 12-52 左图所示设置参数。该滤镜可在图像中产生交叉网纹和笔锋。参数设置好后，单击“确定”按钮，得到图 12-52 右图所示效果。

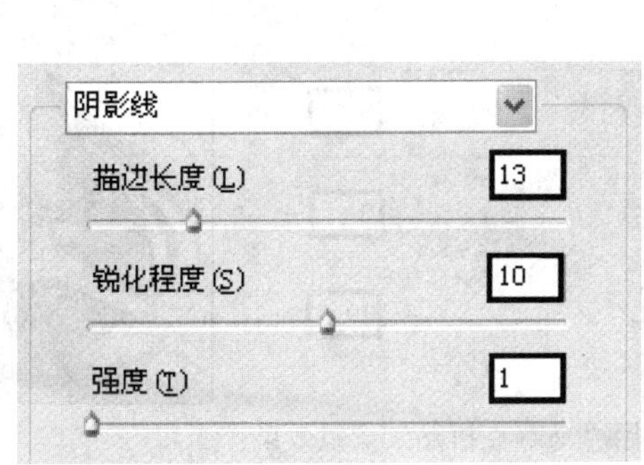

图 12-52　使用“阴影线”滤镜效果

步骤 4▶　选择“滤镜” > “扭曲” > “扩散亮光”菜单，打开“滤镜库”对话框，按照图 12-53 左图所示设置参数。该滤镜可使图像产生一种光芒漫射的亮光效果。参数设置好后，单击“确定”按钮，得到图 12-53 右图所示效果。

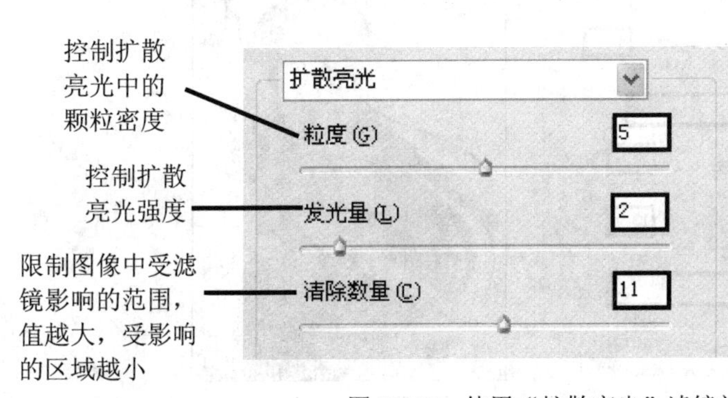

图 12-53　使用“扩散亮光”滤镜效果

实训 4 制作蜡笔画效果

【实训目的】

- 掌握“粗糙蜡笔”滤镜的使用方法。
- 掌握“马赛克拼贴”滤镜的使用方法。
- 掌握“喷色描边”滤镜的使用方法。

【操作步骤】

步骤 1▶ 打开本书配套素材“PH12”文件夹中的“9 蜡笔画素材.jpg”图片文件，如图 12-54 左图所示。

步骤 2▶ 选择“滤镜”>“纹理”>“马赛克拼贴”菜单，打开“滤镜库”对话框，按照图 12-54 中图所示设置参数。“马赛克拼贴”滤镜可以产生马赛克拼贴的效果。参数设置好后，单击“确定”按钮，得到图 12-54 右图所示效果。

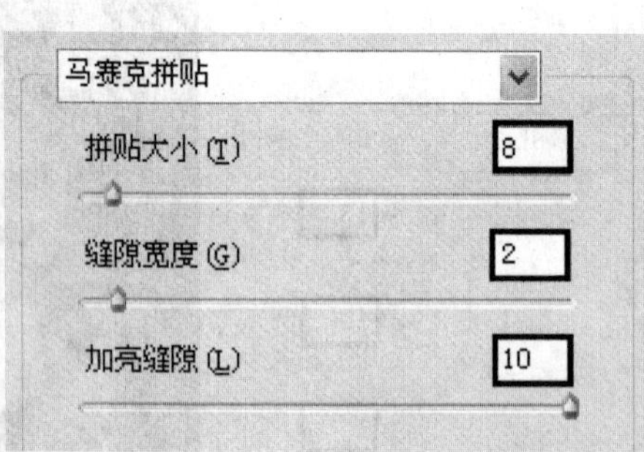

图 12-54 使用“马赛克拼贴”滤镜效果

步骤 3▶ 选择“滤镜”>“艺术效果”>“粗糙蜡笔”菜单，打开“滤镜库”对话框，按照图 12-55 左图所示设置参数。该滤镜可以在图像中填入一种纹理，从而产生纹理浮雕效果。参数设置好后，单击“确定”按钮，得到图 12-55 右图所示效果。

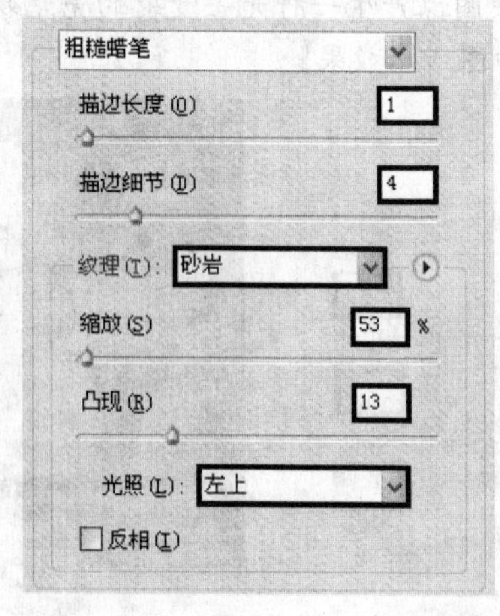

图 12-55 使用“粗糙蜡笔”滤镜效果

步骤 4▶ 选择“滤镜”>“画笔描边”>“喷色描边”菜单，打开“滤镜库”对话框，按照图 12-56 左图所示设置参数。该滤镜可产生斜纹飞溅效果。参数设置好后，单击“确定”按钮，得到图 12-56 右图所示效果。

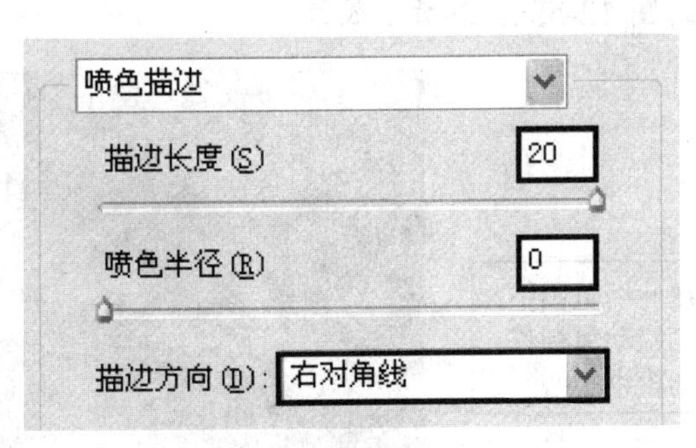

图 12-56　使用“喷色描边”滤镜效果

12.4　为风光照片增色

实训 1　添加光线效果

【实训目的】

- 掌握“波纹”滤镜的使用方法。
- 掌握“径向模糊”滤镜的使用方法。
- 掌握“镜头光晕”滤镜的使用方法。

【操作步骤】

步骤 1▶ 打开本书配套素材“PH12”文件夹中的“10 风景.jpg”图片文件，用“套索工具”将其中的湖面部分制作成选区，如图 12-57 左图所示。

步骤 2▶ 选择“滤镜”>“扭曲”>“波纹”菜单，打开“波纹”对话框，按照图 12-57 中图所示设置参数。“波纹”滤镜可产生水纹涟漪的效果。参数设置好后，单击“确定”按钮，得到图 12-57 右图所示效果。

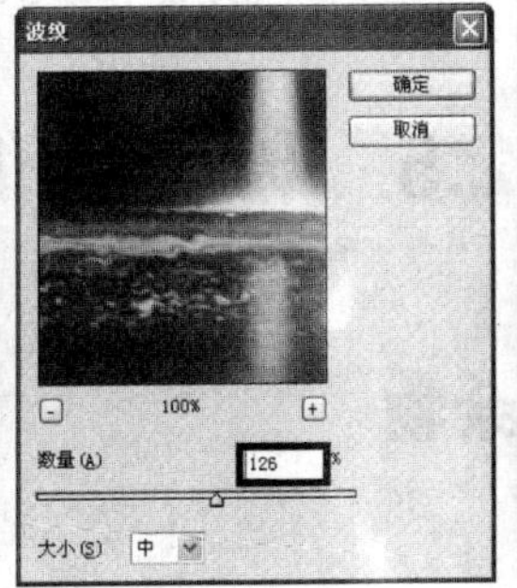

图 12-57　使用“波纹”滤镜效果

步骤3▶ 将“通道”面板中的“绿”通道设置为当前通道，然后按住【Ctrl】键，单击其通道缩览图，制作选区。

步骤4▶ 在“图层”调板中新建“图层1”，并为选区填充白色，然后取消选区。

步骤5▶ 选择“滤镜”>“模糊”>“径向模糊”菜单，打开“径向模糊”对话框，按照图12-58左图所示设置参数。“径向模糊”滤镜能够产生旋转模糊或放射模糊效果。参数设置好后，单击“确定”按钮，得到图12-58右图所示效果。

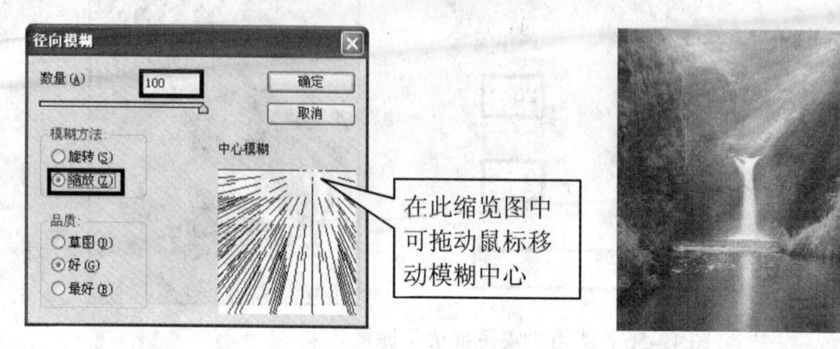

图12-58 使用“径向模糊”滤镜效果

步骤6▶ 将“背景”图层设置为当前图层，然后选择“滤镜”>“渲染”>“镜头光晕”菜单，打开“镜头光晕”对话框，按照图12-59左图所示设置参数，并用鼠标将炫光位置+拖动到画面的左上角。参数设置好后，单击“确定”按钮，得到图12-59右图所示效果。

图12-59 使用“镜头光晕”滤镜效果

12.5 修复图像

实训1 去除照片中的多余物

【实训目的】

- 掌握“消失点”滤镜的使用方法。

【操作步骤】

步骤 1▶　打开本书配套素材"PH12"文件夹中的"11 消失点 jpg"图片文件，下面，我们要利用"消失点"滤镜去除照片中的杂物。

步骤 2▶　选择"滤镜">"消失点"菜单，打开"消失点"对话框，该滤镜允许用户在包含透视效果的平面图像中的指定区域执行诸如绘画、仿制、拷贝、粘贴，以及变换等编辑操作，并且所有操作都能使图像保持原来的透视效果。对话框左侧工具箱中各工具的用途如下：

- **"编辑平面工具"**：用于选择、编辑、移动平面并调整平面大小。
- **"创建平面工具"**：用于在平面内定义网格，以及调整网格的大小和形状。
- **"选框工具"**：用于在平面内创建选区。
- **"图章工具"**：利用该工具可以将参考点周围的图像复制到其他位置。
- **"画笔工具"**：利用该工具可以用指定的颜色在平面内进行绘画。
- **"变换工具"**：在平面内创建选区并移动选区图像后，该工具被激活，利用它可在平面内对选区图像执行缩放、移动和旋转操作。
- **"吸管工具"**：使用该工具在预览图像中单击，可将单击处的像素应用于绘画的颜色。
- **"测量工具"**：利用该工具可以测量两点间的距离。
- **"缩放工具"**：选择该工具后可在预览窗口中放大/缩小图像的显示效果。
- **"抓手工具"**：选择该工具可在预览窗口中移动图像。

步骤 3▶　选择左侧工具箱中的"创建平面工具"，然后将光标移至预览窗口中，沿着地面的木板连续单击鼠标，创建 4 个角点，释放鼠标后，将创建一个平面透视网格，如图 12-60 右图所示。

图 12-60　创建平面透视网络

在创建平面透视网格时，用户可以按【BackSpace】键来删除定义的角点。如果定义的透视网格为红色或黄色时，这表明网格的透视角度不正确，需要调整网格角点的位置，直至网格变为蓝色。这里有个小窍门，用户可以使用图像中的矩形对象或平面区域作为参考线定义网格。

步骤 4▶ 使用“编辑平面工具”拖动平面透视网格的角点，调整网格大小至框选图像中的所有杂物，如图 12-61 左图所示。

步骤 5▶ 选择对话框左侧工具箱中的“选框工具”，在平面网格内拖把的下方区域单击并拖动鼠标，绘制一个选区，如图 12-61 右图所示。从图中可知，绘制的选区形状与网格的透视效果相同。

图 12-61 调整网格大小与绘制选区

创建选区后，可以对选区内的图像进行移动、旋转或缩放操作。

步骤 6▶ 在“消失点”对话框上方参数设置区的“修复”下拉列表中选择“明暗度”，然后将光标移至选区内，按住【Alt】键，当光标呈形状时，按下鼠标左键并向拖把区域拖动光标，释放鼠标即可将拖把图像覆盖，如图 12-62 右图所示。

图 12-62 复制图像到目标区域

步骤 7▶ 使用与步骤 5 与步骤 6 相同的操作方法将图像中的其他杂物完全遮盖，其效果如图 12-63 所示。如果对调整效果满意，单击“确定”按钮，关闭对话框即可。

将选区内图像移动到目标区后，可使用键盘中的方向键微调图像的位置。如果要取消选区，只需在选区外单击鼠标即可。

图 12-63　去除所有杂物后的效果

实训 2　去除照片中的划痕

【实训目的】

- 掌握“蒙尘与划痕”滤镜的使用方法。

【操作步骤】

步骤 1▶　打开本书配套素材“PH12”文件夹中的“12 划痕.jpg”图片文件，如图 12-64 左图所示。下面，我们要利用“蒙尘与划痕”滤镜去除照片中的划痕。

步骤 2▶　选择“滤镜”>“杂色”>“蒙尘与划痕”菜单，打开“蒙尘与划痕”对话框，按照图 12-64 中图所示的参数设置。参数设置好后，单击“确定”按钮，得到如图 12-64 右图所示效果。

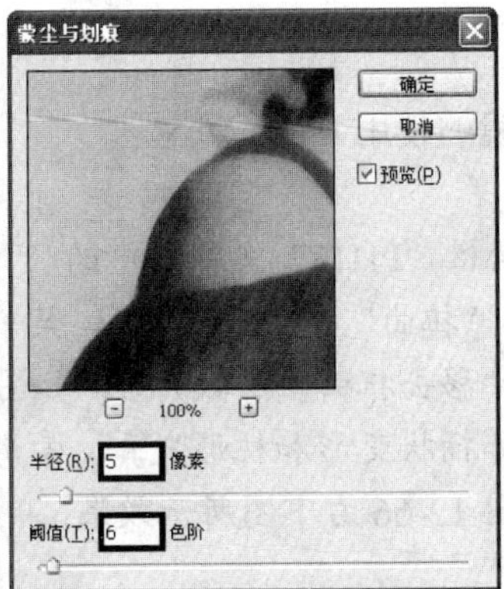

图 12-64　使用“蒙尘与划痕”滤镜效果

"蒙尘与划痕"滤镜会搜索图片中的缺陷并将其融入周围像素中，对于去除扫描图像中的杂点和折痕效果非常显著。在该滤镜对话框中，"半径"选项可定义以多大半径的缺陷来融合图像，变化范围为 1～100，值越大，模糊程度越强。"阈值"选项决定正常像素与杂点之间的差异，变化范围为 0～255，值越大，所能容许的杂纹就越多，去除杂点的效果就越弱。通常设定"阈值"为 0～128 像素，效果较为显著。

步骤 3▶ 选择"历史记录画笔工具"，并设置合适的笔刷大小，在人物面部、头发及脖颈部分涂抹，使其恢复清晰状态（注意不要涂抹到原来划痕所在的位置），最终效果如图 12-65 所示。

图 12-65 恢复图像清晰度

实训 3 校正扭曲照片

【实训目的】

- 掌握"镜头校正"滤镜的使用方法。

【操作步骤】

步骤 1▶ 打开本书配套素材"PH12"文件夹中的"13 扭曲.jpg"图片文件。

步骤 2▶ 选择"滤镜">"扭曲">"镜头校正"菜单，打开"镜头校正"对话框，在其右侧的参数设置区中设置"移去扭曲"参数为-7，如图 12-66 左图所示。利用该滤镜可修复常见的镜头失真缺陷，如桶状变形和枕形失真、晕影以及色彩失常等。参数设置好后，单击"确定"按钮，得到图 12-66 右下图所示效果。

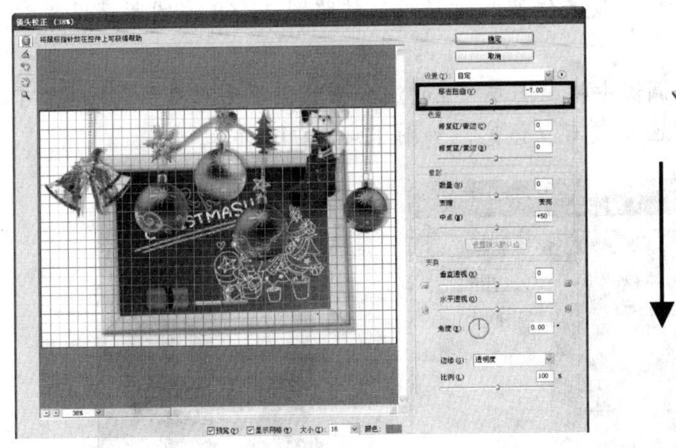

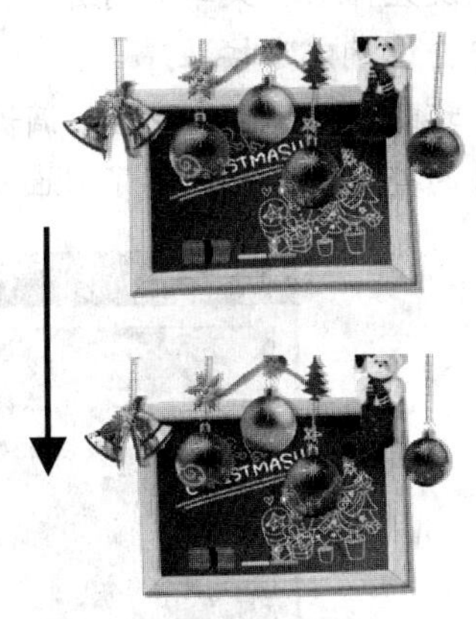

图 12-66　使用“镜头校正”滤镜效果

实训 4　校正模糊照片

【实训目的】

- 掌握“智能锐化”滤镜的使用方法。
- 掌握“高反差保留”滤镜的使用方法。

【操作步骤】

步骤 1▶ 打开本书配套素材“PH12”文件夹中的“14 模糊.jpg”图片文件，可以看到该照片由于在拍摄时对焦不准确，造成画面稍有模糊，如图 12-67 左图所示。

步骤 2▶ 首先我们利用“智能锐化”命令将人物边缘变清晰。选择“滤镜”>“锐化”>“智能锐化”菜单，打开“智能锐化”对话框，按照图 12-67 中图所示设置参数。该滤镜与其他锐化滤镜相比可以更好地对图像边缘进行探测，从而进一步改善图像边缘细节。参数设置好后，单击“确定”按钮，得到图 12-67 右图所示效果。

图 12-67　使用“智能锐化”滤镜效果

步骤 3▶ 此时图像虽然边缘清晰了，但面部还稍显朦胧，下面我们利用“高反差保留”滤镜对其调整。首先复制“背景”图层为“图层 1”，然后选择“滤镜”>“其他”>

"高反差保留"菜单，打开"高反差保留"对话框，按照图 12-68 左图所示设置参数，然后单击"确定"按钮。

步骤 4▶ 在"图层"调板中将"图层 1"的混合模式设置为"叠加"，此时可以看到照片的整体清晰度提高了且面部更有立体感，如图 12-68 右图所示。

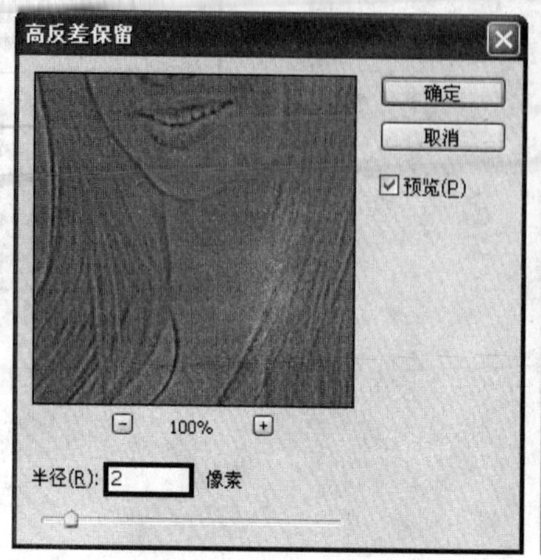

图 12-68　使用"高反差保留"滤镜效果

"高反差保留"滤镜的作用是在图像中颜色过渡明显的地方，保留所设置的半径内的边缘细节，并隐藏图像的其它部分，适合应用于连续色调的图像。其半径范围从 0.1～250.0 像素，半径越小，色彩越相似，细节丢失越多；半径越大，保留原图细节越多，但色彩差异得到改善越少。

综合实训——制作巧克力广告

下面通过制作一幅巧克力广告来练习以上学习的内容，最终效果如图 12-69 所示。制作时，首先在新创建的图像窗口中分别应用"镜头光晕"、"喷色描边"、"波浪"、"铬黄"和"旋转扭曲"滤镜制作巧克力液效果，然后用"图案生成器"滤镜将图案素材制作成图案，移入到巧克力液图像中并改变其图层混合模式，最后加入标识图像。

【操作步骤】

步骤 1▶ 将背景色设置为黑色，按【Ctrl+N】组合键，打开"新建"对话框，按照图 12-70 所示设置参数。

步骤 2▶ 选择"滤镜">"渲染">"镜头光晕"菜单，在打开的对话框中设置"亮度"为 100%，选择"50-300 毫米变焦"复选框，然后单击"确定"按钮，效果如图 12-71 所示。

步骤 3▶ 选择“滤镜”>“画笔描边”>“喷色描边”菜单，在打开的对话框中设置“描边长度”为20，“喷色半径”为18，“描边方向”为“右对角线”，单击“确定”按钮，得到图12-72所示的效果。

图 12-69 巧克力广告最终效果

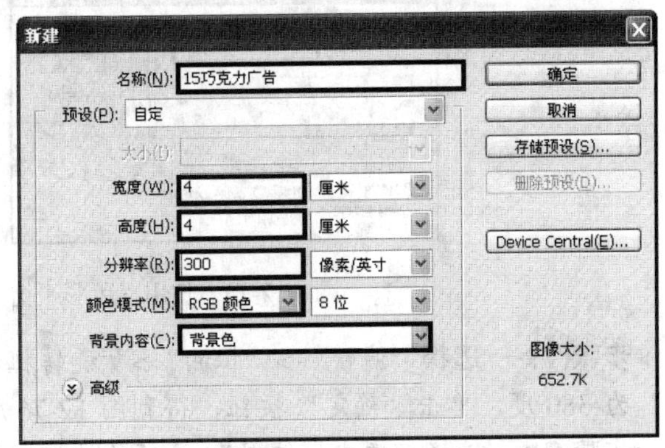

图 12-70 新建文档

图 12-71 应用“镜头光晕”滤镜

图 12-72 应用“喷色描边”滤镜

步骤 4▶ 选择“滤镜”>“扭曲”>“波浪”菜单，在打开的对话框中设置“生成器数”为5，“类型”为“正弦”，其他参数保持不变，单击“确定”按钮，得到图12-73所示的效果。

步骤 5▶ 选择“滤镜”>“素描”>“铬黄”菜单，在打开的对话框中设置“细节”为0，“平滑度”为10，单击“确定”按钮，得到图12-74所示的效果。

图 12-73 应用“波浪”滤镜

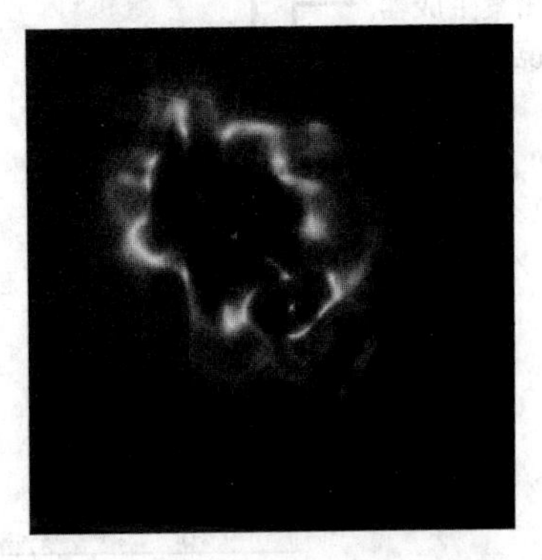

图 12-74 应用“铬黄”滤镜

步骤 6▶ 按【Ctrl+B】组合键打开“色彩平衡”对话框，参考图 12-75 左图进行参数设置，完成后单击“确定”按钮，效果如图 12-75 右图所示。

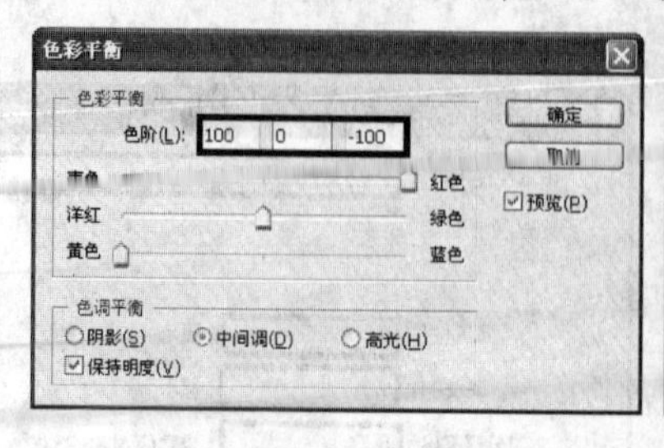

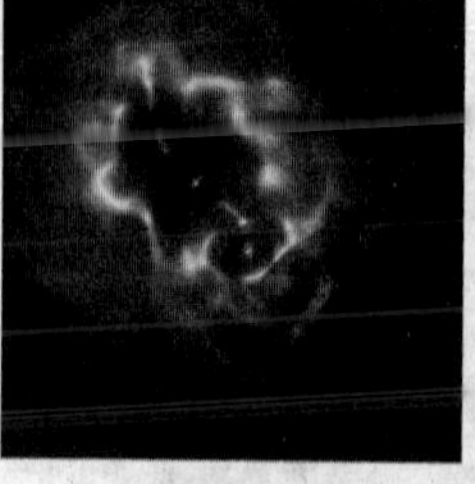

图 12-75 使用“色彩平衡”命令调整图像

步骤 7▶ 选择“滤镜”>“扭曲”>“旋转扭曲”菜单，在打开的对话框中设置“角度”为-380 度，单击“确定”按钮，得到图 12-76 所示的效果。

步骤 8▶ 选择“橡皮擦工具” 简单抹擦图像，使其与底色更好地融合在一起，如图 12-77 所示。

图 12-76 应用“旋转扭曲”滤镜

图 12-77 涂抹图像

步骤 9▶ 打开本书配套素材“PH12”文件夹中的“15 图案.psd”图片文件。将“文字”图层设置为当前图层，然后选择“滤镜”>“图案生成器”菜单，打开“图案生成器”对话框，如图 12-78 所示。

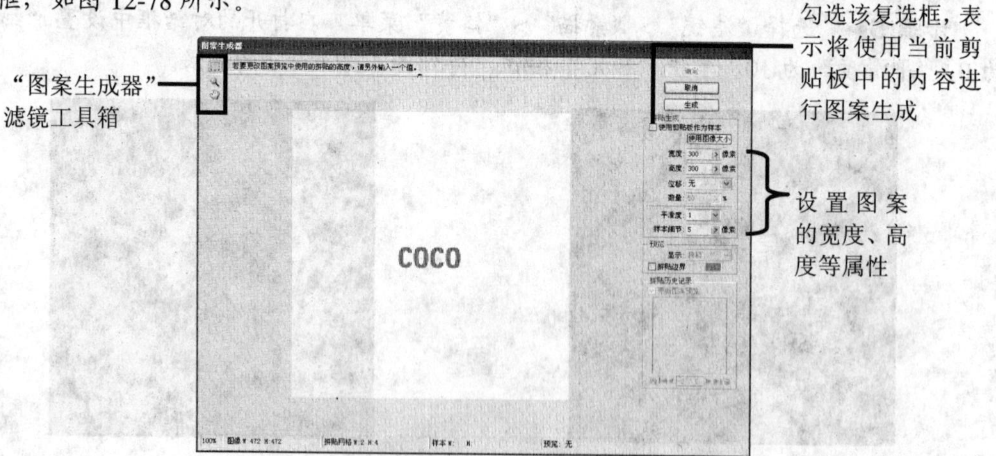

图 12-78 “图案生成器”对话框

步骤 10▶ 在"图案生成器"对话框中，选择左侧工具箱中的"矩形选框工具"，然后在预览窗口中绘制一个矩形选区，选取文字部分作为样本，如图 12-79 左图所示。

步骤 11▶ 在对话框右侧的参数设置区中，将"宽度"和"高度"都设置为 300。单击"图案生成器"对话框中的"生成"按钮，在预览窗口中将显示拼贴图案效果，如图 12-79 右图所示。

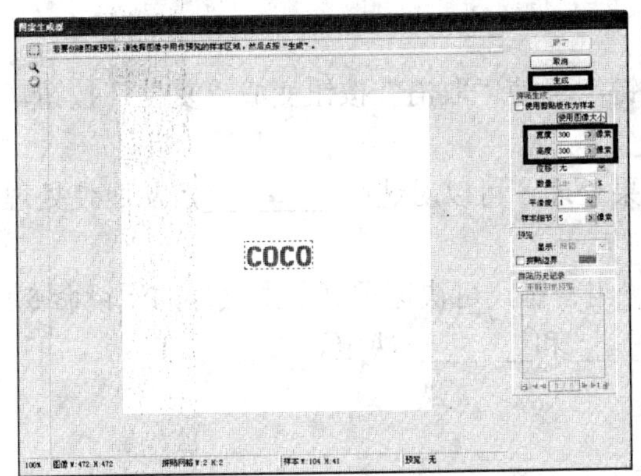

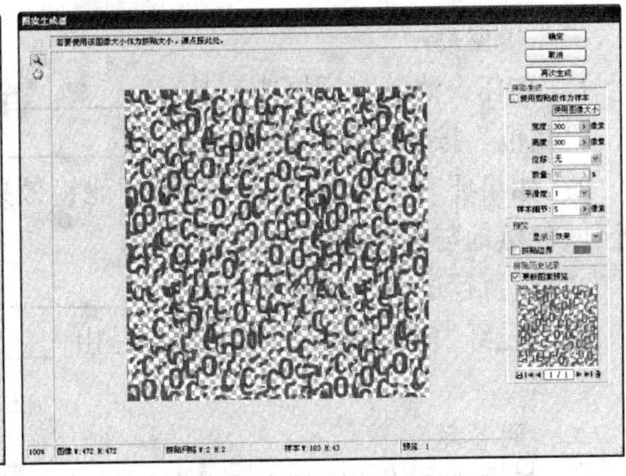

图 12-79　选择图案样本与生成新图案

步骤 12▶ 单击"确定"按钮，回到主操作界面中。然后将"15 图案.psd"图片文件中的"文字"图层移动到"15 巧克力广告.jpg"图像窗口中，并将该层的图层混合模式设置为"色相"，得到图 12-80 所示的效果。

步骤 13▶ 打开"PH12"文件夹中的素材图片"15 love.psd"文件，然后将心形图像拖入到"15 巧克力广告.jpg"图像窗口中，如图 12-81 所示。

图 12-80　移动图像并改变图层混合模式

图 12-81　移动图像

课后总结

通过本章的学习读者应了解 Photoshop 滤镜的一般特点与使用规则，并掌握 Phtoshop 典型滤镜的用法。在 Photoshop 中，滤镜是一项非常强大的功能，它使用起来也非常的简单，但要运用得恰到好处却并非易事。要想学好并灵活运用滤镜功能，没有捷径可取，只有依靠用户在实践中多摸索、多实践。

思考与练习

一、填空题

1．在任一滤镜对话框中，按住________键，可使“取消”按钮变成“复位”按钮，单击“复位”按钮可将参数________________。

2．如果要对图像的局部区域进行滤镜效果处理，可以对选区________，从而使处理的区域自然地与源图像融合在一起。

3．当执行过一个滤镜命令后，按________组合键，可快速重复上次执行的滤镜命令。

4．“光纤”滤镜效果的纹理颜色是由________和________决定。

二、问答题

1．所有滤镜的使用都有哪些相同特点和使用技巧？

2．要对图像执行局部模糊效果，该怎么操作？

3．如何利用“光照效果”滤镜为图像添加光照效果？

4．如何用“风”滤镜制作从右向左的吹风效果？

三、操作题

1．打开“PH12”文件夹中的素材图片“16.jpg”（如图 12-82 左图所示），然后利用“液化”滤镜为人物图像烫发，效果如图 12-82 右图所示。

2．打开“PH12”文件夹中的素材图片“17.jpg”（如图 12-83 左图所示），然后利用“消失点”滤镜将图中的人物图像删除。

图 12-82　利用“液化”滤镜为人物烫发

图 12-83　用“消失点”滤镜去除人物图像

第 13 章　图像的自动化处理与输出打印

【本章导读】

Photoshop 具有自动化处理图像的功能，用户可以将编辑图像的一系列步骤录制为一个动作，当需要对其他图像进行相同处理时（使用相同的处理命令和参数），执行该动作即可。本章除了介绍动作的录制、编辑和应用外，还将介绍图像输出与打印的方法。

【本章内容提要】

- 自动化处理图像
- 输出与打印图像

13.1　自动化处理图像

实训 1　制作精美画框——使用系统内置动作

利用 Photoshop 提供的内置动作可轻松地制作各种底纹、边框、文本效果和图像效果等。

【实训目的】

- 掌握系统内置动作的使用方法。

【操作步骤】

步骤 1▶ 打开本书配套素材“PH13”文件夹中的“1 相框素材.jpg”图片文件，如图 13-1 所示。

步骤 2▶ 选择“窗口“>”动作“菜单，或者按【Alt+F9】组合键,打开“动作”调板，单击调板右上角的按钮，在弹出的菜单中选择“画框”，载入“画框”动作组，如图 13-2 所示。

图 13-1　素材图片　　　　图 13-2　载入“画框”动作

系统在“动作”调板中只显示了“默认动作”文件中的内容，通过从“动作”调板的控制菜单中选择相应命令可加载系统内置的其他动作。

步骤 3▶ 在“动作”调板中单击“画框”左侧的“展开/折叠”按钮，展开“画框”动作文件夹中的所有动作，如图 13-3 所示。

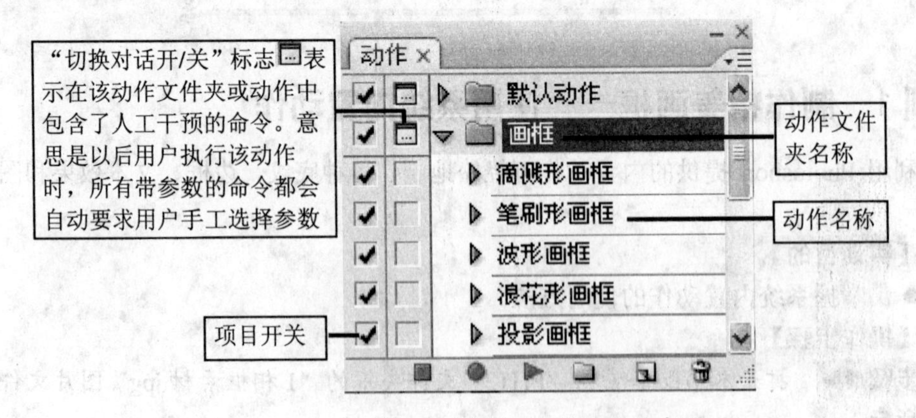

图 13-3　展开“画框”动作序列

通过选择“切换项目开/关”标志✔可允许/禁止执行某些命令。例如，对于某个动作而言，如果只希望执行其中的部分命令，则可通过单击该开关禁止执行该动作中的相应命令。

步骤 4▶　在“画框”动作序列中，选中“笔刷形画框”，并单击该动作左边的▶按钮，此时，“笔刷形画框”的下方将出现该动作包含的所有操作，如图 13-4 所示。

步骤 5▶　单击“动作”调板底部的“播放选定的动作”按钮▶，此时，将执行当前选定的动作，动作执行完成后的图像效果如图 13-5 所示。

图 13-4　查看“笔刷形画框”动作所包含的操作

图 13-5　笔刷画框效果

实训 2　自定义批量处理照片——录制、执行与修改动作

【实训目的】

- 掌握录制动作的方法。
- 掌握执行与修改动作的方法。

【操作步骤】

步骤 1▶　打开本书配套素材“PH13”文件夹中的“2 风景 1.jpg”和“2 风景 2.jpg”图片文件，这两张照片由于在同样的天气环境下拍摄，都显得朦胧灰暗，如图 13-6 所示。

图 13-6　素材图片

步骤 2▶ 打开“动作”调板，单击调板底部的“创建新组”按钮，打开“新建组”对话框，在“名称”编辑框中可输入动作组文件的名称，如图 13-7 左图所示。然后单击“确定”按钮，新建一个动作组，如图 13-7 右图所示。

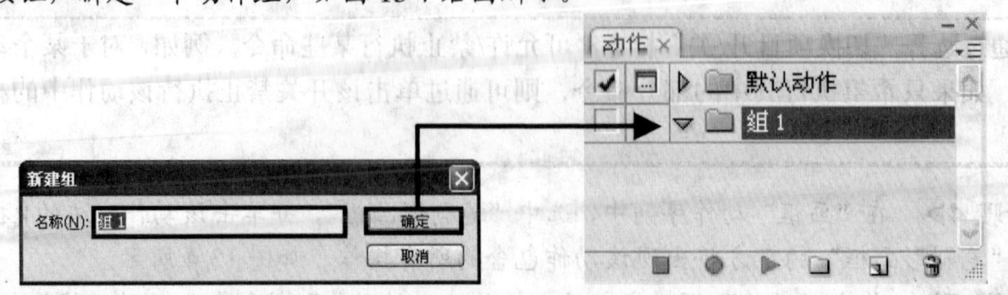

图 13-7 新建“组 1”

一般情况下，录制动作之前，要新建一个动作组，以便与 Photoshop 系统内置的动作区分开。

步骤 3▶ 将“2 风景 1.jpg”图片设置为当前窗口，然后在“动作”调板底部单击“创建新动作”按钮，打开图 13-8 所示对话框，并参照图中所示设置新动作的属性。设置完成后，单击“记录”按钮开始录制动作。此时，“动作”调板如图 13-9 所示状态。

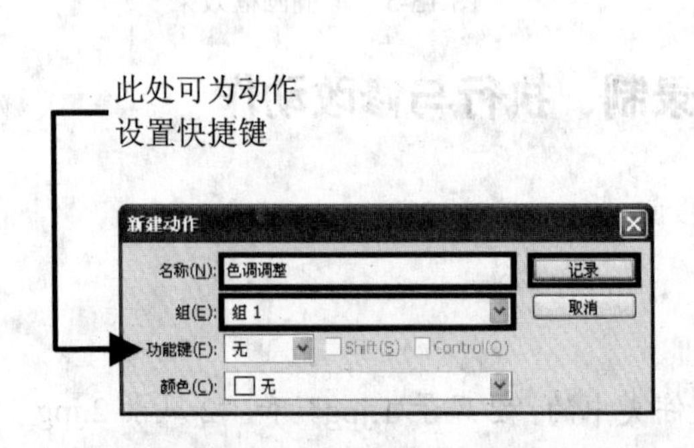

图 13-8 “新动作”对话框

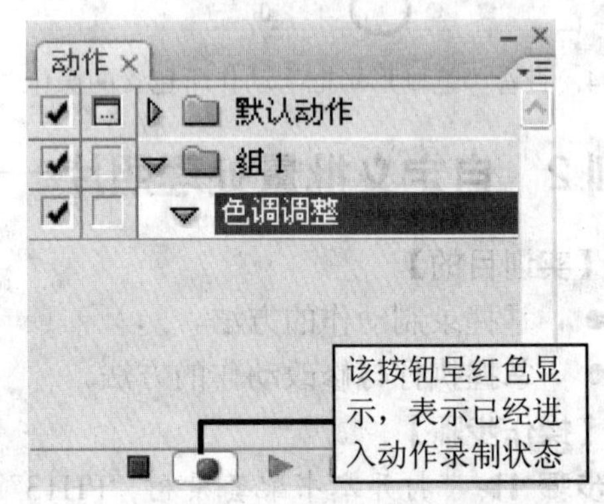

图 13-9 进入记录状态

步骤 4▶ 在“历史记录”调板中单击“创建新快照”按钮，为图像的当前状态创建新快照，如图 13-10 所示。

在系统内置动作中，大多数动作的第 1 步都是创建快照，这样做的目的就是，若对结果不满意，可在“历史记录”调板中单击快照，撤销前面执行的动作。因此，用户在创建自己的动作时，最好也在第 1 步创建快照，以便更好地使用动作。

图 13-10　建立新快照

步骤 5▶　按【Ctrl+L】组合键，打开“色阶”对话框，按照图 13-11 左图所示的参数调整照片色阶，单击“确定”按钮，得到图 13-11 右图所示的效果。

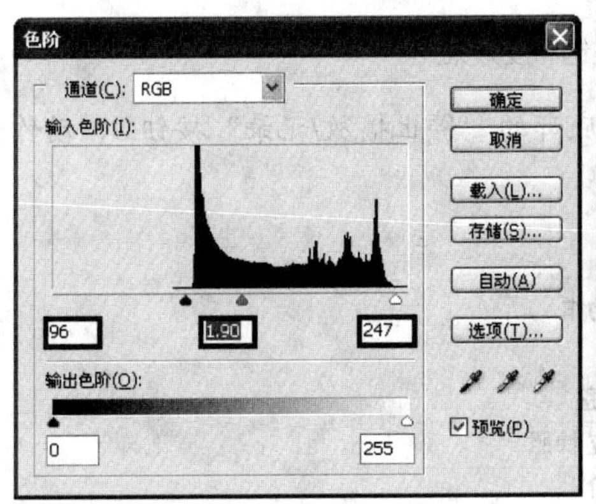

图 13-11　调整色阶效果

步骤 6▶　按【Ctrl+M】组合键，打开“曲线”对话框，按照图 13-12 左图所示调整曲线弧度，单击“确定”按钮，得到图 13-12 右图所示的效果。

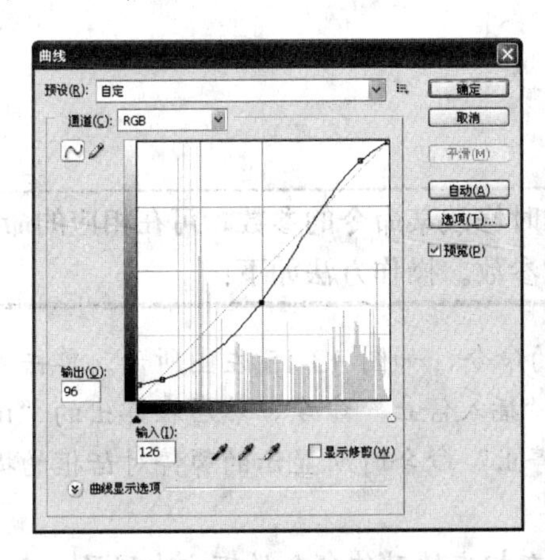

图 13-12　调整曲线效果

步骤 7▶　按【Ctrl+U】组合键，打开“色相/饱和度”对话框，按照图 13-13 左图所示的参数调整照片饱和度，单击“确定”按钮，得到图 13-13 右图所示的效果。

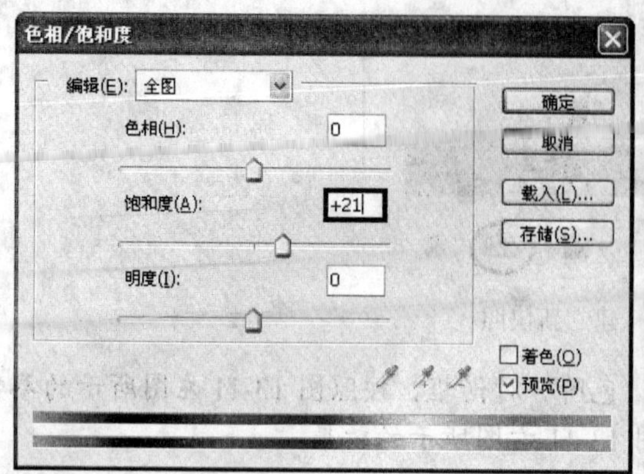

图 13-13　调整饱和度效果

步骤 8▶ 调整好后，单击“动作”调板底部的“停止播放/记录”按钮■，动作录制完成，如图 13-14 所示。

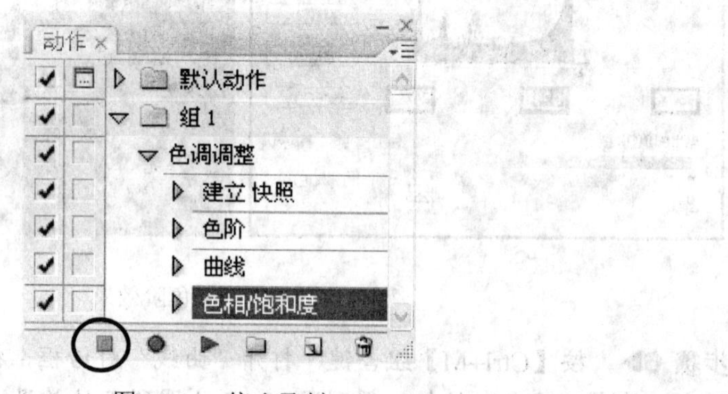

图 13-14　停止录制

提 示

在录制动作过程中，如果用户想在执行动作时修改某命令的参数，可在相应的命令的下面增加一个“停止”命令，以提示用户更改参数。操作方法如下：

步骤 9▶ 选择需在其后插入“停止”操作的命令，如图 13-15 左图所示。单击“动作”调板右上角的☰按钮，在弹出的菜单中选择“插入停止”命令，然后在弹出的“记录停止”对话框中输入文字，作为以后执行到该“停止”命令时所显示的暂停对话框的提示信息，如图 13-15 中图所示。

步骤 10▶ 设置完成后，单击“确定”按钮，在相应的动作命令的下方出现了一个“停止”命令，如图 13-15 右图所示。

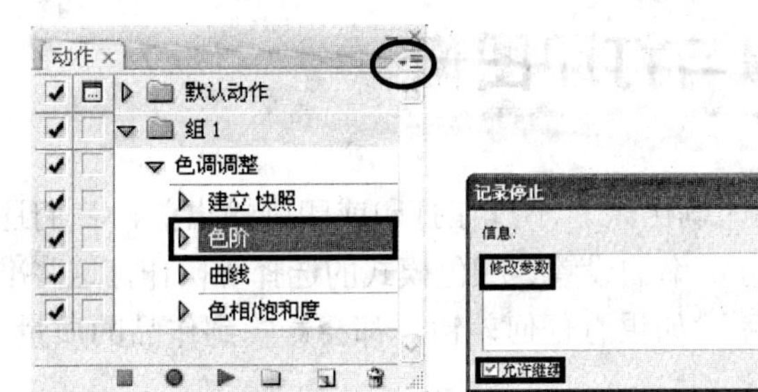

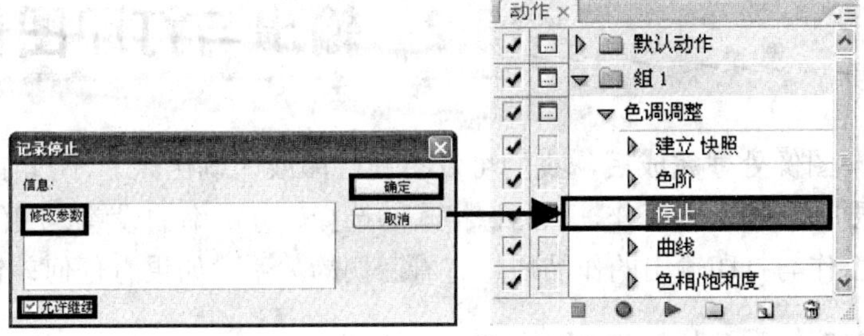

图 13-15　添加“停止”命令

选中“允许继续”复选框，表示在以后执行该“停止”命令时所显示的暂停对话框中将显示“继续”按钮，单击该按钮可继续执行动作中“停止”命令后面的命令。

步骤 11▶　接下来我们把“色调调整”动作应用到另一幅图像中。将该文件窗口切换为当前窗口，并在“动作”调板中，选中“色调调整”动作，然后单击调板底部的“播放选定的动作”按钮▶，执行到“停止”命令时，系统将显示图 13-16 所示的“信息”对话框。

步骤 12▶　若单击“继续”按钮可继续执行动作中的后续命令；若单击“停止”按钮可暂时终止动作，此时用户可双击下一个动作，并在打开的对话框中修改参数。修改完成后，在“动作”调板中单击底部的“播放选定的动作”按钮▶，继续执行动作中的后续命令，完成色调调整，如图 13-17 所示。

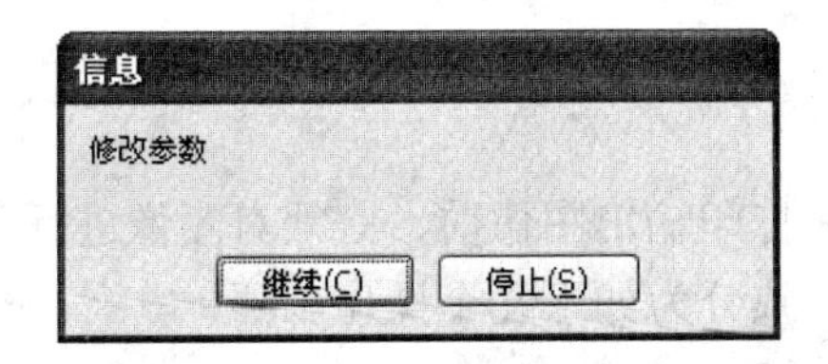

图 13-16　“信息”对话框

图 13-17　对图片执行自定义动作命令

有时录制一个好的动作很不容易，所以在选中动作序列后，选择“动作”调板控制菜单中的“存储动作”命令，可以将其保存。此外，通过在控制菜单中选择相应的命令还可以对动作进行复制、删除、替换、清除和复位等操作。

13.2 输出与打印图像

图像处理完成后，我们可以将其打印或印刷出来。不过在打印或印刷输出前，我们还需要做一些准备工作，如图像格式的选择、分辨率的设置、颜色模式的选择等操作，这些准备工作与打印输出的作品质量有着密切的关系，如果有任何差错，都会影响到作品的质量。

13.2.1 图像印前准备

1. 选择文件存储格式

在作品创作完成后，选择文件存储格式是印前必须进行的准备工作。如果要对图像执行彩色印刷，我们需将其保存为 TIF 格式，以供出片或印刷使用。

2. 选择图像分辨率

图像分辨率决定了图像的清晰度，同样大小的一幅图像，分辨率越高，图像就越清晰。如果制作的图像用于印刷，一般将分辨率设置为 300 像素/英寸或更高。

3. 选择色彩模式

如果制作的图像要用于印刷，出片前必须将图像的颜色模式转换成 CMYK 模式，以对应印刷时使用的四色胶片。

由于 RGB 的色域大于 CMYK 的色域，因此，在将 RGB 模式图像转换为 CMYK 模式图像时，图像通常会变暗。

13.2.2 图像印前处理

为了确保印刷作品的质量能达到用户需求，在打印输出图像前，必须对图像进行色彩校正、打样等工作。对图像的印前处理工作流程大致分为如下几个操作步骤：

- 对图像进行色彩校正；
- 打印图像进行校稿；
- 再次打印进行二次校稿，修改直到定稿；
- 定稿后，将正稿送去出片中心进行出片打样；
- 校正样稿，确定无误后，送至印刷厂进行拼版、晒版、印刷。

1. 色彩校正

通过选择“视图”>“校样设置”菜单中的子菜单项可选择校样颜色。通过选择“视

图”>“校样颜色”命令的开关，可在屏幕上查看校样效果，如图 13-18 所示。

图 13-18　校样颜色命令开关效果对比

如果选择“视图”>“色域警告”菜单，还可直接在屏幕上查看超出打印范围的颜色，如图 13-19 所示。在实际印刷时，图像中灰色部分将无法以显示效果打印。

图 13-19　使用色域警告命令效果

2. 打样和出片

在定稿后，打样和出片是印前的最后一个关键步骤。通过打样可检查图像的印刷效果，印刷厂在印刷时，将以打样结果为基准进行印刷调试。而出片是指由发排中心提供给印刷厂的四色胶片。

13.2.3　图像的打印

如果用户希望通过打印设备将图像按照一定的页面设置、格式等要求打印出来，就需要进行相关的打印设置，下面分别介绍。

1. 设置打印参数

在打印图像之前，一般会根据实际需要设置打印的页面等参数。

要设置页面参数，可打开需要打印的文件，选择“文件”>“页面设置”菜单，打开图 13-20 所示的“页面设置”对话框。通过该对话框可以设置纸张大小和打印方向（纵向或横向）等参数。单击“打印机”按钮，

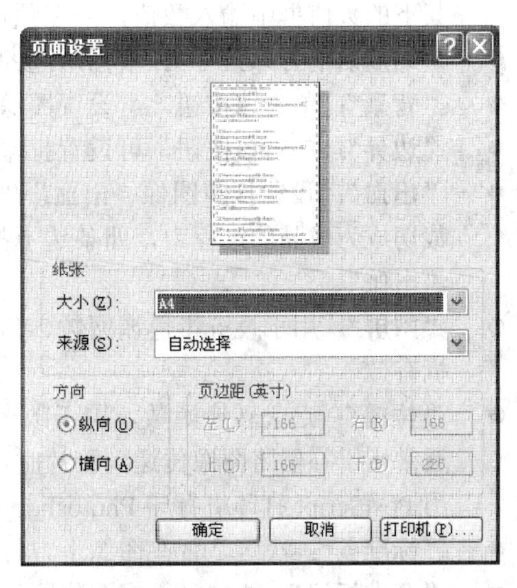

图 13-20　“页面设置”对话框

将打开打印机的属性设置画面，用户可在此设置打印机相关属性。

2．打印图像

对要打印的图像设置好页面参数后，选择“文件”>“打印”菜单，打开“打印”对话框，在其右上角选择“输出”，此时对话框如图 13-21 所示。我们可以先对图像进行打印预览，以查看图像在打印纸上的位置或设置缩放比等。下面介绍其中一些重要选项的意义。

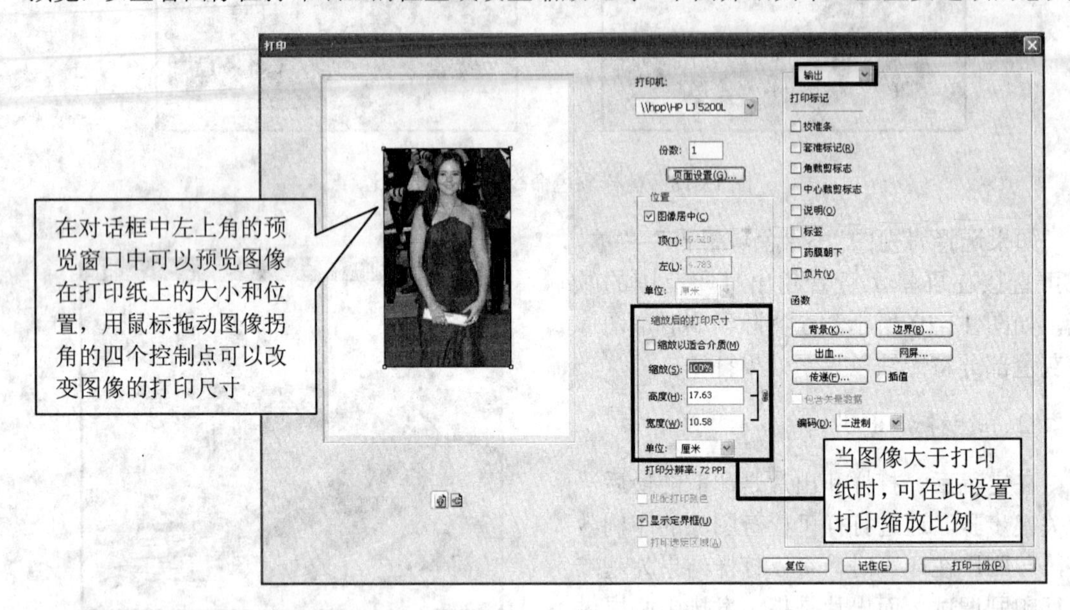

图 13-21　“打印”对话框

- **“份数”**：可输入需要打印的份数。
- **“图像居中”**：选中该复选框图像将始终居中打印；若取消该复选框，则可以在其下的数值框中输入数值，或在预览窗口拖动鼠标改变图像的打印位置。
- **“缩放后的打印尺寸”**：根据所选的纸张大小和取向调整图像的缩放比例。
- **“背景”**：单击该按钮，可设置图像区域外打印的背景色。
- **“边界”**：单击该按钮，可设置打印时为图像所加黑色边框的宽度。
- **“出血”**：设置打印图像“出血”宽度。所谓“出血”是指印刷后的作品在经过裁切成为成品的过程中，四条边上都会被裁去约 3mm 左右，这个宽度即被称为“出血”。
- **“网屏”**：用于设置半色调网频、角度和形状。该项只对 Postscript 打印机和印刷机有效。
- **“传递”**：定义转换函数，用于改变屏幕显示亮度值与打印色阶间的转换关系，通常用于补偿将图像传递到胶片时可能出现的网点补正或网点损耗。不过仅在使用 PostScript 打印机打印 Photoshop 格式或 EPS 格式文件时，该设置才有意义。
- **“标准条”**：决定是否在图像下方打印校正色标，以标记印刷使用的各原色胶片。
- **“套准标记”**：决定是否在图像四周打印⊕形状的对准标记。

- **“角裁切标记”**：决定是否在图像四周打印裁剪线，以便进行裁剪。
- **“中心裁切标记”**：决定是否在四周打印边的中心打印中心裁剪线标记。
- **“说明”**：决定是否打印由“文件简介”对话框设置的图像标题。
- **“标签”**：决定是否在图像上方打印图像文件名。
- **“药膜向下”**：正常情况下，打印在纸上的图像是药膜朝上打印的，感光层正对着用户时文字可读。但是，打印在胶片上的图像通常采用药膜朝下打印。
- **“负片”**：决定是否将图像反色后输出。

设置好参数后，就可以打印图像了。单击“打印”按钮打开“打印”对话框，单击“确定”按钮即可打印图像。如果要保存设置而不打印图像，可单击“完成”按钮。

3．打印指定的图像

默认情况下，Photoshop 打印的图像以显示效果为准，也就是说，被隐藏图层的图像将不被打印出来，所以，如果需要打印图像中的一个或几个层，只需要将这些图层显示，将其他图层隐藏即可。

此外，若当前图像中有选区，那么只打印选区内的图像。

4．打印多幅图像

Photoshop CS3 提供了一次在同一张纸上打印多幅图像的功能，其方法是选择“文件”>“自动”>“联系表Ⅱ”菜单，打开“联系表Ⅱ”对话框，单击“浏览”按钮，在弹出的“浏览文件夹”对话框中选择图像所在的文件夹，在“缩览图”设置区中设置图像排列的行数和列数等参数，设置好后，单击“确定”按钮，文件夹中的图像将自动排列在一个或多个联系表文件中，如图 13-22 所示。对生成的图像效果满意后，即可进行打印。

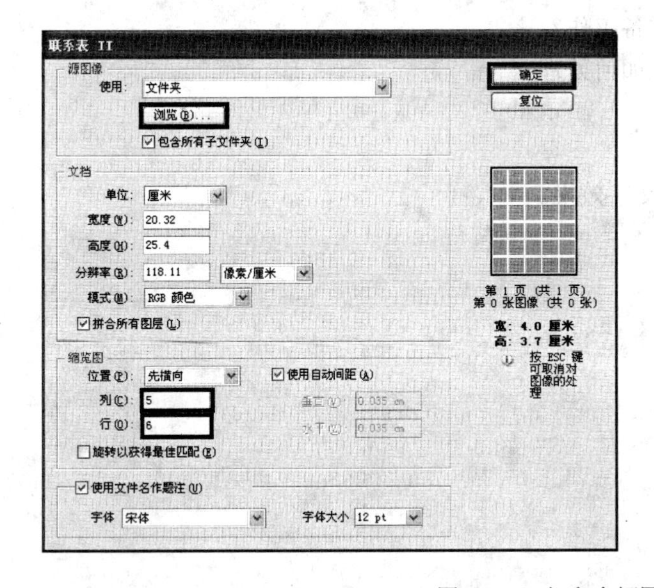

图 13-22　打印多幅图像

课后总结

本章主要介绍了 Photoshop 的“动作”功能，以及图像优化、输出和打印等知识。在学习动作功能时，用户应重点掌握动作的录制与编辑方法，以及系统内置动作的使用。在学习图像的输出和打印时，要重点掌握印刷前应做的准备工作，如应将图像存储为 TIF 格式。另外，如果图像用于印刷，分辨率应设置为 300 像素/英寸或更高、色彩模式应转换为 CMYK 等。还需要提醒用户的是，在印刷之前通常将图像文件中的文字图层转换为普通图层，以免印刷机没有相关的字体而印不出文字。

思考与练习

一、填空题

1．为了与 Phtoshop 系统内置的动作区分开，在录制动作前，通常先创建________，然后再录制动作。

2．为了使录制的动作具有更强的通用性或执行无法记录的任务时，可以在录制的动作中插入________命令，以方便用户在执行动作时手动调整参数。

3．如果制作的图像用于印刷，一般将分辨率设置为________像素/英寸或更高。

二、简答题

1．简述图像印刷前都要做哪些准备工作？

2．当图像大小超出打印纸张时该如何处理？

三、操作题

练习使用系统内置动作制作制作文字效果。